“空天地”一体化技术在甘肃重大滑坡灾害应急抢险中的应用及成效

窦晓东　王　信　王　乐　胡文博　著

地质出版社

·北　京·

内 容 提 要

本书是对甘肃省近年来重大滑坡灾害应急处置工作总结研究的综合性成果，是在历年来完成的重大突发地质灾害早期识别、应急调查、应急监测、应急勘查、科学研究和群发性地质灾害应急排查等系列成果的基础上编写而成的。主要内容包括甘肃省地质环境条件概述、甘肃省地质灾害发育及分布特征、“空天地”一体化技术在甘肃重大滑坡灾害中的应用以及突发性滑坡灾害应急处置技术成效总结，内容较为丰富。

本书可供地质灾害调查评价、勘查设计、科研及应急处置等部门相关人员参考。

图书在版编目（CIP）数据

“空天地”一体化技术在甘肃重大滑坡灾害应急抢险中的应用及成效／窦晓东等著. --北京：地质出版社，2024. 6. --ISBN 978-7-116-14190-2

Ⅰ. P642. 22

中国国家版本馆 CIP 数据核字第 2024CC6366 号

“KONG-TIAN-DI” YITIHUA JISHU ZAI GANSU ZHONGDA HUAPO ZAIHAI YINGJI QIANGXIAN ZHONG DE YINGYONG JI CHENGXIAO

责任编辑：张诚　吴宁魁　赵俊磊
责任校对：关风云
出版发行：地质出版社
社址邮编：北京市海淀区学院路 31 号，100083
电　　话：（010）66554528（邮购部）；（010）66554627（编辑室）
网　　址：https://www.gph.clmpg.com
传　　真：（010）66554686
印　　刷：北京地大彩印有限公司
开　　本：889 mm×1194 mm　1/16
印　　张：14
字　　数：400 千字
版　　次：2024 年 6 月北京第 1 版
印　　次：2024 年 6 月北京第 1 次印刷
定　　价：88.00 元
书　　号：ISBN 978-7-116-14190-2

作者简介

窦晓东，甘肃省地质环境监测院（甘肃省自然资源厅地质灾害防治技术指导中心）调查评价室主任，甘肃省应急管理厅自然灾害应急技术研究院地质灾害应急技术研究所副所长，水工环地质高级工程师。曾获“甘肃省技术标兵”“甘肃省减灾委地震应急救援先进个人”“甘肃省优秀青年地质科技工作者”“甘肃省地矿局十大优秀青年”“甘肃省地矿局先进个人”。

自2009年以来，窦晓东长期从事地质灾害调查评价、勘查设计、科学研究、应急调查处置工作。作为重大地质灾害应急处置技术负责人，主持完成甘肃积石山县6.2级地震次生地质灾害、甘南藏族自治州舟曲县“7·12”江顶崖滑坡灾害、甘南藏族自治州舟曲县“7·19”牙豁口滑坡灾害、甘南藏族自治州舟曲县果耶磨里滑坡灾害、兰州市北环路“8·9”滑坡灾害、陇南市“8·17”暴洪次生地质灾害等重大突发单体地质灾害和暴雨、地震引发群发性地质灾害应急处置工作50余次，总结出基于“空天地”一体化技术在重大灾害应急处置中的运用流程，提高了应急工作效率和精准度。作为项目负责人，主持完成“兰州市高坪区、低丘缓坡区地质灾害防范对策研究”“兰州市泥石流灾害防范技术研究”“兰州城市地质调查研究”“兰州市突发地质灾害应急处置技术研究”等研究项目8项，课题“‘空天地’一体化技术在甘肃重大地质灾害应急处置中的应用”获得甘肃省职工科技创新三等奖；主持完成“舟曲南峪乡江顶崖滑坡灾害应急治理工程”“舟曲县东山镇牙豁口滑坡灾害治理工程”“永靖县刘盐八库区地质灾害综合治理（试验工程）”“兰州市皋兰山铁三小滑坡灾害治理工程”“兰州市九州中路不稳定斜坡治理工程”“兰州市白塔山滑坡群治理工程”等重大地质灾害勘查设计类项目11项，总结了坪定-化马断裂带特大型滑坡演化模式和形成机理；主持完成“甘肃省白龙江流域主要城镇环境工程地质勘查（文县段）”“甘肃省2018—2023年度突发地质灾害调查与技术支撑”“甘肃省永靖县刘家峡镇地质灾害调查与风险区划”等调查评估类项目20项。作为专题负责人，主持完成自然资源部公益性行业科研专项“建设生态安全屏障多地貌典型区地质灾害防范”等省部级重大项目。发表CSCD中文核心期刊论文5篇，省级期刊论文10篇，出版专著1部，编著《甘肃省区域地质灾害危险性评估实施细则（试行）》。

前　　言

甘肃省地处青藏高原、黄土高原、内蒙古高原三大高原交会地带，横跨黄河、长江两大流域，境内地质环境条件复杂，地貌类型多样，山脉纵横交错，地质构造复杂，地震多发、频发，降水集中且强度大，55.65%的国土面积位于地质灾害高发易发区。受特殊的地理条件和复杂的地质环境条件影响，以崩塌、滑坡、泥石流为主的地质灾害极为发育，且突发性、隐蔽性、群发性特征明显，多发、易发态势严峻，是我国地质灾害最为严重的省份之一，具有数量多、分布广、规模大、灾情重、治理难等区域特征。特别是自2008年以来，“5·12”汶川地震、“7·22”岷漳地震对境内岩土体扰动强烈，进一步加剧地质灾害成灾风险。随着我国雨带北移，极端降雨频度和强度呈增长趋势，造成地质灾害呈逐年高发的态势。2018年兰州北环路滑坡和舟曲江顶崖滑坡、2019年舟曲牙豁口滑坡、2020年陇东南等地“8·17”暴洪、2021年舟曲立节北山滑坡、2022年舟曲果耶磨里滑坡及灵台南店子滑坡等重大地质灾害，造成了严重的人员伤亡和财产损失。截至2023年底，甘肃省已查明地质灾害隐患点22184处，占全国总数（266224处）的8.3%，位列全国第三位。

甘肃省地质灾害分布特征差异性强。从空间上看，甘肃省地质灾害分布密度和发生频率由北向南呈递增趋势，集中分布在兰州、陇南、甘南、临夏、天水、定西、白银、庆阳、平凉等中东南部9个市州，地质灾害隐患点数量占甘肃省总数的98%以上；从时间上看，甘肃省地质灾害发生的主要时段为主汛期，约占甘肃省地质灾害发生频次的80%。上述区域多处于陇东黄土高原、陇西黄土高原和陇南山地，多为山地丘陵，属地质灾害高发易发区。境内山高谷深，沟壑纵横，地势陡峻，黄土红层、炭质板岩、千枚岩等易滑岩土体广泛分布，新构造运动强烈，瞬时降雨强度大和累积雨量大等特征显著，加之建设用地十分有限，人口密度大，致使人类工程活动极为强烈，道路建设、切坡建房等人类工程活动引发并加剧地质灾害的现状短期内难以得到改善，约30座县城、165个乡镇、1万多个村庄不同程度地受到地质灾害威胁。威胁人口达214.77万人，占甘肃省威胁人口总数的97.67%；威胁财产达1045.21亿元，占甘肃省威胁财产总数的96.64%，防灾形势异常严峻。

“十四五”以来，面对极其严峻的防灾减灾形势，甘肃省、市（州）、县各级地质灾害防治管理部门按照“严守1个底线，握紧2个抓手，聚焦3个重点”的工作思路，坚持“全面规划、突出重点，预防为主、综合施策”的原则，紧紧围绕“防、搬、治”工作举措，聚焦黄河和长江上游水源涵养区等重点区带，进一步夯实“调查评价、监测预警、综合治理、能力建设”四大体系，防灾减灾成效极为显著，同“十三五”时期前三年相比，地质灾害数量减少59.06%，直接经济损失减少72.66%，更是成功守住了地质灾害“零伤亡”底线。但由于地质灾害受自然和人为因素影响，形成机理复杂，具有很强的隐蔽性、动态性、复杂性、差异性和不确定性，加之甘肃省部分地区属于中国地震局预测的中强震易发区，地震引发的次生群发性地质灾害风险较高，降水量和短时强降水频次均呈逐年增加之势，地质灾害隐患隐蔽性问题短期难以解决。灾害发生后，如何快速、有效处置，减缓、消除隐患仍是防灾减灾工作的重点。而如何有效地降低突发性地质灾害损失，实现防灾减灾效益最大化，应急处置的方法和手段就显得尤为重要。如果应急处置方法正确，灾害就会得到有效的控制，就能最大限度地减少人民生命财产损失。反之，如果应急处置方法不当，险情就有可能演变成灾情，而灾情不能得到有效控制，就将给当地群众生命和财产带来巨大的损失。综上，探索突发性地质灾害应急处置的理论和方法，建立科学、高效的应急处置技术方法体系，对突发性地质灾害的应急抢险和救灾工作具有重要的指导意义。

本书的主要研究成果包括以下内容：

1）梳理了甘肃省地质灾害隐患总体分布。截至2023年底，甘肃省共发育22184处地质灾害隐患点，以滑坡、泥石流、崩塌为主，共计22026处，占总数的98.29%。按行政区划分，甘肃省地质灾害主要分布于中东南部的兰州市、陇南市、天水市、定西市、临夏回族自治州、甘南藏族自治州、庆阳市、平凉市、白银市9市（州），地质灾害数量达21756处，占甘肃省灾害点总数的98.07%。按流域单元划分，甘肃省地质灾害主要发育于黄河流域内，共计13371处，占甘肃省灾害总数量的60.27%；其次为长江流域，共计8398处，占甘肃省灾害总数量的37.86%。按地貌单元划分，黄土高原区是地质灾害最为发育的区域，共计12406处，占比55.92%；其次为陇南山地共计8398处，占比37.85%。

2）分析了甘肃省各类地质灾害隐患分布特征。研究表明，滑坡是甘肃省最为发育的地质灾害，主要分布于乌鞘岭以东的甘肃省中东南部地区，特别是陇西、陇东黄土高原和陇南山地区，按物质成分可划分为黄土滑坡、堆积层滑坡、岩石滑坡和破碎岩滑坡。黄土滑坡主要发育于陇西、陇东黄土高原，境内黄土覆盖层厚，潜在软弱面发育，地下水丰富，新构造运动强烈，地震频繁，滑坡分布密度和发生频率居黄土高原之首。岩石滑坡、堆积层滑坡和破碎岩滑坡主要发育于陇南山地，特别是沿秦岭纬向构造带白龙江中下游两岸的变质岩分布区，滑坡分布密集，已知的大型深层滑坡2000余处。祁连山区发育的滑坡主要是由冰劈及融冻作用形成的浅层滑坡和岩崩。

3）梳理了甘肃省突发地质灾害发育分布特征，分析研究了形成原因。甘肃省突发地质灾害主要分布在甘肃省中东南部9市州，地貌类型为黄土高原和陇南山地，滑坡是最为发育的突发地质灾害。灾害发生的时段主要集中在汛期，特别是“七下八上”时段，约占年度突发地质灾害发生数量的90%。黄土高原沟壑纵横，侵蚀强烈，黄土、泥岩、砂岩等易滑地层广泛分布；陇南山地山高谷深，地形侵蚀切割强烈，构造发育，炭质板岩、千枚岩等软弱岩土体沿河谷广泛分布，加之上述两个区域人类工程活动强烈，降雨量和极端性气候整体偏多，极易引发滑坡灾害。

4）梳理了2018年以来甘肃省重大滑坡应急处置工作。在重大滑坡应急抢险过程中，采用无人机、三维扫描仪、地基SAR、地质雷达、数值模拟等新技术方法快速开展应急调查、监测、勘查工作。利用无人机航测影像图精确测定滑坡平面参数，利用机载倾斜摄影技术建立滑坡三维模型，利用物探高密度电法基本确定滑坡厚度，利用地基SAR、GNSS技术进行毫米精度的监测。通过上述新技术、新方法能够快速查明滑坡变形特征和形成原因，准确计算滑坡规模，精确监测滑坡变形，正确研判滑坡发展趋势，并为单体灾害形成机理和成灾模式研究提供有力支撑，达到“空天地”一体化技术综合运用。

5）总结分析了“空天地”一体化技术在甘肃重大滑坡灾害应急抢险中的运用成效。前期野外工作通过无人机技术（机载倾斜摄影）、三维扫描仪技术开展地面调查工作，可快速查明致灾体整体形态特征、变形迹象等微地貌特征、成灾模式及承灾体特征；通过三维扫描仪、地基雷达（GB-InSAR）、GNSS监测仪等监测手段，获取边坡形变结果；通过地质雷达、高密度电法、手持背包钻等勘查手段，查明滑坡体厚度、结构等基本特征。后期室内工作将上述数据融合，并对比分析，构建三维模型，开展数值模拟，分析致灾体的规模及变形特征、稳定性特征，得出致灾体的下一步发展趋势，合理地划分危险区。并依据致灾体形变特征、发展趋势，制定出最为适宜的治理措施，可为消除滑坡灾害隐患、保障应急处置工作提供有力支撑，不仅安全可靠，更能大大提高工作效率。对突发重大滑坡灾害应急处置工作具有很好的示范指导意义，可广泛应用在各类突发滑坡灾害调查、监测、勘查和治理中。

6）通过群发性应急排查工作，总结了InSAR识别技术在大面积群发性地质灾害排查工作中的应用成效。利用InSAR技术开展大区域、高精度的地表变形监测，进行潜在滑坡形变早期识别，能帮助排查工作找到靶区、确定重点，为快速、高效地开展群发性地质灾害应急排查提供支撑。

本书是对甘肃省近年来重大滑坡灾害应急处置工作总结研究的综合性成果，是在历年来完成的重大突发地质灾害早期识别、应急调查、应急监测、应急勘查、科学研究和群发性地质灾害应急排查等系列成果的基础上编写而成的。全书共计三篇九章。其中，前言，第一章至第三章，第五章至第七章，第八章第一节至第三节、第七节、第八节及第九章由窦晓东编写；第八章第四节、第六节由王信编写；第四章由王乐编写；第八章第五节由胡文博编写。全书由窦晓东策划、统稿，王乐、胡文博核稿。

本书引用了近年来由甘肃省地质环境监测院（甘肃省自然资源厅地质灾害防治技术指导中心）完成的相关地质灾害应急调查、勘查成果，在此向郭富赟、张永军、何斌、贾强、石睿、石鹏卿、贾昊冉等团队领导和技术人员表示感谢！在兰州北环路“8·9”滑坡、舟曲江顶崖滑坡、舟曲“7·19”牙豁口滑坡、舟曲立节北山滑坡等重大滑坡应急处置过程中，兰州大学地矿学院孟兴民研究团队在InSAR早期识别、高密度电法探测等工作中给予了大力支持；在积石山地震次生地质灾害排查时，甘肃省地矿局水勘院郭红东在成因分析时给予了支持。在本书撰写过程中，得到甘肃省自然资源厅徐东、何小东、赵君范、火飞飙、周文成、何金花、王锋和甘肃省地质环境监测院（甘肃省自然资源厅地质灾害防治技术指导中心）李玉山、孟永鹏等领导一如既往的关心、支持和帮助，并提出了许多宝贵意见，在此表示衷心的感谢和诚挚的敬意！

由于编者学术水平有限，书中难免有不妥之处，敬请读者批评指正！

作　者

2024年3月15日

目　　录

第一篇

甘肃省地质环境条件概述

第一章　自然地理概况

第一节　自然地理

一、地理位置

甘肃古属雍州，简称"甘"或"陇"，位于我国西北部，黄河上游，地处黄土高原、内蒙古高原和青藏高原的交会处，地理位置介于东经92°13′~108°46′、北纬32°11′~42°57′之间。甘肃省东邻陕西、西接新疆、青海，南靠四川，北与内蒙古、宁夏以及蒙古国接壤。甘肃省行政区域狭长，总面积45.40×10^4 km^2。甘肃是我国中东部地区连接大西北的枢纽，也是欧亚大陆桥的重要通道，是古丝绸之路的锁匙之地和黄金路段，更是我国"丝绸之路经济带"的重要组成部分。

甘肃省地处祖国腹地，4大铁路干线、6条国道和4条数字光缆主干线在这里交会。截至2023年末，甘肃省公路里程达14.3×10^4 km，其中等级公路12.8×10^4 km；兰州中川国际机场已有43家航空公司，累计执行客运航线221条（国际及地区航线13条）、货运航线6条，通航城市达112座。在建的银西高铁、京兰客运专线、兰成铁路、敦格铁路等交通要道以及兰州中川国际机场三期扩建工程将进一步拉近甘肃与全国的距离。作为"丝绸之路经济带"的重要组成部分，国家已经赋予甘肃"联结欧亚大陆桥的战略通道和沟通西南、西北的交通枢纽，西北乃至全国的重要生态安全屏障，全国重要的新能源基地、有色冶金新材料基地和特色农产品生产和加工基地，中华民族重要的文化资源宝库，促进各民族共同团结奋斗、共同繁荣发展示范区"，以及构建我国向西开放的重要门户和次区域合作战略基地的战略定位。

二、社会经济

甘肃省共设有12个地级市、2个民族自治州、17个市辖区、4个县级市、58个县、7个民族自治县，省府设于兰州。2023年末甘肃省常住人口2465万人，比上年末减少27万人。甘肃是一个多民族的省份，甘肃省现有54个少数民族，少数民族总人口241.05万人，主要有回、藏、东乡、土、裕固、保安、蒙古、萨拉、哈萨克、满等16个少数民族，其中，东乡族、裕固族、保安族为甘肃的独有民族。

2023年，甘肃省地区生产总值为11863.8亿元，按不变价格计算，比上年增长6.4%。其中，第一产业增加值1641.3亿元，增长5.9%；第二产业增加值4080.8亿元，增长6.5%；第三产业增加值6141.8亿元，增长6.4%。全年居民人均可支配收入23273.1元，比上年增长5.5%。按常住地分，城镇居民人均可支配收入37572.4元，增长3.8%；农村居民人均可支配收入12165.2元，增长6.4%。城乡居民人均可支配收入比值为3.09，比上年缩小0.08。

第二节　气象水文

一、气象

甘肃地处中纬度欧亚大陆腹地，受地形及水汽来源控制，各地气候变化具有很大的差异性和复杂性。甘肃省各地气候类型多样，从南向北包括了亚热带季风气候、温带季风气候、温带大陆性（干旱）气候和高原高寒气候等四大气候类型8个气候区（表1-1）。甘肃省年平均气温为0~15℃，大部分地区气候干燥，干旱、半干旱区占总面积的75%。主要气象灾害有干旱、暴雨洪涝、冰雹、大风、沙尘暴和霜冻等。

表1-1 甘肃省气候区划说明表

气候区	特征
河西西部暖温带干旱区	仅限于疏勒河下游，包括安西和敦煌两地的中部地区。年平均气温8~10℃，年降水量不到50 mm。风沙大，著名的“风库”瓜州即位于此。干热风、霜冻也常发生
河西冷温带干旱区	包括金昌、嘉峪关两市，酒泉、张掖、武威三市区的走廊及北山山区（疏勒河下游谷地除外）。年平均气温5~8℃，无霜期140~160 d，年降水量50~200 mm。气象灾害有大风、干热风、霜冻等
祁连山高寒半干旱区	包括酒泉、张掖和武威市南部的山地和山间盆地。年平均气温在4℃以下，无霜期140 d以下，年降水量100~500 mm
陇中北部冷温带半干旱区	包括兰州、白银以及庆阳、定西、临夏三个市（州）的北部，通称本省中部干旱区。年平均气温6~9℃，无霜期160~180 d，年降水量200~500 mm。气象灾害主要有干旱、冰雹、暴雨、霜冻等
陇中南部冷温带半湿润区	包括平凉以及庆阳、定西、临夏三个市（州）的南部和天水市北部。年平均气温6~10℃，无霜期160~200 d，年降水量500~650 mm。气象灾害主要有干旱、冰雹、暴雨等
甘南高寒湿润区	含甘南藏族自治州大部。年平均气温1~6℃，无霜期在140 d以下，年降水量550~800 mm
陇南北部暖温带湿润区	包括陇南中、东部，天水南部及甘南舟曲东南部。年平均气温8~12℃，无霜期200~220 d，年平均降水量550~800 mm。气象灾害有暴雨、冰雹等
陇南南部河谷北亚热带湿润区	包括武都、文县大部及康县南部一小部分河谷地带。年平均气温在14℃以上，无霜期250 d以上，年降水量450~700 mm。气象灾害主要有暴雨、冰雹等

甘肃省各地年降水量在36.6~734.9 mm之间，大致从东南向西北递减，乌鞘岭以西降水明显减少，陇南山区和祁连山东段降水偏多。受季风影响，降水多集中在6—8月，占全年降水量的50%~70%。暴雨多出现在7—8月，中心集中于西秦岭山地和泾河流域，其次是临洮、和政和武威东部山区。降水一般集中在6~12h内，并存在历时短、强度大的暴雨笼罩面积小，历时长、强度小的暴雨笼罩面积大的规律。暴雨是造成甘肃省崩塌、滑坡、泥石流等突发性地质灾害的直接诱发因素，受地形、岩性等条件影响，历时短、强度大的暴雨更容易造成突发性地质灾害。

二、水文

甘肃省河流水系分为长江、黄河、内陆河3个流域、11个水系，年径流量超过$1\times10^8\ m^3$的河流有78条。甘肃省多年平均自产水资源总量$289.4\times10^8\ m^3$，其中地表水资源量为$282.1\times10^8\ m^3$，地下水资源量为$7.3\times10^8\ m^3$。

（一）长江流域

除汉江水系外都属嘉陵江水系，年径流量超过$1\times10^8\ m^3$的河流有27条，较大河流有西汉水、白龙江、白水江等。

1. 嘉陵江水系

嘉陵江发源于秦岭山脉陕西省凤县代王山南侧东峪沟，流经甘肃省的两当、徽县，省内流程86.2 km，流域面积2556.6 km^2，平均径流量$11.95\times10^8\ m^3$。干流全长1120 km，全流域集水面积约$16\times10^4\ km^2$，天然落差约2300 m，是长江水系流域面积最大的一条支流。甘肃省较大支流有白龙江、西汉水等。

（1）白龙江

白龙江发源于甘、川交界的西倾山东段郭尔莽梁的郎木寺附近。由西向东南流经四川若尔盖，经甘肃迭部、武都、文县，于广元昭化镇汇入嘉陵江。白龙江河长 552.1 km，省内流程 475 km，流域面积 20922.7 km^2，年平均径流量 $81.65\times10^8\ m^3$，主要支流有白水江、北峪河、岷江等。

（2）西汉水

西汉水发源于天水市西南部秦岭山脉的齐寿山，流经西和、礼县、成县、康县及陕西略阳，在略阳焦家沟汇入嘉陵江。全长 212 km，流域面积 9659 km^2，在省内流程 205.6 km，年平均径流量 $13.14\times10^8\ m^3$。

2. 汉江水系

甘肃省仅有两条河流，流域面积不足 170 km^2，流程不足 20 km，其中八庙河流域面积 71.2 km^2，冷鱼河流域面积 95 km^2。

（二）黄河流域

黄河地处甘肃省中东部，省内分黄河干流、洮河、湟水、渭河、泾河、北洛河 6 个水系。年径流量大于 $1\times10^8\ m^3$ 的河流除上述 6 个水系的干流外，还包括各水系的一、二级支流 31 条。

黄河干流水系包括干流上游玛曲段及下段积石关到黑山峡段，主要支流有大夏河、庄浪河、祖厉河、银川河、宛川河等。黄河干流在甘肃省内长度为 913 km，其中上段 433 km，下段 480 km，流域面积 56695 km^2，兰州段平均年径流量 $312.6\times10^8\ m^3$（兰州站），多年平均自产水资源总量 $44.9\times10^8\ m^3$。黄河干流主要支流包括：

1. 大夏河

大夏河发源于青海省同仁县东南部达布热，在塔张村入刘家峡水库，全长 202.9 km，流域面积 7154 km^2，比降 10.2‰~4.84‰，年平均径流量 $9.111\times10^8\ m^3$。

2. 西科河

西科河发源于玛曲县西北阿尼玛山，在玛曲县西科河羊场注入黄河。河道全长 64.8 km，平均比降 1.05%，流域面积 1003 km^2，年平均径流量 $2.81\times10^8\ m^3$。

3. 庄浪河

庄浪河发源于祁连山冷龙岭东端的得尔山、扎卡尔山，由天祝县界牌村入永登县境，至岗镇注入黄河。全长 184.8 km，比降 7.35‰~10.7‰，流域面积 4008 km^2，年平均径流量 $1.173\times10^8\ m^3$。

（三）内陆河

内陆河有石羊河、黑河、疏勒河（含苏干湖区的哈尔腾河等）三大水系，年径流量在 $1\times10^8\ m^3$ 以上独立出山的河流有 15 条，其中石羊河水系和黑河水系各有 6 条，疏勒河水系有 3 条。

1. 疏勒河水系

疏勒河干流发源于祁连山脉的疏勒南山东段纳嘎尔当，河流出山后流经肃北、玉门及瓜州，注入双塔堡水库。疏勒河流域干流总长 945 km，年均径流量 $8.7\times10^8\ m^3$。主要支流有大哈尔腾河、党河、榆林河、石油河及白杨河，均发源于祁连山脉。疏勒河水系水资源总量为 $21.2\times10^8\ m^3$。

2. 黑河水系

黑河干流发源于青海祁连县和甘肃祁连山北麓，于金塔县出境流入内蒙古自治区，最后入居延海。干流全长约 956 km，年均径流量 $16.0\times10^8\ m^3$。自东向西主要支流有山丹河、民乐洪水河、临泽梨园河、酒泉马营河、洪水河及讨赖河，水资源总量为 $23.1\times10^8\ m^3$。

3. 石羊河水系

石羊河流域诸河皆发源于祁连山冷龙岭北麓，河流短促，无主次之分。自东向西较大的河流有大靖河、古浪河、黄羊河、杂木河、金塔河、西营河、东大河、西大河 8 条河流。西大河及东大河部分水量在下游汇成金川河入金川峡水库，其余 6 条河流出山后进入河西走廊武威灌区，水量大部分引灌及渗入地下，后又以泉水形式溢出地表，形成众多的泉水河道，交汇成石羊河，此后河流向北穿过红崖山进入民勤盆地，经引灌、蒸发而消失，石羊河水系水资源量为 $17.1\times10^8\ m^3$。

第三节 土壤植被

一、土壤

甘肃省地处黄土高原、青藏高原及蒙古高原的交会处。地势高低差异大，气候类型多样，地质构造及成土母岩复杂，决定甘肃省土壤类型多样，在土壤分布规律上具有以下两个显著特点。

（一）水平分布的纬度地带性明显

从东南向西北，由北亚热带的黄棕壤、褐土，再经温带的黑栌土、栗钙土、灰钙土和棕钙土，过渡到温带漠境的灰漠土、灰棕漠土和棕漠土。按此规律依次更替。

（二）垂直分布地带性明显

主要有文县横丹以南的北亚热带湿润区，带谱为黄棕壤—棕壤—暗棕壤；武都区和康县北部一直到渭河谷地的暖温带半湿润区，带谱为褐土—棕壤—亚高山草甸土—高山草甸土；六盘山带谱为黑垆土—灰褐土—亚高山草甸土；兴隆山和马卸山带谱为灰钙土—黑钙土—灰褐土—亚高山草甸土—高山草甸土；甘南草原东部带谱为褐土—棕壤—亚高山草甸土—高山草甸土；太子山和大力加山带谱为栗钙土—黑钙土—灰褐土—亚高山草甸土—高山草甸土—高山寒漠土；祁连山东段北坡带谱为灰钙土—栗钙土—灰褐土（或黑钙土）—亚高山草甸土—高山草甸土—高山寒漠土；祁连山西段北坡带谱为棕钙土—栗钙土—亚高山草原土—高山草原土—高山寒漠土（高山漠土）。

二、植被

甘肃省地跨我国东部季风湿润区、西部干旱区、青藏高寒区的交会地带，自然条件复杂，植被类型繁多，共划为六大系统。

（一）北亚热带森林植被区域

该区域地处甘肃南部与四川、陕西交界的一隅，从两当、徽县的嘉陵江河谷地带的站儿岗、嘉陵、虞关，向南至康县以西的武都、文县。整个区域属南秦岭山地，山高谷深，地势从西北向东南倾斜。植物区系成分复杂，处于南北过渡类型。本范围与植被区域一致，种类丰富，据估计有3000多种，是甘肃省植物种类最多的地区。组成的植被类型为含有常绿阔叶树种的落叶阔叶林。

（二）温带森林植被区域

该区域北界为北秦岭北坡山麓，向西经武山县的滩歌林场，折向南沿礼县西部县界而至宕昌东，东抵陕西省界南接北亚热带森林植被区域。全区分为徽成盆地暖温带落叶阔叶林和西礼盆地温带落叶阔叶林两个植被区。前者植被类型为以锐齿栎为主的栎类落叶阔叶林；后者植物群落的种类组成乔木以华山松、辽东栎、桦林为主。

（三）温带草原植被区域

该区域地处北秦岭以北，营盘水至大景一线以南的陇中、陇东黄土高原区。东以子午岭为界，与陕北黄土高原相邻，西抵青藏高原东北边缘。南部的北秦岭是森林与草原的界山；北部祁连山东延的老虎山是荒漠与草原的界山。该区域可分为南部森林草原植被区、中部典型草原和北部荒漠草原植被区。

（四）温带荒漠植被区域

该区域包括整个河西走廊平原部分和北山山地。本区内有石羊河、黑河、疏勒河三大内陆水系流贯其间。降水很少，水量不足，地表干燥，属干旱区域。植被特征以超旱生、旱生的灌木、半灌木和小半灌木为主。该区域分为河西走廊东部温带荒漠植被区、西部温带荒漠植被区和安敦盆地暖温带植被区。

（五）祁连山地植被区域

该区域指祁连山和阿尔金山在甘肃境内的部分，由一系列平行山岭和山间盆地组成，一般海拔在3000~4500 m之间。海拔4000 m以上的山地常年积雪，发育现代冰川。山地气候从东向西变得干燥，植被也由森林向荒漠演变。该区域分东祁连山亚寒带针叶林植被区和西部祁连山-东阿尔金山山地草原、荒漠植被区。

（六）甘南草原、山地植被区域

该区域处于甘肃省西南部，属青藏高原西北边缘的一部分，山地海拔都在4000 m以上。从南至北地势逐渐升高，气温逐渐降低。年降水量均在400 mm以上；东部山地为森林类型，西部的甘南高原为高寒草甸类型。该区域分为洮岷山地亚寒带针叶林植被区、甘南高原高寒草甸、草原植被区。

第四节　人类工程活动

甘肃省位于我国内陆"丝绸之路经济带"的核心战略地带，随着国家"西部大开发"和"一带一路"倡议的实施，甘肃省人类工程活动强烈，主要表现在以下几方面。

一、交通建设

甘肃省交通工程近年来发展迅猛，"十二五"以来甘肃省累计完成交通运输固定资产投资约2500亿元，是"十一五"时期的3倍。甘肃省公路网总里程达到14.15×10^4 km，14个市州政府驻地全部以高速公路贯通，86个县市区政府驻地以二级及以上公路贯通，所有乡镇以沥青水泥路贯通。甘肃省高速公路通车里程达到3600 km，原有省道中二级及以上公路比重在70%以上，建制村通沥青（水泥）路比重在80%以上，以上三项指标均比"十一五"翻了一番。高速公路、高速铁路对省内各市州的地质环境改变较大。在山地丘陵区通常进行大量线状场地开挖、切坡，改变了原有斜坡形态，破坏了斜坡的稳定状态，使斜坡出现滑坡、崩塌等地质灾害，对道路及过往行人形成极大威胁。

二、城市、村镇建设

改革开放40多年来，甘肃省的城镇化水平从14.41%提高到44.69%。随着甘肃省城镇化及新农村建设、扶贫易地搬迁的深入推进，城市、农村住宅建设发展较快。由于山区地形地貌条件的限制，合适的建设用地较紧张，大多地区群众就近开挖边坡、平整坡地用于住房建设，造成切坡后边坡失稳。另外，由于农村建房选址不当，部分房屋建在不稳定斜坡坡体上、坡脚或坡顶，造成大量房前屋后成为重点地质灾害隐患区。

三、矿产资源开发

甘肃省已发现各类矿产179种（含亚矿种），其中，已查明资源储量的111种，占甘肃省已发现矿种的62%，未查明资源储量的68种，占甘肃省已发现矿种的38%；在已查明矿产资源中，能源矿产7种、金属矿产36种、非金属矿产66种、水气矿产2种。甘肃省共有各类矿山企业3290个，其中，大型矿山34个、中型矿山53个、小型矿山1154个、小矿2050个。甘肃省已开发利用矿产有79种（除油气外），持证矿山企业3290个，从业人数17.23万人，年产矿石量约11100×10^4 t。甘肃省开发利用的各类矿产（79种）年产矿石量11103.25×10^4 t，其中，能源矿产4116.5×10^4 t、黑色金属矿产1014.51×10^4 t、有色金属矿产1191.26×10^4 t、贵金属矿产181.75×10^4 t、冶金辅助原料非金属矿产430.25×10^4 t、化工原料非金属矿产85.45×10^4 t、建材和其他非金属矿产4080.14 t、水气矿产3.39×10^4 t。矿产资源开发在甘肃省引发了一定数量的地质灾害，并造成水土污染。

四、水利水电工程建设

据不完全统计，截至2022年底，甘肃省有377座水库，其中，大型水库8座、中型水库42座、小型水库327座。规模以上灌区414处，其中，大型灌区23处、中型灌区213处、小型灌区178处。这些水利水电工程的开发和建设，对当地地质环境产生了不同程度的影响，引发崩塌（塌岸）、滑坡等地质灾害，同时也对地下水的补给、径流及排泄条件产生影响。

第二章 地质环境条件

第一节 地形地貌

甘肃省地处内蒙古高原、黄土高原和青藏高原的交会地带，地形复杂，地貌形态多样，山地、高原、平川、河谷、沙漠、戈壁齐全，交错分布，具有地势高、高原山地多、沙漠戈壁分布广等特点。受构造控制，甘肃省地域狭长，地势西南高、东北低，大部分海拔在1000 m以上，属山地型高原，甘肃省共分为六个地貌区。

一、祁连山-阿尔金山高山区

该区位于甘肃省西南部，甘肃、青海两省的交界处，由走廊南山、托莱山、疏勒山等一系列北西西-南东东向山岭组成，山地高程多为4000～5000 m，属高山区。祁连山主峰（团结峰）海拔5805 m，为甘肃省的最高峰。4500 m以上的山岭终年积雪，发育着现代冰川，山脊高峻、狭长，并终年积雪。海拔3500 m以下逐渐变为以剥蚀为主的中、低山区。

二、河西走廊平原区

该区位于甘肃省西部，北山与祁连山山脉之间，东起乌鞘岭，西至甘、新边界，长千余千米，宽数十千米，含有大面积盆地、沙漠、戈壁、低山丘陵等地貌形态。地势南高北低，海拔1000～1500 m。区内走廊山脉将平原区分为南、北两个盆地平原，南部为冲洪积倾斜平原，北部为冲洪积平原。

三、北山中山区

该区位于河西走廊平原以北，包括马鬃山、合黎山、龙首山等，呈东西或北西向伸展，海拔为1500～2500 m，马鬃山主峰海拔2583 m，为中低山地和丘陵地。气候干燥，风蚀严重。北山地区已准平原化，洪积与剥蚀平原面积超过了干燥剥蚀山地。

四、陇中黄土高原丘陵区

该区位于甘肃省中、东部，陇南山地以北，海拔1200～2200 m，相对高差500～1000 m，第四纪以来堆积了厚层黄土。六盘山将其分为陇东黄土高原和陇西黄土高原。陇西黄土高原流水纵横深切，沟壑遍布，呈梁、峁等典型黄土地貌。陇东地势从东、北、西三面呈簸箕状向南部缓慢倾斜，流水切割较陇西地区弱。

五、甘南高原区

该区位于甘肃省南部，属青藏高原东缘部分，区内海拔3000～4000 m，地势西高东低，起伏不大，分布有许多坡度小于3°的平滩地。

六、陇南中高山区

该区位于南部渭河以南的地区，为秦岭山脉的西延部分，通称西秦岭，峰峦重叠，山岭陡峻，河谷深切，地势险要，海拔800～3500 m，相对高差500～1500 m，为中高山区。由于新构造运动强烈隆升和流水的急剧下切，形成高山深谷，锐峰陡坡，呈典型的流水侵蚀山地地貌。

第二节　地层岩性

甘肃省各时代地层均较发育，地层序列比较完整，具有不同时代的海相火山岩系，多种类型的沉积建造，复杂的沉积相和丰富的古生物群等。出露的地层自前长城系至第四系共有 16 个系，以古生界最为发育，构成本省地层的主体。在总体上可分为陇东区、北山区、敦煌-阿拉善区、祁连山和河西区、西秦岭区及巴颜喀拉山区。

一、陇东地区

该区包括甘肃东部黄土高原，属华北地台西部，基底由前长城系组成，在台缘部分见有寒武系、奥陶系。地台内部被大面积第四系覆盖，中生界仅见于深切的沟谷中，古生界发育不全，但岩性稳定，为鄂尔多斯地台型沉积。平凉市为鄂尔多斯西缘分区，震旦系与寒武系出露齐全，均为浅海相碎屑岩及碳酸盐岩沉积，沉积物主要为碳酸盐岩及砂页岩。奥陶系为白云质灰岩及笔石页岩，厚 980~1800 m。中、上石炭统为海陆交互相沉积，以碎屑岩为主含煤及铝土矿，共厚约 500 m。二叠系为陆相沉积，下部含煤褐铁矿，厚约 15000 m。三叠系上统延长群厚达 3000 m，为生油与含油层，夹薄层煤。侏罗系为重要含煤层，并夹有含油层及油页岩。白垩系与古近系为山麓河湖相沉积，白垩系由砂砾岩、砂岩及砂质泥岩和泥岩构成，第二旋回由砂岩、泥岩构成，古近系为一套内陆湖相泥质岩堆积，白垩系与古近系总厚约 8000 m。

该区北部的庆阳市为鄂尔多斯分区，地面大部分为第四系的风成黄土覆盖，与黄土堆积同时发育有河谷冲积层，其中以全新统河谷砾岩层最为发育，地表偶见基岩出露，主要为陆相白垩系与古近系，多沿沟谷分布，钻孔中深部地层为三叠系与侏罗系。本区有良好的储油构造，是长庆油田的重要油区。

二、北山地区

北山地区由于侵入岩体的穿插以及断裂构造的破坏，地层略显破碎。除古近系外，其余各系均有分布，古生界最为广泛，自奥陶系至二叠系均见海相火山岩系，中、新生界全为陆相沉积。该区震旦系为浅海相碎屑岩、碳酸盐岩沉积，厚达 11000 m。寒武系为海相沉积，最厚处厚约 3400 m，下寒武统含磷、锰等矿。奥陶系（厚达 5000 m）为一套陆源碎屑岩建造、浅海相火山岩建造和碳酸盐岩建造。志留系（厚达 2400 m）主要为浅海相火山岩、碳酸盐岩建造。上古生界厚达 20000 m，泥盆系（厚达 4200 m）、石炭系（厚达 13000 m）及二叠系（厚达 10000 m）均为海相或海陆交互相沉积。泥盆系以浅海相碎屑岩、火山岩沉积或碎屑岩夹火山岩，下二叠统以碎屑岩为主，碳酸盐岩次之，并有大量的早二叠世早期和晚期基性火山岩，上二叠统则为陆相沉积，北带为陆相碎屑岩建造，南带则为陆相酸性火山岩建造。三叠系、侏罗系为陆相沉积，中、下侏罗统含煤。上侏罗统至下白垩统分布较广，为陆相碎屑岩。古近系为河湖相沉积。第四系主要为沉积物及风积物，其次为坡残积物及湖沼堆积物。基底大部为前震旦系敦煌变质岩系，地层年代很古老，故一般又称"敦煌古陆"。另外还有一些中、新生界陆相地层。其中，中侏罗统含煤。地表为古近系及第四系覆盖。

三、祁连山和河西地区

祁连山地层呈带状展布。前寒武系构成古老的基底，缺失下寒武统，下古生界属典型的活动型沉积，志留系为稳定型沉积。北祁连上石炭统之上全部为陆相地层，受秦岭及巴颜喀拉海槽影响，南祁连区至晚三叠世才结束海相沉积。祁连山呈狭长带状，近东西向分布。前震旦系变质岩层产沉积变质铁矿。震旦系最厚处厚达 17000 m。下古生界厚 29000~38000 m，属地槽型沉积。中寒武统以火山岩为主。寒武-奥陶系为海底喷发岩夹碎屑岩及灰岩，厚达 10000 余米，含铜、铁。志留系以海相碎屑岩为主夹火山岩。

上古生界属地台型沉积，厚达7000余米。泥盆-石炭系的岩性、厚度与走廊部分相似。二叠、三叠系除中、南祁连山为海相、海陆交互相沉积外，北祁连山为陆相沉积。中、新生界为河、湖相沉积。下、中侏罗统含煤。上侏罗统与下白垩统总厚约5500 m，部分地区含油。古近系含石膏。冰川、冰水沉积发育于高山区。第四系风成黄土在本区山麓直到本省中、东部广泛分布。

河西走廊分布的中寒武统为浅变质岩，厚达4100 m。奥陶系为海相沉积，最厚处厚约3200 m。志留系为海相碎屑岩，厚达7700 m。泥盆系为山麓河湖相沉积，厚达1500 m，下泥盆统含石膏。石炭纪早、晚期均有沉积。二叠、三叠系（厚达24200 m）及中、新生界全为陆相沉积。

四、西秦岭地区

该区地层基本呈东西向带状展布，中、新元古界仅发育长城系、震旦系。西秦岭南部相继发现早及晚奥陶世笔石，古生代地层剖面完整，除见有早古生代火山岩外，晚古生代火山岩少见。至晚三叠世后结束海相沉积。侏罗系与白垩系分布零星，新生界广泛发育。

秦岭有北、中、南和摩天岭四个小区。该区古生界及中生界均为海相地层，属地槽型沉积。前寒武系碧口群为海相碎屑岩与火山岩夹灰岩，分布在摩天岭小区，厚达20000 m，含铜、磷等。志留系厚达10000 m，主要沿白龙江一带分布，为含炭质与硅质板岩、硅质岩，含磷、铁等。上古生界为海相、海陆交互相沉积，厚达27000 m。泥盆系为海相灰岩、碎屑岩并有火山岩，厚达16000 m，下泥盆统见于迭部以南；中泥盆世早期及晚泥盆世的沉积在南、北秦岭具有同期异相的特点，北秦岭以碎屑岩为主，南秦岭以灰岩为主。海相、海陆交互相的三叠系三统俱全，以中秦岭最发育，厚达20000余米。侏罗系（夹煤层）、白垩系与古近系为陆相沉积夹火山岩。

五、巴颜喀拉山地区

巴颜喀拉山区仅有部分延伸于玛曲以南。以海相、海陆交互相的三叠系为主，厚达20000 m。石炭-二叠系仅出露于玛曲以西，其岩性与秦岭分区相似。侏罗、白垩、新近系零星分布。

第三节 地质构造

一、大地构造格局

甘肃省地域广阔，分属不同的大地构造单元。北部西段（马鬃山）属天山褶皱系的北山优地槽褶皱带，东段属中朝准地台的阿拉善台隆，安西-敦煌盆地属塔里木地台的南部台坳。其南中自西向东分别属于东昆仑褶皱系的阿尔金优地槽褶皱带、祁连山褶皱带和秦岭褶皱系。其东部则属中朝准地台的鄂尔多斯台缘褶带和台坳。上述褶皱分别于加里东期或华力西期褶皱成山（表2-1）。

表2-1 甘肃省主要构造单元简表

序号	一级构造单元	编号	二级构造单元
1	祁连山褶皱系	Ⅰ	Ⅰ1 走廊过渡带
			Ⅰ2 北祁连优地槽褶皱带
			Ⅰ3 祁连中间隆起带
			Ⅰ4 南祁连冒地槽褶皱带
2	西秦岭褶皱系	Ⅱ	Ⅱ1 秦岭北部海西冒地槽褶皱带
			Ⅱ2 西秦岭南部印支冒地槽褶皱带
3	东昆仑褶皱系	Ⅲ	Ⅲ1 阿尔金优地槽褶皱带
			Ⅲ2 达肯大坂优地槽褶皱带

续表

序号	一级构造单元	编号	二级构造单元
4	天山褶皱系	Ⅳ	Ⅳ1 北山优地槽褶皱带
5	塔里木地台	Ⅴ	Ⅴ1 塔里木地台东部台坳
6	中朝准地台	Ⅵ	Ⅵ1 阿拉善台隆
			Ⅵ2 鄂尔多斯地台西缘褶带
			Ⅵ3 鄂尔多斯台坳
7	巴颜喀拉褶皱系	Ⅶ	Ⅶ1 巴颜喀拉地向斜
			Ⅶ2 阿尼玛卿优地向斜

（一）祁连山褶皱系（Ⅰ）

该褶皱系北部和东北部与中朝准地台毗邻，南部为昆仑褶皱系及秦岭褶皱系，西为塔里木地块。它除与中朝准地台呈过渡关系外，其余分别以北东东向的阿尔金断裂和北西西向的山缘断裂、西秦岭北缘断裂以及青海南山断裂为界。

祁连山褶皱系是在中国古地台基础上裂陷而成的。从北往南可分为四个二级构造单元，即走廊过渡带、北祁连优地槽褶皱带、祁连中间隆起带和南祁连冒地槽褶皱带。

（二）西秦岭褶皱系（Ⅱ）

该褶皱系属于昆仑-秦岭地槽褶皱的一部分，涉及的主要范围：北以天水-宝鸡深断裂和青海南山深断裂为界，南以玛沁-略阳深断裂及甘孜-松潘褶皱系相隔，西端插入昆仑与祁连褶皱系之间。秦岭褶皱系各地的发展历史和演变有很大的差别，从北到南可分为西秦岭北部海西冒地槽褶皱带和南部印支冒地槽褶皱带。

（三）东昆仑褶皱系（Ⅲ）

甘肃省内仅涉及阿尔金和达肯大坂的一部分范围，它是中国古地台解体后逐渐发展起来的极为复杂的褶皱带（由下古生界和上古生界地层组成的叠加式优地槽褶皱带）。寒武-泥盆纪地层中具有几次喷发-沉积旋回，为中基-中酸性火山岩及复理石建造。到了中晚石炭世该区才转变为地台型沉积，并以碳酸盐岩建造为主。达肯大坂一带的地槽型沉积一直延至石炭纪末才结束，后被二叠纪地台型沉积取而代之。南部的几个次级构造单元除祁曼塔格之外，于早石炭世已全部回返。

（四）天山褶皱系（Ⅳ）

北山优地槽褶皱带是天山-兴安地槽褶皱系的一部分，包括星星峡到安西以北的广大地区。在元古宙末-早古生代早期具有地台型沉积特征。华力西运动使上古生界及其以前地层发生强烈褶皱和变质，同时形成了一系列近东西向断裂，甚至部分老断裂也相继复活。沿断裂带伴有火山喷发和少量的基性岩以及酸性岩侵入，从而结束了地槽发育史。至此，北山进入了一个相对稳定的和以断块运动为主的陆相沉积的新阶段。

（五）塔里木地台（Ⅴ）

塔里木地台东部台坳在该区包括安-敦坳陷、玉门镇-花海坳陷等。南、北两侧分别以深大断裂与祁连褶皱系、东昆仑褶皱系和天山褶皱系为邻。中、晚加里东运动对该区有一定的波及。华力西运动使古生代地层发生褶皱和断裂，并伴有玄武岩的溢出。在白垩纪晚期地台西南部又开始新的沉降，沉积了滨海相碎屑岩。到新近纪塔里木坳陷范围扩大，新近系堆积厚度显著加大，同时，盆地周缘的山体出现断块隆起并伴随断裂活动，常见古近系逆掩于新近系之上。第四纪以来除继承性升降运动外，还伴有水平运动。

（六）中朝准地台（Ⅵ）

该台地包括阿拉善台隆、鄂尔多斯地台西缘褶带和鄂尔多斯台坳。阿拉善台隆介于内蒙古优地槽褶皱带和走廊坳陷之间，两侧均为深大断裂控制，东邻鄂尔多斯西缘褶带。由于加里东运动的波及，早古生代及其以前地层产生明显的倾斜或舒缓的褶皱构造，在龙首山北缘断裂上有规模较大的超基性岩体呈带状分布。鄂尔多斯地台西缘褶带包括六盘山以东地带，构造活动表现为南强北弱。鄂尔多斯台坳仅占省区东北一隅，自震旦纪开始一直为地台型沉积。

（七）巴颜喀拉褶皱系（Ⅶ）

本褶皱系包括巴颜喀拉地向斜和阿尼玛卿优地向斜。前者位于康县以南。该台隆长城纪以来一直处于稳定隆起的状态，岩层稳定，酸性、超基性岩大多处有所出露。内部断裂不发育，但在其南、北两侧边缘有规模较大的北东向断裂存在，形成时代为加里东末期，部分断裂可能更早，但主要活动在华力西期。阿尼玛卿优地向斜位于玛曲以南地区，断裂面向北或北北东倾斜，沿金沙江上游的几条断裂的断裂面向东倾斜。

二、新构造运动

甘肃省新构造运动表现为升降运动、褶皱运动和断裂运动。受青藏高原强烈隆起的影响，地壳上升是甘肃省新构造运动的主要表现形式，在上升过程中又有相对沉降区域，如河西走廊诸盆地以及众多的小型山间盆地。上升区的风蚀剥蚀作用为沉降区的堆积提供了丰富的物质来源，在上升区与沉降区的过渡地带，往往产生一系列褶皱和断裂，许多断裂具有继承性，同时伴有地震发生。新构造运动强度自南而北、自西而东呈逐渐减弱的趋势，南部祁连山、西秦岭的上升幅度远大于北山和阿拉善地区。

新近纪以来的活动断裂主要为北西西和北西向，第四纪以来活动明显。如祁连山北缘断裂、临潭-岷县断裂、西汉水断裂、西秦岭北麓断裂等。祁连山北缘断裂，位于走廊与祁连山交界处，经古浪、景泰、靖远至宁夏海原一带，全长1000余千米，断层倾向南西，断距自西向东减小，断层东段全新世以来共发生5次8级左右地震，其中1900年以来发生一次古浪8级地震（1927年）。又如走廊北缘断裂，西起酒泉以北，经龙首山红崖山进入腾格里沙漠，长在600 km以上，1954年发生的山丹7.25级地震与此断裂相关。庄浪河西断裂北起永登，南至河西以西，全长90 km，1995年永登县七山乡6.5级地震与此断层有关。

甘肃省67%的地震发生于活动断裂上或与活动断裂直接有关，30%与活动断裂控制的复合型活动盆地有关。可见影响区域稳定性的主导因素是活动断裂和地震活动。综合上述因素并考虑地震烈度区域分区，可将甘肃省区域稳定程度分为不稳定区、相对稳定区和基本稳定区。

（一）不稳定区

不稳定区包括陇南山地、祁连山、龙首山、崛雾山、六盘山等地区，地震烈度Ⅶ~Ⅸ度，挽近期以来上述地区断裂活动强烈、断裂密度大、地质体破碎、岩土体不均、软弱夹层多，地震强度大而频繁，地震烈度祁连山、龙首山在Ⅷ度以上，陇南山地可达Ⅺ度，水热活动和岩浆活动极为明显，区域物理地质作用极为发育，地貌反差强烈。

（二）相对稳定区

相对稳定区指北山和陇东地区，地震烈度小于Ⅵ度，地震强度小于5级，第四纪以来活动断裂稀少，地震微弱，地质体较为完整坚硬，水热活动极不明显，物理地质现象主要为水土流失，地形变化微弱。

（三）基本稳定区

基本稳定区介于相对稳定区和不稳定区之间，地震烈度一般在Ⅵ~Ⅶ度，包括河西走廊、陇西黄土高原等。

三、地震

由于新构造运动强烈而复杂，甘肃省地震频度高，强度高，是我国主要强震活动区之一，不良物理地质现象发育。从公元前193年临洮地震至2019年岷漳地震的2200多年间，共发生4.7级以上地震180余次。其中6级及以上地震37次，7级及以上的大地震15次，8级及以上特大地震4次（包括当时属于甘肃省管辖的1920年海原8.5级特大地震）。其中几次大地震破坏力极强，造成大量人员伤亡和财产损失。

（一）海原大地震

1920 年 12 月 16 日，中国宁夏南部海原县和固原县（当时属甘肃省管辖）一带发生里氏 8.5 级特大地震，震中位于海原县县城以西哨马营和大沟门之间，地震共造成 28.82 万人死亡，约 30 万人受伤。此次地震是中国有地震记载中最高烈度地震，也是人类有史以来最高烈度地震。地震释放的能量相当于 11.2 个唐山大地震，强烈的震动持续了十余分钟，全球 96 个地震台都监测到了此次地震，余震维持三年时间。此震为典型的板块内部大地震，重复期长。

（二）古浪大地震

1927 年 5 月 23 日 6 时 32 分 47 秒，古浪县西北的水峡口一带发生 8 级大地震。震中烈度高达Ⅺ度，极震区主要分布在古浪县城及其周围。区内窑洞全塌，房屋倒塌 90%以上，死亡 700 余人。引发城郊杨家瓦庄村旁的东川发生滑坡灾害，滑坡长达 1.5 km，覆压山下村庄，全县城乡死亡 41471 人。

（三）岷漳地震

2013 年 7 月 22 日 7 时 45 分，在定西岷县漳县交界处发生 6.6 级地震，震源深度 20 km。甘肃天水、兰州、陇南、白银，陕西宝鸡、汉中、咸阳、西安及四川成都、绵阳等地都有震感，其中 5 个市（州）、13 个县 109 个乡（镇）严重受灾。地震造成 95 人死亡，5 人失踪，1366 多人受伤。

（四）"5·12"地震

2008 年发生在四川汶川的 8.0 级地震，造成甘肃省南部 206 人死亡，2179 人受伤，紧急转移群众 2.11 万人，倒塌房屋 32411 间，受损学校 247 所，死亡大小牲畜 25190 头（只）。其中受灾最为严重的陇南市有 173 人死亡，2027 人受伤，造成直接经济损失约 490.19 亿元。此次地震对甘肃省陇南市地质环境条件影响较大，引发大量崩塌、滑坡等次生地质灾害。

（五）夏河地震

2019 年 10 月 28 日凌晨，甘南藏族自治州（简称甘南州）夏河县发生 5.7 级地震，震源深度 10 km，震中位于夏河县扎油乡，距离夏河县城 18 km。此次地震造成夏河县 14 个乡镇、63 个行政村、居民社区 331 个、自然村 3333 户 16487 名群众生产生活受到影响，民宅不同程度受损，造成各类经济损失 12.93 亿元。

（六）积石山地震

2023 年 12 月 18 日 23 时 59 分，临夏回族自治州（简称临夏州）积石山保安族东乡族撒拉族自治县（简称积石山县）发生里氏 6.2 级地震，震中位于积石山县柳沟乡，坐标北纬 35.70°，东经 102.79°，震源深度 10 km。临夏州多地震感强烈，位于震中的积石山县灾情最为严重，地震造成积石山县 17 个乡镇受灾，117 人死亡，大量房屋倒塌，部分水、电、交通、通信等基础设施受损。地震引发大量次生地质灾害，虽未因次生地质灾害造成人员伤亡，但造成大量房屋受损，直接经济损失 4.96 亿元。

第四节　岩土体工程地质特征

甘肃省境内岩体类型有岩浆岩、变质岩、碳酸盐岩及碎屑岩岩组，土体类型包括一般土体和特殊土体。

一、岩体工程地质特征

甘肃省岩体工程地质类型划分为 4 大建造类型，25 个岩体工程地质类型。

（一）岩浆岩建造

岩浆岩在山区广泛分布，以侵入岩为主，喷出岩次之，分为坚硬块状侵入岩岩组（干抗压强度 R= 180~200 MPa，软化系数 K=0.78~0.86）和坚硬块状火山熔岩岩组（干抗压强度 R=120~250 MPa，软化

系数 $K=0.84\sim0.91$）。

（二）碎屑岩建造

碎屑岩广泛分布于各大山区及大、中、小盆地中，分为较坚硬中、厚层状砂砾岩岩组（干抗压强度 $R=470\sim600$ MPa），软弱中、厚层状砂岩岩组（干抗压强度 $R=215\sim300$ MPa），较坚硬至软弱中、厚层状-薄层状砂砾岩夹黏土岩岩组（干抗压强度 $R=110\sim500$ MPa），较坚硬至软弱薄层状砂砾岩黏土岩岩组（板岩的干抗压强度一般为 250~550 MPa，砂砾岩的干抗压强度可达 700 MPa），较坚硬至软弱中、厚层状黏土岩夹砂砾岩岩组（岩体稳定性和均匀性极差，极易风化，一般新鲜泥岩 2~3 年即风化成土状），软弱块状黏土岩岩组（岩石软弱，强度低，干抗压强度 11 MPa，遇水极易软化崩解），软弱中、厚层状黏土岩岩组（岩石软弱，强度低，干抗压强度 11 MPa）和较坚硬至软弱中、厚层状-薄层状含煤碎屑岩岩组（干抗压强度一般为 20~32 MPa，软化系数为 0.54~0.64）共八个岩组。

（三）碳酸盐岩建造

甘肃省碳酸盐岩的岩溶发育程度可分为中等和弱两种，再根据岩体的结构特征和工程地质特点不同，将碳酸盐岩建造分为坚硬块状-中、厚层状中等岩溶化碳酸盐岩岩组（干抗压强度 76~120 MPa，软化系数大于 0.8），坚硬块状-薄层状微弱岩溶化碳酸盐岩岩组（干抗压强度 80~140 MPa，软化系数大于 0.8），坚硬至软弱中、厚层状碳酸盐岩夹砂、泥岩岩组（干抗压强度可达 100 MPa，泥岩、砂岩软弱，干抗压强度为 20 MPa），坚硬至软弱中、厚层状-薄层状碳酸盐岩夹砂、泥岩岩组（干抗压强度 20~140 MPa）和坚硬至软弱块状-薄层状碳酸盐岩夹砂、泥岩岩组（干抗压强度为 20~140 MPa）共五个岩组。

（四）变质岩建造

由于变质深浅程度和结构不同，划分为坚硬块状混合岩、片麻岩、千枚岩岩组（干抗压强度为 80~180 MPa，软化系数大于 0.8），坚硬块状片麻岩、石英砂岩岩组（干抗压强度为 80~140 MPa，软化系数大于 0.65），坚硬中、厚层状片麻岩、石英岩、变火山岩岩组（干抗压强度为 80~140 MPa），坚硬至较坚硬块状-薄层状变砂岩、片麻岩岩组（干抗压强度为 35~215 MPa，软化系数为 0.65~0.83），坚硬至较坚硬页片状片岩、片麻岩岩组（干抗压强度为 55~200 MPa，软化系数为 0.72~0.89），坚硬至较坚硬块状变砂岩、变火山岩、千枚岩岩组（干抗压强度为 47~140 MPa），坚硬至较坚硬中、厚层状砂岩、板岩、千枚岩岩组（干抗压强度为 47~140 MPa），坚硬至较坚硬中、厚层状-薄层状砂岩、板岩夹灰岩岩组（干抗压强度为 47~200 MPa），坚硬至软弱薄层状砂岩、板岩岩组（干抗压强度为 120 MPa，板岩为软弱岩石，干抗压强度 10 MPa）和坚硬至软弱页片状页岩、砂岩岩组（干抗压强度为 20 MPa，砂岩干抗压强度为 120 MPa）十个岩组。

二、土体工程地质特征

土体主要分布在省内中部和东部的陇西地区和陇东地区及各大河流两岸的大、中、小型河谷盆地、夷平面、冰川前缘及山前地带等。主要分为一般土体和特殊土体。

（一）一般土体

一般土体包括碎石土、砂土、黏性土三类。碎石土主要分布于河西走廊山前洪积扇一带，结构疏松。砂土又分成中、细、粉砂组成的砂土，主要分布于沙漠地带。黏性土分布于走廊北盆地细土平原和河流阶地上，岩性为冲洪积-湖积相粉质黏土、黏土。

（二）特殊土体

特殊土体主要有黄土、淤泥质土、盐渍土和冻土四个类型。

1. 黄土

黄土分布区为省内地质灾害集中发育的地区之一。陇东、陇西地区的黄土为强湿陷性黄土，永登、皋兰、靖远以北和临夏一带的黄土为中等湿陷性黄土，弱湿陷性黄土零星分布于古浪、靖远以北的地区。由于自然和人为作用，黄土边坡失稳是该区主要的灾害类型。

2. 淤泥质土

淤泥质土集中分布于甘南高原的黄河河曲、尕海盆地和河西走廊的黑河、疏勒河沿岸及武威、张掖城区附近洪积扇缘泉水溢出洼地地带。主要由河漫滩相或牛轭湖相沉积物组成。该类土腐殖质含量较高，结构较紧密，可塑，具微细层理及淤泥臭味。湿时呈软塑或流塑状态，干时较硬。一般与下伏非黏性土组成双层或多层结构。天然含水量高于液限，容重偏低，中-高等压缩，承载力低，强度低于一般黏性土，作为建筑地基易产生侧滑动、沉降、基底两侧挤出等不良工程地质现象。

3. 盐渍土

盐渍土分布在河西走廊各流域下游平坦地区，在酒泉、金塔、高台、张掖等县市，所见盐泽土表层为厚 2~3 cm 的细土和盐混合胶结的盐结皮，结皮层以下为蓬松的盐土层，厚 35~45 cm；向下盐分呈白色斑块状聚积。在武威、民勤等地盐泽土层下面常见石灰结核。盐渍土盐分组成相当复杂，主要盐类有氯化物和硫酸盐，每种盐渍土都由一二种主要盐类组成。盐渍土的物理化学性质受盐分的影响而变化，不适宜进行工程建筑，为不良工程地质层。

4. 冻土

甘肃省冻土分布范围较小，主要分布在祁连山和阿尼玛卿山的高山和极高山区。祁连山冻土分布在海拔 3900 m 以上山区，3900~4200 m 为季节冻土，4200 m 以上为多年冻土。在西祁连山地，冻土分布在 4000 m 以上。甘肃省冻土属高海拔多年冻土，主要服从垂直地带规律，厚度由几米到一二百米不等。季节冻土和多年冻土的季节融化层是对建筑物造成危害的主要因素，属于复杂工程地质层。

第五节　水文地质条件

根据水文地质特征，甘肃省分为五个水文地质区，各区水文地质条件概述如下。

一、祁连山-阿尔金山水文地质区

祁连山-阿尔金山属强烈上升的断块山地，地下水具有明显的垂直分带性。海拔 3600 m 以上为高山多年冻结层水带，地下水溶解性总固体小于 0.5 g/L，为重碳酸型水；多年冻层以下，3000 m 以上属中高山裂隙水带，包括基岩裂隙水和断层脉状水，含水层厚度一般为 50~100 m，以石炭系、奥陶系、前寒武系富水性较强，单泉流量为 0.5~11 m^3/s，最大达 4.31 m^3/s，溶解性总固体小于 0.5 g/L；3000 m 以下为低山裂隙水带，受气候条件限制，含水层富水性明显减弱，地下水径流模数小于 0.51 L/(s·km^2)，溶解性总固体为 1~5 g/L。

分布于祁连山、阿尔金山山地中的山间盆（谷）地有 17 个，各自构成相对独立的水文地质单元，其间赋存第四系孔隙水，单井涌水量 1000~5000 m^3/d，溶解性总固体多小于 0.5 g/L。该区地下水受大气降水补给，山区地下水大部分排入沟谷和河谷中，主要以河水形式进入河西走廊，以潜流方式进入河西走廊的量甚少。

二、河西走廊水文地质区

新近纪以来，河西走廊总体上属强烈沉降区，局部的基岩隆起把走廊分成若干盆地，各盆地为巨厚的冰水-洪积相、河湖相和湖相第四纪松散层，为地下水提供了良好的储水空间，主要含水层为中更新统—全新统。自山前向平原形成了"潜水-承压水"系统。该系统富水性强，单井涌水量 300~1000 m^3/d，水质良好，溶解性总固体一般小于 1 g/L，仅南盆地北部和北盆地部分地区表层潜水溶解性总固体较高，达 10 g/L 左右。地表水入渗和降水入渗是本区地下水的主要补给来源，南部山区的侧向补给甚微。蒸发、蒸腾和人工开采是本区地下水的主要排泄途径。

三、北山水文地质区

北山属荒漠化低山残山。按含水层性质分为基岩裂隙水、中新生界碎屑岩层间水和第四系松散岩类孔隙水。由于气候干燥，降水稀少，蒸发量大，地下水资源贫乏，一般单位涌水量小于 500 m^3/d，个别地段可达 1000 m^3/d，水质较差，溶解性总固体为 1~5 g/L。该地区地下水完全靠降水补给，其排泄有赖于侧向流出、蒸发、蒸腾和人工开采。

四、陇中黄土高原水文地质区

本区水文地质条件相对复杂，富水性、水质变化剧烈。陇东地区主要含水层为第四系中更新统黄土和下白垩统志丹群砂岩。中更新统黄土主要分布在塬区，单井涌水量为 100~1000 m^3/d，水质良好。下白垩统呈向斜构造，含承压水，自上而下富水性由弱变强，单井涌水量为 100~2200 m^3/d，水质由好变差，溶解性总固体为 1~10 g/L。陇西地区地下水类型多，总的规律是水量贫乏，水质较差，但在个别地段（如兰州断陷盆地）富水性较强（单井涌水量 1000~5000 m^3/d），水质好（溶解性总固体为 0.5~1 g/L），成为当地的重要供水水源。六盘山区含基岩裂隙水和白垩系—新近系裂隙孔隙水，单井涌水量为 10~500 m^3/d，溶解性固体为小于 1 g/L。

五、陇南水文地质区

陇南包括西秦岭山地和甘南高原两部分。基岩裂隙水与岩溶裂隙水并重，其补给来源为大气降水。基岩裂隙水富水性较强，平均单泉流量 1.15 L/s，地下水径流模数一般为 1~3 $L/(s \cdot km^2)$，个别可达 10 $L/(s \cdot km^2)$。岩溶裂隙含水岩组富水性不均匀，大泉和特大泉占泉水总数的 22%，而流量却占泉水总量的 95%~99%，地下水径流模数为 5~10 $L/(s \cdot km^2)$，水质良好，溶解性总固体小于 1 g/L。地下径流和人工开采是该区地下水的排泄途径。

第二篇

甘肃省地质灾害发育及分布特征

第三章 甘肃省地质灾害概况

第一节 地质灾害基本情况

一、地质灾害类型及数量

甘肃省地处中国内陆，位于青藏高原、黄土高原、内蒙古高原交会地带，境内地质构造复杂，地貌类型多样，生态环境脆弱，地震频发，降雨集中，崩塌、滑坡、泥石流等地质灾害多发、频发，是我国地质灾害最为严重的省份之一。地质灾害具有复杂性、多样性、隐蔽性等特征，地质灾害隐患数量多、分布广、密度大、险情重、治理难。地质灾害易发区面积 $25.25\times10^4\ km^2$，占甘肃省国土面积的 55.65%，尤其是中东南部 9 个市（州）、30 个县（市、区）、268 个乡（镇）、1.3 万多个村（社区）受到地质灾害威胁。

近年来，随着我国降雨带北移，境内及周边地震频发，自然因素和人为因素引发的地质灾害对人民生命财产安全构成更大威胁，地质灾害防治形势更加严峻。从近年地质灾害发生情况来看，甘肃省地质灾害防治形势已从汛期重点防治向全年常态化防治、雨后重点防治到雨前提前预防转变。

截至 2023 年底，甘肃省已查明地质灾害隐患点 22184 处，威胁人口 221.6 万人，威胁财产 1095.39 亿元。

按类型划分，滑坡 13050 处，占灾害点总数的 58.83%；泥石流 4046 处，占灾害点总数的 18.24%；崩塌 4930 处，占灾害点总数的 22.22%；地裂缝 92 处，占灾害点总数的 0.41%；地面塌陷 66 处，占灾害点总数的 0.30%。由此可见甘肃省地质灾害以滑坡、泥石流、崩塌为主，共计 22026 处，占灾害点总数的 99.29%（图 3-1）。

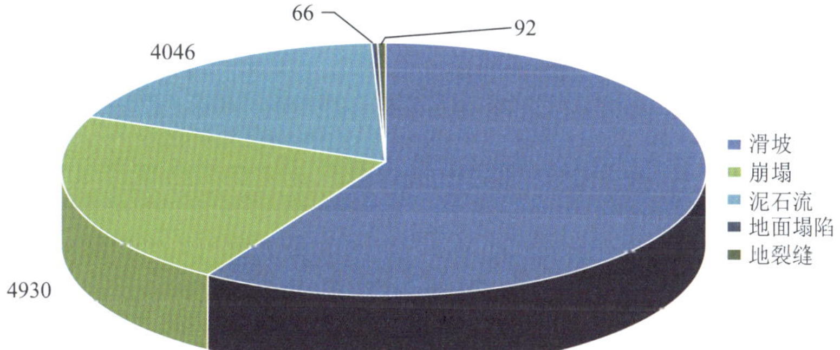

图 3-1 地质灾害类型占比饼图（单位：处）

按险情等级划分，特大型灾害 257 处，占灾害点总数的 1.16%；大型 612 处，占灾害点总数的 2.76%；中型 5107 处，占灾害点总数的 23.02%；小型 16208 处，占灾害点总数的 73.06%。其中险情主要以小型和中型为主，共计 21315 处，占灾害点总数的 96.08%（图 3-2）。

按规模等级划分，甘肃省内发育特大型地质灾害 1617 处，占灾害点总数的 7.29%；大型地质灾害 1935 处，占灾害点总数的 8.72%；中型地质灾害 4249 处，占灾害点总数的 19.15%；小型地质灾害 14383 处，占灾害点总数的 64.84%。规模以小型和中型为主，共计 18632 处，占总数的 83.99%（图 3-3）。

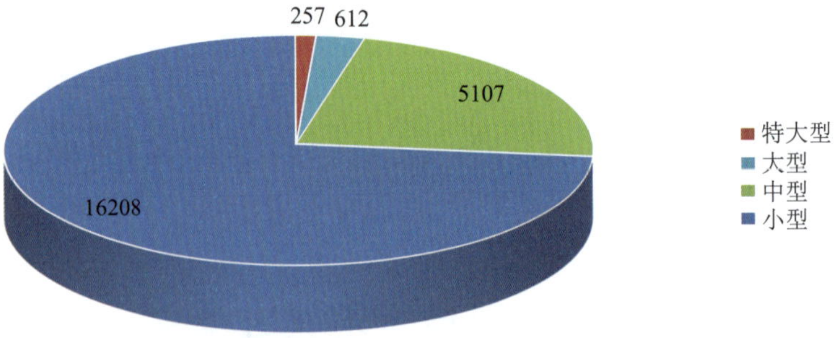

图 3-2　地质灾害险情等级饼图（单位：处）

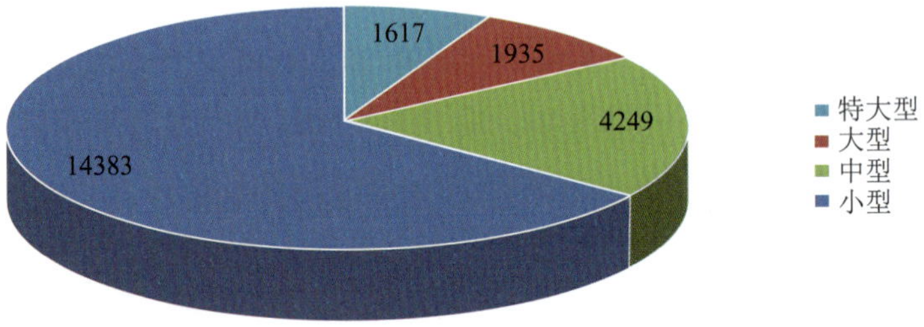

图 3-3　地质灾害规模等级饼图（单位：处）

二、地质灾害分布特征

（一）空间分布特征

1. 各行政区地质灾害分布特征

甘肃省地质灾害主要分布于中东南部的兰州市、陇南市、天水市、定西市、临夏州、甘南州、庆阳市、平凉市、白银市 9 市（州），地质灾害数量达 21756 处，占甘肃省灾害点总数的 98.07%。其中兰州市 2251 处，占灾害点总数的 10.15%；陇南市 7808 处，占灾害点总数的 35.20%；天水市 2552 处，占灾害点总数的 11.50%；定西市 1380 处，占灾害点总数的 6.22%；临夏州 2834 处，占灾害点总数的 12.77%；甘南州 1555 处，占灾害点总数的 7.01%；庆阳市 1956 处，占灾害点总数的 8.82%；平凉市 981 处，占灾害点总数的 4.42%（表 3-1）。酒泉、嘉峪关、金昌、武威、张掖等河西走廊地区的地质灾害发育程度较低。针对单灾种而言，崩塌发育前五位的为陇南市、庆阳市、兰州市、天水市、平凉市，滑坡发育前五位的为陇南市、临夏州、天水市、兰州市和定西市，泥石流发育前五位的为陇南市、甘南州、定西市、临夏州、天水市。

表 3-1　各市州地质灾害隐患点数量、险情统计表

市州灾害	滑坡/处	崩塌/处	泥石流/处	地裂缝/处	地面塌陷/处	合计/处	威胁财产/亿元	威胁人口/人
兰州市	1479	518	241	0	13	2251	194.22	1479
兰州新区	11	2	0	0	0	13	0.04	11
嘉峪关市	0	4	7	0	0	11	0.07	0
金昌市	4	12	26	0	1	43	7.49	4
白银市	197	137	94	1	10	439	23.24	197
天水市	1590	633	321	0	8	2552	172.57	1590
武威市	22	40	47	0	0	109	7.42	22
张掖市	30	42	92	0	0	164	8.56	30
平凉市	514	376	74	8	9	981	79.42	514

续表

市州灾害	滑坡/处	崩塌/处	泥石流/处	地裂缝/处	地面塌陷/处	合计/处	威胁财产/亿元	威胁人口/人
酒泉市	9	29	44	1	5	88	13.55	9
庆阳市	984	637	315	16	4	1956	41.96	984
定西市	775	159	385	61	0	1380	72.03	775
陇南市	4815	1607	1371	4	11	7808	246.68	4815
临夏州	2010	439	382	1	2	2834	112.96	2010
甘南州	610	295	647	0	3	1555	119.58	610
合计	13050	4930	4046	92	66	22184	1099.79	13050

2. 不同流域地质灾害分布特征

甘肃省省内主要流域为黄河流域、长江流域、内陆河流域。黄河流域可分为黄河干流水系、渭河支流水系、泾河支流水系、洮河支流水系、湟水河水系、北洛河水系。长江流域主要涉及白龙江流域、白水江流域和西汉水流域。甘肃省地质灾害主要分布区域涉及黄河和长江两大流域，多为水源涵养区、生态脆弱区和少数民族聚集地，既是甘肃省经济发达人口密度高地区，也是甘肃省区域经济发展和乡村振兴重点区域，涉及兰州-西宁城市群、关中-天水城市群重要发展规划区。区内地质灾害多发频发，分布密度和发生频率由北向南呈递增趋势，严重威胁人民生命财产安全，成为制约甘肃省经济高质量发展的重要因素之一。

省内大部分灾害发育于黄河流域内，共计13371处，占甘肃省灾害总数量的60.27%，其中崩塌3087处、滑坡7913处、泥石流2235处、地面塌陷87处、地裂缝49处，极为发育的地质灾害制约着省内黄河流域的社会经济发展。长江流域次之，地质灾害主要发育于白龙江水系、白水江水系，共计地质灾害点8398处，占甘肃省灾害总数量的37.86%，其中崩塌1716处、滑坡5072处、泥石流1595处、地面塌陷4处、地裂缝11处。内陆河流域占甘肃省地域面积的一半以上，主要发育石羊河水系、黑河水系、疏勒河水系、苏干湖水系，地质灾害发育相对较少，共计415处，占甘肃省灾害总数量的1.87%，其中崩塌127处、滑坡65处、泥石流216处、地面塌陷6处、地裂缝1处，可以看出河西地区以发育在南北山地山前走廊地带的泥石流为主（表3-2）。

表3-2 不同流域地质灾害数量分布统计表 单位：处

流域	滑坡	崩塌	泥石流	地面塌陷	地裂缝	合计
黄河流域	7913	3087	2235	87	49	13371
长江流域	5072	1716	1595	4	11	8398
内陆河流域	65	127	216	6	1	415
合计	13050	4930	4046	66	92	22184

3. 不同地貌区地质灾害分布特征

按甘肃省地貌分区，基本可划分为四个区域：黄土高原区、陇南山地区、甘南高原区和河西地区。

1）就灾害整体分布而言，黄土高原区是地质灾害最为发育的区域，发育地质灾害点12406处，占比55.92%，其中崩塌2901处、滑坡7560处、泥石流1812处、地面塌陷46处、地裂缝87处。该区属陇东、陇西黄土高原。陇西黄土高原范围包括兰州、定西、天水、临夏、白银和平凉市静宁县、庄浪县、华亭市，主要高发地区位于黄河干流沿岸及其支流湟水河、洮河、渭河、大夏河沿岸，境内地形切割强烈，沟壑纵横，新构造运动较为强烈，黄土、红层等易滑地层广泛分布，生态脆弱，地震多发，降水集中，人类工程活动强烈，发生滑坡、崩塌、泥石流的可能性较大；陇东黄土高原范围包括庆阳市全域及平凉市崆峒区、崇信县、泾川县、灵台县，主要高发地区位于渭河支流泾河沿岸，泾河支流马莲河、达溪河沿岸及董志塬南部塬边地段，境内沟壑纵横，地形破碎，沟谷交错，黄土等易滑地层广泛分布，溯源侵蚀强烈，发生滑坡、崩塌、泥石流的可能性较大。

2）陇南山地包括陇南市全境及甘南州舟曲县、迭部县，发育地质灾害点8398处，占比37.85%，其中崩塌1716处、滑坡5072处、泥石流1595处、地面塌陷11处、地裂缝4处。该区属西秦岭山地，地处我国南北活动构造带与东西祁秦构造带交会部位，主要高发地区位于白龙江干流沿岸及其支流白水江、西汉水沿岸。境内山高谷深，地形破碎，地质构造复杂，地震活动性强，千枚岩、板岩等易滑岩土体分布广泛，降水集中且强度大，人类工程活动强烈，发生崩塌、滑坡、泥石流灾害的可能性较大。

3）甘南高原发育地质灾害点965处，占比4.36%，其中崩塌186处、滑坡353处、泥石流423处、地面塌陷3处。该区属青藏高原东延部分，地形波状起伏，相对高差较小，新构造运动较为强烈，灰岩、千枚岩、板岩等软硬相间岩体集中分布，降水相对集中，人类工程活动强度一般。

4）河西地区地质灾害发育相对较少，共计415处，占比1.87%，其中崩塌127处、滑坡65处、泥石流216处、地面塌陷6处、地裂缝1处。该区属河西走廊、祁连山山区及北山地区，新构造运动强烈，活断层发育，局地降水集中，区内地质灾害类型以山前泥石流为主，人类工程活动一般（表3-3）。

表3-3　不同地貌地质灾害分布统计表　　单位：处

地貌分区	滑坡	崩塌	泥石流	地面塌陷	地裂缝	合计
黄土高原	7560	2901	1812	87	46	12406
陇南山地	5072	1716	1595	4	11	8398
甘南高原	353	186	423	0	3	965
河西地区	65	127	216	6	1	415
合计	13050	4930	4046	66	92	22184

（二）时间分布特征

1. 月际分布规律

1978—2022年地质灾害发生月份数量统计表明，甘肃省全年12个月内均有地质灾害发生（表3-4），其发灾数量基本与每年的汛期时长保持一致，即5—9月主汛期是地质灾害的高发期，共发生5864起，占比95.54%，以8月最为严重（图3-4）；其次为1—4月的冻融期，共发生地质灾害156起，10—12月地质灾害发育相对较少，共发生地质灾害118起，以崩塌、滑坡为主。

表3-4　甘肃省多年月灾害发生数量统计表（1978—2022年）　　单位：起

月份	崩塌	滑坡	泥石流	合计
1	12	7	18	37
2	7	4	1	12
3	15	17	0	32
4	18	52	5	75
5	32	114	41	187
6	50	140	73	263
7	112	628	1279	2019
8	166	1411	1578	3155
9	51	136	53	240
10	15	59	10	84
11	9	6	2	17
12	8	9	0	17
合计	495	2583	3060	6138

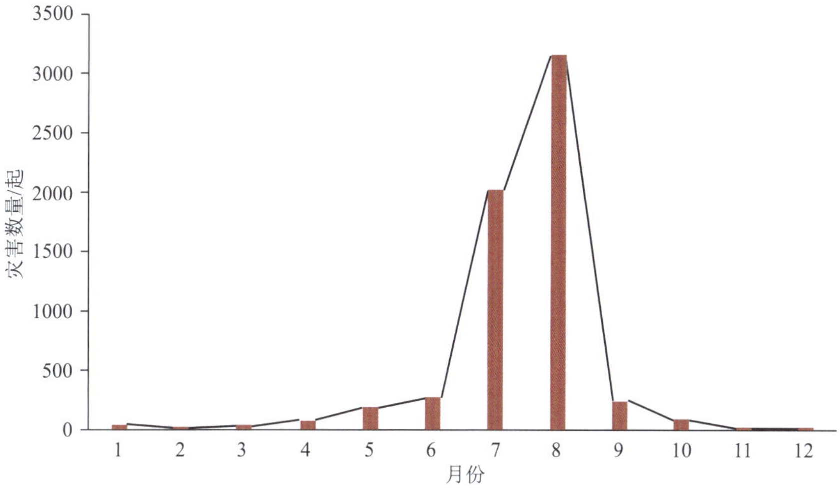

图 3-4 甘肃省多年月灾害数量分布规律图

2. 年际分布规律

甘肃省地质灾害多因降水引发或加剧，由于降水过程存在一定的周期性，所以地质灾害发生时间与年降水量成对应关系，丰水年崩塌、滑坡、泥石流灾害暴发多，枯水年灾害发生少，且具有 8~10 年长周期和 2~3 年短周期的特征。如陇南市内较大的沟谷每隔 8~10 年即发生较大规模的泥石流，自 1978 年以来，发生比较严重泥石流灾害的年份出现在 1982—1985 年、1990—1993 年、1998—1999 年、2008—2013 年、2017—2020 年，虽地域不同，地质灾害发生时间有一定差异，但总趋势与降水周期性变化接近。

第二节 地质灾害发育特征

甘肃省内地质灾害主要为崩塌、滑坡、泥石流。笔者通过调查梳理认为，甘肃省滑坡、崩塌、泥石流等地质灾害物质组成多样。如黄土高原区，主要发育黄土崩塌、滑坡和黄土泥石流、泥流；陇南山地主要发育以断裂带岩性的堆积层滑坡、断裂带滑坡、基岩山区崩塌和黏性泥石流为主；河西地区主要以祁连山、龙首山山前地带发育的稀性泥石流为主，以下分别进行叙述。

一、滑坡

据有关资料统计，甘肃省有各类大、小滑坡约 4 万处（该处滑坡数量、非滑坡灾害隐患点数量），分布面积达 11×10^4 km^2，约占甘肃省总面积的 23%，主要分布于乌鞘岭以东的甘肃省中东南部地区，特别是陇西、陇东黄土高原区和陇南山地区，是全国滑坡最发育的省份之一。

省内滑坡按物质成分可划分为黄土滑坡、堆积层滑坡、基岩滑坡和破碎岩滑坡（表 3-5）。据统计资料，陇南是甘肃省滑坡最多的地区，数量占甘肃省滑坡总数的 72.2%，其次为陇西、陇东黄土高原区，河西地区滑坡不发育，仅占 0.7%（表 3-6）。

按滑坡发育的地质背景，内外应力作用的性质和强度，以及滑坡分布的疏密程度分述如下。

（一）陇西、陇东黄土滑坡区

该滑坡区为我国黄土滑坡最发育的地区，洮河中游、渭河上游及泾河上游地区黄土覆盖层厚，潜在软弱面发育，地下水丰富，新构造运动强烈，地震频繁，滑坡分布密度和发生频率居黄土高原区之首，洮河流域的东乡族自治县（简称东乡县），全县滑坡分布密度为 2.1 处/10 km^2；渭河中游北岸及泾河支流蒲河、洪河流域滑坡密集，新老叠置，密度达 1015 处/10 km^2；黄土高原临夏一带，黄土层较薄，植被良好，滑坡分布较少；定西、兰州以北地区，年降水量小，坡面切割较轻，滑坡规模小、分布稀疏。

（二）陇南基岩、堆积层、破碎岩滑坡区

陇南山地区是甘肃省基岩、堆积层、破碎岩滑坡最发育、规模最大的地区，特别是沿秦岭纬向构造

带白龙江中下游两岸的变质岩分布区，滑坡分布密集，已知的大型深层滑坡2000余处。在一些沟谷中，滑坡面积占流域面积的20%~30%，在断裂带交会处，滑坡密度达12处/km^2，嘉陵江上游地区滑坡多由地震和降水引起，以堆积层滑坡为主。

表3-5 甘肃省滑坡类型表

滑体物质	分布	滑坡特征
黄土滑坡	陇西、陇东黄土高原区	陇西黄土丘陵区多为规模大、中型的黄土基岩顺层滑坡、黄土基岩切层滑坡和黄土基岩接触面滑坡，结构面为新近系、古近系泥岩、砂岩。其中，黄土基岩顺层、切层滑坡滑体主要由黄土和岩层组成，黄土基岩顺层滑坡主滑面顺直，受岩层产状控制，倾角一般为10°~20°，滑速较低，滑距较近，易整体或局部复活滑动；黄土基岩切层滑坡滑体主要由黄土和岩层组成，主滑面后部较陡，规模较大，滑速快、滑距长，滑动后势能完全释放，稳定性高；黄土基岩接触面滑坡滑体多为马兰黄土，带动少量泥岩风化层，滑面较平直，滑速低、滑距短，滑动势能释放不彻底，易整体或局部复活滑动。陇东黄土塬一般为黄桃层内滑坡，结构面为离石黄土中的古土壤层，滑动面近似圆弧形，光滑，后壁受垂直节理控制，较陡，滑体稳定性较高，但后壁易再次失稳滑动
堆积层滑坡	坡积物及老滑坡分布区	主要为古、老滑坡体再滑动，或残坡积层的滑动
基岩滑坡	陇南山地区	主要是中生代变质岩分布区的切层滑坡，规模一般较大，控滑结构面为志留系中的千枚岩、炭质页岩等
破碎岩滑坡	断裂带滑坡	大型断裂破碎带形成的滑坡，部分滑坡为沿断层破碎带滑坡，滑向平行于断层走向，如著名的锁儿头滑坡、牙豁口滑坡、泄流坡等；部分滑坡受断层破碎带横切，多具有叠瓦状滑面，长期蠕滑或间歇性滑动，具多级多次滑动特征

表3-6 甘肃省滑坡统计

地区	滑坡数量/处	所占比例/%	滑坡类型
黄土高原区	8023	61.5	以黄土滑坡为主
陇南基岩山地区、甘南高原区	4945	37.8	以基岩、堆积层、破碎岩滑坡为主
河西地区	92	0.7	以基岩滑坡为主
合计	13050	100	—

（三）河西岩石-破碎岩石滑坡区

该滑坡区分布于祁连山区的滑坡主要是由冰劈及融冻作用形成的浅层滑坡和岩崩，山麓带零星分布的滑坡主要由地震作用造成，受区域构造控制，特殊的地层岩性组合及新构造运动是滑坡发育的地质基础，甘肃东、南部有两套易滑地层，且均具有良好的软弱面，黄土高原马兰黄土与第三系（古、新近系）泥岩叠置的“二元结构”（包括黄土与古土壤层的组合结构），上部黄土孔隙大、透水性强，下部泥岩胶结良好、透水性差，表面形成薄层泥质塑性体，成为受力变形体和滑动润滑剂。陇南秦岭山区的深变质岩层（主要由千枚岩、板岩、页岩等软弱岩石构成）与石灰岩等坚硬岩石在层序上软弱相间。软弱岩石在长期的内外应力作用下，风化层厚度达40~50m，风化带底部为相对隔水层，由于地下水的长期作用，使风化带含水层千枚岩、页岩饱水泥化，形成良好的滑动面。

（四）滑坡诱发因素

滑坡产生的诱发因素主要有降水、地震和人为活动，据统计60%以上的滑坡发生在丰水年的雨季，发生滑坡的临界降水量因下垫层不同而异。黄土区滑坡多由连阴雨诱发，如雨季降水量较平水年多100 mm左右，前期累积降水量大于60 mm，当日雨量（暴雨）大于50 mm；基岩山地滑坡，前期累积降水量大于200 mm，当日雨量（暴雨）大于60 mm（表3-7）。近年来，人为工程活动作用加强，山区过度垦荒，森林大量采伐，水利、水电、道路建设和采矿等活动引起的滑坡日趋增多，特别是森林植被的消失，加剧了现代侵蚀作用，是造成甘肃东部山区山体失稳的重要原因之一。

表 3-7 甘肃几次滑坡发生时的降水量

滑坡区	发生时间	降水量/mm				雨型
		多年平均降水量	当年降水量	雨季雨量	日最大雨量	
天水	1984 年 8 月 30 日	507.7	738.7	52.7	63.1	连阴雨、暴雨
两当	1981 年 8 月 21 日	548.0	—	106.3	257.5	连阴雨、暴雨
徽县	1981 年 8 月 21 日	782.0	—	120.0	294.0	连阴雨、暴雨
伯阳	1978 年 7 月 21 日	507.7	586.0	200.0	82.9	暴雨
化马	1976 年	662.0	—	330.0	—	暴雨

二、崩塌

甘肃境内崩塌分布面积达 5×10^4 km²，约占甘肃省总面积的 6%。按物质成分可划分为黄土崩塌、基岩崩塌、堆积土崩塌（表 3-8）；按运动形式可分为滑移式崩塌、倾倒式崩塌和拉裂式崩塌（表 3-9）。

表 3-8 甘肃省崩塌类型表

滑体物质	分布	滑坡特征
黄土崩塌	陇西、陇东黄土高原区	主要发育于黄土丘陵高陡斜坡地带，其次为侵蚀切割形成的沟谷两侧陡崖和老滑坡后壁地带。规模以小型为主，中型次之。运动形式以倾倒式为主，其次为滑移式
堆积层滑坡	残坡积物堆积区	主要残坡积层的崩落、坍塌
基岩崩塌	陇南基岩山区	主要发生在中生代变质岩分布区，受岩层节理等控滑结构面控制

表 3-9 甘肃省崩塌统计

地 区	崩塌数量/处	所占比例/%	滑坡类型
陇南基岩山地区、甘南区	1790	36.8	以基岩崩塌为主
黄土高原区	2901	58.8	以黄土崩塌为主
河西走廊	86	3.4	以基岩崩塌为主
合计	4930	100	—

（一）黄土高原土质崩塌区

该崩塌区主要分布于黄河干流及其支流祖厉河、洮河、渭河上游及泾河上游地区，多发育于黄土丘陵高陡斜坡地带，其次为侵蚀切割形成的沟谷两侧陡崖和老滑坡后壁地带，受黄土垂直节理控制。黄土崩塌的起始运动形式为倾倒式或滑移式。鉴于高陡斜坡坡脚往往有人居住，一旦崩塌发生，便造成严重的人员伤亡和财产损失。城市中的土质崩塌多因坡脚开挖、坡顶灌溉或排水所致。

（二）陇南山地、河西走廊山前地段岩质崩塌

该崩塌主要分布于陇南山地、河西祁连山山前地带，发生崩塌的岩体多为变质岩，受岩层节理裂隙等结构面控制。岩质崩塌均因采石、切坡等开挖活动所致，多集中于交通沿线。

对甘肃省 1000 余处崩塌的原始斜坡坡度进行统计（图 3-5），结果显示，发生崩塌的斜坡坡度集中在 60°~80°，大于 80°或小于 60°的较为少见。这也充分反映了区内易发生崩塌的区域与切坡建房、削坡修路等人类工程活动密不可分。

三、泥石流

甘肃省是全国四大泥石流危害区之一，甘肃省 86 个县（市）中，53 个发生过泥石流灾害。据统计，

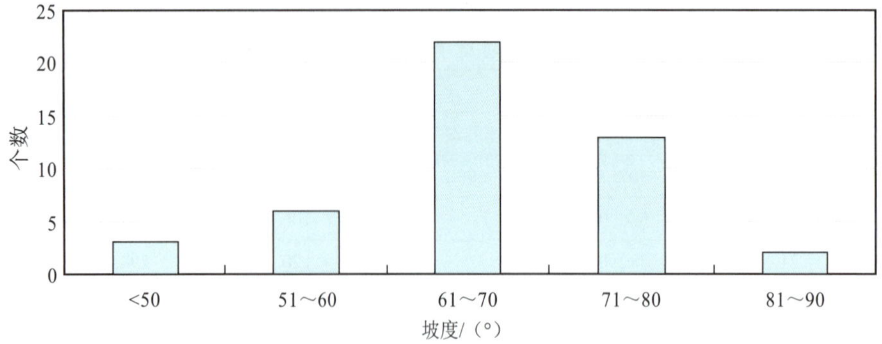

图 3-5　甘肃省崩塌原始斜坡坡度统计图

甘肃省共有灾害性泥石流沟6000余条，其中河谷型和沟谷型泥石流沟共4000余条，约占总数的65%，其余为山坡型泥石流沟。这些泥石流沟大部分集中在甘肃省中东部，河西地区较少，全部河谷、沟谷泥石流沟中，陇东占35.1%，陇南、甘南占35%，陇西占29.9%，如果将山坡型泥石流统计在内，陇南地区泥石流在甘肃省中占绝对多数（表3-10）。

表 3-10　甘肃东部河谷、沟谷型泥石流沟统计表

类型	地区				
	陇东	陇西	陇南	甘南	合计
河谷型/条	43	56	51	12	162
沟谷型/条	1407	1176	1021	361	3968
合计/条	1450	1235	1072	373	4130
所占比例/%	35.1	29.9	26.0	9.0	100

受降水分布和暴雨出现次数的影响，甘肃泥石流分布密度和暴发频率由南向北呈递减趋势，大致可分为3个泥石流分布区。

（一）陇南黏性泥石流分布区

分布区范围包括白龙江流域和西汉水流域中下游（属长江水系），涉及陇南市全域及甘南州舟曲县、迭部县，分布于迭部以东的白龙江中下游和西汉水流域共有泥石流1000余条，仅白龙江流域就有泥石流沟1000余条，主要集中在舟曲县沿大断裂带的白龙江两岸，分布密度和暴发频率居甘肃省之冠。沿江、河两岸平均每千米长度内就有2~3条泥石流沟，受河流侧蚀作用的影响，白龙江北岸泥石流较南岸更发育，常堵江为患的有甘家沟、北峪河、石门沟、深沟等；常堵塞交通或淹没大片农田的有佛堂沟、泥湾沟、火烧沟、柳湾沟、清水子沟等，均分布于北岸。泥石流十分黏稠，有观测记录的泥湾沟、火烧沟、柳湾沟、泥石流，容重均大于2.0 t/m^3，最高达2.24 t/m^3。该地区泥石流目前正处于其发育的旺盛期，形成泥石流的雨量约25 mm/h，泥石流发生后多形成堵江，链式特征明显。

（二）黄土高原泥流、泥石流分布区

该区域泥石流按地貌类型可细分为陇东黄土高原泥流分布区和陇西黄土高原泥石流、泥流分布区。陇东黄土高原泥流分布区主要位于泾河、洛河流域中下游，陇山（六盘山）以东，涉及庆阳全域及平凉崆峒区、泾川县、崇信县、灵台县。该区域主要以黄土丘陵沟壑地貌为主，在地表水冲刷、侵蚀下极易形成泥流。陇西黄土高原泥石流、泥流分布区主要位于黄河谷地两岸及其支流洮河、渭河、泾河及祖历河等流域，涉及兰州、临夏、天水、白银、定西全域，平凉市静宁县、庄浪县、华亭市及甘南州卓尼县、临潭县、夏河县。流域内，塬丘高差大，沟壑切割深，形成泥石流的雨量约25 mm/h。这些流域中，以塬丘高差大、沟谷切割深、黄土底部有新近系、古近系、白垩系泥岩出露，有地下水发育的地区，如兰州

市的黄河南岸、渭河谷地、宝—天铁路沿线泥流容重大，分布集中的渭河河谷天水段泥石流沟处于发展旺盛期，中下游滑坡多，源头及支沟中坍塌物分布广泛，暴雨频繁，泥石流活跃程度仅次于白龙江流域。泾河流域泥流区分布于泾河河谷以北马莲河以西的地区，区内黄土丘陵相对高差为200~300 m。大部分地段泥岩出露，滑坡面积占流域面积的10%~40%，多为黏性泥流。

（三）河西内陆河流域稀性泥石流区

河西走廊南部的祁连山北坡和北部的龙首山、合黎山南坡山麓地带，发育小规模的稀性泥石流，其发生频率与暴雨的关系甚为密切，该区域泥石流往往随洪水径流发生，来势迅猛，历时短暂。

有利的地形、充沛的降水和大量的固体松散堆积物是泥石流发育的3个基本条件，境内固体物质类型主要有岩石风化物、黄土、冲洪积物。统计资料表明，固体物质补给量大于$50\times10^4\ m^3/km^2$，多形成黏性泥石流。补给量为（20~50）$\times10^4\ m^3/km^2$时，也有可能形成黏性泥石流；而当补给量在$20\times10^4\ m^3/km^2$以下时，多形成稀性泥石流。境内固体物质补给方式主要有滑坡、坍塌、岩崩等，当固体物质以滑坡、崩塌补给泥石流沟谷时，多形成黏性泥石流，影响泥石流形成的地形要素主要有流域形状、面积、山坡坡度及沟床比降等。据统计，发生泥石流的沟谷流域面积一般大于10 km^2，尤其以15 km^2居多，黏性泥石流沟的流域面积多小于50 km^2，稀性泥石流沟的面积一般在400 km^2以下。

甘肃省泥石流形成的水源主要为暴雨，受地形等因素影响，境内形成泥石流所需的最小降雨强度由东南向西北增大。据统计研究，陇南地区为15~20 mm/h，庆阳、平凉地区为20~30 mm/h，天水、兰州地区大约为25 mm/h，河西地区达30~40 mm/h。

第四章　甘肃省地质灾害灾情分析

第一节　突发地质灾害概况

甘肃省突发地质灾害极为发育，平均每年发生突发地质灾害500余起，对人民生命财产安全构成严重威胁。笔者通过对2019年至2022年底突发地质灾害发生次数进行统计，共1974起，以下根据突发地质灾害发生的区域、时间进行分类叙述。

一、地质灾害类型划分

2019年至2022年底，甘肃省共计发生突发地质灾害1974起，按灾害类型划分，滑坡灾害1280起、泥石流灾害234起、崩塌灾害306起、地裂缝灾害138起、地面塌陷16起（包括1起地面沉降）。由此可见甘肃省突发地质灾害仍以滑坡、崩塌、泥石流为主，其中滑坡灾害占总数的64.8%，成为省内最为频发、常见的地质灾害（表4-1）。

表4-1　突发地质灾害发生类型统计表　　单位：起

年度	泥石流	滑坡	崩塌	地裂缝	地面塌	合计
2019	1	19	13	/	/	33
2020	229	1099	233	137	16	1714
2021	1	109	51	1	/	162
2022	3	53	9	/	/	65
合计	234	1280	306	138	16	1974

二、地质灾害灾情等级划分

甘肃省1974起突发地质灾害中，按灾情等级划分，灾情属特大型的20起、大型的40起、中型的314起、小型的1600起（占突发地质灾害总数的81.1%）（表4-2）。由此可看出，甘肃省突发地质灾害灾情多为小型，具有较强的隐蔽性、突发性等特征。

表4-2　突发地质灾害发生灾情等级统计表　　单位：起

年度	特大型	大型	中型	小型	合计
2019	1	2	5	25	33
2020	17	38	290	1369	1714
2021	1	/	8	153	162
2022	1	/	11	53	65
合计	20	40	314	1600	1974

三、地质灾害发生时间划分

按发生时间划分，1974起突发地质灾害主要集中在5—9月汛期暴发，共计1785起，占突发地质灾害总数的 90.4%。尤其 2020 年受“8·17”陇东南暴雨影响，该年度发生地质灾害数量远超其他年度，仅 8 月发生 1667 起，占 2019—2022 年度突发地质灾害总数的 84.4%。其余各年度 1—4 月、10—12 月共计发生地质灾害 189 起，占突发地质灾害总数的 9.6%，由此可见地质灾害的发生与年降水量呈较好的一致性，降雨为地质灾害的主要诱发因素，特别是“七下八上”（7 月下旬—8 月上旬）易发生极端气象事件的时期，引发滑坡、崩塌、泥石流等地质灾害可能性大（表 4-3）。

表 4-3　突发地质灾害发生时间统计表　　单位：起

年度	月份												合计
	1	2	3	4	5	6	7	8	9	10	11	12	
2019	1	2	1	3	2	1	4	4	12	1	2	/	33
2020	/	2	2	5	1	/	13	1667	15	4	5	/	1714
2021	1	5	/	2	1	1	1	/	4	147	/	/	161
2022	1	1	2	/	1	1	52	5	/	/	1	1	65
合计	3	10	5	10	5	3	70	1676	31	152	8	1	1974

四、地质灾害行政区域划分

按行政区域划分，甘肃省 1974 起突发地质灾害主要集中在陇东南 9 市（州），其中陇南市数量最多，1575 起，占突发地质灾害总数的 79.8%，天水市 249 起、定西市 43 起、庆阳市 47 起、平凉市 14 起、临夏州 15 起、甘南州 13 起、兰州市 9 起、河西五市共计发生 2 起（均为泥石流灾害）。地质灾害的发生次数由南到北、由东到西呈逐渐递减的趋势（表 4-4）。

表 4-4　突发地质灾害发生行政区域统计表　　单位：起

年度	兰州	陇南	天水	定西	临夏	甘南	平凉	庆阳	白银	河西五市	合计
2019	1	11	4	4	6	3	3	1	/	/	33
2020	3	1517	134	34	7	8	8	1	2	/	1714
2021	1	31	110	3	2	2	2	10	1	/	161
2022	4	16	1	2	/	/	1	35	4	2	65
合计	9	1575	249	43	15	13	14	47	7	2	1974

五、地质灾发生地貌类型划分

陇南山地、黄土高原是地质灾害发生最为频繁的区域。其中 2019—2022 年陇南山地区共计发生 1575 起，占突发地质灾害总数的 79.8%，其次为黄土高原区发生 384 起，占突发地质灾害总数的 19.5%，甘南高原区及河西地区共计发生 15 起，占灾害点总数 0.7%。由此可见陇南山地区受地形、降雨、人为等因素的影响，仍是甘肃省地质灾害的高易发区，灾害发生频率、规模等远超其他区域。黄土地区降水偏少，而蒸发量是降水量的 3~6 倍，正常降水对黄土滑坡稳定性的影响较小，但是黄土地层在强降雨条件下更容易失稳滑动，并伴有突发性、隐蔽性等特征，往往使人员及财产来不及撤离，造成灾害（表 4-5）。

六、地质灾害发生流域划分

甘肃省地质灾害主要分布区域涉及黄河和长江两大流域，2019—2022 年间，长江流域共计发生地质灾害 1588 起，占总数的 80.4%，为甘肃省突发地质灾害主要集中地区；其次为黄河流域，共计发生 384 起，占突发地质灾害总数的 19.4%；内陆河流域发生 2 起，且均为泥石流。受地形、降雨、人工等因素影响，黄河、长江两大流域是甘肃省地质灾害的主要高易发区，区内地质构造复杂，地形切割强烈，地貌类型多样，软弱岩土分布广泛，生态环境十分脆弱，地质灾害极为发育，严重威胁区内人民生命财产安全。虽然内陆河流域相较于长江、黄河两大流域灾害发生频率较低，但是长期高温干旱，降水稀少的气候环境，造成该区是气候变化的敏感区和生态脆弱带，加之两次特大型、大型泥石流的暴发，表明绝不能对该地区低易发的泥石流沟产生任何松懈的防范意识。低易发不等于不发生，相反在强降雨条件下和该地区脆弱的生态环境基础上，泥石流暴发的规模和破坏程度会显著增强，造成人员伤亡及经济损失不可估量（表4-6）。

表4-5　突发地质灾害发生地貌类型统计表　　单位：起

年度	黄土高原	陇南山地	甘南高原	河西地区	合计
2019	19	11	3	/	33
2020	189	1517	8	/	1714
2021	129	31	2	/	161
2022	47	16	/	2	65
合计	384	1575	13	2	1974

表4-6　突发地质灾害发生流域统计表　　单位：起

年度	黄河流域	长江流域	内陆河流域	合计
2019	19	14	0	33
2020	189	1525	0	1714
2021	129	33	0	161
2022	47	16	2	65
合计	384	1575	13	1974

第二节　突发灾害成因分析

一、降雨仍是诱发地质灾害的主要因素

依据2019—2023年灾害发生统计数据，1974起突发地质灾害主要集中在5—9月汛期暴发，共计1785起，占突发地质灾害总数的90.4%。此外，“七下八上”（7月下旬至8月上旬）关键时段共发生突发地质灾害1746起，占汛期突发地质灾害发生数量的97.8%，占突发地质灾害发生总量的88.45%。由此可见，甘肃省突发地质灾害与年降水量呈较好的一致性，地质灾害发生时间仍以汛期集中暴发为主要发生态势，特别是“七下八上”易发生极端气象事件的时期，引发滑坡、崩塌、泥石流等地质灾害可能性大。

二、陇南山地、黄土高原仍是地质灾害高发区域

依据2019—2022年灾害发生统计数据，甘肃省陇南山地区共计发生1575起，占突发地质灾害总数的79.8%，黄土高原区发生384起，占突发地质灾害总数的19.5%，两大地貌区域发生地质灾害总数为1959，占突发地质灾害发生总量的99.3%。黄土地区以往降水偏少，而蒸发量是降水量的3~6倍，正常降水对黄土滑坡稳定性的影响较小，但是黄土地层在强降雨条件下更容易失稳滑动，并伴有突发性、群发性、隐蔽性等特征，往往使人员及财产来不及撤离，造成灾害。陇南山地区，地质构造复杂，地形切割强烈，地貌类型多样，软弱岩土分布广泛，生态环境十分脆弱，地质灾害极为发育，受近年强降雨影响，地质灾害普遍高发，严重威胁区内人民生命财产安全。

从空间分布方面，虽然各年的地质灾害发生数量波动较大，但从历年甘肃省范围内地质灾害的整体分布趋势来看，近年来甘肃省地质灾害发生的重点区域仍集中在陇东南地区，涉及陇南山地、黄土高原两大地貌，特别是陇南、天水、临夏、庆阳中北部、平凉东南部、定西南部、甘南东部、兰州东南部、白银南部等山地丘陵区，为崩塌、滑坡、泥石流三种灾害的高易发区域，属甘肃省地质灾害重点防治区。兰州北部、白银北部、甘南西南部、河西地区总体上灾害发生的频次不高，属于地质灾害中低易发区，为地质灾害一般防治区。

三、短时强降雨是河西地区泥石流的主要引发因素

近些年来，河西地区突发地质灾害较少发生，仅发生2起。但突然暴发的泥石流往往造成严重危害，如2022年8月13日强降雨诱发张掖市高台县、临泽县暴发泥石流，其中高台县罗城镇天城村北沟泥石流成为当年甘肃省发生的唯一一处灾情为特大型的地质灾害，造成全村405户1165人受灾，4600亩耕地掩埋，直接经济损失达5560万元。张掖市地处甘肃省地质灾害低易发区，长期高温干旱，降水稀少，是气候变化的敏感区和生态脆弱带。此次特大型泥石流的暴发，表明绝不能对该地区低易发的泥石流沟产生任何松懈的防范意识。低易发不等于不发生，相反在强降雨条件下和该地区脆弱的生态环境基础上，泥石流暴发的规模和破坏程度会显著增强。

四、人类工程活动往往导致地质灾害的发生

长期以来，甘肃省突发地质灾害的发生和人类工程活动密不可分，如甘肃省临夏州永靖县黑方台滑坡灾害的发生，就是因为常年的大水漫灌导致黄河Ⅳ级阶地台塬黄土层地下水位逐年上升，黄土层饱和后，最终连年发生滑坡灾害；又如2021年、2022年连续发生在平凉市灵台县的两起滑坡灾害，就是当地企业常年在斜坡坡脚取土，最终导致斜坡前缘失去支撑，失稳发生下滑；又如2018年发生在兰州市城关区北环路的一起滑坡灾害，则是因为建设公路不合理的开挖坡脚，为灾害的发生埋下了隐患；再如甘肃省2019年发生的4起造成人员伤亡的灾害，“作案者”均位于削坡形成的“房前屋后”黄土陡坎，个别崩塌规模仅为数十至百立方米，却造成了严重的人员伤亡，“小灾巨损”现象明显。综上，人类工程活动同样是甘肃省突发地质灾害发生的主要诱发因素之一。

五、未来工作重点

受全球气候变暖及全国整体降水带北移影响，随着降水量和极端性气候整体偏多，结合2019—2022年甘肃省地质灾害发生分布情况，陇东南9市（州）仍是甘肃省地质灾害高易发区，表明甘肃省地质灾害发生空间不仅以陇南山地区为主，今后发展趋势将由南向北、由东向西逐年扩增，且发生地质灾害的分布范围更广、频率更高。未来甘肃省地质灾害重点防范区以兰州市、陇南市、天水市、定西市、庆阳市、平凉市、临夏州大部、白银市、甘南州部分地区以及河西山前地带局部地区为主。

第三篇

“空天地”一体化技术在甘肃省重大滑坡灾害中的应用及成效总结

第五章 甘肃省历史突发典型滑坡灾害梳理

前文述及，甘肃省地质灾害滑坡、崩塌、泥石流等突发、频发、多发，特别是中东南部兰州、天水、临夏、定西、白银、陇南、甘南、平凉、庆阳9市（州），境内多为山地丘陵，山地多、平地少，村庄、集镇多沿山前第一斜坡带分布，一旦发生地质灾害，往往造成严重危害。依据历史灾害发生数量统计分析，滑坡是甘肃省发生最多的突发地质灾害，以2019年至2022年三年统计数据为例，滑坡共发生1280起，占到了发生地质灾害总量的64.8%。因此，滑坡是甘肃省山地丘陵区最为常见的突发性地质灾害，经常压埋村庄城市、毁坏道路水渠、摧毁工厂矿山、堵塞江河形成链式灾害、破坏农田水库等，还可能引发泥石流等次生灾害，往往造成巨大的人员伤亡和经济损失。

特别是单体滑坡灾害虽不像地震那样破坏力巨大和影响广泛，但对于某一滑坡区段来说，则会造成极为严重、甚至是毁灭性的破坏。特别是由于甘肃省滑坡分布面积广、发生频率高、影响时间长、成灾机理复杂，累计造成的灾害损失也是十分严重的。

鉴于甘肃省重大滑坡往往成因复杂，灾、险情重，如何在灾害发生后，快速、精准地查明滑坡灾害的成因机制、发展趋势，得出稳定性结论就显得尤为重要，将直接关系到应急处置工作的成败。如果应急处置方法正确，灾害就会得到有效控制，可最大限度地减少人民生命财产损失；如果应急处置方法不当，险情将有可能演变为灾情。滑坡的快速处置工作依赖于监测预警、应急调查、应急评估等工作，必须在应急处置阶段快速研判滑坡的稳定性及下一步发展趋势，才能保障应急抢险工作、应急治理工作的顺利开展。

近些年，甘肃省积极探索地质灾害防治新技术、新设备、新思路，大大提高了各项基础数据的获取速度，改善了应急处置的精度和效率，地质灾害快速处置能力和水平在国内处于前列。笔者利用"空天地"一体化技术，先后处置了舟曲县江顶崖滑坡、兰州城区北环路"8·9"滑坡、舟曲县牙豁口滑坡、舟曲县立节北山滑坡、舟曲县果耶磨里滑坡、灵台县中台镇南店子滑坡等重大滑坡灾害。在处置工作中将无人机航测、地质雷达及高密度电法勘测、机载倾斜摄影、三维扫描仪、便携式GNSS位移监测等先进设备应用在滑坡快速处置中，获取了高精度滑坡变形监测数据，为应急处置提供数据支撑，取得了良好的效果。

本章，笔者对甘肃省历史突发性滑坡灾害进行梳理，结合以往应急案例总结常规应急处置工作中存在的问题，介绍应急处置工作国内外研究程度，总结梳理利用"空天地"一体化技术主持开展的重大滑坡应急处置工作，并总结新技术、新方法对重大滑坡灾害应急处置工作带来的便利。

第一节 甘肃省历史滑坡灾害灾情

笔者通过翻阅相应资料，发现自20世纪60年代以来，甘肃省发生规模或险情为大型、特大型以上的滑坡灾害近100起，这些滑坡灾害中，有的是因为降水引发的，有的是因为地震引发的，有的是因为人类工程活动引发的，造成了极为惨重的人员伤亡和财产损失。以下选取较为典型的进行简单叙述：

1966年8月，岷县西江镇白家山发生体积为$56.3\times10^4\ m^3$的滑坡，造成66人死亡。

1979年11月，兰州市七里河区金沟乡常湾村发生大型黄土滑坡，坡体东西长1000 m，南北宽650 m，体积达$2000\times10^4\ m^3$。毁坏了大量农田和房屋，迫使村庄搬迁。由于及时发现了滑坡险情，才避免了人员伤亡。

1980年6月—1982年8月1日，位于祁连山中段北坡浅山区的黑河支流大堵麻河上民乐县瓦房城水库坝区左岸坝轴线上游 50~190 m 范围内发生了三次较大规模的老滑体局部复活滑动，体积分别为 $50\times10^4\ m^3$、$16\times10^4\ m^3$ 和 $8\times10^4\ m^3$，威胁水库的安全。1983—1985 年采取了削坡减重、挡土墙、地表排水、抗滑桩、延长输水洞口进口等治理措施。观测资料表明，治理工程取得了一定的效果，大规模滑动尚未发生，但滑坡体还未完全稳定，一直处于缓慢变形之中，1986—1989 年 12 月又发生了 5 次小规模的滑动。

1981 年 11 月 29 日，陇海铁路宝天段黄龙西村发生一起体积为 $60\times10\ m^4$ 的高速黄土滑坡，破坏铁路的同时，还破坏耕地 4.3 hm^2、房屋 56 间、农电线路 150 m，造成 3 人死亡 1 人受伤。黄龙西村段是滑坡多发地段，1963 年 9 月 27 日也曾发生过体积为 $39\times10^4\ m^3$ 的高速黄土滑坡，破坏了铁路。

1981 年 9 月，天水市麦积区立远乡发生黄土滑坡，毁坏川地 84 hm^2、山地 4.5 hm^2 及已成熟的庄稼。同时，大量的水利设施、农电线路被毁。

1983 年 7 月 10 日，白银有色金属公司折腰山露天矿高达 250 多米边坡发生滑坡（10 号滑坡），体积达 $100\times10^4\ m^3$，破坏了通风管、排水管和房屋，并切断了运输干道，使采矿生产停顿 3 个月，少采铜矿石 3000 余吨，清除滑体的工程量巨大，是该矿经济损失最为严重的一次滑坡灾害。该滑坡发生前，生产部门进行了长期观测，及时发现滑坡险情并做出了较准确的判断预报，采取了果断有效的预防措施，最大限度地降低了经济损失，避免了人员伤亡。

1983 年 3 月 7 日，东乡族自治县境内发生的洒勒山超大型灾难性滑坡，刹那间使 1.3 km^2 的范围变成一片"土海"，4 个村庄被毁，使 220 人丧生、22 人受重伤。破坏房屋 500 多间，压埋粮食 7×10^4 kg，毁坏小型水库 1 座、农田 140 hm^2、公路 1 km、牲畜 423 头（只）。洒勒山超大型滑坡是新中国成立以来甘肃省伤亡人数最多的一次滑坡灾害，震惊了国内外，引起了甘肃省各级政府及社会各界对滑坡灾害的进一步关注。

1984 年 7 月，清水县柏树村山体发生大规模滑动，面积约 1.2 km^2，滑体由北东向南西缓慢滑动，80%的房屋被破坏，倒塌房屋 907 间，压死家畜（禽）1077 头（只），埋没粮食近 1×10^4 kg，破坏农田 88 hm^2，大量树木倾倒枯死，道路和高压电线被切断，1002 人无家可归，直接经济损失达百万元。

1985 年 9 月 17 日，陇海铁路宝天段 K1362 处的葡萄园巨型古滑坡东部 1 号滑坡突然整体下滑，破坏铁路 70 m，中断行车 66 h。为了彻底避开此古滑坡对铁路的长期影响，不得不改线 4 km，以高架桥形式两跨渭河，耗资 3000 余万元。在 K1367 处原线路以路堑形式从老滑坡前部通过。由于挖方破坏了古滑坡的平衡状态，滑坡长期蠕滑影响正常运营，迫使铁路改线，向外侧移 20 m，填方通过。并将老路堑全部回填，滑体上部采取了削方减重、地表排水等措施。在 K1350 处，为摆脱滑坡对铁路的影响，也改用隧道方式通过。

1986 年 11 月，白塔山 186 号大院发生体积仅 2000 m^3 的黄土滑坡，造成 7 人死亡，毁坏房屋 10 间。该滑坡灾害很能说明城市滑坡的特点：①滑坡的产生主要是下部人为开挖坡脚，使斜坡变陡；上部生活废水乱排乱倒，软化了斜坡土体，说明城市建设中不合理人为活动对滑坡的诱发作用；②很小规模的滑坡，却造成了非常惨重的人员伤亡，说明城市滑坡对生命财产危害和威胁的严重性。

1990 年 8 月 20 日，兰州市红古区海石湾连海铁路与国道 109 公路交会处发生滑坡，滑体长 150 m，宽 83 m，摧毁国道 109 线 100 m，破坏了公路与铁路的立交桥墩，中断连海铁路运营 10 余天。国道 109 线的交通也受到一定影响，使连城工业区的生产受到影响，各种经济损失达千万元。

1992 年 4 月 22 日晚 8 时，天水市秦州区戒毒所后部山体发生滑坡，毁房数间，由于有关人员及时撤离，才未造成伤亡。

1993 年，甘谷县南部县办某矿山边坡突然失稳滑动，造成 20 多名矿工丧生，并毁埋大量设备。

1995 年 7 月 1 日凌晨 3 时，天水市秦州区玉泉砖瓦厂因降水诱发小型黄土滑坡，滑距达 150 m，压死民工 12 人，毁坏砖坯数 10 万块。

2000 年 9 月 12 日，陇海铁路宝天段渭滩至伯阳段发生大面积山体滑坡，造成 503 次列车被撞脱轨，部分司乘人员受伤，中断陇海铁路 45 h。

2004 年 1 月 13 日，国道 312 线会宁县太平乡境内 1967 km+800 m 处发生滑坡，体积达 40×10^4 m^3，100 余米公路下滑 20 m。正在该路段行驶的 3 辆汽车中有一辆被推翻，中断交通 4 天，并长期影响正常通行。同时，连接亚欧大陆的主通信光缆遭到破坏。

2021 年 1 月 14 日，舟曲县立节镇北山滑坡出现复活迹象，坡体多处出现裂缝和错落，造成滑坡体中部北山村通村道路局部变形，根据调查发现滑坡体体积约 268×10^4 m^3。滑坡直接威胁滑坡体上北山村及沟口堆积扇上立节镇机关单位、立节村共 81 户 385 人，威胁财产 4685 万元。滑坡险情发生后，相关部门立即采取应对措施，通过工程治理与避险搬迁相结合的方式消除了滑坡隐患。

2021 年 2 月 26—28 日，舟曲县果耶镇磨里滑坡发生蠕动变形，坡体裂缝发育，变形迹象明显，共造成 92 户 402 人受灾，直接经济损失约 1446. 3 万元。其中，一般损坏房屋（房屋有轻微变形开裂）74 户 165 间，受灾人口 265 人；严重受损 10 户 70 间（房屋变形开裂较严重），受灾人口 35 人；倒塌 8 户 22 间，受灾人口 32 人，属特大型地质灾害。由于预警、处置及时，未出现人员伤亡和失踪现象。

2021 年 10 月 3 日 22 时，中台镇南店子村东庄社（G244 沿线）发生一处大型山体滑坡地质灾害，体积达 150×10^4 m^3，规模为大型。据核查统计，滑坡造成 18 处房屋倾斜、倒塌，涉及村民 18 户 48 人，涉及租住群众 269 人，紧急转移安置群众 883 人。由于群测群防员预警及时，未造成人员伤亡。

2022 年 8 月 28 日晚 9 点 36 分，灵台县中台镇水泉村尹家沟岭社发生山体滑坡，滑坡体积约 64×10^4 m^3。损毁部分乡道及企业厂房 3 栋 15 间，损毁面积共计约 1200 m^2，直接经济损失 300 万元。由于安装于滑坡体的普适型监测设备精准预警，群测群防处置迅速，及时组织受威胁群众 58 人提前撤离，未造成人员伤亡。

地震诱发的大范围滑坡对广大山区农村的危害也十分严重。

1654 年 7 月 21 日天水 8 级地震诱发的滑坡分布面积达 1000 km^2，造成宽度大于 500 m 的滑坡 59 处，主要分布在极震区范围内。极震区面积为 158 km^2，滑坡面积 40 km^2，占极震区面积的 25%。其中罗家堡滑坡规模最大，据史料记载“罗家堡七十峪，两山拽成一处，壅河成潭，木里山崩水涌，压埋村落近十里，村落聚为海，名曰海子”，该滑坡体宽达 4. 5 km，长 2 km，地震时东山向西滑移，堵塞稠泥河形成堰塞湖。

1718 年 6 月 19 日通渭 7. 5 级地震，在震区 3500 km^2 范围内滑坡面积达 665 km^2。极震区内滑坡规模巨大，在长 40 km，宽 18 km 的范围内，滑坡体密集成片出现，滑坡面积达 512 km^2，占总面积的 90%，仅保留一些山脊未滑。这次地震共造成宽度大于 500m 的滑坡 337 个。如甘谷永宁镇巨型滑坡，该滑坡体东西宽 8 km，南北长 3 km，面积 17 km^2，从北向南越过渭河谷，直抵南山脚下，滑移距离 5 km，将永宁镇 2000 余户人家全部压埋。据史料记载：“伏邑西四十里许有永宁镇，本依南山下，距北山十五里许，地当孔道，固一邑之距也，是日日出寅刻，震声便轰轰不绝，过凡雷十倍，而北山一带，山崩土飞，壅滑而奔，直扑南山腰，将环镇廿里属人压之，其平地冲为高阜，倾陷坳垤，淤泥如粪，令人怟目而惨心者，一如通渭”。

1879 年 7 月 1 日武都 8 级地震，武都史料记载：“南山崩塌，早西南十城数十丈，居民 200 余家，各处山飞石走。上下游各处，节节土石堆塞，积潦纵横，五月二十九、六月初一等大雨如注，山谷积水横决四出，将州城西南隅新筑溃口冲塌，并落入城池，城中游击衙署及房屋数百所遭淹没”。据 15 个县（市）史料统计，这次地震滑坡分布范围南北长 400 km，东西宽 200 km，集中分布在武都以南至文县以北的南北宽 24 km，哈南以东至梨坪以西的东西长 48 km 区域内，面积达 1150 km^2。不但滑坡数量多，而且规模大，一般滑坡体长 1 km 以上，并形成许多堰塞湖。

1920 年 12 月 16 日宁夏海原 8. 5 级地震，滑坡分布面积达 5×10^4 km^2，有较大规模的滑坡 657 处，主要分布在Ⅷ度以上烈度区，特别是Ⅸ度烈度区内。其中有三个滑坡密集区：一个是在地震Ⅺ~Ⅻ度的极震区内；一个是在宁夏西吉以南，甘肃会宁以东与静宁以北的广大地区，滑坡面积逾 1000 km^2；另一个是在甘肃通渭县南部的碧玉、马家店、常河一带。这三个滑坡密集区滑坡密度达 0. 45 处/km^2，不但滑坡数量多，而且规模巨大，滑坡体有的长达数千米。地震时滑坡体犹如瀑布飞泻，有的滑移几千米，有的滑体越过河谷直冲到对面半山腰，许多滑坡堵塞河道，形成堰塞湖。曾被美国记者 U. 克劳斯等报道为"山走动的地方（where the mountains walked）"，也被称之为"黄土流（flow of loess）"。

1927 年 5 月 23 日古浪 8 级地震造成 96 处滑坡，武威以南的黑沟滑坡阻塞札里木河，形成堰塞湖。震后 24 天湖坝决口，高大的洪峰卷带土石泻流而下，淹没两岸村庄田舍。而黄羊河下游的灯山庄地震滑坡将该村庄掩埋，104 人全部丧生。这次地震滑坡主要分布于烈度Ⅸ区以内，滑坡体南北宽约 30 km，东西长约 160 km。

1995 年 7 月发生的永登七山 5.8 级地震，诱发了大、小黄土滑坡百余处，造成 6 人死亡，占本次地震中总死亡人数的一半。

2008 年 5 月 12 日，四川汶川发生的 8.0 级地震使甘肃省陇南、天水、甘南、庆阳、平凉、定西等地遭受重大人员伤亡和经济损失，而地震引发的次生地质灾害更加剧了灾害损失及抢险救灾难度。汶川地震对甘肃省上述 6 个市（州）、38 个县新引发、加剧的地质灾害隐患点存 2200 处，其中有滑坡 974 处、崩塌 942 处、地裂缝 217 处、泥石流 66 处、地面塌陷 1 处。其中，地震新引发的地质灾害隐患点 2068 处，加剧的灾害隐患点 132 处。因地震引发地质灾害直接造成 150 死亡，766 人受伤，直接经济损失 367771.28 万元。

2017 年 8 月 8 日 21 时 19 分，四川省阿坝藏族羌族自治州九寨沟县（震中位于北纬 33.20°，东经 103.82°）发生 7.0 级地震，震源深度 20 km，甘肃南部震感强烈。甘肃省陇南市文县和甘南藏族自治州舟曲县、迭部县受灾，其中文县石鸡坝、中寨、石坊三个乡镇受地震作用引发了次生地质灾害。

另外，大范围和小区域的短时强降水也会引发大量滑坡，造成的危害也非常严重。

1964 年 7 月 20 日夜间，西固区杏胡台一带 4h 降雨量达 150 mm（调查值），洪水沟左岸发生体积约 40×10^4 m^3 的黄土滑坡，滑体堵塞沟道形成堰塞湖。4 h 后，由滑坡松散堆积物形成的土坝快速溃决，形成大规模黏性泥流，以 8~10 m 高的浪头涌出沟后，多处破堤外溢，淹没面积达 43×10^4 m^2，最大淤积厚度 2.5 m，毁坏房屋 20 余栋，淹没陈官营车站及铁路 3.6 km，死亡 157 人。

1973 年 4 月 27 日，庄浪县有 6 座水库在一次暴雨中因滑坡使坝体摧毁或淤满成田。其中，史家沟水库坝体左侧山体大规模整体滑坡，滑体与库水混合形成巨大泥流顺沟而下，淹埋下游村庄，造成 100 多人死亡。成为甘肃省水利工程史上的悲剧。

1976 年 7 月 25 日，宕昌县化马乡一带降大暴雨，中心区降水量达 330 mm，促发了大量滑坡和泥石流。岷江东岸的刘家湾沟老滑坡体在泥石流的强烈侵蚀下，前缘局部复活，将下部 200 m 长的甘川公路路基推入岷江之中。

1978 年 7 月 12 日，陇海铁路宝天段伯阳一带 2h 降雨 105 mm，1 h 最大雨量达 60 mm，由于降水入渗和沟道洪水猛烈侵蚀冲刷，距铁路 500 m 的菜子沟近沟脑部位发生崩塌性黄土滑坡。在洪水的润滑作用下，滑体沿沟底咆哮而下，翻过路堤，直冲下方村庄，埋没大片房屋，毁坏铁路 250 m，滑出土体达 18×10^4 m^3。7 月 16 日源头又发生规模 5×10^4~6×10^4 m^3 的滑坡，冲出沟口，以强大的推动力冲击前次堆积的泥土，来不及躲避的抢险工人与设备一起被冲到数十米以外。7 月 12 日暴雨半小时后，刘家湾沟东侧因大量水体沿裂隙入渗软化土体，顷刻间约 250×10^4 m^3 的土体下滑，摧毁民房，前部含水量高的土体顺沟流滑出沟口，摧毁了一孔 10 m 长的钢筋混凝土桥梁，东侧桥台被拦腰切断，堆积在路基上的泥土厚 5~8 m，体积 20×10^4 m^3，埋没铁路 150 m。滑体前峰越过铁路，堵塞渭河造成短时间断流。该滑坡使宝天段中断运营达 360 h，国内罕见。

1984 年 8 月，陇南、天水两市因降大暴雨，诱发了大范围的滑坡灾害，大、小规模滑坡数以千计（表 5-1），造成人员伤亡，1682 个村庄受损严重，灾情非常严重，造成巨大的经济损失。其中陇南地区发生滑坡灾害 570 处，23 个滑坡危害区内的 6000 余户居民需要搬迁；西和县有滑坡 399 处；礼县有 368 处；天水市麦积区有威胁村民安全的滑坡 80 多处。

1990 年 8 月 11 日天水市区普降大暴雨，3h 降水量达 113 mm，诱发了天水锻压机床厂、塑料厂、泰山庙、椒树湾等十几处滑坡灾害。天水锻压机床厂滑坡体积达 180×10^4 m^3，瞬间使该厂遭到毁灭性破坏，

7 个主要车间、车库、材料库及公路、专用铁路线被毁，7 人丧生，直接经济损失达 2067 万元，工厂陷于瘫痪状态。正巧当时因停电，千余名职工不在车间上班，因而避免了不堪设想的重大人员伤亡。

表 5-1 1984 年陇南地区村庄滑坡统计表

县名	滑坡村庄/个	受灾人数/人	毁坏房屋/间	已完全毁坏房屋/间	下拨搬迁费/万元
武都	570	70049	64012	28319	366.5
岷县	34	4527	5126	7	15.8
宕昌	57	4769	6341	363	24
成县	104	4260	3263	327	4.2
康县	90	4668	3663	651	22.7
文县	60	7599	5129	187	19
西和	399	39426	26884	4671	200
礼县	368	44130	51506	21647	200
合计	1682	179429	166524	56172	852.2

1995 年 9 月，东乡、永靖两县普降大暴雨，降水量达 100 mm 以上，引发了大量黄土滑坡及古老滑坡的复活，毁坏村庄、学校多处。其中东乡族自治县红庄滑坡使该村 12 户居民的 96 间房屋被毁。永靖县王坪乡三社村 8 户村民房屋和 11 间小学校舍被毁，学生无法上课，迫使政府组织搬迁村民。

2003 年 7 月 29 日晚 19 时 20 分至 20 时 30 分，定西县葛家岔镇大营村薛家洼社遭遇特大暴雨，70 min 降雨量达 80 mm。7 月 30 日 6 时许，强降雨诱发薛家洼社北侧山体滑坡，致使 44 户 187 人受灾，倒塌房屋 176 间，粮食、家具、牲畜等家庭财产全部受损，毁坏耕地约 90 hm^2，毁坏高压农用电线 2 km，低压电线 3 km，道路 1.8 km，造成直接经济损失 297.36 万元。由于当地国土资源主管部门对防治地质灾害宣传到位，群众警觉性高，报警早，及时组织撤离，未造成人员伤亡。

2013 年 6 月 20 日，天水市遭遇特大暴雨，最大降水量 220.6 mm，发生多处滑坡、泥石流灾害，造成倒塌和毁坏房屋共计 7168 间，威胁 2734 户 12353 人的生命安全及财产损失，造成直接经济损失约 1.1 亿元。由于预警预报及时，防范措施到位，未造成人员伤亡。

2017 年 8 月 6 日 14 时至 7 日 15 时，陇南市文县、武都区、礼县、西和、成县、康县等县（区）突发强降雨天气，局部地方出现大暴雨。引发泥石流、滑坡灾害，造成人员伤亡，部分村民房屋倒塌，通信、电力设施中断，道路多处塌方，农作物、灌溉水渠、人畜饮水管道不同程度受损，特别是文县和武都区受灾严重。造成陇南市 6 个县区 32 个乡镇 264 个村 33600 户 136092 人受灾，因灾死亡 7 人、失踪 2 人、受伤 4 人、紧急转移安置 2172 人；共造成直接经济损失 12338.9 万元。

2020 年 8 月以来，甘肃省东南部连续出现 3 次暴雨天气过程，连续暴雨涉及范围之广，强度之大，十分罕见。8 月 1—20 日白龙江、白水江、嘉陵江三流域及周边地区各站点累积降雨量（除宕昌外）均为 1961 年以来同期第一。此次降雨过程致使陇南市、甘南藏族自治州、天水市、定西市等 44 个县发生大量地质灾害，城市街道被淹埋，村庄房屋倒塌，农田被淹，部分电力、通信、供水中断，造成人员伤亡和巨额财产损失。新增地质灾害隐患点 1792 处，加剧地质灾害隐患点 934 处（原有地质灾害隐患点 12114 处）。直接威胁 171.5 万人 666.58 亿元的人民生命财产安全。

第二节 甘肃省重大滑坡灾害案例

一、临夏回族自治州东乡族自治县洒勒山滑坡

1983 年 3 月 7 日东乡族自治县境内洒勒山超大型灾难性滑坡。洒勒山滑坡前兆明显、规模巨大、滑速极快、滑距甚远，是甘肃省乃至我国黄土高原区罕见的超大型高速远程滑坡。滑坡所在斜坡地层为第

四系黄土和新近系红层，滑坡区北西侧、东侧断裂发育，构成滑坡东、西两侧切割面，控制了滑坡规模；滑坡上部灌溉水的入渗及洒勒沟淤地坝的回淤、水库建设促使斜坡上部黄土层孔隙水压力增高，红层软化、泥化及山脚地下水位抬升，致使斜坡拉裂、蠕动，最终黄土斜切岩层整体发生滑动（图 5-1）。

图 5-1　临夏回族自治州东乡族自治县洒勒山滑坡全貌
（照片来源于甘肃省科学院吴玮江研究员）

二、天水锻压机床厂滑坡

1990 年 8 月 11 日天水锻压机床厂滑坡。该滑坡为暴雨直接引发，滑速快，在短时间内造成了巨大的人员伤亡和财产损失。据前人资料，滑坡体长约 280 m，宽约 20 m，平均厚度约 20 m，主滑方向 200°，最大滑距约 155 m，滑速约 10 m/s。滑坡体所在斜坡位于渭河Ⅵ级阶地前缘的高陡边坡，临空条件较好，具备滑坡发生的地形条件，加之建设厂区时，在斜坡下部大量开挖坡脚，使斜坡下部形成近乎直立的陡坡，抗滑力进一步降低。加之滑坡所在斜坡为典型的黄土塬地貌，台塬顶部披覆厚约 10 m 的马兰黄土，厚约 50 m 的离石黄土埋藏于马兰黄土下部，厚约 10 m 河流相冲积粉质黏土和砾卵石层位于离石黄土与下伏基岩之间，古、新近系泥岩构成了Ⅵ级阶地的基座。1990 年 8 月天水市连续降雨，高于正常年份 40%，致使斜坡上部黄土层处于饱和状态。8 月 11 日，天水市普降特大暴雨，降水沿台塬上部渠道汇入滑坡所在斜坡区段顶部田地，形成大量积水，沿台塬表层马兰黄土裂隙、垂直节理下渗并发生强烈潜蚀，在农田中形成大量落水洞。地表水沿落水洞直接灌入坡体深部，致使地下水局部雍高，斜坡重量不断增大，加之垂向入渗的地下水不断向四周运移，导致土体软化范围也迅速扩大，动水压力作用明显，斜坡稳定性迅速降低，最终失稳发生剧烈滑动。由于落水洞较发育，导致瞬间灌入水量较多，地下水对黄土的润滑作用明显，摩擦力瞬间降低，导致滑坡滑速较快，滑距较远，最终造成重大人员伤亡和财产损失（图 5-2）。

三、临夏回族自治州永靖县盐锅峡镇黑方台滑坡

黑方台位于甘肃省临夏回族自治州永靖县盐锅峡镇，地处黄河和湟水河交汇处的黄河左岸，其台塬从湟水河入黄河口的湟水桥头至盐锅峡大坝，东西长约 10.7 km，南北宽 1～3 km，台塬面积约 $13.7\times10^4\ m^2$。盐锅峡化工厂东侧的虎狼沟将其分为两部分，该沟以西台地为方台，台塬面积约 1.7 km^2；以东台地为黑台，台塬面积约 12 km^2，二者均为黄河Ⅳ级基座阶地。受黄河和湟水河的切割，在地形上黑方台为一向偏东方向突出的半岛形台地，台面较为平坦，呈典型的黄土台塬地貌形态，台面与下方黄河Ⅰ级阶地相对高差达 100～130 m。台塬上部披覆有 31～52 m 厚的第四纪黄土，下部基底为白垩系砂泥岩。黑方台原为"荒台"，鉴于当地属中温带半干旱气候，蒸发量远大于降水量，致使降水对区内地下水补给极为有限。因此，黑方台一直处于稳定状态，无滑坡等地质灾害发育。但 1968 年以来，刘家峡水库库区移民至此，大量开垦农田，开始从黄河提水灌溉农业，人为改变黑方台原有的水文地质条件，形成新的地下水补给、径流、排泄关系和地下水埋藏条件，导致台塬地面普遍下沉，边坡失稳，滑坡灾害频发。据

图 5-2 天水锻压机床厂滑坡
（照片来源于甘肃省科学院吴玮江研究员）

不完全统计，自 20 世纪 80 年代初第一次发生滑坡灾害以来，现已累计发生滑坡 140 余次，造成 41 人死亡，100 余人受伤，累计直接经济损失约 4.65 亿元（图 5-3）。

图 5-3 黑方台三维地貌示意图

1994 年 5 月，永靖县盐锅峡镇黄茨村北部的黑方台台缘出现滑坡险情，变形迹象和滑坡周界十分清晰，360×10^4 m^3 的岩土体随时有发生大规模滑动的可能，大有一触即发之势。滑坡危害区内黄茨村 63 户居民忍痛割爱，放弃自己双手建起并生活多年的家园，全部搬迁。

2012 年 2 月 7 日 16 时许，黑方台焦家崖头段再次发生山体滑坡，滑动的土体将两辆小车推入八盘峡库区，造成 1 人死亡、3 人失踪，掩埋公路 200 m，通向盐锅峡化工厂和盐锅峡镇的盐柏公路中断，崖头 4

根电线杆被摧毁，滑坡体冲入八盘峡水库激溅的涌浪使黄河对岸（南岸抚河村）农灌泵房、90 多亩耕地受到不同程度水毁（图 5-4）。

图 5-4　永靖县盐锅峡镇黑方台焦家崖头滑坡

2015 年 4 月 29 日 7 时 55 分，永靖县盐锅峡镇党川村罗家坡段（黑方台）发生山体滑坡，滑坡体积约 144×10^4 m^3，最大滑距 373 m。滑坡摧毁农户房屋 142 间（涉及 14 户 55 人），影响附近农户 33 户（涉及 146 人）；摧毁 3 家企业厂房 6020 m^2（厂区面积 35 亩）；破坏农田 80 亩，影响灌溉 860 亩；摧毁 100 kV 输变电线路 1 km。滑坡还导致盐锅峡镇盐中道路中断，2 个村庄 5000 多人出行受阻。滑坡造成直接经济损失约 5654 万元（图 5-5）。

图 5-5　罗家坡滑坡航测影像图

综上，该区域已成为黄土高原乃至全国地质灾害最为频繁和严重的地段之一，被形象地称为"现代滑坡天然实验室"。黑方台为黄河的Ⅳ级基座阶地。黄河长期侵蚀下切导致黑方台塬边产生高差100~135 m的高陡边坡。构成塬边斜坡主体的岩性为黄土和下白垩统河口群上段的砂泥岩，黄土层与砂泥岩地层之间发育有粉质黏土及卵砾石层，台塬上部为厚度较大的风积黄土层，其质地均一，结构疏松，垂直节理发育，遇水后表现出强烈的湿陷性，强度显著降低。砂泥岩地层抗风化能力弱，岩体完整性差，具有较强的亲水性和遇水软化的特性，为滑坡灾害提供良好基础条件。20世纪60年代中后期，刘家峡、盐锅峡库区移民迁居至台面，为解决移民生产生活用水难题，先后建成三处提水灌溉工程，每年的平均提水量为$645\times10^4\ m^3$。大量的灌溉水入渗在很大程度上增加了地下水补给量，人为改变了天然状态下的水文地质条件。地下水排泄总量由原来的$3.2\times10^4\ m^3/a$增加到$78.84\times10^4\ m^3/a$，后者是前者的28.6倍。由于披覆于台塬Ⅳ级阶地上部的黄土疏松多孔，孔隙裂隙及垂直节理发育，且具强湿陷性，遇水易软化瓦解，长期的大水漫灌导致灌溉水沿地表入渗，致使湿陷性黄土层产生自重湿陷形成负地形，台塬出现大面积沉陷，且塬面落水洞、陷穴及裂缝等不良地质现象发育。最终，灌溉水顺落水洞、陷穴及裂缝等优势通道垂向入渗，而其下较致密的粉质黏土层相对隔水，卵砾石层渗水，砂泥岩相对隔水。地下水在黏土层和基岩面受到阻隔后，即向水平方向径流，在塬边以泉的形式排泄。由于泉流量远远小于灌溉补给量，导致地下水位升高，地下水静水压力和动水压力的增大是黑方台滑坡形成的动力来源。

受黄土层水位逐年上升的影响，黑方台台塬滑坡呈现出沿塬边高陡边坡"条带状"分布的特点，其台缘周边现分布滑坡36处，约有$7200\times10^4\ m^3$土体处于不稳定状态。这些滑坡新老叠置，彼此相连，集中呈带状群发，大致包括焦家滑坡群、黄茨滑坡群、水管所滑坡群和方台滑坡群等四个滑坡群（图5-6）。另外，黄土湿陷造成的地面塌陷也是黑方台地区一种重要的地质灾害，地面塌陷灾害随着灌溉面积的增大而逐年加重，虽然未造成直接的人员伤亡，但破坏房屋和农田造成的经济损失非常严重。

四、甘南藏族自治州舟曲县泄流坡滑坡

舟曲县泄流坡滑坡位于舟曲县境内，白龙江左岸。滑坡发育于坪定-化马断裂带形成的凹槽内，受南、北两侧基岩陡壁控制，滑坡体平面呈"长条状"。滑坡体长约2900 m，平均宽约450 m，平均厚48 m，体积约$6000\times10^4\ m^3$。受坪定-化马断裂带影响，该滑坡历史上曾多次发生滑动，具有长期蠕滑变形、多次多期复活滑动等特点。据不完全统计，滑坡先后在光绪三十年（1904年）、1907年、1922年、1931年、1949年、1961年、1963年和1981年发生滑动，仅1981年4月9日的滑动，造成白龙江江面严重堵塞，江面回水波及县城，淹没公路6 km、民房800余间、耕地数百亩，直接经济损失3500余万元。舟曲县泄流坡滑坡平面影像图见图5-7。

泄流坡滑坡所处位置为白龙江左岸山坡谷地，其前缘白龙江河床地带海拔1300 m左右，而滑坡后壁一带海拔约2300 m，相对高差达千米，山坡沟谷坡度为16°~20°，地形坡度较大，为滑坡的形成提供了较为有利的地形条件。滑坡所在斜坡地层主要为坡积碎石土，固结程度低，黏聚力较小；基底岩性主要为中泥盆统西汉水群千枚岩、炭质板岩、板岩等，千枚岩、炭质板岩、板岩为软质岩类，表面光滑，地层抗剪强度低，遇水软化，极易形成软弱结构面。滑坡所在地为三面环山的山坡坡地，构成了一个相对独立的水文地质单元，大气降水入渗地下后沿南、东、北三面山坡向滑坡坡面汇集后沿坡面汇入泄流坡沟，形成坡面含水层，山坡完整基岩面和沟谷内下伏基岩构成含水体系的隔水底板，山坡表层基岩风化破碎带和沟内松散坡积物构成区内含水地层，地下水较为丰富，泉眼出露较多，对土体软化作用明显。受地下水长期软化作用影响，在坡面隔水底板之上极易形成软弱结构面，进一步促进了滑坡的滑动。加之滑坡发育于坪定-化马断裂带形成的凹槽内，该断裂带是一组长期活动的区域性挤压断裂带，平均宽度约1 km，断裂带内岩体结构破坏强烈，在地表沿断裂带形成槽状负地形，滑坡南侧边界受陡倾断层控制极为明显，形成南部滑坡边界。与这组北西向断裂相伴生的北北东向、北东向和近东西向的三组断裂，它们延伸较短，间隔相对较宽，切断主断裂带，形成构造破碎带，使地层及山体表现出断块发育特征。这种破碎带的形成，极大地降低了岩体的抗剪强度和整体稳定性。另外，滑坡体每次大规模的滑动都会挤占

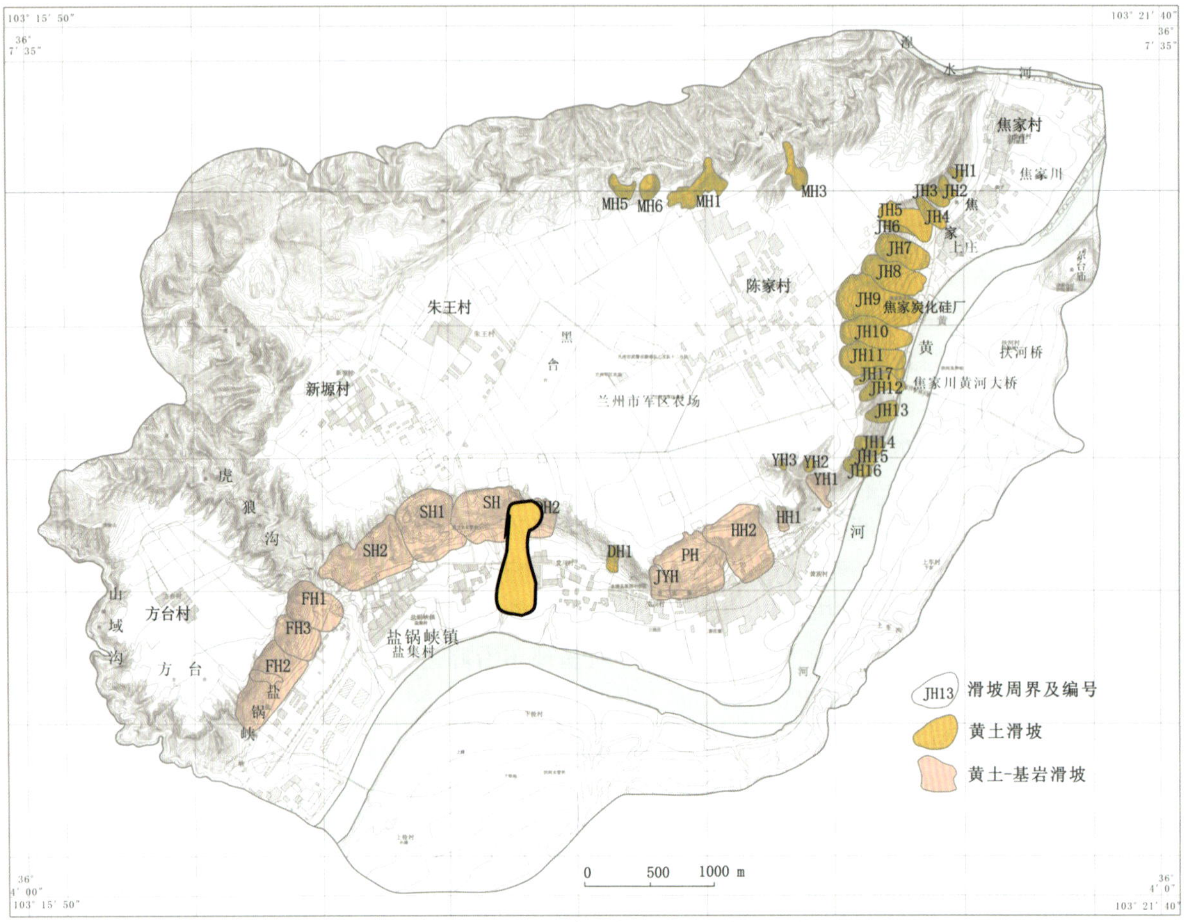

图 5-6 黑方台地区滑坡分布图

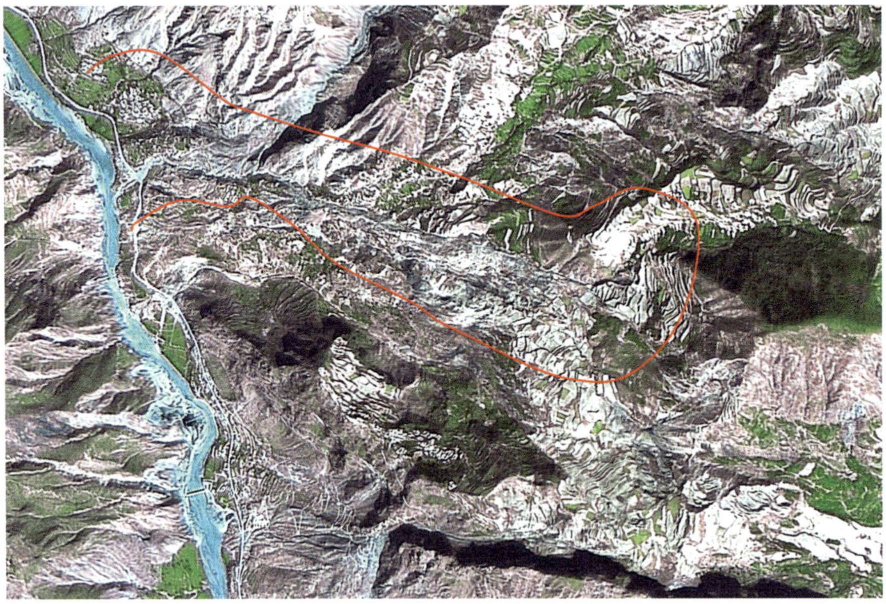

图 5-7 甘南藏族自治州舟曲县泄流坡滑坡平面影像图

白龙江河道，并受江水侵蚀、冲刷，形成陡坡。为防止滑坡堵塞白龙江形成堰塞湖造成危害，当地政府不得不采取开挖、爆破等手段对河道进行疏通，致使前缘总是不断形成临空面，进一步降低了滑坡体的稳定性。总之，构造破碎带及软弱易滑的岩土体，加之地下水的长期作用和白龙江的冲刷，均为泄流坡滑坡滑动提供了有利条件。

五、兰州市九州开发区石峡口段滑坡

石峡口位于兰州九州开发区开发地段，第一次滑坡发生于2007年9月17日上午10时15分，滑坡体积约6.2×10^4 m^3，滑坡堵断罗锅沟主洪道，压埋九州大道，中断交通（图5-8，图5-9），严重影响九州开发区及周边约10万居民100多家单位的正常生活和生产，也威胁对面的武警甘肃总队油库安全，同时影响罗锅沟正常泄洪。

图5-8 九州石峡口段2007年滑坡全貌

图5-9 九州石峡口段2009年滑坡全貌

2009年5月16日，石峡口段第二次滑坡，滑坡体积仅仅为2×10^4 m^3，厚度4 m，高速高位滑出，摧毁坡脚一幢居民楼两个单元，造成7人死亡、1人重伤，紧急撤离危险区群众163户600余人。据对现场目击者杨开义老人的访问，2009年5月16日19时许，他发现自己居住的楼侧面不断有土石坠落，于是上山去察看情况，发现山顶出现20~30 cm宽的裂缝，急忙通知山下的住户；19时40分许，石块和黄土不断地涌向山下石峡口小区，数量和规模都较40分钟前有所增大，此时绝大部分住户都已撤离；21时05分左右山体整体下滑，土体剧烈倾泻到山下的石峡口小区，轰隆的巨响声伴随着尘土弥漫，在几秒钟内滑坡就摧毁石峡口小区4号楼5、6两个单元。

两次滑坡平面距离不足50 m，均处于罗锅沟右岸斜坡地带。滑坡剪出口位于前寒武系变质片岩中，呈波状起伏，位置高出地面约30 m。修建城市道路和居民楼对稳定黄土斜坡开挖形成高达140 m的高陡黄土边坡地形，坡顶常年的城市绿化灌溉导致黄土力学性质降低是该处多次发生滑坡的直接原因。

六、临夏回族自治州东乡族自治县广场滑坡

2011年3月2日18时55分，甘肃省东乡族自治县县城撒尔塔文体广场发生滑坡（图5-10），由于监测预警工作到位，所幸未造成人员伤亡，但对道路、商铺、通信、给排水、电力设施造成严重毁坏，县委、县政府办公大楼出现不同程度的破坏而无法继续使用。"3·2"滑坡灾害共造成县城2606户居民断水断电，117户居民住房、732家商铺及95家机关事业单位办公楼成为危房，紧急组织疏散1180人，其中95家机关单位中有82家疏散安置到其他单位和搭建的帐篷中办公。造成直接经济损失约46937.39万元，为特大型地质灾害。

图5-10　东乡广场滑坡全貌图

（照片来源于甘肃省科学院吴玮江研究员）

该滑坡为土质滑坡，平面形状为舌形，滑坡主滑方向为150°，至前缘与西侧坡体碰撞后转为120°，滑动长度约110 m，堆积于文体广场。滑坡堆积体总长度约210 m，宽度为85~123 m，厚度为4~15 m，堆体方量约18×10^4 m^3。滑坡后壁高12 m，坡度为70°~90°；滑坡后缘两侧坡高4~7m，基本处于直立状态。该滑坡是由人工填积土沿原始土体接触面下滑而形成的，滑坡堆积体为松散堆积，主要由粉质黏土构成，夹有很少量的砖块、混凝土块等建筑垃圾，由于滑坡下滑剪断城区排水涵洞，堆积体含水量高。滑坡沿原始土体滑动，滑床为马兰黄土与离石黄土，在后壁处可明显看到下滑摩擦痕迹。

撒尔塔广场北侧原为前沟脑，后期经人工改造形成填土边坡，边坡坡度约40°，具备滑坡发生的地形条件。坡体地层岩性自上至下依次为人工填土、马兰黄土、离石黄土，基底为新近系泥岩。特别是填土区压实系数不够，较为松散且厚度较大（20~30 m），加之填方边坡坡度较大导致其自身稳定性较差。后期随着东乡族自治县县城建设，大量构建筑物与基础设施建设在斜坡体上部，对坡体造成了不同程度的加载，但城市排水、排污系统却不完善。笔者在灾害发生后现场访问得知，在广场未修建、地形未改造前，前沟脑一带就有泉水出露，修建体育场后，场地整平压埋了泉眼，造成地下水排泄受阻，地下水位上升，坡体长期处于饱和状态。加之修建广场后，填方区埋设多条城市排水管道，自2007年起就发生过管道破裂现象，致使土体含水量增大。虽然在2009年，有关部门对管道进行修复，但局部仍发生渗漏现

象，造成污水直接排入土体，土体饱和，降低了土体抗剪强度。灾害发生在3月初，正值东乡族自治县冻融期，受气温回暖影响，土体内的冻结地下水融化，在动水压力、静水压力变化的影响下，坡脚土体软化，抗滑性能降低，进一步加剧了斜坡变形，最终发生滑坡灾害。

本章列举了甘肃省部分重大滑坡灾害实例，除此之外，“十三五”以来，甘肃省还发生了诸如兰州市北环路“8·9”滑坡，舟曲县江顶崖滑坡、牙豁口滑坡、立节北山滑坡、果耶磨里滑坡和平凉市灵台县中台镇南店子滑坡等重大滑坡灾害，这些灾害会在“空天地”一体化技术运用后续篇章中将专门介绍，本节不再赘述。

第六章 滑坡灾害应急处置措施优缺点剖析

自"5·12"汶川地震以来，甘肃省建立健全地质灾害防治体系，目前，甘肃省自然资源系统有219名专家、技术人员驻守市县，支撑地方开展调查评估、监测预警等工作，确保出现灾情、险情后第一时间开展应急调查、危险区划定、趋势预测等工作。但滑坡应急处置是解决"即将发生和发生后怎么办"的问题，核心要点是研判灾害发展趋势，合理划定危险区界线，提出切实可行的防治措施建议，第一时间消除隐患或有效控制灾情、险情。前些年，技术人员主要根据经验，定性研判，但滑坡灾害具有隐蔽性、突发性等不确定因素，仅依据经验，往往造成灾害趋势研判不清、危险区划定范围过大等问题，导致行政成本投入过大，劳民伤财。本章以常规应急手段开展滑坡应急处置工作为例，剖析以往应急处置存在的问题。

第一节 常规滑坡灾害应急处置案例分析
——以兰州市皋兰山Ⅲ号滑坡灾害应急处置为例

一、险情概况

2018年3月21日，皋兰山Ⅲ号老滑坡中部坡体出现裂缝，发育1处新的小滑坡隐患——皋兰山Ⅲ2号滑坡，后缘裂缝区距坡脚高差83m，严重威胁坡脚美盛加气站、2栋家属楼及南山路安全，威胁人员约200人，威胁财产2亿元左右，险情为特大型。

二、灾害类型及规模

皋兰山Ⅲ号滑坡地处城关区火车站街道红山西路，为老狼沟滑坡西侧局部滑体复活变形而形成的滑坡，属皋兰山滑坡群的一部分，滑坡平面形态呈舌形，滑体长286 m，宽126~154 m，面积3.75×10^4 m^2，平均厚度22 m，总体积为112×10^4 m^3，为一中型滑坡，其主滑方向为NE10°（图6-1，图6-2），滑坡体坡度26°~31°，中后部较陡，滑体前缘高程1535 m，后缘高程1685 m，相对高差150 m。老狼沟滑坡位于皋兰山Ⅲ号老滑坡东部，系地震引发的老滑坡，为泥岩切层滑坡，滑体长450 m，宽380 m，平均厚度50 m，总体积为850×10^4 m^3，属深层大型滑坡，主滑方向为NE25°。在皋兰山Ⅲ滑号坡西侧坡脚发育Ⅲ1滑坡，其平面形态呈簸箕状，南北长约80 m，东西宽60~70 m，滑体平均厚度8 m，2007年兰州市对Ⅲ1滑坡实施12个锚索抗滑桩工程治理，目前Ⅲ1坡体稳定。

据调查，此次滑坡为Ⅲ号老滑坡的局部复活，即Ⅲ2号滑坡体，滑坡产生裂缝位于皋兰山Ⅲ号老滑坡中上部，裂缝呈西、南、东三面贯通的圈椅状，后缘裂缝距坡脚平距128 m，高差83 m，裂缝长109.5 m，宽10~30 cm，最大错落20 cm，据探井揭露，裂缝深度达2.5 m（图6-3，图6-4）。皋兰山Ⅲ2滑坡中上部圈椅状裂缝已贯通，将发育为新滑坡，新滑坡长110 m，宽50~55 m，厚3~22 m，滑坡体积为$5.74\times10^4m^3$，为小型堆积层滑坡，推断滑坡前缘剪出口可能在Ⅲ1滑坡后壁处，滑坡距坡脚加气站、家属楼高差32~94 m。

三、灾害成因剖析

（一）滑坡形成的主导因素

1. 地层岩性条件

皋兰山Ⅲ2号滑坡地层由新近系泥质岩系、第四系黄土及滑坡碎石土组成。泥岩的产状与山体坡向虽

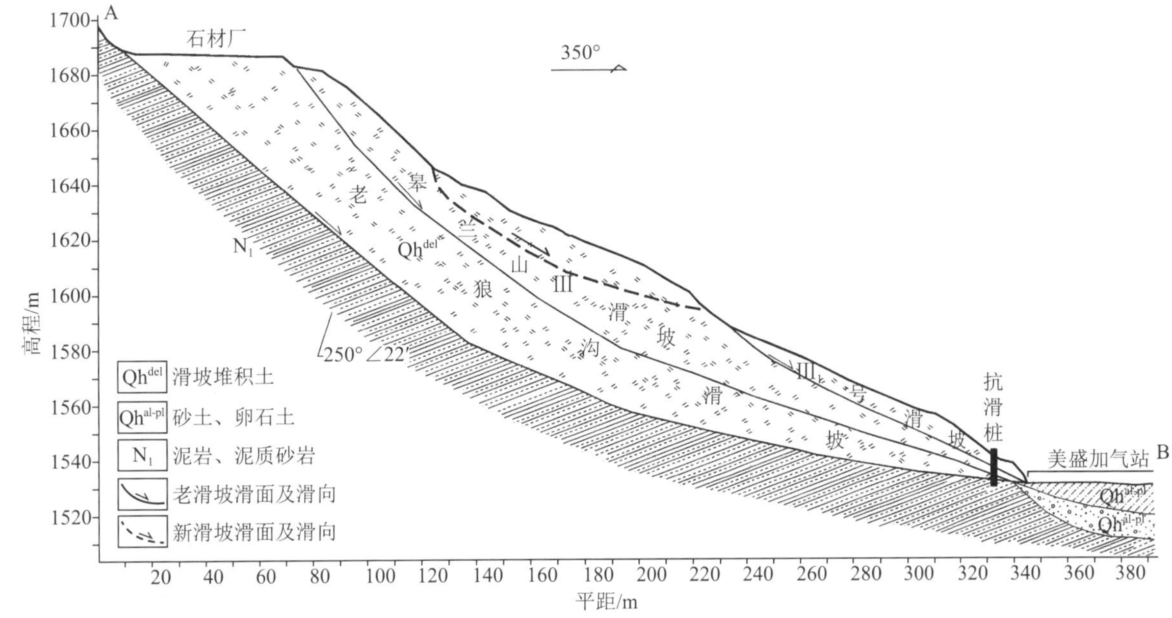

图 6-1 皋兰山Ⅲ2 号滑坡地质剖面图

为逆坡，但由于其风化破碎，遇水泥化、软化的特点，工程力学性质差，易顺坡产生滑动。第四系黄土垂直节理发育，在拉张应力的作用下容易顺斜坡面产生卸荷裂隙，在长期的地质应力和雨水的冲蚀作用下易形成崩坍、滑移体。滑坡碎石土（滑坡堆积物）易分化破碎，地表水易于入渗，遇水软化、崩解，具有黄土、泥岩的组合特征。总之山体岩土体风化破碎严重，结构松散，遇水后易软化，发生滑动，工程力学性质差，容易发生滑坡。

2. 地形条件

皋兰山Ⅲ2 号滑坡自然斜坡陡峻，地形复杂，老滑坡发育，高程为 1531. 22~1592. 93 m，相对高差高达 61. 71 m，坡度平均在 30°以上，地形呈上陡下缓阶梯状陡坎，塌溜、裂缝等不良地质发育，这为滑坡的形成创造了有利的条件。

（二）滑坡形成的诱发因素

区内形成滑坡的诱发因素主要是地下水的长期往复作用。雨季时，降水经黄土层渗入古风化层，形成一定厚度的含水层，地下水的存在使黄土底部土体饱和，并泥化、软化风化的泥岩（或泥岩残积、坡积堆积物）；干旱时，含水层的厚度变薄或消失，则岩、土体失水硬化。这种干湿交替的反复作用，使岩、土体结构原有的连接遭到破坏，降低了其抗剪强度，加之地下水在流动过程中，由高势能流向低势能，形成一定的动水压力，其动态又随降水渗入多少而变化，在黄土与基岩接触界面（或古老剥蚀面）附近形成了一定厚度的软弱带，黄土和泥岩在重力作用下，沿着上述软弱带（面）滑动，形成了滑坡。还有近年来兰州市绿化工程不仅加重滑坡体荷载，同时大量浇水降低岩土体的工程性质，加剧了滑坡体的失稳变形。

综上，特殊的地形地貌、岩土结构为滑坡形成的基础条件，而大气降水、绿化用水入渗改变岩土体工程地质性质，加之坡面加载，促使坡体失稳，形成拉张裂隙带，诱发加剧了Ⅲ号老滑坡复活。

四、应急处置措施及存在的问题

（一）采取的应急处置措施

险情发生后，兰州市城关区火车站街道和兰州市国土资源主管部门立即启动灾害应急预案，采取如下措施：①在滑坡体坡脚处设置警戒线、警戒带，划定危险区，危险区范围为滑坡体自身及滑坡体失稳后可能的覆盖范围，覆盖范围南至坡脚，北至南山路，东至铁路林场，西至皋兰山Ⅰ号滑坡边界，严密监

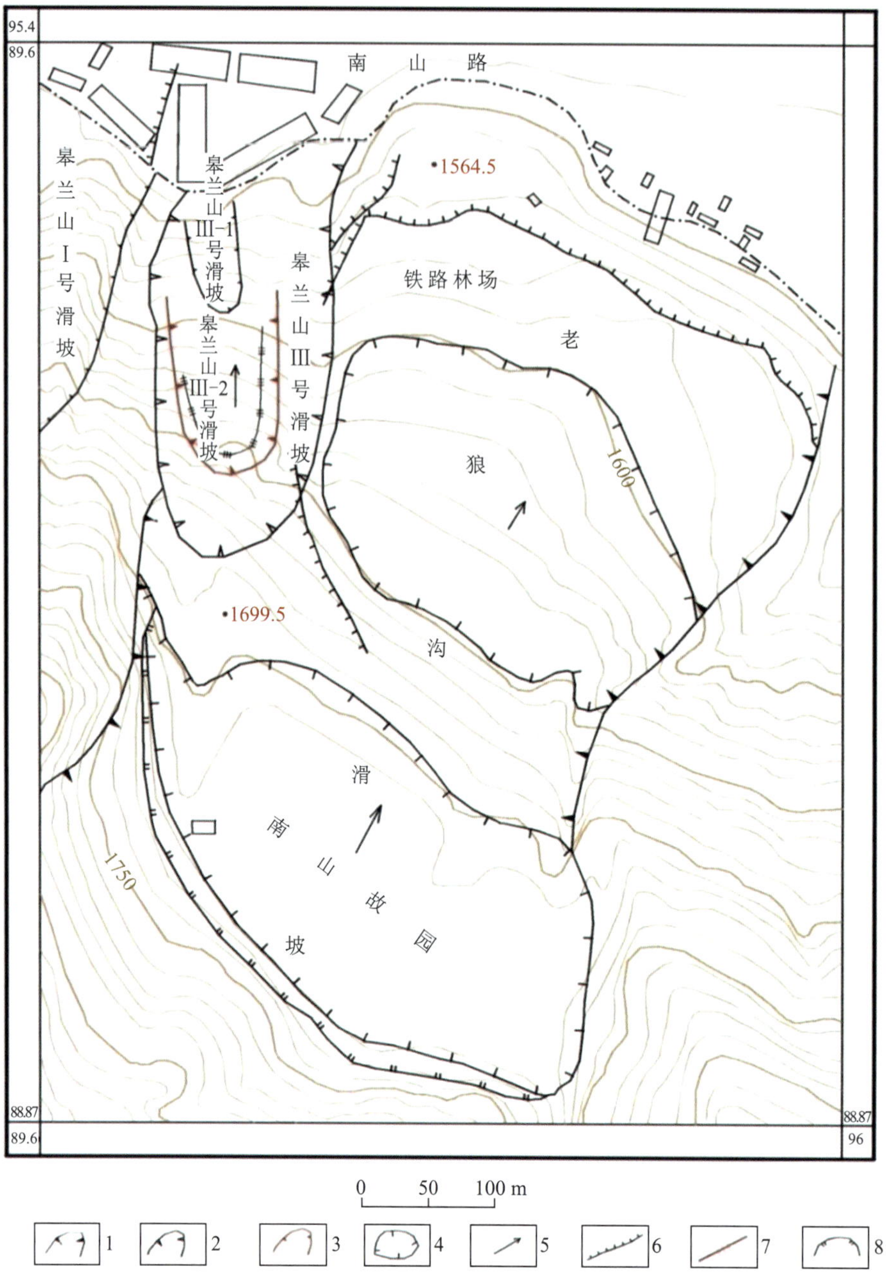

图 6-2 皋兰山Ⅲ2 号滑坡与Ⅲ号滑坡、老狼沟滑坡位置关系图

1—老狼沟滑坡壁；2—皋兰山Ⅲ号滑坡；3—Ⅲ-2 号滑坡；4—老滑坡平台；5—主滑方向；6—陡坎；7—拉张裂缝；8—滑体后缘

测次生灾害，确保不发生人员伤亡；②采用埋桩法对滑坡体上部发育的唯一一条贯通裂缝予以监测；③加强现场应急值守和应急值班工作，密切关注险情动态，及时上报有关信息，做到 24 h 在班在岗；④委托专业单位对该滑坡开展应急勘查，查明滑坡的稳定性特征及下一步发展趋势，从而提出合理的防治措施。

（二）应急处置措施存在的问题

1. 未能合理、准确地划定危险区

本次应急处置工作主要采用宏观调查的方法，而常规的宏观调查方法虽能查明滑坡体上部发育的裂缝等变形迹象，但无法查明滑坡体应变集中区分布的位置、应力应变规律及未来变形破坏趋势，进而无法对最危险剪出位置进行分析、预测。

鉴于滑坡体失稳后的覆盖范围主要由其剪出的位置决定，对于同样类型的滑坡体，如若是高位剪出，

图 6-3 滑坡体上部发育的贯通裂缝（一）

图 6-4 滑坡体上部发育的贯通裂缝（二）

其失稳后的势能必然巨大，多为高速滑动，滑动的距离相对较远；如若是坡脚剪出，其滑体在向下滑动后，必然受到阻滑段给予的阻力，滑动的距离相对较短。因此，无法对最危险剪出位置进行分析、预测，就无法确定滑坡失稳后的覆盖范围，特别是针对皋兰山Ⅲ2 号滑坡体。该滑坡体紧邻兰州城区，坡脚下建筑物密集，人口密度大（图 6-5），更有兰州市主干道之一的南山路在坡脚下通过，车流量十分巨大。如若危险区划定过大，必然给政府部门应急管理增加难度，且易引起社会恐慌，但如若危险区划定过小，一旦险情转化为灾害，造成的损失及后果则不可弥补。

2. 简易埋桩法误差较大，无法时时掌握滑坡变形情况

针对滑坡体上部发育的贯通裂缝，本次应急处置措施主要采取简易的埋桩法对其变化进行监测，即在滑坡体上部横跨裂缝两侧埋桩，用钢卷尺测量两桩之间的距离，从而了解滑坡变形滑动过程。

该方法是滑坡监测中最为简易的方法，其精度低、误差大，对于裂缝的纵向变化可进行监测，但对于裂缝的垂向变化（错落）无法进行监测。因此，无法时时掌握滑坡的变形情况，未能为应急处置提供技术支撑。

3. 应急勘查采用了常规方法，周期长，无法为应急决策提供支撑

据调查访问，本次灾害发生后，兰州市国土资源主管部门十分重视，第一时间委托有关单位开展应急勘查、施工图设计工作，该单位接受任务后，采用地形测量、工程地质测绘、钻探、土工试验等常规工作手段，于同年（2018 年）6 月提交了成果报告。但这距离灾害发生时间已过 2 个月有余，鉴于地质

图 6-5 皋兰山Ⅲ号滑坡前缘密集的建筑物

灾害应急处置是一种多目标、多任务、多因素的非常规工作，更是一种跨阶段、高要求、大集成、快反应、求实效的非常规防灾减灾工作，其技术含量高，时间要求紧；不仅要反映出最新减灾理念和科技水平，更要体现防灾减灾效果。因此，常规的防灾手段由于周期过长，不具备时效性，无法为应急决策提供支撑。

第二节 常规滑坡灾害处置措施优缺点剖析

一、应急监测

（一）常用的应急监测措施

针对突发性地质灾害（崩塌、滑坡、泥石流），目前常用的监测措施为地质观测法及简易观测法，以下进行分别叙述。

1. 地质观测法

地质观测法即为使用人力监测。针对滑坡、崩塌等地灾害隐患点，定期对灾害体出现的宏观变形迹象，如裂缝发生及发展、膨胀、隆起和建筑物变形等进行观测，对有关的异常现象，如地声、地下水异常等进行调查记录，分析灾害体的成因及下一步发展趋势；针对泥石流，主要对流域内松散物源及可转化为泥石流的松散物源予以调查，以此判断泥石流发生的规模及可能成灾的范围，为政府、国土部门了解灾害体的变化及应急决策提供依据。

2. 简易观测法

针对存在险情或已发生灾情的灾害隐患点，目前多采用埋桩法、埋钉法、上漆法、贴片法、裂缝报警器、滑坡预警伸缩仪、雨量预警计等方法及设备予以监测。埋桩法主要是对滑坡体上部的裂缝予以监测；埋钉法、上漆法、贴片法主要通过对灾害体上部的建筑物予以监测，得出滑坡体的变化情况及发展趋势，此外，在监测中也多采用裂缝报警器、滑坡预警伸缩仪、雨量预警器等专业监测设备，通过借助简易、快捷、实用的位移、地声、雨量等监测报警装置，提高预警的准确性和临灾的快速反应能力。

（二）常规监测手段优缺点分析

1. 优点

常规的监测手段方法简单，其特点是具有直观性、动态性及较强的实用性，适应于各类灾害体的形变监测，可快速查明灾害体的宏观变形特征或浅表层的变化情况。例如，对于滑坡体，其形变特征主要体现在裂缝的发育及分布，地面调查可快速查清其分布、发育的特征，简易的监测可初步了解其变化发展情况。从而判断其发展趋势，为应急响应、应急部署提供初步支撑。

2. 缺点

（1）无法准确判断灾害体的发展趋势

以滑坡体为例，常规的调查方法虽能查明滑坡体上部发育的裂缝等变形迹象，但无法查明滑坡体应变集中区分布的位置、应力应变规律以及未来变形破坏趋势，进而无法对最危险剪出位置进行分析、预测，无法确定滑坡失稳后的威胁范围。以泥石流为例，常规的调查方法只能凭经验匡算流域内可转化为泥石流的松散物质量，无法准确分析、预测其成灾规模、最大冲出量等关键数值，无法为应急处置提供准确支撑。

（2）精度过低

常规的监测方法虽然简便、可操作性强，但多为浅表层的监测手段，精度过低，无法深入、全面的了解滑坡的变化、发展情况，且容易损坏。

二、应急勘查

（一）优点

常规的应急勘查主要为地形测量、工程地质测绘、钻探、土工试验等工作手段，通过上述方法，可查明灾害的类型、规模、发育特征、分布范围、危害程度、形成原因及发展趋势，确定危害等级；做出稳定性评价，划分危险区，最后提出防治措施建议。

（二）缺点

该方法要求的工作周期较长，特别是针对规模较大的灾害体，无法快速查明灾害体的类型、规模、稳定性及发展趋势。而应急处置工作要求的时间较短。综上，该类方法无法为应急处置提供支撑，只适用于常规的地质灾害勘查工作。

第七章 "空天地"一体化技术国内外研究程度

第一节 "空天地"一体化概念

前文述及，由于滑坡成因机制的复杂性和滑坡事件分布的广泛性，传统的监测手段无法满足滑坡监测精度和监测频率的要求。同时，也缺乏一种具有普适性的方法来识别和绘制滑坡，确定滑坡灾害，并评估滑坡的风险。利用"空天地"一体化监测的多源异构数据，可从不同的视角对滑坡进行刻画与研究。

"空天地"一体化监测指的是对滑坡地质灾害进行多视角的监测。笼统地说，"空"指的是航空遥感，"天"指的是航天卫星遥感，"地"可以认为是地基遥感、野外地质调查、基础地质资料以及专业监测的集合。"空天地"一体化监测的产品是多源异构数据，其数学本质是多源异构数据的决策级融合。由于滑坡地质灾害的复杂性，单一的数据源往往无法精准地刻画滑坡。近年来，遥感技术得到迅猛发展，遥感影像的数目和种类越来越丰富，越来越多的滑坡灾害制图与风险评估研究将遥感数据引入其中。自 1970 年以来，航空相片被引进到滑坡灾害研究当中，主要依赖于对图件的人工判读和目视解译，已经发展为一项成熟的技术手段。红外波段和可见光波段是光学影像主要依赖的波段，根据地物在这两个波段上反射率的差别，利用扫描、摄影等技术进行成像，根据成像结果获取地物信息。合成孔径雷达（地基 SAR）系统使用波段的波长较长，其具备一定的地表穿透能力，依据此特性，SAR 图像可以被用滑坡形变的检测。干涉合成孔径雷达（InSAR）是新兴的微波遥感技术，以波的干涉为原理测量地物的高程变化。差分干涉合成孔径雷达（DInSAR）技术是以 InSAR 技术为基础发展起来的，最早应用在地震形变监测上，理论监测精度可达厘米级（半波长）。InSAR 技术在滑坡制图和监测中具有良好的前景和巨大的潜力，但易受植被、湿度和大气条件的影响而导致相位失相干。永久散射体（PS）和小基线集（SBAS）技术可以有效地减少大气延迟等噪声的影响，获得毫米级的监测精度。作为对地观测技术的最新研究成果，激光雷达（LiDAR）通过位置、角度、距等观测数据直接获取地表点三维坐标，具有高时空分辨率、大范围动态探测、森林穿透力强等特点，可以快速获取地形信息。星载、机载和地面遥感数据在推动局部到区域尺度的滑坡灾害评估方面发挥了重要作用。激光雷达（LiDAR）和干涉合成孔径雷达（InSAR）数据可反映滑坡事件发生后的滑坡痕迹（例如，重大风暴或地震）或绘制历史滑坡分布图。

综上，"空天地"一体化强调监测手段的多样性，包括卫星遥感、航空遥感和地面监测等手段。涉及的数据包括光学遥感影像数据、微波遥感影像数据、无人机遥感数据、地质调查数据和岩土工程试验数据等（图 7-1）。

第二节 国内外研究程度

一、隐患早期识别方面

岩土体的失稳受到坡体内外诸多动力因素的影响，是十分复杂的非线性动力过程。大量的可测信息伴随着滑坡灾害的发生发展及演化过程，如斜坡的变形，内部物理、化学特性，地下水位的变化，土体水分含量的变化等。而在这可测信息中，坡体的变形数据是表征斜坡变化最显著的参量，其也最能体现斜坡失稳状况和后续的变化发展趋势，并且坡体变形监测相对于其他可测信息更加简单、方便与直观，对于滑坡隐患的早期识别具有重要意义。目前对于地表变形监测国内外常用的监测技术总体上来说可以

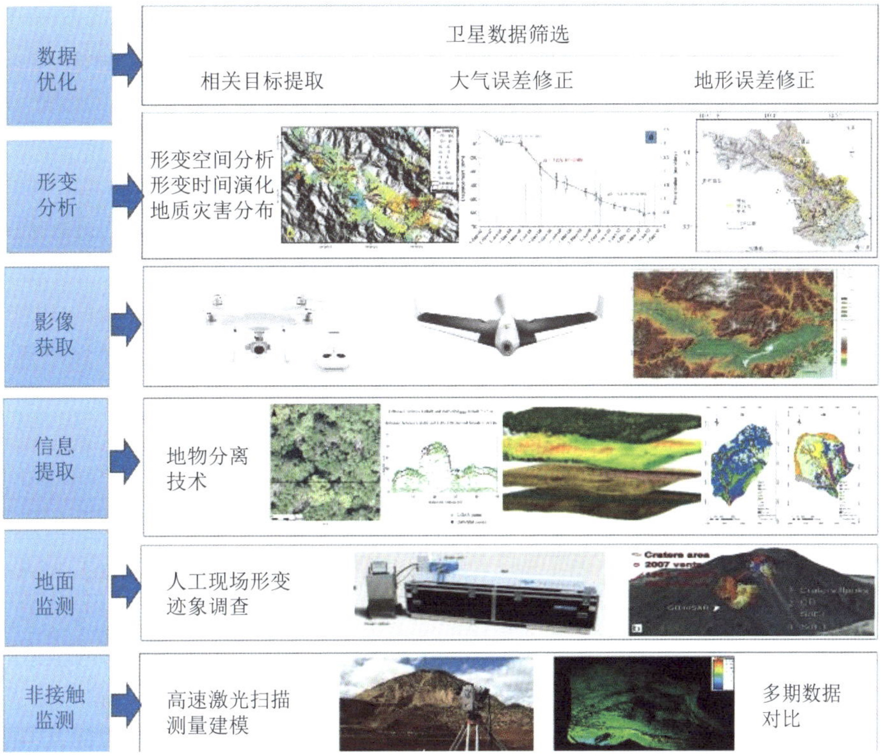

图 7-1 “空天地”一体化应用示意图

分为接触式和非接触式地表变形监测两大类。

接触式地表变形监测主要包括传统的大地测量技术、GNSS 监测技术、内观测量技术与光纤监测技术等几种主要技术手段。其中以 GPS 监测技术为代表的全球导航卫星系统监测技术以其高精度、测站之间无须通视、全自动、全天候监测等优点，被广泛应用于滑坡隐患识别领域（周朝义等，2002）。该方法能提供点位基于全球坐标系统的变化，不受局部变形的影响，因此对于大区域甚至板块运动尺度的变形都可以进行监测，但是针对坡体变形监测 GPS 受到自身技术特点及滑坡监测规范的限制，面临着监测数据解算复杂、测量成本高以及灌木密集的野外环境难以施测等困难，使得 GPS 监测在坡体变形监测中存在一定的局限性。随着我国北斗卫星导航系统的建成及基础地理数据库的建立，逐渐建立起基于北斗/GPS 的 GNSS 压迫变形监测系统，以获取更加精确、可靠、连续的监测信息，同时结合 GPRS 实时数据传输技术，提高滑坡地质灾害预警预报的速度和能力（李东航等，2006；陈军等，2017）。因此 GPS 技术被广泛用于各尺度地表形变监测中，Li 等（2001）用 GPS 对尾矿坝的变形进行监测；叱伟康等（2018）利用 GPS 技术对山区水库边坡的滑坡体形变特征进行分析；更大尺度上纪静等（2018）基于 GPS 监测技术对天津地区形变应变场和构造活动进行观测；雷东宁等利用 GPS 监测技术来对深圳横岗-罗湖断裂现今构造变形量及变形速率进行动态监测；张永奇等（2018）利用连续的 GPS 观测资料，借助多面函数拟合法建立渭河盆地水平速度场模型，对渭河盆地的现今地壳变形特征进行分析。

非接触式地表变形监测主要包括无人机摄影监测技术、三维激光扫描监测技术以及以雷达技术为基础的合成孔径雷达（SAR）差分干涉测量技术等，突破了传统单点测量方法的不足，实现了对面域的测量，可大范围获取高分辨率的海量数据，进而判断出形变区域、形变趋势和形变量，具有获取速度快、成果精度高等诸多优势。其中在复杂地区坡体形变监测中，无人机摄影监测技术和以雷达技术为基础的合成孔径雷达（SAR）差分干涉测量技术应用尤为广泛。

近年来发展兴起的合成孔径雷达干涉测量技术（InSAR）是解决上述问题的有效技术，其原理是利用合成孔径雷达两次观测中雷达波相位差与空间距离之间的关系提取区域地表三维变形信息（Hoffmann et al.，2001）。尤其是差分干涉测量（DInSAR）技术的出现，极大发展了该技术，可以监测雷达视线方向厘米级或更小的地表形变，被广泛用于揭示山体滑坡等地质灾害引起的形变。传统 DInSAR 形变测量的精度和可靠性受到空间失相关和大气延迟的严重影响。为解决以上问题，意大利 Ferretti 于 2000 年提出永久散射体干涉测量新技术（PSInSAR），并成功应用于意大利 Ancona 地区的滑坡变形测量。该技术对地表变形监测可达到毫米级精度，被广泛应用于监测地球物理现象（例如，沉降、抬升、滑坡、地震断层、火山等）和监测单个建筑物的稳定性、提供精确的位移监测等。

但是 PSInSAR 技术在地形复杂、植被覆盖度较高、合成孔径雷达数据有限的区域提取永久散射体困难，地表变形监测难度大。由 Berardino 等（2002）提出的小基线集（SBAS）法，通过选择较短基线相对干涉，利用奇异值分解法获得区域时间序列地表形变，已经被广泛应用于各种地质灾害的变形监测。该方法无须大量 SAR 影像，与 PSInSAR 技术相结合进行地表变形监测，可有效克服地形复杂区雷达信号相干性差、地表变形难以精确计算的问题。

基于卫星雷达数据的 SAR 技术，受雷达监测数据的影响，通常存在数据盲区，而低空无人机摄影测量可以很好地弥补该技术对卫星雷达数据扫描盲区的地表变形监测。该技术可以快速获取高质量、高分辨率的遥感影像，并且可以突破云层的干扰和限制以弥补卫星遥感影像和传统航空摄影无法获取理想影响的不足，尤其是在小区域、地貌和气象条件比较复杂的地区，其应用充分体现了无人机摄影测量机动灵活、快速高效、应用范围广等特点。无人机摄影测量在地质灾害调查方面的研究，近年来相关研究学者开展了大量的工作。吴振宇等（2012）利用无人机高分辨率影像，依据遥感影像上的滑坡、裂缝、崩塌、切坡表现出的形态、色调、阴影、纹理等方面的特征对研究区内的各类典型地质灾害进行了解译；王俊强等（2013）对基于无人机技术的低空摄影对于高分辨率低空三维地形景观的实现进行了探讨，通过对无人机摄影提取数据的实测检验，验证了无人机低空摄影方法制作 DEM 和 DOM 的可行性，为无人机低空摄影技术在滑坡监测中的应用提供了理论依据；Casella 等（2014）利用遥控摄影测量来研究波浪的起伏，以期进一步实现沿海的管理；Vrublova 等（2015）基于无人机摄影测量技术对复杂地形区域中难以进入部分提出利用地面数字摄影测量方法；曾跃等（2016）以大岗山水电站库区为研究区，利用无人机摄影测量技术对该区域的地质灾害进行监测，发现基于无人机摄影测量得到的数字高程模型更适合细部的滑坡、变形体等地质灾害点的判读和分析；巨袁臻（2017）以无人机摄影测量技术为主要技术手段，对滑坡多发区域黑方台的黄土滑坡进行早期识别，通过多期影像的拍摄，研究拍摄精度及变形识别方法；Francisco 等（2017）基于地面控制点数，对无人机的摄影测绘精度进行评估；邹雨甜等（2018）对无人技术摄影技术在地质灾害调查中的应用进行了探讨。

因此，建立一套完整的基于 InSAR 的滑坡与隐患早期识别研究的方法体系，利用 InSAR 技术开展大区域、高精度的地表变形监测，进行潜在滑坡灾害的早期识别，结合无人机、LiDAR、GBSAR 和三维激光地形扫描技术，运用数学模型，建立重大滑坡隐患灾害早期识别指标体系和模型，构建“空天地”一体化的滑坡灾害隐患早期识别技术体系，建立滑坡识别的方法模型及对应滑坡危险区识别模型，能够直接服务于区域地质灾害应急管理和防灾减灾，并可以为典型滑坡隐患的早期识别提供科学参考依据。

二、临灾预警方面

滑坡启动阈值指标多是针对不同类型滑坡的变形机制和特点而提出来的，也称滑坡启动临界值。根据诱发因素的不同和滑坡本身的变形破坏特征，滑坡启动的阈值指标主要可分为变形指标（位移速率、位移矢量角、裂缝贯通比和位移比、塑性应变、几何分维等）和条件阈值指标（降雨、水位、含水量、土壤湿度和加载卸荷响应比等）。

由于位移变化可以较直观地反映边坡的稳定状态，量测方法简单，因此成为实践中较受青睐的变形指标。Satio（1961）最早提出利用位移进行滑坡发生的时间预报，并通过大量的室内试验，提出加速阶段蠕变速率和斜坡破坏的线性关系，建立滑坡经验预报模型，其后，该预测预报模型得到了快速的推动和发展；由于位移加速变形阶段的破坏时刻难以准确确定，Fukuzono（1985）、Voight（1988）和 Petly 等（2000）发展了基于形变速率倒数指标的预报，并利用试验室试验，将速率倒数曲线与滑坡变形破坏的力学机制相结合而进行准确预测；在之后较长一段时间内涌现出大量的研究利用变形指标作为滑坡启动阈值指标，这些研究主要集中于对 Saito 模型、Fukuzono 模型和 Voight 模型的物理力学机制和适用条件以及实例运用的研究和探讨，这对于滑坡准确预测是极其重要的。在国内具有代表性的为 Xu 等（2011）提出的利用的改进的滑坡加速度切线角作为阈值指标对滑坡进行预报。

目前滑坡启动条件阈值指标主要是针对临界降雨展开的，并得到了广泛的应用。对于降雨型滑坡，由于降雨是滑坡最为常见、直观和易被量测的诱发因子，因此被用来作为滑坡启动阈值指标进行预警。同样，阈值指标可以是降雨、土壤湿度、水文条件，当达到或超过这些指标的一定值时，将会诱发滑坡。降雨阈值是预警系统早期能快速预测出潜在滑坡位置的基础（Baum et al.，2010），通常包括经验降雨阈值（历史，统计）和基于物理过程降雨阈值两方面（Aleotti，2004；Guzzetti et al.，2007）。基于统计方法确定的经验降雨阈值为利用历史滑坡和对应的降雨事件，建立统计关系得到滑坡发生的临界雨量。这种经验统计模型的可靠性主要依赖于数据的精度和可得性。由于基于经验的降雨阈值不需要严格的数学推导和物理规律，并且数据相对较易获取，因此基于统计的降雨阈值发展较为成熟。但由于不同区域特定的地形和地质条件，基于这些经验方法得到的降雨阈值也不一致，同时将滑坡发生和降雨关系视为“黑箱”，不具备力学机理，所建立的阈值指标存在着极大的不确定性。因此，有研究者发展了可以考虑土体和斜坡的特征的，被视为“灰色”模型的前期降雨和临界降雨持时模型（Aleotti，1998；Glade et al.，2000）。

斜坡的渗透过程是由岩土体物质组成、内部结构等属性决定的，即使是同一区域，不同斜坡的渗流过程也存在一定差异，这也是导致滑坡经验降雨预警失败的原因，因此需建立基于滑坡发生物理力学过程的降雨阈值（Caracciolo et al.，2017）。

基于物理力学过程的降雨阈值，是从滑坡发生的力学机理出发，研究滑坡启动阈值。通常结合稳态水文概念和无限斜坡稳定性模型来估计临界雨量。物理模型阈值可以考虑特定区域地形、土体性质、渗流分析等与滑坡形成相关的物理过程，在区域降雨滑坡阈值方面，国外较早的将稳态或准稳态水文模型同边坡稳定性评价的无限斜坡耦合，建立区域评价的物理模型（Montgomery et al.，1994；Wu et al.，1995）；Brum 等（2008）建立了基于 DEM 耦合降雨入渗导致的瞬态孔隙水压力变化和无限斜坡模型耦合的 TRIGRS 模型；Melchiorre（2012）运用 GCM 气候降雨预报，结合水文模型及无限斜坡稳定性计算方法，进行斜坡稳定性评价预测，通过蒙托卡罗随机模拟，对参数的不确定性对模型带来的敏感性程度进行了分析，同时确定出不同降雨预案对斜坡稳定性影响程度。但这类模型是基于不具地理意义的栅格单元进行计算，因此不能对斜坡单元和不同降雨强度的响应特征进行分析。此外，由于是进行区域范围评价，土力学参数取值仍是此类模型面临的一个难题。根据大量试验数据，利用统计学方法，获取强度参数的概率空间分布是一个可能的有效解决途径。也有研究利用卫星数据反演降雨（美国 NASA 的 TRMM 降雨数据产品）和土壤湿度（ASCAT 产品）同滑坡变形过程进行分析，以建立滑坡区域阈值。

针对单点滑坡的条件阈值，Capparell（2011）开展了比较适合具有不同物质组成的浅层滑坡的 SUSHI 模型；Rahardjo 等（2008）则较为系统地开展了这一方面的工作，对降雨滑坡机制进行了分析，研究前期降雨和暴雨事件对边坡稳定性影响，确定具有不同地形、土体性质和水力条件下滑坡成灾阈值，并探讨了不同前期降雨类型对其影响；Lee（2009）基于极端降雨曲线、渗透曲线以及水土特征曲线关系提出了 PERISI 模型，得到雨强与饱和渗透系数比值对临界降雨雨型起决定作用。但通过斜坡破坏的物理力学机理确定滑坡启动的降雨阈值的方法，多是基于坡面渗流水文模型建立的，并不能反映渗流过程中斜坡内部状态改变引起变形的动态过程，因此不能真实地反映实际变形破坏过程中的降雨对滑坡的影响，其提出的降雨临界阈值可靠性也是值得怀疑的。但不同类型滑坡在降雨作用下的响应过程和机制是不一致的，这也是许多利用经验降雨阈值预警失败的主要原因。由于浅层滑坡通常是由强降雨诱发，而深层滑坡主要是长历时降雨以及地下水活动而诱发的，因此，寻求滑坡降雨阈值应是对不同类型滑坡形成“降雨入渗动力过程-土体孔隙水压动态变化-土体强度变化”的耦合关系进行研究的基础上开展的。

有研究者基于降雨的入渗过程进行分析，利用斜坡内部的指标建立滑坡启动阈值体系。Matsuura 等

(2008)利用野外观测资料，对滑坡位移与降雨、孔隙水压力间关系进行分析，得到与利用其前期降水指数来表述的含水量间具有更好的相关性，而不是孔隙水压力。由于降雨诱发滑坡多是由于孔隙水压力升高而使强度降低引起的，孔隙水压力作为强度联系最为直接和紧密的指标之一，因此也被应用为滑坡预警中来。

概括来讲，滑坡启动阈值指标覆盖了物理量特征、宏观迹象和前兆信息等，但不同类型滑坡由于其形成机制的差异，因此启动阈值指标是不一致的，单纯从引起变化的条件和变形特征都无法准确地给出预测，因此如何将宏观现象（位移，外在变形）和内外部要素（降雨、孔隙水压力、土壤湿度等）相结合，建立合理滑坡启动阈值指标体系是当前亟待解决的问题。滑坡地质灾害变形阶段和预警阶段划分如图 7-2 所示。

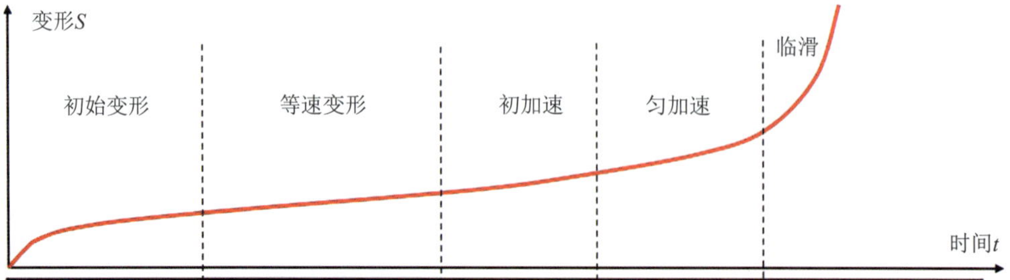

预警级别	注意级	警示级	警戒级	警报级
警报形式	蓝色	黄色	橙色	红色
地表裂缝（空间）	后缘、两侧及前缘裂缝分期有序形成	地面裂缝逐渐配套、贯通，并最终圈闭		后缘裂缝急剧拉开，前缘出现隆起、小崩小落
切线角（时间）	$\alpha \approx 45°$	$45° \leqslant \alpha < 80°$	$80° \leqslant \alpha < 85°$	$\alpha \geqslant 85°$
稳定系数（强度）	$1.0 \leqslant K \leqslant 1.05$	$0.95 < K < 1.0$		$K < 0.95$
加速度（时间）	在一定幅度范围内振荡			骤然剧增

图 7-2 滑坡地质灾害变形阶段和预警阶段划分图

三、快速测量领域研究程度

近年来，随着科学技术的不断发展，三维激光扫描技术被认为是测量领域继 GPS 之后的又一次技术革命，它实现了从单点测量方式到面测量方式的转变，为测量领域提供了一条新的研究方向。同传统测量手段相比，三维激光扫描技术具有独特的优势，主要体现在：数据获取速度快，实时性强；数据量大，能详细描绘物体的细节；主动性强，能全天候工作；全数字特征，信息传输加工表达容易；操作方便，扫描时由软件控制仪器工作，该技术能深入到复杂的现场环境及空间中进行扫描操作，迅速描绘和量化复杂环境，在自动化强度测量的速度、测量能力等方面明显高于其他测量技术，实现了实时获取空间立体数据的革命性飞跃。2010 年 8 月，在舟曲特大泥石流地质灾害发生后，三维激光扫描技术成功运用于地质灾害的快速测量中，出色地完成了任务，充分发挥了快速反应、快速测绘、快速成果提取等多方面优势，其一体化的测量方式在针对舟曲县周边复杂、陡峭的地形测量中体现出了强大的优势（周学林等，2011）。特别是在重灾区三眼峪的治理工程测量中其远距离非接触式测量方式有力地保障了测量人员的自身安全，在精度、时间、细节数据的获取方面都达到了预期要求，为灾后重建、灾害点治理提供了重要的数据基础，也为三维激光扫描技术在地质灾害快速测量的应用方面积累了宝贵经验。

此外，无人机在应急测绘中的高分辨率影像快速获取在近年几次重大灾害中也得到了广泛的应用。其可以在恶劣的灾害环境和地理条件下，在任务紧急时快速飞行并获取影像，得到客观可视的灾情数据；有利于分析灾情，制定合理的应急方案，提高救灾的成效，实时监察灾后重建的进度；建立减灾救灾预警数据库，提高监测预警的准确性；快速、清晰的影像弥补了卫星遥感和航空遥感在对地观测精度和频度上的不足。质量轻、体积小、造价和使用费用低、经久耐用、实用性强，有很好的经济性和实用性。成效最大的就是在汶川地震中使用无人机，对地震造成的损失进行应急监测，对灾后恢复重建进行跟踪监测（刘刚等，2011）。采用地面实地考察与无人机低空航拍相结合的方法，拍摄高清晰度灾害遥感影像，对救灾方案提供依据。在无人机遥感影像中，可以直观地看到建筑物倒塌的面积、地震引起的滑坡范围、影响了哪些道路、堵塞了哪些河流、形成堰塞湖与否等。

四、应急监测领域研究程度

目前，国内外在应急监测领域的研究多针对滑坡体开展，对滑坡的监测，按照监测对象的不同，一般包括位移监测、物理场监测、地下水监测和外部诱发因素监测。现状，国内外在滑坡监测方面的技术、方法、手段几无差别。传统方法有贴片、埋桩法，专业仪器包括 GPS、钻孔倾斜仪、孔隙水压力计、自动雨量站等。近来，一些新技术能够快速地运用到滑坡监测领域，如 InSAR/BOTDR、三维激光扫描仪等，同时监测数据的采集和传输也都实现了自动化、远程化，监测系统和预警系统有向 Web—GIS 发展的趋势（唐亚明，2012）。

滑坡的位移监测是运用大地测量法测得崩滑体测点在时间序列上的三维坐标，来得出测量点的位移量、位移方向与位移速率。主要使用仪器有经纬仪、水准仪、红外测距仪、激光仪、全站仪和高精度 GPS 等。季伟峰（2005）利用多期遥感数据或者 DEM 数据可进行对滑坡进行监测；薛强等（2011）利用合成干涉雷达 InSAR 测量技术进行大面积的滑坡监测，干涉雷达测量（InSAR）和差分干涉雷达测量（DInSAR）技术作为快速、精确（毫米级）地形数据获取的技术，日益受到重视，而且很多的研究利用 InSAR，DInSAR 开展滑坡监测和制图（Catani et al.，2005；Colesanti et al.，2003；Rott and Nagler.，2006）。

地面三维激光扫描技术是近年来发展的新型测量技术，利用扫描仪发射激光信号快速获取真实可靠、直接反映目标物体表面特征的点云数据信息，其特点是密度大、精度高、非接触性。周建涛（2016）地面三维激光扫描技术是测量岩体边坡特征和监测其稳定性的重要技术手段之一，也被越来越多的应用在了工程监测方面中，国外学者利用该技术在监测方面应用较早，其中多为监测岩质地质灾害现象。如 Abellán A 等 2006 年将长测距地面三维激光扫描仪应用于危岩体的研究中，通过获取的点云数据进行高精度的数字高程模型和危岩体的几何重建，以达到详细记录危岩体和精确模拟落石轨迹的目的，且获取危险区域的体积和几何特征。Kasperski J 等通过地面三维激光扫描仪对法国伊泽尔省的 Séchilienne 滑坡在 2004—2007 年间进行了连续七次监测，采用 DEM 模型和多条剖面线 2D 比较获得滑坡体全面的变形信息。2006 年之前，国内学者主要对地面三维激光扫描仪测量结果的误差进行分析以及论证该技术的精度是否达到监测要求。2005 年，郑德华等详细讨论了地面三维激光扫描仪本身误差、由被测物体引起的误差和环境条件影响。罗德安等 2007 年分析地面三维激光扫描技术的测量精度并首次提出了基于该技术的整体变形监测概念。2006 年之后国内学者开始对地面三维激光扫描仪应用于滑坡监测中展开研究。2006 年张国辉采用 Cyrax 2500 型地面三维激光扫描仪监测边坡的变形，通过比较同一水平位置的高程差值来计算边坡表面变形量。2015 年刘昌军等提出了基于八叉树结构原理的点云直接比较算法计算滑动位移量，通过对阎家沟滑坡的实际监测，发现采用该算法得到的变形区域和位移量准确且效率高。这些研究均为黄土滑坡的整体变形监测提供了实践经验和理论依据。

根据文献整理情况，InSAR 技术监测滑坡灾害最早可追溯到 1995 年，法国学者选用 6 景 ERS-1 数据，对法国南部的 Saint-Etienne-de-Tinee 滑坡进行监测，获取的形变场与调查结果高度一致。2003 年 Colesanti 等在采用 ERS 数据，结合 D-InSAR 与 PS 技术，验证了 PS-InSAR 技术在植被覆盖区域监测的可行性，使最终的监测结果达到毫米级精度。2002 年，谭衢霖等分析了雷达遥感在崩滑流等灾害监测方面应用的潜力，综述了雷达遥感在灾害监测方面的应用现状，着重分析了成像雷达遥感在崩滑流识别、监测、预警中具有独特的优势。2008 年，程滔等采用 Envisat 数据，利用 InSAR 技术融合 TM 光学遥感影像解译和野外实地调查，对陕北黄土地区滑坡进行监测。在获取研究区形变场的基础上，划定 4 个潜在滑坡区域。2009 年徐小波等采用 2009—2010 年的 13 景 Envisat 数据，利用 IPTA 技术对陕西子长县的滑坡进行了监测。2018年，张毅基于合成孔径雷达干涉测量技术，结合白龙江流域不同波段、不同时期和不同时空分辨率的合成孔径雷达数据，在白龙江流域及典型城镇（舟曲）进行了雷达可视性分析、地表变形监测、地貌制图、滑坡灾害早期识别、滑坡活动性和强度评价及典型滑坡时空变形模式分析，验证不同InSAR技术在区域尺度上进行滑坡早期识别、滑坡制图、滑坡评价和典型滑坡变形模式分析方面的可行性和有效性，建立了利用InSAR技术进行地表变形监测和滑坡早期识别的方法体系。

随着高分辨率卫星遥感的发展，在滑坡调查方面广泛地应用高分辨率卫星影像快速获取滑坡地貌特征和空间分布信息。在遥感技术应用方面，多传感器技术，基本能覆盖所有大气窗口，具有高空间，光谱和时间分辨率的卫星影像，丰富了利用遥感技术开展滑坡灾害编图和地质环境条件要素制图的手段。2001—2005年成都理工大学与欧空局和法国地质调查局合作，共同开展三峡库区地质灾害雷达遥感技术研究，取得了试验性进展研究。2008年，王世新等利用航空遥感数据，解译出汶川灾区52处大型滑坡形成的堰塞湖位置和分布区域。薛东剑（2011）等运用多源影像融合技术进行地质灾害调查。

对于黄土滑坡的监测，龙建辉（2005）对黄土滑坡勘测与监测技术进行研究，对建立一种滑坡远程实时监控和预测预报的系统技术和方法进行设计；王东（2009）借助信息技术方式，通过远程自动监测仪器，建设起完整的滑坡监测系统，在获取地质灾害体动态监测数据的基础上，运用先进的地理信息系统技术（GIS），研究黄土地区滑坡预报预警模型与监测预警系统的开发，对西气东输陕西段可能发生的滑坡进行预报预警；巨袁臻在2017年基于无人机摄影测量技术对黄土滑坡进行监测；唐亚明（2012）根据各类黄土滑坡的特点，提出了各自适用的监测技术和方法，按监测对象和监测手段的不同进行了一个详细系统的分类和总结，同时设计了一个能为县级国土资源主管部门提供技术支撑的管理信息系统。

综合以上滑坡监测技术及产品，各手段都可用于滑坡的应急监测，在汶川地震发生两天后，"福卫二号"卫星航片对北川灾区进行解译，发现大型堰塞湖的存在（王世新，2008）；对地震诱发的大量远程高速碎屑流滑坡，应用高精度的航空遥感数据能够准确识别滑坡源区、高速流动区和堆积区，拥有很好的时效性（许强和黄润秋，2008）；2009年徐小波等采用2009—2010年的13景Envisat数据，利用IPTA技术对陕西子长县的黄土滑坡进行监测，获得监测区域的地表形变序列，对黄土滑坡的识别有很好的辅助。笔者团队在2018年7月13—20日对舟曲县江顶崖滑坡进行三维地形扫描，在8月9日—9月2日对兰州北环路滑坡进行24h三维地形扫描，得出滑坡实时变形特征，取得了良好的效果。

五、应急治理领域研究程度

目前，国内外在应急治理领域的研究多针对滑坡、边坡开展，多采用数值模拟的方法，快速获取滑坡、边坡现状、地震及暴雨条件下的稳定性。地震或暴雨条件下边坡、滑坡的稳定性是工程防治最为关注的问题，在工程实践中，为简化起见，不考虑边坡在地震过程中的力学行为，采用拟静法进行边坡稳定性分析，其基本思想是：将地震惯性力作为等效体积力施加在整个边坡上，采用传统的极限平衡法计算边坡的安全系数，如广泛使用的简化Bishop法、不平衡推力法等。国内外学者在边坡地震位移预测方面进行了长期不懈的努力，有学者提出了位移控制边坡设计的思想，但目前仍然以理论探索为主，没有达到成熟应用阶段。同时，针对滑坡治理新型治理结构使用较少，传统方法的治理经济性和效果有待验证。

从目前国内外研究现状看，关于地震荷载作用下斜坡稳定分析主要包括三种方法：拟静法、Newmark滑块法和数值方法。拟静力法采用引入地震惯性力进行静力计算，因其简单实用，在地震边坡分析中得到广泛应用，并积累了大量的工程经验，已被编入有关抗震设计规范。有限滑动位移的计算原理是基于1965年Newmark提出的"滑块法（sliding block method）"。该方法得到国内外学者的高度关注和深入研究，并在工程方面得到大量应用。国内学者如王思敬，何思明（2010）等将有限位移法的思路引入强震带滑坡防治工程设计之中，提出以地震永久位移控制设计的思想，并建立了各种边坡防治工程在地震荷载下的永久位移计算方法，为实现地震区滑坡工程防治从安全系数控制设计向永久位移控制设计转变提供了理论基础。20世纪90年代中后期，伴随着计算机技术和计算力学的高速发展，有限元法及其他数值模拟法在边坡地震稳定性分析中获得了深入的研究和广泛的应用。目前，对边坡稳定性分析常采用的数值方法有有限元法、离散元法和快速拉格朗日元法。

随着近年来，我国西部地区突发重大地质灾害的频发，在地质灾害应急治理方面也积累了一定的经验。例如，2006 年开展的四川丹巴县城建设街后山特大型滑坡险情和山西省吉县吉昌镇桥南村大型黄土崩滑地质灾害灾情，为以后重大滑坡的应急治理提供了宝贵的成功经验（刘传正，2006）。2018 年，甘肃省汛期降雨量相较往年增加 2~4 成，强降雨致使甘肃省东南部 9 市州滑坡、泥石流等突发性地质灾害频繁发生。7 月 12 日，受连日降雨及江水冲刷等因素的影响，舟曲县南峪乡江顶崖发生山体滑坡，堵塞白龙江。甘肃省地质环境监测院技术人员运用无人机、三维扫描、地质雷达、GPS 位移监测等多种监测措施及勘查手段，并辅以高密度电法、钻探、地面调查等常规勘查方法，准确计算了滑坡规模，精确监测滑坡变形，快速查明滑坡的基本特征、形成机理及成灾模式，得出了滑坡的稳定性结论，不仅高效，而且数据精准，依据应急勘查结果，笔者迅速布置了合理的治理工程。这一成果标志着甘肃省应急调查、应急监测及应急勘查工作向前迈进了一大步，为日后的应急处置工作积累了丰富的经验（窦晓东，2018）。这说明，随着快速测量技术、三维可视化建模技术、GPS 和边坡监测技术等新技术、新方法的应用，使得滑坡应急处置方案、快速设计成为可能。

六、滑坡应急处置技术方面

滑坡的应急处置技术包含应急调查、应急监测、险情快速评估与处置方案等几个大的方面。

地质灾害类型不同、致灾范围不同，其涉及的应急调查技术也不尽相同。近年来，随着遥感技术的不断进步，特别是小型无人机的普及化及机载设备的发展，无人机航测在地质灾害应急调查中得到普遍利用。可以快速获取致灾体、承灾体空间几何参数。通过对比历史影像和现状影像，基于 DEM 建模分析，基本可以确定灾害体面积等，无人机测绘还不足以界定灾害体的规模。地质雷达和快速钻探技术使快速确定的灾害体的规模成为可能。应急技术的组合应用是今后地质灾害应急调查的基本方向，地质灾害应急调查已逐步从卫星遥感+地面调查→多源技术+快速勘查等方向发展。

滑坡与泥石流的险情快速评估主要是其发生后可能的空间位置的预测与滑坡堵江-堰塞湖溃坝-泥石流灾害链的预测。滑坡空间预测预报应该包括两个层次：第一层次为探明滑坡易发生滑坡区和不易发生区，即区域稳定性评价；第二层次为圈定潜在滑坡具体位置和预测空间危害范围，后者要求更高，但更具有实际意义。尤其是对于甘肃省永靖县黄河边的黑台地区，多高速远程滑坡，滑动距离多在数百米，空间滑动距离预测就显得非常有必要。

当前滑距预测研究中，包括：①地貌学分析法，通过遥感图像解译识别和野外调查，共同确定滑动距离，再经工程地质类比方法推广到其他相似滑坡，具有较强的主观性。②基于数理统计的经验公式法，有前后缘高差公式、森胁宽法（1989，2009）、Scheidegger 公式（1973）和基于黄土滑坡的李保雄（1998）、王得楷公式（2003）。基于不同地区的典型滑坡，一定程度上考虑滑坡运动过程，可以尝试应用于黑台滑动距离预测，探讨其适用性。③基于能量转换过程的运动学方法，基于物理运动模型进行估算，需要立足于可靠的滑坡成因机理和动力学过程分析，如考虑滑坡运动全过程的王思敬法（2001）、考虑弹性应变和动能折减的胡广韬法（1995）、基于冲击碰撞机理的廖小平法（1996）和考虑能量耗散过程的马崇武法（2001），这些方法需要选定摩擦系数、运动初速度和其他合理的计算参数，需要反复比较和分析才能得到较好的结果，仅适用于单体滑坡的研究，普遍适用性较差。

滑坡形成演化机理复杂，滑动距离和致灾范围具有极大的不稳定性，滑距预测得到成功应用的主要还是经验公式，尽管滑动距离受到诸多因素的制约，概括起来主要包括孕灾条件、触发因素和滑坡几何形态，尤其是对于同一地区的滑坡，这些条件一定程度上具有类似性，可建立与其特征参数相关的多元回归统计模型。王念秦等（2002）、魏丽娟等（2012）和龙建辉等（2008）都建立过滑距多元回归模型，具有较高的拟合精度。该方法的难点在于滑坡特征参数的选取，即如何从众多的滑坡特征参数中遴选出少量有效的预测指标（Liu et al.，2009），前者在研究中往往需要用到 5~6 个指标，给数据处理和采集带来难度，更大的弊端在于，每次的指标的取值容易造成二次误差，使结果精度降低。

在滑坡防治工程方面，国外和国内部分地区开始采用柔性防治结构，例如，加筋土挡墙、设置 EPS 泡沫材料的挡土墙、吸能让压锚杆、锚索等新结构，大幅提升了强震带滑坡防治工程结构的抗震能力。合理选择应急处置方案与工程措施将最大限度降低灾害损失。

地质灾害应急处置技术规范要求一般需要包含对信息平台建设、应急准备工作、应急响应与现场处置等方面的规范。目前国内外均有针对应急处置不同环节的处置规范，如《大中型水电站地质灾害预警及应急管理技术规范》是对地质灾害应急管理的一个综合技术规范，而《农村地质灾害应急处置规范》及《电力股份有限公司突发地质灾害应急预案》等则是应急处置中的某个环节所制定的规范。总体而言，目前已有的应急处置技术规范要么过于宏观，忽略了区域的特殊性（地质环境、管理部门交叉等），要么过于局部（只针对某个地段），仍然需要通过研究改进。

综上，近年来随着测绘技术的进步，"空天地"一体化技术运用在滑坡应急调查、应急变形监测、应急勘查等每一个角落，渗透在滑坡工程地质测绘工作的每一寸土地（图 7-3）。具体在滑坡参数获取时，针对卫星遥感，利用 InSAR 和光学遥感，获取滑坡轮廓、界线及裂缝等微地貌特征，监测滑坡形变趋势、速率；针对航空遥感，利用无人机、机载 LiDAR、正射影像对比分析，获取滑坡长、宽、高、坡度、坡向等平面参数，对比分析滑坡变化规律；针对地基遥感，利用三维扫描仪，构建滑坡三维模型，监测滑坡形变过程，探测滑坡体厚度、岩土体结构及地下水变化数据，实现对滑坡的快速剖析。滑坡灾害的调查方式也由传统的地面调查"老三样"（罗盘、地质锤、放大镜）向"空天地"一体化技术转变（图 7-4）。

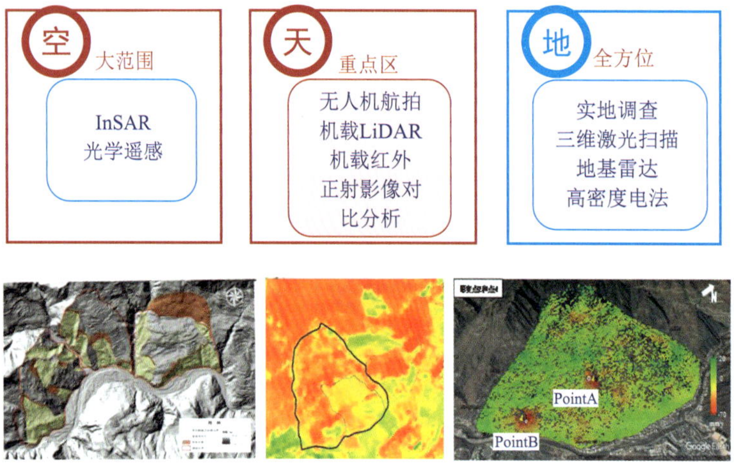

图 7-3　"空天地"一体化技术常规手段

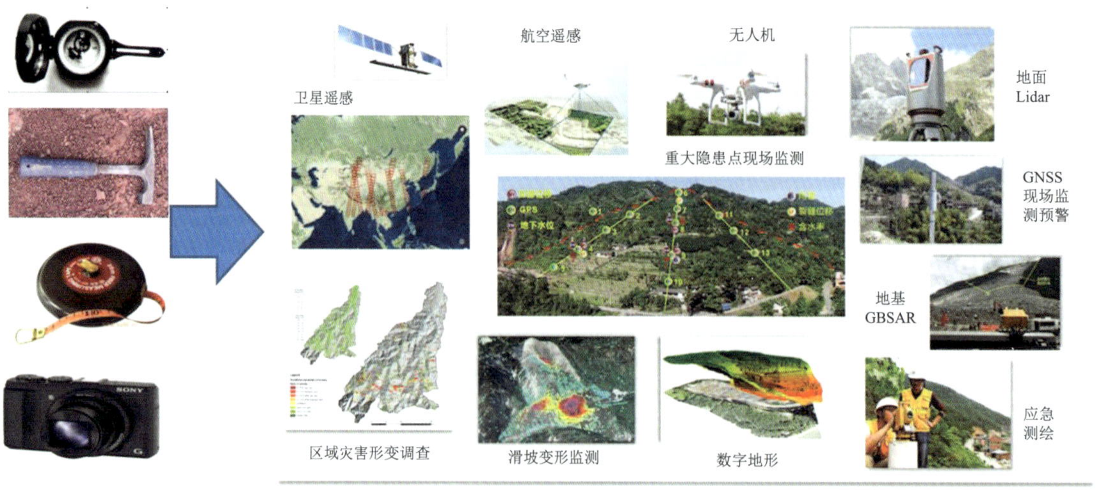

图 7-4　地质调查"三大宝"向"空天地"一体化技术转变

第三节 甘肃省研究运用现状

滑坡的快速处置依赖于滑坡灾害监测预警、应急调查、应急评估工作。自 2018 年以来，甘肃省地质环境监测院（甘肃省自然资源厅地质灾害防治技术指导中心）将无人机航测、地质雷达勘测、机载倾斜摄影、三维扫描仪、GNSS 等先进设备成功运用在舟曲县“7・12”江顶崖滑坡、兰州城区北环路“8・9”滑坡、舟曲“7・19”牙豁口滑坡等重大滑坡灾害应急抢险过程中，准确计算滑坡规模、精确监测滑坡变形，综合研判滑坡发展趋势，合理推荐滑坡治理参数及措施。建立了一套较为完整、科学、高效的应急处置体系，并在处置工作中获取高精度滑坡变形监测数据，为政府抢险救灾提供有力的决策依据，有效地保障 1741 户 7152 人的生命财产安全，取得了良好的防灾减灾效益。

第八章 "空天地"一体化技术在甘肃省典型滑坡灾害应急处置中的运用成效分析

第一节 "空天地"一体化技术在兰州北环路"8·9"滑坡灾害应急处置中的应用

一、滑坡概况

（一）灾情概况

北环路"8·9"滑坡位于甘肃省兰州市城关区北环路（K7+590~940 m 处），该滑坡于 2018 年 8 月 9 日下午 1 时 30 分发生滑动，滑坡中心位置为：东经 103°49′23″，北纬 36°05′02″。滑坡斜长约 220 m，滑体后缘至前缘剪出口高差约为 92 m，前缘宽约 200 m。滑坡部分滑塌处造成前缘双向车道被掩埋，交通中断（图 8-1），所幸无人员伤亡。

图 8-1 北环路"8·9"滑坡全貌

（照片来源于航拍）

（二）滑坡概况

该滑坡为一中型黄土-泥岩推移式切层滑坡，原始坡体主要由马兰黄土、冲积卵砾石层及白垩系砂质泥岩组成（图 8-2，图 8-3），滑体平面形态呈椭圆状（图 8-4），由主滑坡和一小型次级滑坡组成，主滑坡平面长 197 m，宽 262 m，滑体中上部厚，下部薄，平均厚度约为 25 m，次级滑坡平面长 74 m，宽 91 m（图 8-5），滑动体积约 66×10^4 m^3，规模为中型。

经调查发现，主滑坡坡体上存在灌溉现象，且坡体后缘存在蓄水池及输水管道，由于输水管道年久失修，导致多处存在渗漏现象（图 8-6），沿输水管线分布的落水洞为水分运移开辟优势通道，而黄土层

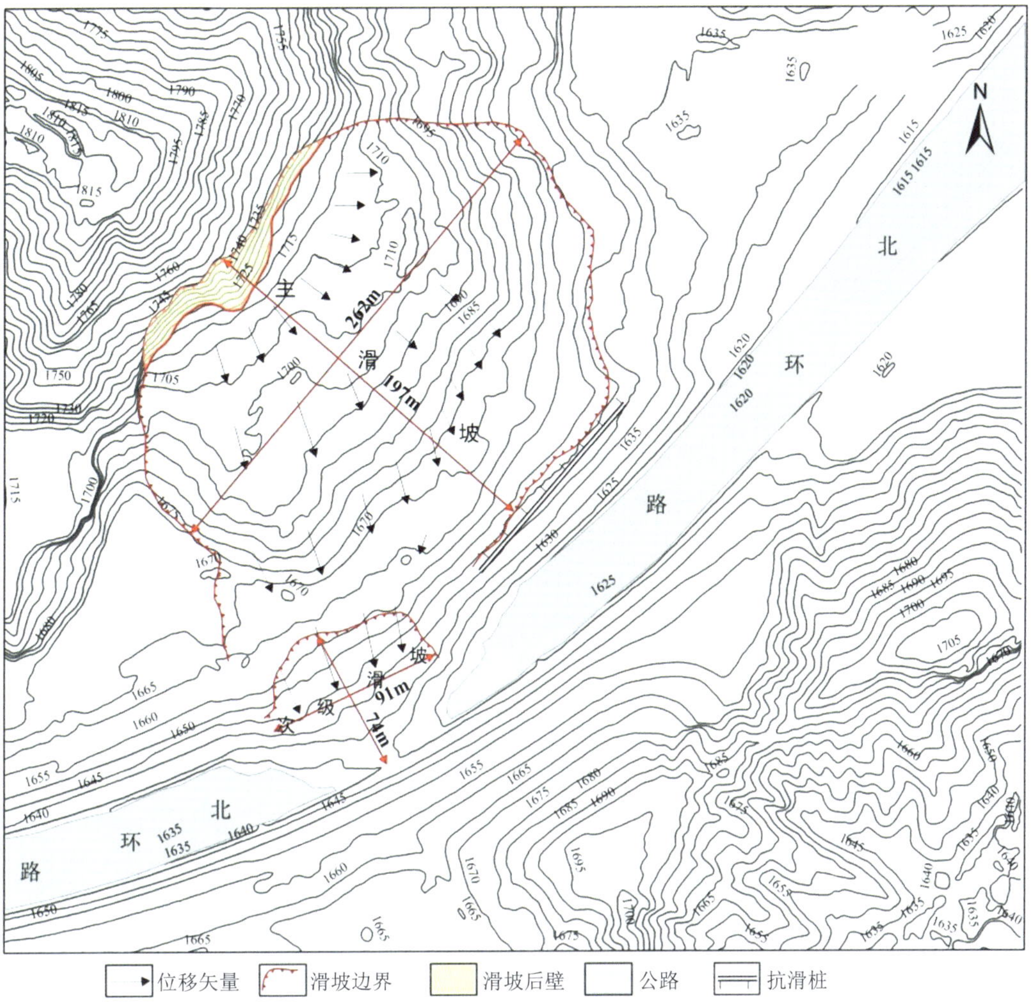

图 8-2 滑坡基本特征平面示意图

的下方为河流相的卵砾石层，厚约 3 m。在历史上，卵砾石层透水发生结晶，结晶体贯穿至下方砂质泥岩深处（图 8-7），形成渗水优势通道，在水的作用下，砂质泥岩的内摩擦角、抗剪强度均会发生显著下降，坡体发生蠕动变形，由于主滑坡前缘剪出口的左侧有一排抗滑桩，而右侧剪出口处设为锚索格构，使得坡体在发生一定的变形后，位移矢量开始转向右侧（图 8-8），最终在右前方形成一次级滑坡，堵塞道路。

（三）地质环境条件概述

北环路“8·9”滑坡区域上属于构造侵蚀低中山地貌，位于黄河北岸Ⅳ级以上阶地，第四纪以来，由于新构造运动的抬升和断裂活动，加之后期流水的侵蚀，形成较为典型的黄土梁峁地形。总体呈东西向展布，两端高，中间低，呈马鞍形。海拔一般在 2200~2500 m 之间，相对高差 200~300 m。沟谷深切，东部较大，沟谷切割深度一般为 200~250 m；西部较小，沟谷切割深度一般为 160~200 m，沟谷平均切割深度 150m 左右，大多呈南北向延伸，沟底呈“V”字形，主沟长度大都在 1~3 km，属暴雨型季节性流水沟谷。沟谷两岸山体陡峻，山坡坡度为 35°~45°，山脊、谷底狭窄。梁峁顶部均分布有厚度不等的黄土及次生黄土，厚度差异较大，一般 30~75 m 不等。山体大部分裸露，植被不发育，水土流失严重，地质灾害发育。

区内新构造运动以垂直升降运动为主，明显地具有继承性、差异性的特点，并形成Ⅰ~Ⅷ级阶地，由于后期人为活动改造，阶地不明显。

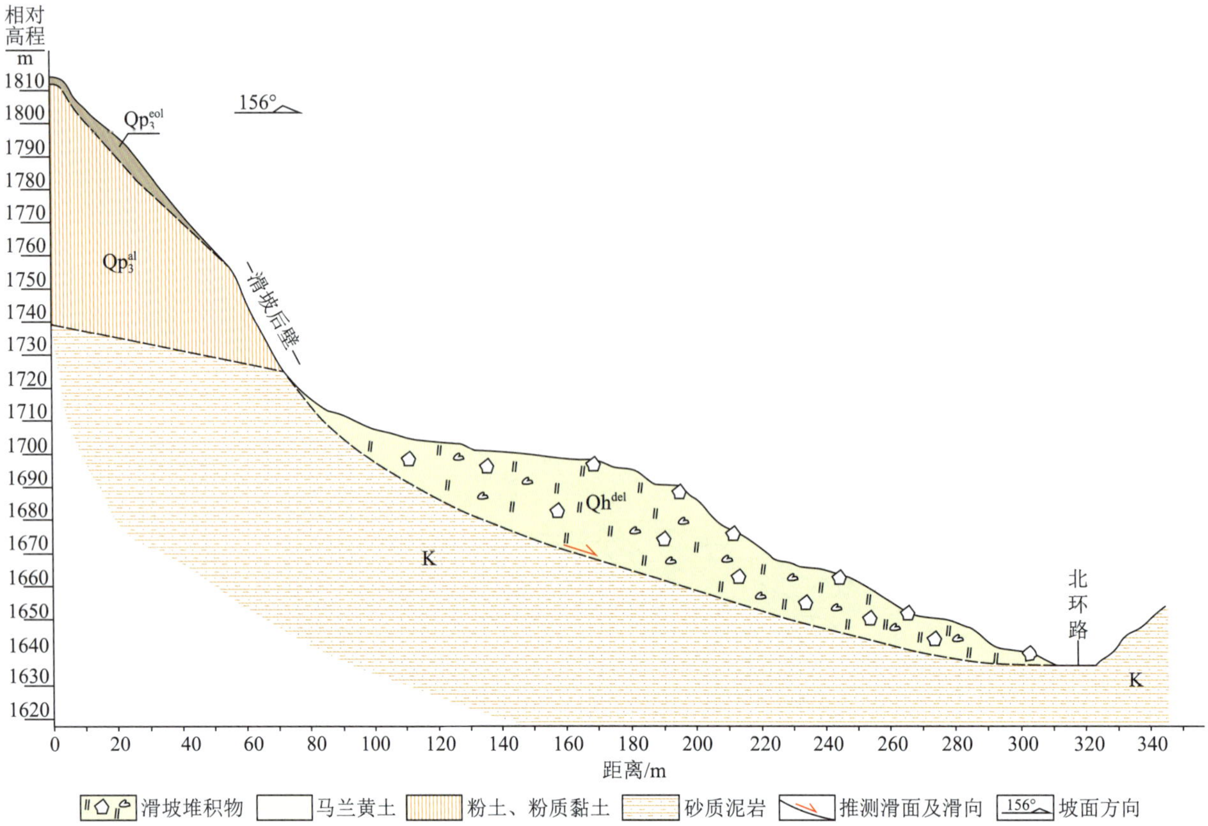

图 8-3 1-1′剖面地层结构图

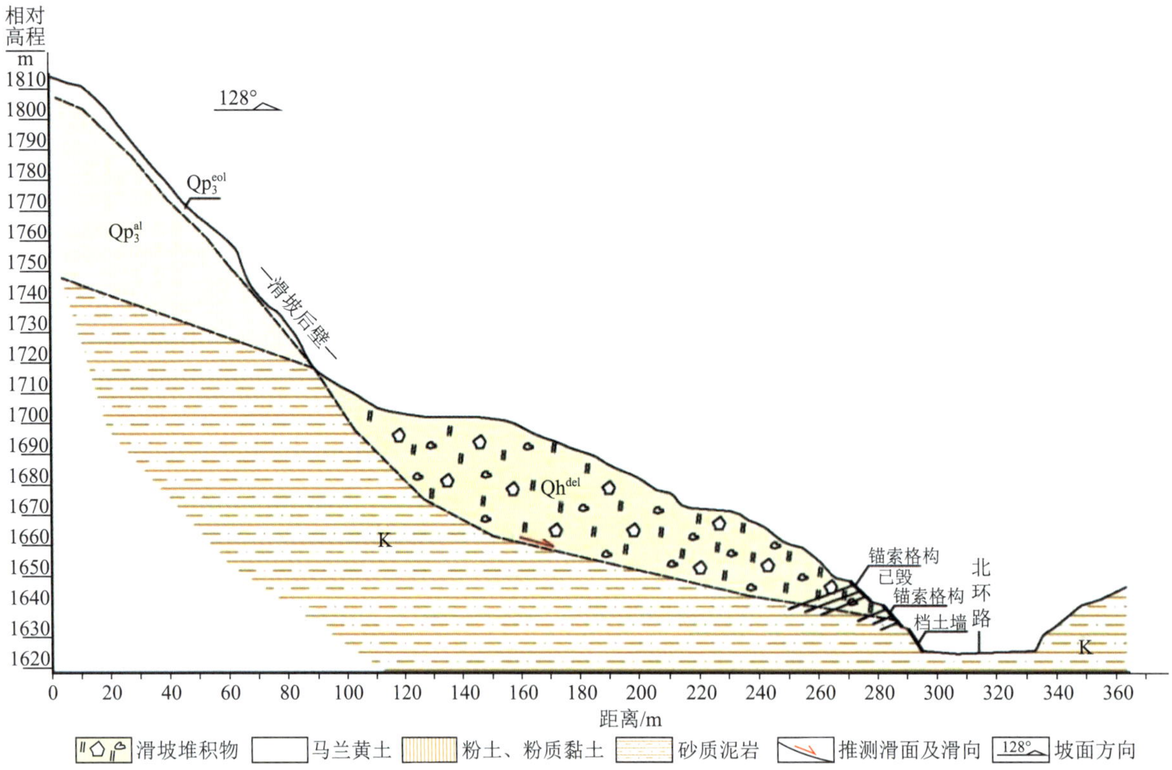

图 8-4 2-2′剖面地层结构图

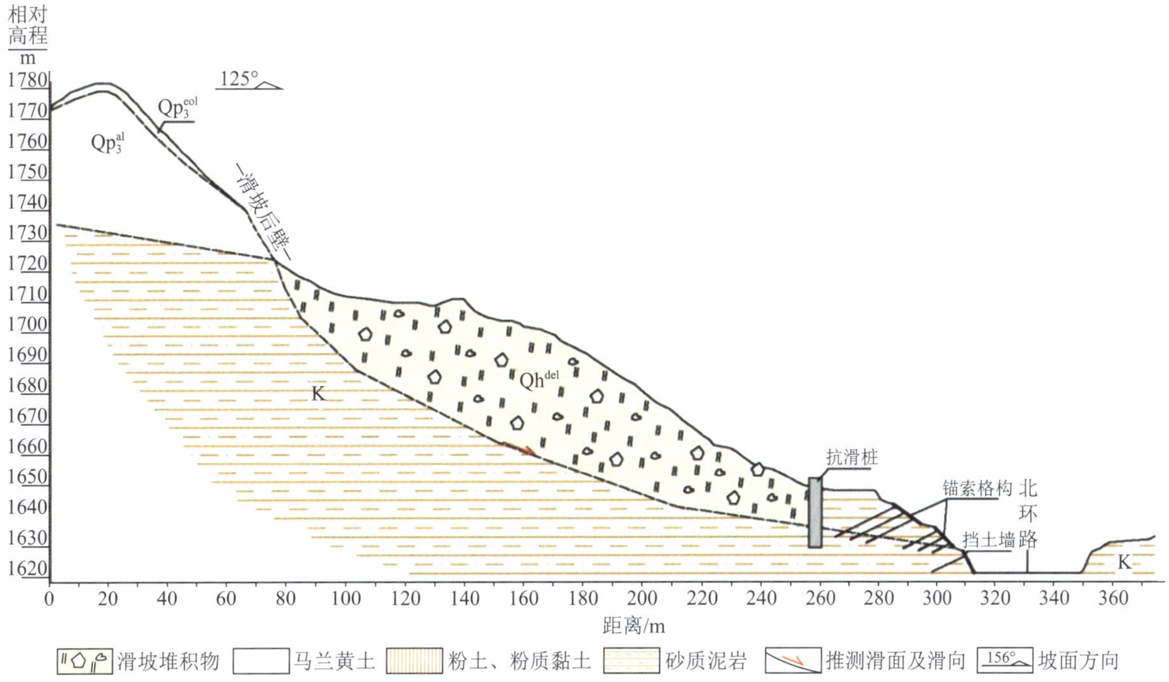

图 8-5　3-3′剖面地层结构图

图 8-6　管道漏水后形成的落水洞

根据《兰州市抗震防灾规划技术资料》，兰州市历史上地震活动强烈，据《建筑抗震设计规范》（GB50011—2010）（2016 年版）和《中国动参数区划图》（GB18306—2015），工作区抗震设防烈度为Ⅷ度，地震峰值加速度值为 0.20g，属第二组，基本地震动加速度反应谱特征周期为 0.45 s。

按斜坡岩土介质和地下水的水力性质，将滑坡区地下水类型分为松散岩类孔隙水及碎屑岩类孔隙裂隙水。

地质灾害的发生与地下水活动密不可分，尤其是滑坡灾害的发生，其主要诱发因素就是由大气降水、地表径流入渗转化形成的地下水。在滑坡灾害中，地下水沿滑带形成贯通的连续界面，大大降低滑带土的抗剪强度，地下水运移的快慢取决于组成滑坡体的岩土体结构。

（四）引发因素

1. 公路削坡

该地段原为一老滑坡体，修建北环路时，开挖原始斜坡坡脚，使的老滑坡体前缘的阻滑体消失，前缘形成高 18 m、坡度约 50°的陡直坡面，增大坡体的临空面，为老滑坡的复活创造有利条件，是引发滑坡的主要因素。

图 8-7　贯穿泥岩的结晶体

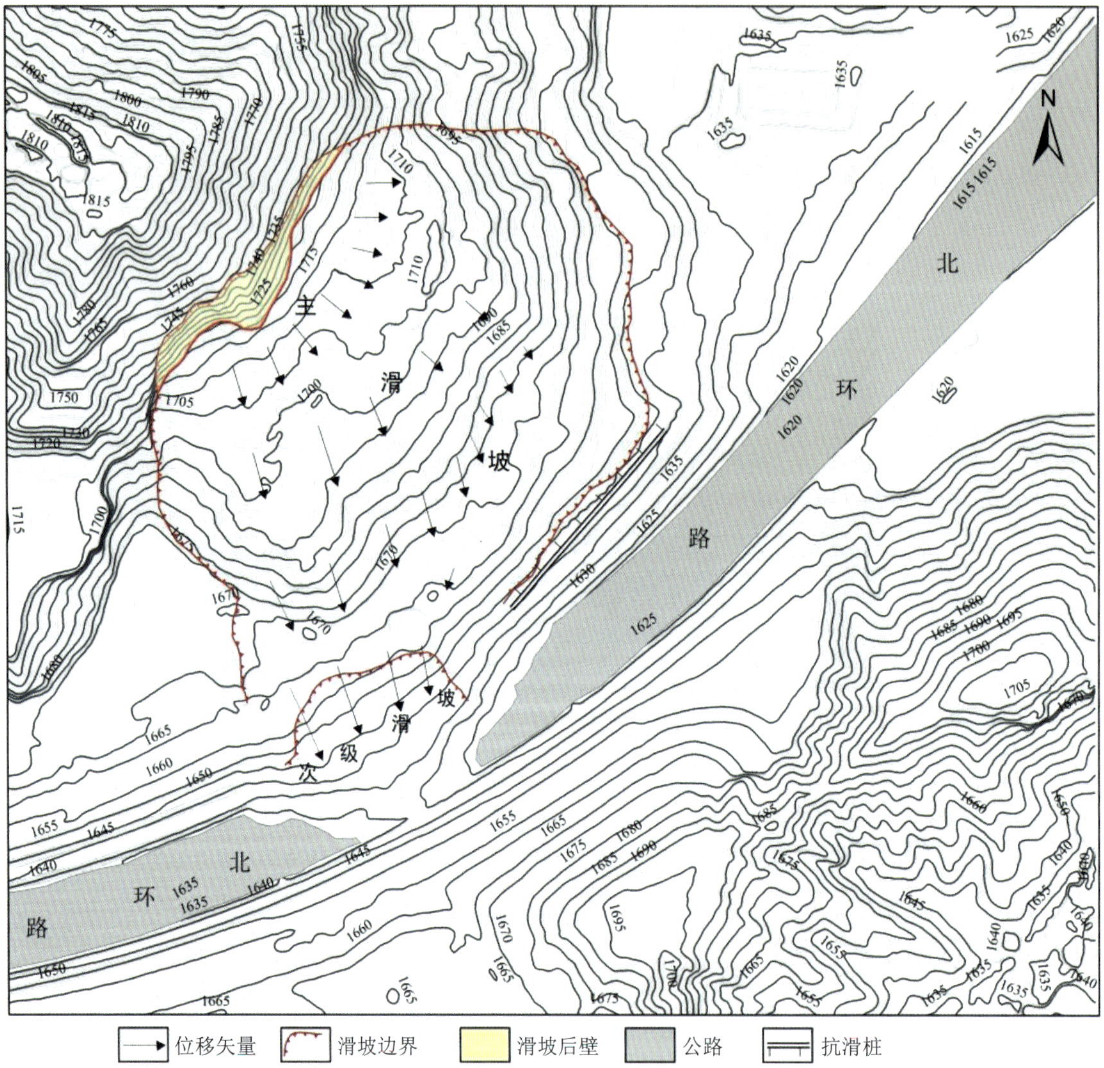

图 8-8　滑体运动矢量示意图

2. 绿化灌溉

据现场实际调查，滑坡体存在多级平台且有人工林，坡体中上部有蓄水池、泵房和管道，且部分管道架设处可见水管破裂漏水后形成的落水洞和水蚀陡坎，滑坡后可见坡面散落已毁的管道，由此可知，滑坡体上存在人工绿化灌溉活动。在绿化灌溉水体长期入渗作用下，滑坡体自重增加、岩土软化、强度降低，加剧滑坡的复活变形。因此，绿化灌溉也是导致本次滑坡灾害发生的因素之一。

3. 降雨

兰州市区多年平均降水量为 311.7 mm。2018 年以来（1—8 月），兰州市降水 355.4 mm，已超过兰州市全年历史平均降水量，为 1978 年以来最多。其中兰州市 8 月降水 137.9 mm，较常年同期偏多 1.1 倍，为 1979 年以来最多；6—8 月降水 254.9 mm，较常年同期偏多 55%，为 1994 年以来最多。尤其进入 8 月以来，自 8 月 7—24 日，兰州市累计降水量达 108.2 mm，为 39 年来同期降水量之最。降雨是引发本次滑坡的触发因素。

综上，该处原为一老滑坡体，北环路修建时曾经引发该老滑坡体东侧局部复活，因此，公路修建开挖坡脚是引发本次滑坡的主要因素；绿化灌溉加剧该滑坡的变形，降雨是本次滑坡的主要触发因素。

二、“空天地”一体化技术在应急测绘及调查中的应用

本次应急测绘及调查工作中，主要采用无人机对灾害点进行航测，详见下文：

（一）无人机介绍

无人机为无人驾驶飞机的简称，是利用无线电遥控设备和自备的程序控制装置操纵的不载人飞机。机上无驾驶舱，但安装有自动驾驶仪、程序控制装置等设备。遥控人员通过雷达、卫星等设备，可对其进行跟踪、定位、遥控、遥测和数字传输。

近年来，无人机在应急测绘、应急调查中的高分辨率影像快速获取功能得到了广泛的应用。其可以在恶劣的灾害环境和地理条件下，在任务紧急时快速飞行并获取影像，得到客观可视的灾情数据；有利于分析灾情，制定合理的应急方案，提高救灾的成效，实时地监察灾后重建的进度；建立减灾救灾预警数据库，提高监测预警的准确性；快速、清晰的影像弥补了卫星遥感和航空遥感在对地观测精度和频度上的不足。质量轻、体积小、造价和使用费用低、经久耐用、实用性强，有很好的经济性和实用性。成效最大的就是在汶川地震中使用无人机，对地震造成的损失进行应急监测，对灾后恢复重建进行跟踪监测。采用地面实地考察与无人机低空航拍相结合的方法，拍摄高清晰度遥感影像，对救灾方案提供了依据。

（二）无人机开展测绘、调查工作得到的结论及取得的成果

1. 结论

本次采用大疆悟 INSPIRE 四轴飞行器对北环路“8·9”滑坡及其外围予以航测，共进行 2 次飞行测绘，第一次为灾害发生后，测绘面积为 0.95 km^2（图 8-9）；第二次为应急治理工程结束后，测绘面积为 0.95 km^2（图 8-10），总测绘面积为 1.9 km^2。

依据第一版无人机航测影像图（图 8-9），可解译到滑坡体以下结论：

1）该滑坡为一黄土-基岩滑坡，呈椭圆状，因实施过治理工程（削坡减载、锚索格构、抗滑桩），剖面形态呈台阶状，滑坡体平面长 197 m，后部宽度 245 m，中部宽度 262 m，前部宽度 287 m，总面积 5.16×10^4 m^2，滑坡滑动后在后缘拉裂形成了高 40 m、长 61 m 的高陡黄土滑坡后壁。

2）该滑坡依据其形态特征，可细划为 2 个块体，①号块体和②号块体。①号块体平面长 245 m，平面宽 95 m，平面形态呈长舌状，滑向 165°，面积 2.32×10^4 m^2；②号块体平面长 164 m，平面宽 173 m，平面形态近椭圆形，滑向 113°，面积 2.84×10^4 m^2。

3）该滑坡体滑动后在后缘形成宽 56 m、长 240 m 的滑坡平台，平台呈长条状，由北至南呈缓坡状延伸。

4）该滑坡体地处黄河北岸河谷Ⅳ以上阶地，其原始坡体主要由 Qp_3 的黄土、河流相的卵砾石层以及砂质泥岩组成。

5）滑体成分较为松散，其上部主要为黄土及泥岩团块混杂体，下部多为松散的块状泥岩块体。

6）滑坡滑动后，其上部的锚索格构多已损毁，但由于滑体东北部坡脚布设有抗滑桩，致使滑体受到阻挡后，位移矢量向西南侧转移，最终在滑体西侧剪出（剪出口位于第三级坡体格构上部），堆积于坡脚

图 8-9　北环路"8·9"滑坡正射影像图

北环路上部，致使北环路 164 m 被滑坡体压埋。

7）该滑坡体所在斜坡坡顶处为绿化区，坡面的供水管线有漏水现象，沿管线发育多条"V"字形冲沟及落水洞，因此，该滑坡的形成与供水管线的渗漏及坡顶绿化灌溉水的入渗有密切关系。

依据第二版无人机航测影像图（图 8-10），可解译到滑坡体以下结论：

1）滑坡体经过一段时间的沉淀，较灾害发生时要密实，说明目前滑体整体处于压密状态。

2）滑坡体已实施了治理工程，其措施为对滑坡体中、上部开展削方减载工程，具体措施为自上而下

图 8-10　北环路"8·9"应急治理后遥感影像图

分7级削坡，每级坡高在7~10 m不等，坡长在12~15 m不等，坡度在32°~40°不等，每级马道宽2~3 m，上部修建有简易排水渠，并在渠底披覆白色塑料袋，防止地表水入渗坡体。该项工程的主要目的是通过减轻滑体“头部”重量而达到滑坡稳定。

3）滑坡体在实施应急治理后，目前坡脚前缘堆积于北环路的滑坡体已清除，北环路上部有车辆行驶，说明已恢复通车。

2. 取得的成果

笔者在灾害发生后第一时间基本查明灾害的威胁对象及其所造成的损失，滑坡的平面参数（长、宽、面积），灾害体的空间分布特征、类型、边界、规模及形态特征等；通过上述特征，分析滑坡体的成因、位移特征、活动状态及未来发展趋势。

三、“空天地”一体化技术在应急监测中的应用

（一）三维扫描仪在应急监测中的应用

1. 仪器介绍

本次应急监测使用的三维激光扫描仪是由Riegl公司生产的Riegl Scan-Pro z420i型号的扫描仪。地面三维激光扫描仪系统是由三维激光扫描仪、数码相机、扫描仪旋转平台、软件控制平台、数据处理平台及电源和其他附件设备共同构成。三维激光扫描仪的技术核心是激光发射器、激光反射镜、激光自适应聚焦控制单元、CCD技术和光机电自动传感装置。

三维激光扫描仪的原理如图8-11所示，在三维激光扫描仪内，有一个激光脉冲发射体，两个反光镜快速而有序地旋转，将发射处的窄束激光脉冲一次扫过被测区域，测量每个激光束脉冲从发出到被测物表面在返回仪器所经过的时间来计算距离，同时编码器测量每个脉冲的角度，可以得到被测物体的三维真实坐标。其中两个连续转动用来发射激光的镜子的角度值得到激光束的水平方向和竖直方向值，通过脉冲激光传播的时间值，通过脉冲激光的传播时间计算得到仪器到扫描点的距离值。借此就可以得到扫描的三维坐标值。三维扫描仪测量一般为仪器自定义坐标（图8-12），X轴在横向扫描面内，Y轴在横向扫描面内与X轴垂直，Z轴与横向扫描面垂直，获得P的坐标。

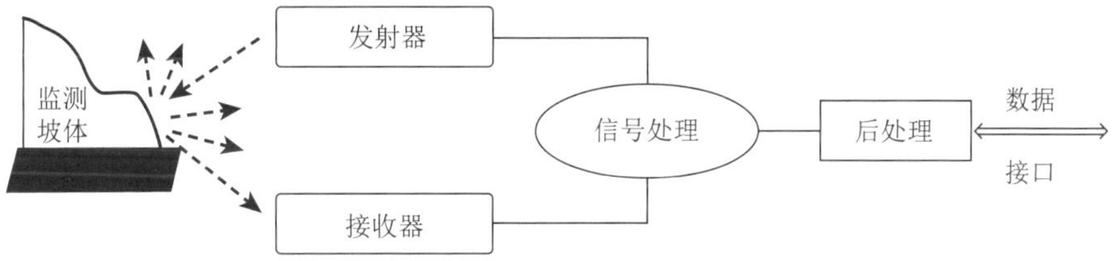

图8-11 滑坡三维激光扫描技术原理

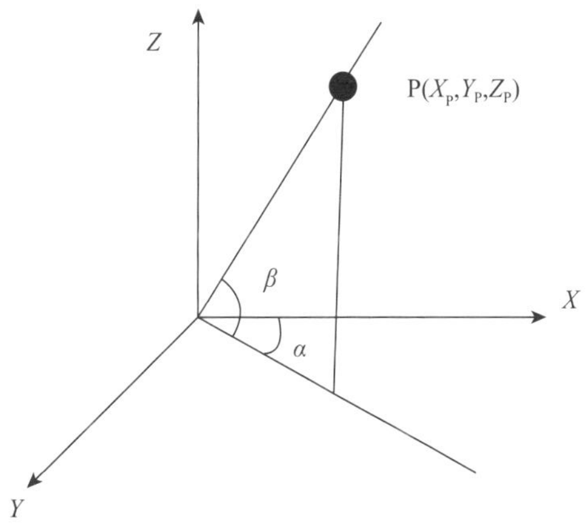

图8-12 扫描仪三维坐标计算示意图

$$X_{\mathrm{P}}=S\ \cos\beta\cos\alpha \tag{8-1}$$

$$Y_{\mathrm{P}}=S\ \cos\beta\sin\alpha \tag{8-2}$$

$$Z_{\mathrm{P}}=S\ \sin\beta \tag{8-3}$$

公式中的距离一般由监测激光脉冲从发出到接收之间的计算获得设发射脉冲往返时间间隔为 t_{L}，目标点 P 与扫描仪距离 S 为

$$S=1/2Ct_{\mathrm{L}} \tag{8-4}$$

式中：C 为光速。

2. 滑坡监测数据获取与处理

（1）野外数据采集

北环路"8·9"滑坡总体植被覆盖度较小，且视线清晰，不存在遮挡，监测工程中，采用一站式的监测方法，即只布置一个监测点就可以满足对滑坡整体进行监测的需求。

（2）数据处理

三维激光扫描仪系统采集的数据一般为点云数据。对于测得的点云数据的处理一般包括噪声去除、多视对齐、数据精简、曲面重构等。本研究旨在于通过不同时间点的监测数据进行对比，主要操作流程是通过点云数据建立变形体的数字地面模型（DTM），通过分析不同时期点云数据建立的 DTM 的变化来提取变形信息。对于滑坡而言最简单的 DTM 是数字高程模型（DEM），它表示的是各坐标点处的高程。根据不同时间监测结果建立的 DEM 并不完全相同，为了分析变形数据，必须比较相同水平坐标点的高程变化。因此需要以初始时间建立的 DEM 作为参考。最后比较相同水平坐标点的高程变化。具体数据处理步骤如下。

1）数据配准。对于滑坡体形变的监测是通过对比不同数据建立的 DEM，通过计算得到形变结果即计算相同水平坐标点的高程变化，因此需要对数据进行校准。以前一期的数据为基础，首先通过调整后一期扫描得到的点云数据的位置与方向，使之与前一期数据在水平坐标中重合。即需要确定一个合适的坐标转换参数，将每次扫描得到的点并在一个统一的坐标系下，这个统一坐标系的过程叫作数据配准。

数据配准一般有三种方法，分别是固定球公共点转换法、改进 ICP 算法、测量设备绝对定位法。基于实际情况与数据处理需求，本次监测数据处理中，数据校准使用的是改进的 ICP 算法。改进的 ICP 算法利用高斯曲率、平均曲率和法矢方向进行粗匹配，然后再进行 ICP 迭代匹配。该算法集合了基于曲面描述的匹配与迭代匹配的优势，避免了对初始值的选择，通过具有曲率约束的初始匹配简化了二次匹配的搜索速度，提高了算法的运算速度，实现了测量数据与设计曲面间的快速精确配准。

2）噪声去除。在扫描仪监测过程中，由于滑坡清理工作的进行，所监测滑坡的表面分布着施工车辆，同时施工产生的灰尘，也会呈现在扫描仪的监测数据上，为了避免滑坡表面的其他物体产生的噪声的影响，需对监测得到的数据进行去噪处理。具体步骤如下，在校准完成之后的原始数据基础上生成对应的 polydata，并打开 polydata，对噪声点进行删除。

3）形变结果计算。在噪声去除之后，即可对形变结果进行计算。以前一期数据为基础，来对比监测时间区间滑坡的形变特征。因为扫描仪监测得到的只是点云图像，但实际对比中需要具有实际意义的三维物体表面，因此需对前一期数据进行三角网化，通过此操作将所监测滑坡表面的拓扑结构，将得到的点云数据转换成一个一致的多边形网络模型。在此基础上，用后一期的监测结果与生成的三角网模型进行表面对比，从而获得监测时间区间滑坡的形变特征。

3. 监测工作部署

北环路"8·9"滑坡灾害发生后，笔者第一时间会同兰州大学资源环境学院，利用三维激光扫描对滑坡体进行应急监测，并结合现场调查验证，为滑坡的发展趋势预测和灾害处置提供科学的参考依据。

针对滑坡场景实际形变特点，三维扫描仪监测地址为对面上坡，实现对整个边坡的实时监测。扫描仪架设位置距离边坡底部直线距离约 100 m。监测区域如图 8-13 所示。

4. 监测数据分析

根据监测边坡的实际形变特点，架设设备自 2018 年 8 月 12 日 11 时开始运行，至 2018 年 8 月 13 日

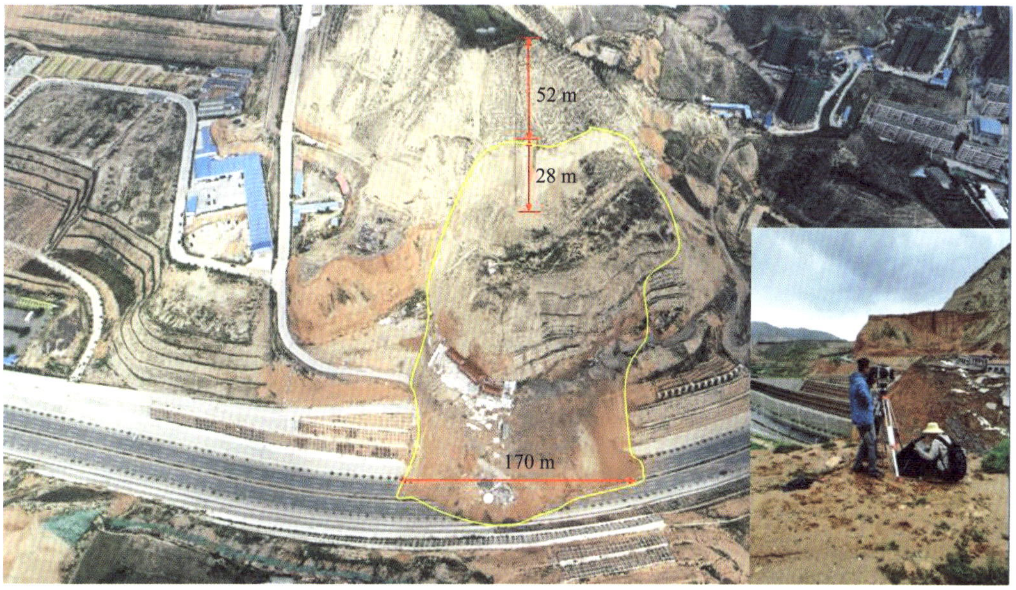

图 8-13 三维扫描仪监测区域及位置

15 时结束观测。选取系统连续监测时间约 28h 为基准数据进行分析。平均 2~3h 进行一次三维数据扫描、监测。此外，兰州大学资源环境学院曾于 2014—2017 年对该区段边坡开展过监测。

依据 2014—2017 年的监测结果（图 8-14）可看出，其在 2014 年 10 月—2017 年 7 月间，该段斜坡的变形主要集中在坡顶灌溉渠及坡体中前部削方形成的高陡边坡处，其中，坡顶处变形主要以拉裂为主，变形速率为 4~10 mm/a；坡体中前部的变形以鼓胀为主，边速率同样为 4~10 mm/a。

依据图 8-15 可看出，该段斜坡的形变呈递增趋势，其第一次规模较大的形变发生于 2015 年 5 月 16 日，变形位移在 3~5 mm/a 之间；第二次规模加大的形变发生于 2016 年 5—9 月，自 5 月 10 日起，至 9 月 7 日，该边坡变形位移在 4~10 mm 之间；从 9 月 7 日以后，边坡变形速率有所缓解，呈微弱波动状态。

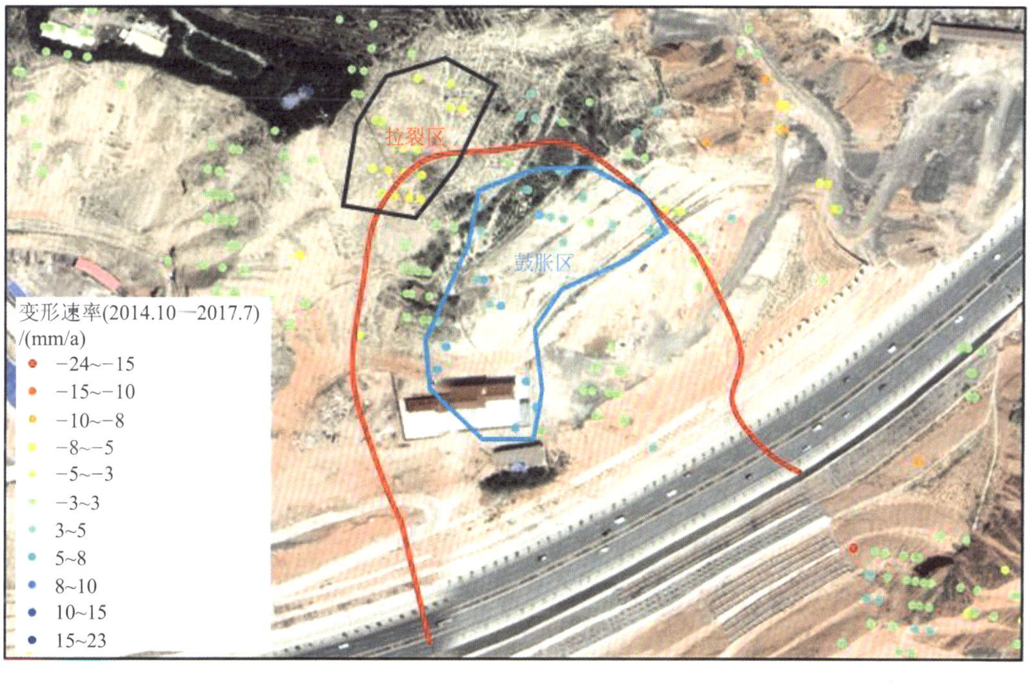

图 8-14 北环路“8·9”滑坡所在边坡 2014—2017 年变形速率图

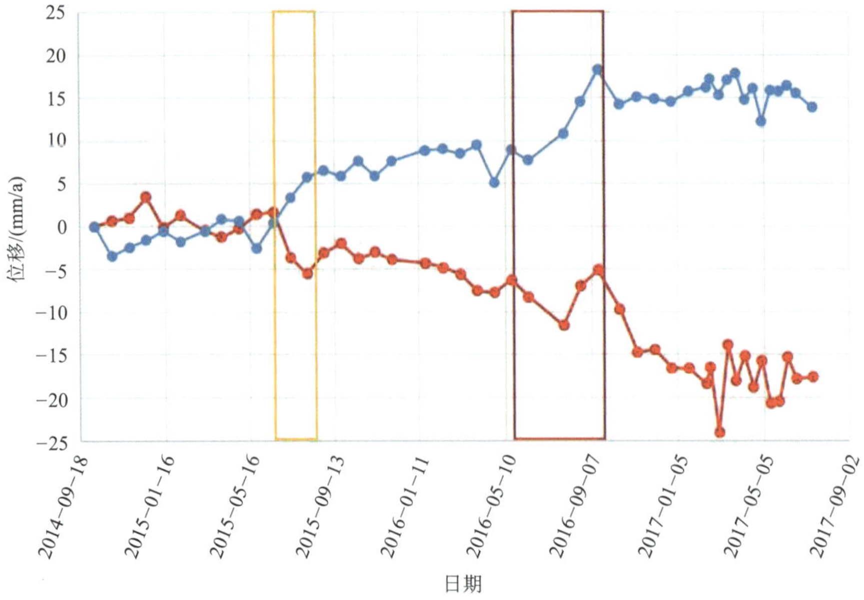

图 8-15 北环路"8・9"滑坡所在边坡 2014—2017 年变形位移图

依据 8 月 12 日 11—15 时的监测结果可看出（图 8-16），滑坡体上部受 12 日强降雨影响，滑体后壁局部发生小规模坍塌现象，滑体西侧侧缘冲沟内有地表水流经，存在侵蚀现象，滑体中、下部发育的陡坎处局部有坍塌迹象。这表明当前滑坡体不存在整体变形，总体（含后部台缘）处于稳定状态。12 日下午强降雨未诱发整体变形，但地表水的冲刷、入渗引起局部坍塌与侵蚀，如滑坡后壁、滑坡中前缘。

依据 8 月 12 日 15—19 时的监测结果可看出（图 8-17），在强降雨停止后，滑坡体仍不存在整体（含后部台缘）变形，局部变形趋势明显减缓，但在后缘和前部仍存在小坍塌形成的局部变形。

依据 8 月 12 日 19 时—8 月 13 日 9 时的监测结果可看出（图 8-18），滑坡体不存在整体（含后部台缘）变形，整体稳定。但由于滑坡体滑动后成分松散，在降雨的冲刷及入渗下，致使后壁、中前部存在

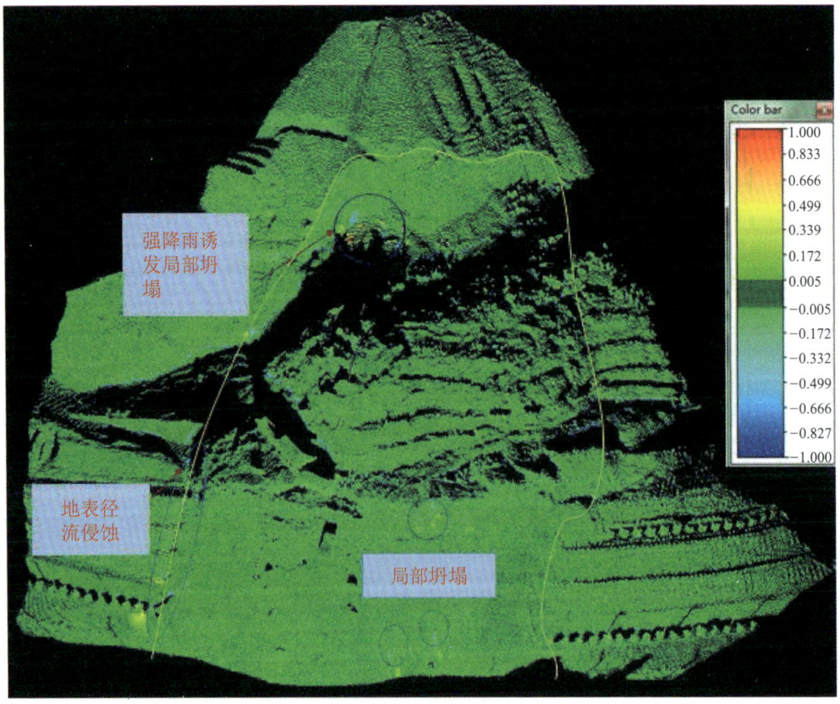

图 8-16 北环路"8・9"滑坡地表变形图（11 时—15 时）

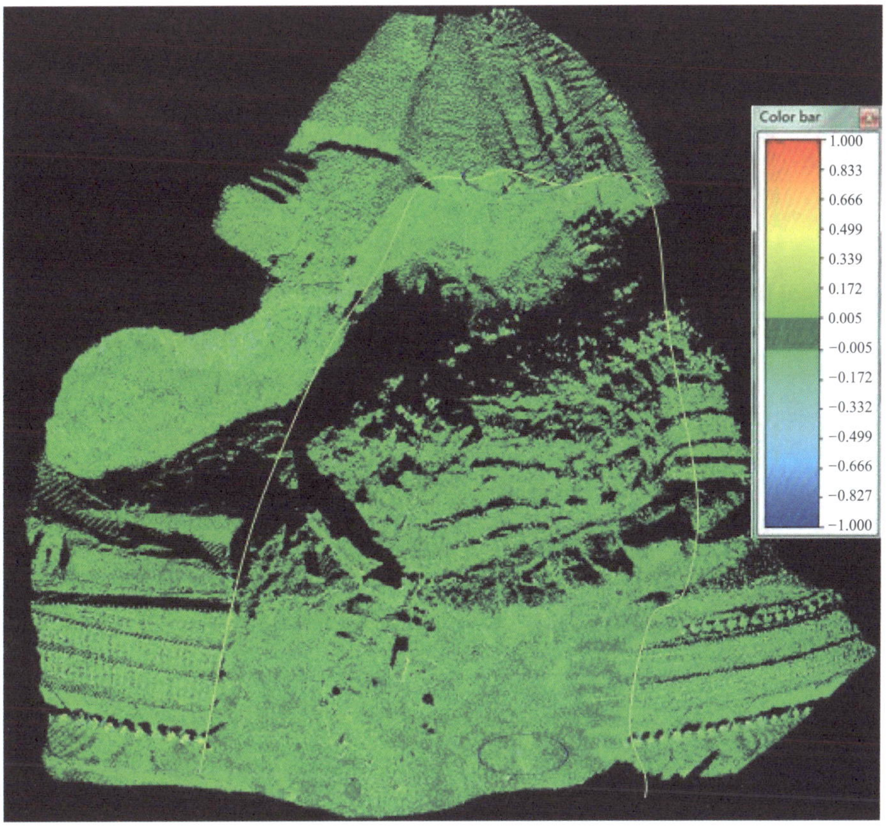

图 8-17 北环路“8·9”滑坡地表变形图（15 时—19 时）

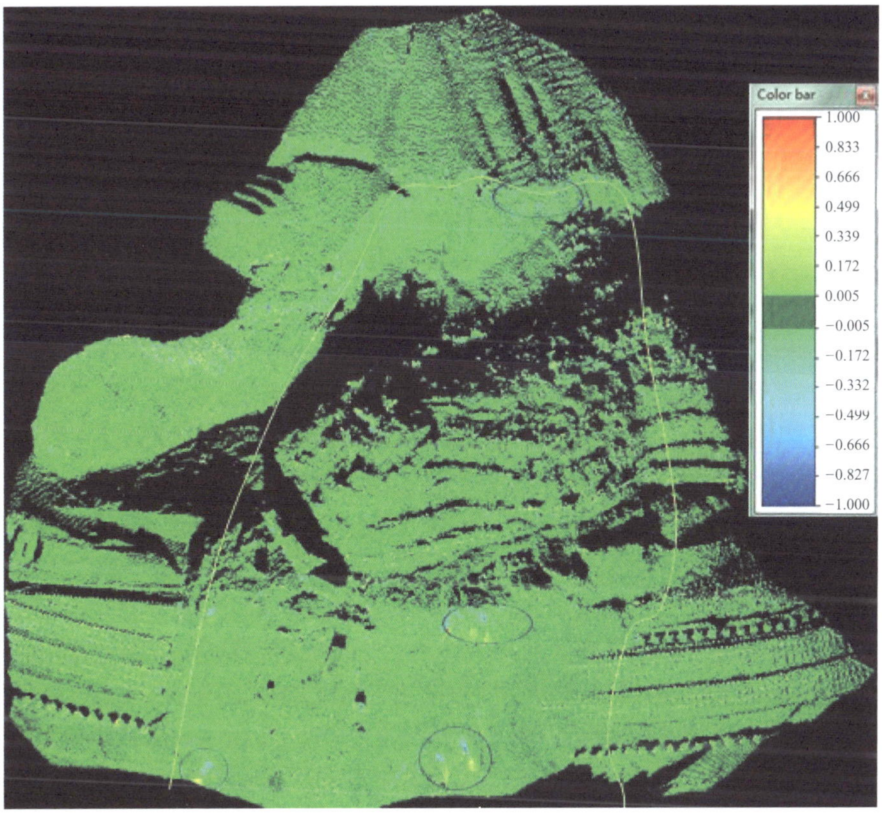

图 8-18 北环路“8·9”滑坡地表变形图（12 日 19 时—13 日 9 时）

小规模的坍塌现象，但多是零星发育，变形范围未进一步向后扩展。

依据8月13日9时—8月13日13时的监测结果可看出（图8-19），滑坡体不存在整体（含后部台缘）变形，整体稳定。其后壁、前缘部存在小规模的坍塌现象变形趋势减缓。

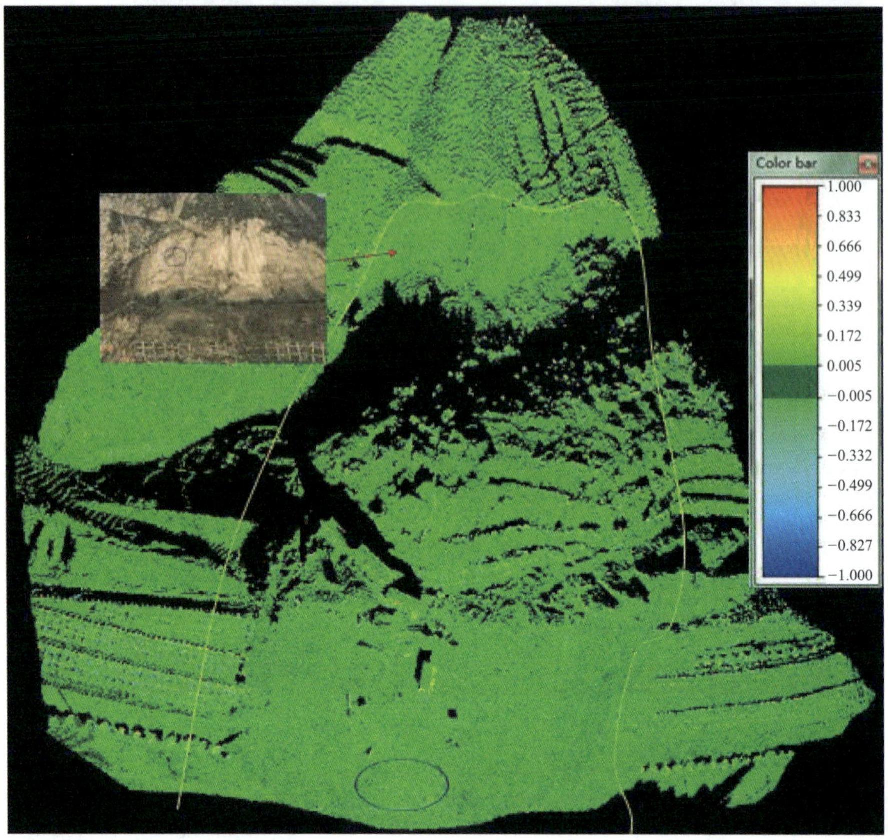

图8-19 北环路"8·9"滑坡地表变形图（13日9时—13日13时）

依据8月13日13时—8月13日15时的监测结果可看出（图8-20），滑坡体不存在整体（含后部台缘）变形，整体稳定。其后壁、前缘部存在小规模的坍塌现象变形趋势也已停滞。

5. 结论

通过本次边坡状态实地监测分析，可以得到以下结论：

2014—2017年间滑坡存在前期变形，变形速率为-10~10 mm/a，后缘以拉张变形为主，中前部以鼓胀变形为主，这为此次滑坡灾害的发生埋下了隐患。

在8月12—13日监测时段内，滑坡不存在整体变形（含后部台缘），以局部变形为主，整体表现为稳定状态。12日下午及晚上强降雨尚未诱发滑坡整体滑动，但引发明显局部变形，滑坡后壁、前缘以及西侧存在局部坍塌和表层侵蚀。降雨停止后，局部（后壁以及前缘）变形趋势有所减缓，最终变形停滞。滑坡体目前处于基本稳定状态。

6. 验证

针对三维扫描仪实地监测分析后得到的结论，笔者在滑坡体上部布设了3条主剖面，对滑坡体进行稳定性计算，综合评估滑坡的稳定性。3条主剖面的布设情况如图8-21所示。

其中1-1′剖面贯穿主滑坡和次级滑坡，本次采用GEO-SLOPE软件对剖面1-1′、2-2′、3-3′分别进行建模（图8-22~图8-24），计算分天然和饱和两种工况，滑坡堆积体的物理力学参数来源于室内试验平均值（表8-1）。

斜坡稳定性系数计算方法采用极限平衡M-P法，假定竖向作用力与横向作用力之间的关系为，系数

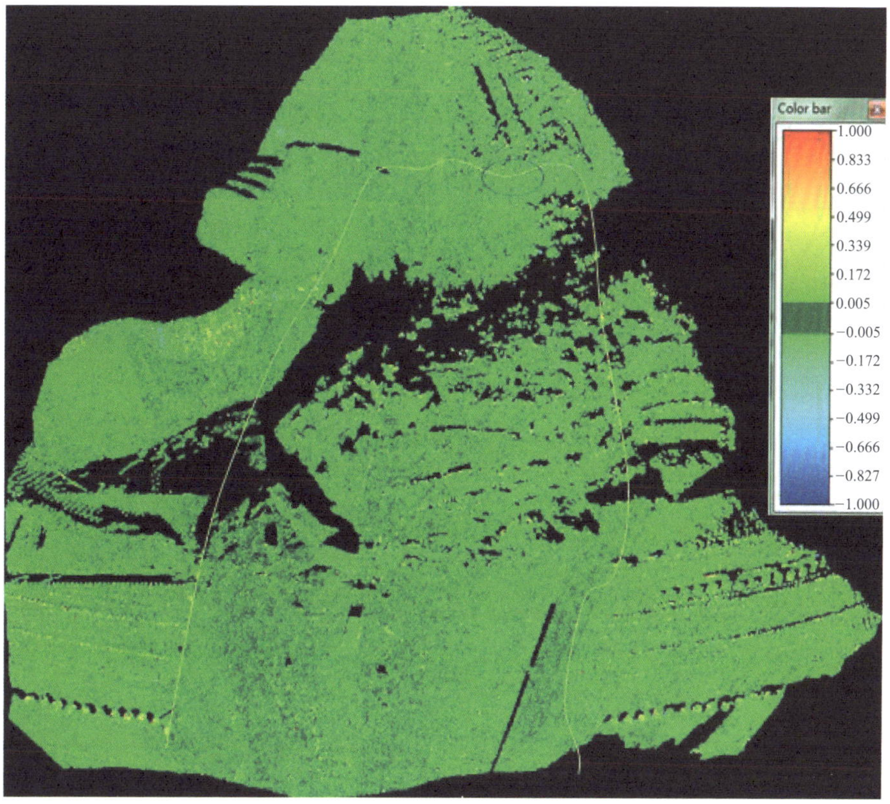

图 8-20 北环路"8·9"滑坡地表变形图（13 日 13 时—13 日 15 时）

λ 常数取 1，$f(x)$ 为土条间横向作用力与纵向作用力的关系函数，通过考虑力平衡或弯矩平衡，迭代计算边坡安全性系数。

表 8-1 滑坡堆积体物理力学参数值

岩土类型	黏聚力 C/kPa	内摩擦角 φ/(°)	天然容重/(kN/m^3)
Qh 混合土（天然）	15	19	20
Qh 混合土（饱和）	14	17	22

（1）天然工况下稳定性分析

通过上述建模和计算方法，天然工况下三条剖面的计算结果见表 8-2。

由表 8-2 可知，在天然工况下，3 条剖面处滑坡的稳定性系数为 0.991~1.170，其中：

1-1′剖面的稳定性系数为 1.154，滑坡稳定性较好，目前整体处于稳定状态，但由于次级滑坡的发生，剪出口位置抗滑力降低，致使最大应变区分布在滑体中部，说明了滑坡未来的变形破坏趋势即为中部块体失稳发生滑动。

2-2′剖面的稳定性系数最大，为 1.170，稳定性较好，目前整体处于稳定状态，其下部的格构完整也可以说明这一点（图 8-25）。

3-3′剖面稳定性系数最差，为 1.086，目前整体处于基本稳定状态，其滑体中上部存在一个应力集中区域，且应变区厚度较大。从现场调查可以看出，高处锚索格构破坏的最为严重（图 8-26），但因坡体下部设置的抗滑桩对滑体进行阻挡，滑体才未失稳滑动。其未来变形破坏趋势有局部高位剪出的可能。

（2）饱和工况下稳定性分析

兰州地区黄土-基岩滑坡发生滑动多与水密切相关，含水率的增加不仅使得抗剪强度参数的减小、坡体自重的增加，还大幅地降低基质吸力，从而降低滑坡稳定系数。这里采用饱和抗剪强度参数来代表降

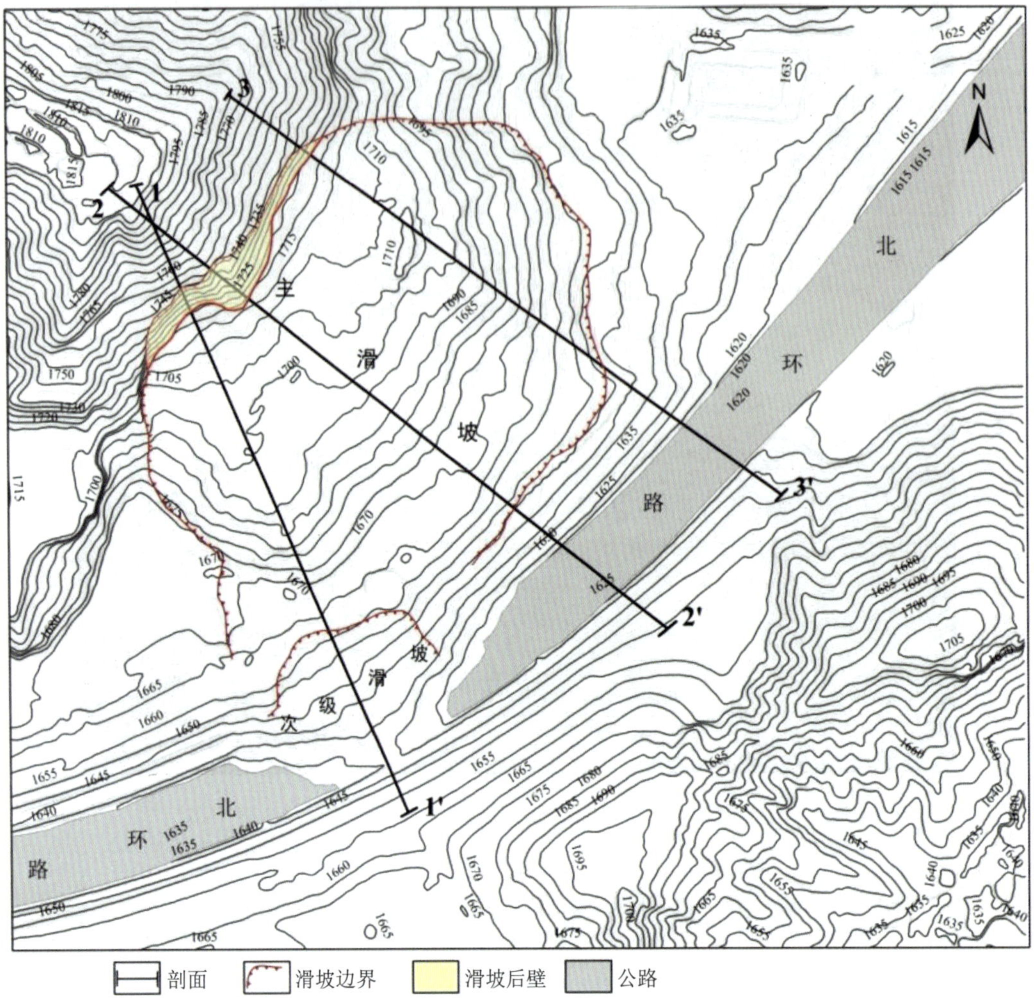

图 8-21　滑坡稳定性分析剖面布置图

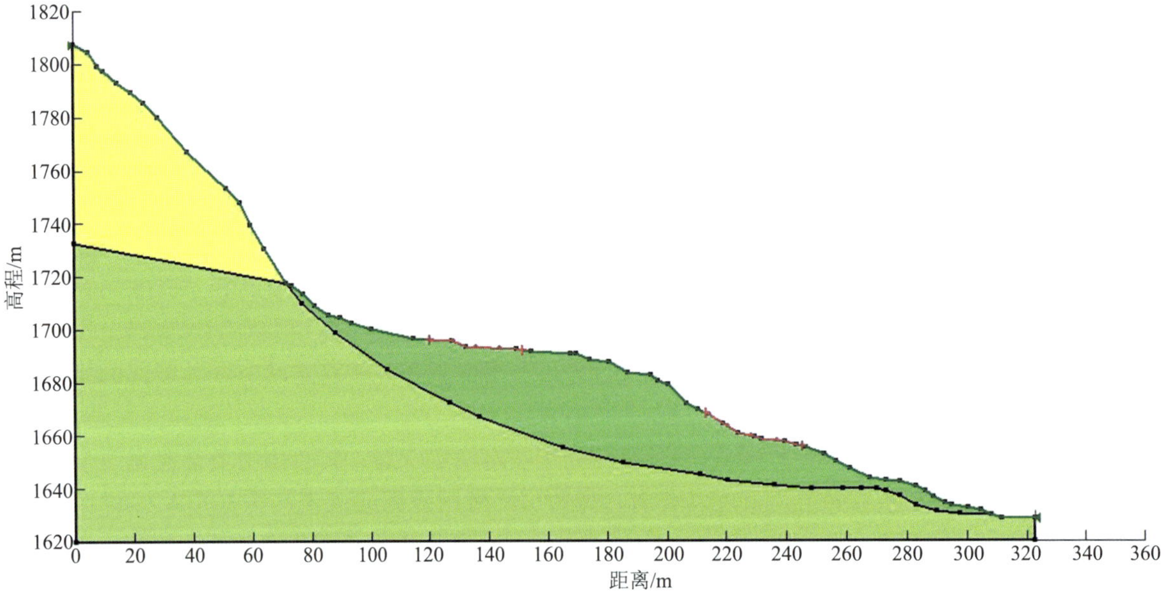

图 8-22　1-1′剖面稳定性计算模型

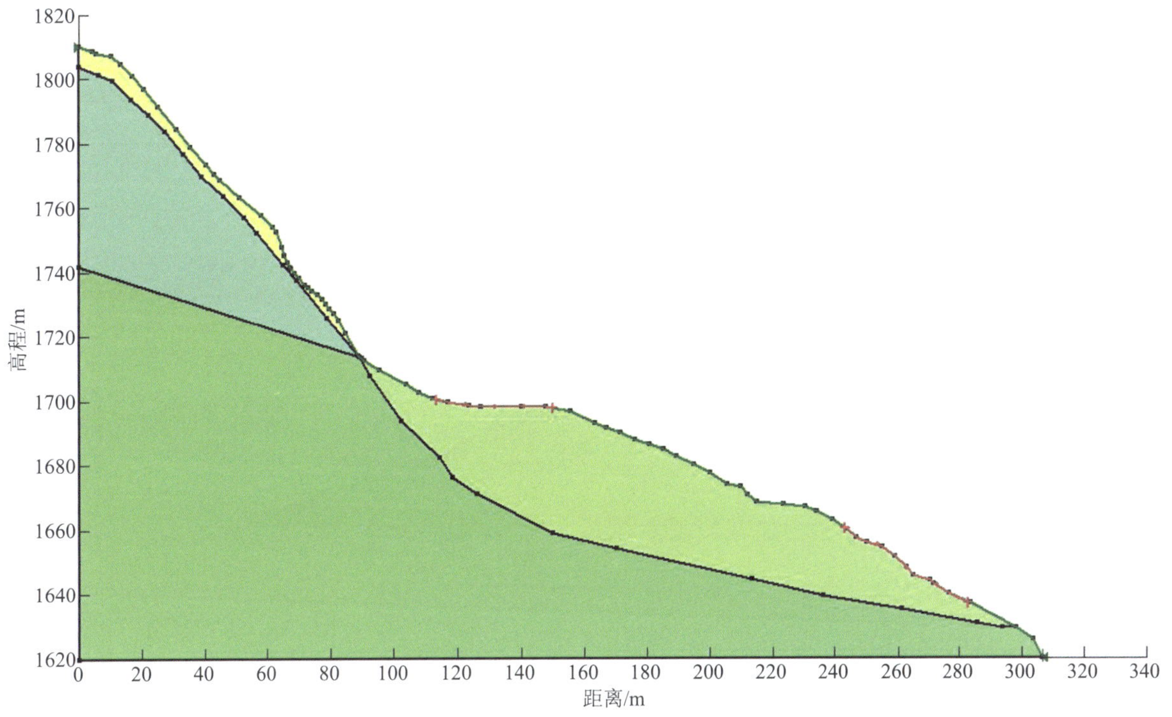

图 8-23 2-2′剖面稳定性计算模型

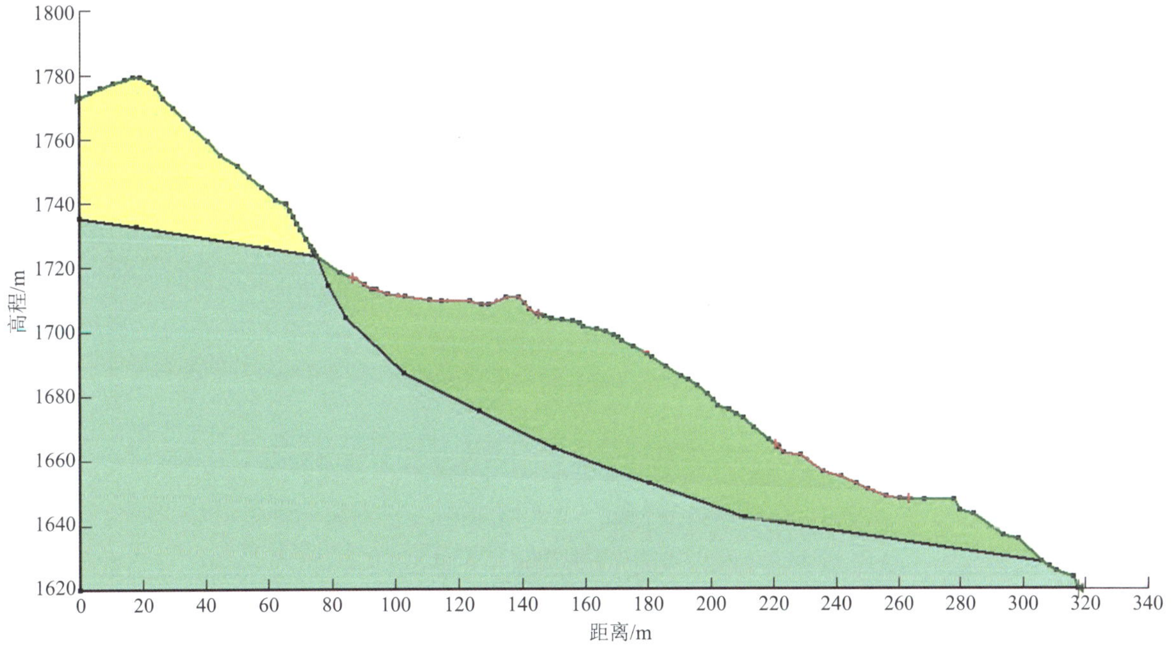

图 8-24 3-3′剖面稳定性计算模型

雨工况，对剖面 1-1′~剖面 3-3′进行稳定性计算，计算结果见表 8-3。

依据计算结果，在饱和工况下，上述剖面的最危险滑动面的分布情况与天然工况下基本相似，但稳定性系数有了明显的下降，其中，1-1′剖面和 2-2′剖面的稳定性处于基本稳定状态，稳定性系数分别为 1.061、1.072；3-3′剖面仍然是滑坡最不稳定和最危险的位置，稳定性系数为 1.011，处于欠稳定状态。

综上所述，在天然状态下，稳定性系数为 1.086~1.170，滑坡处于基本稳定—稳定状态；在饱和工况下（暴雨工况），稳定性系数为 1.011~1.061，滑坡处于欠稳定—基本稳定状态，有局部失稳发生下滑的可能，这与三维扫描仪监测结果基本吻合。

表 8-2　天然工况下滑坡稳定性分析结果统计表

剖面编号	计算工况	计算简图及最危险滑裂面	稳定性系数
1-1′剖面	天然工况	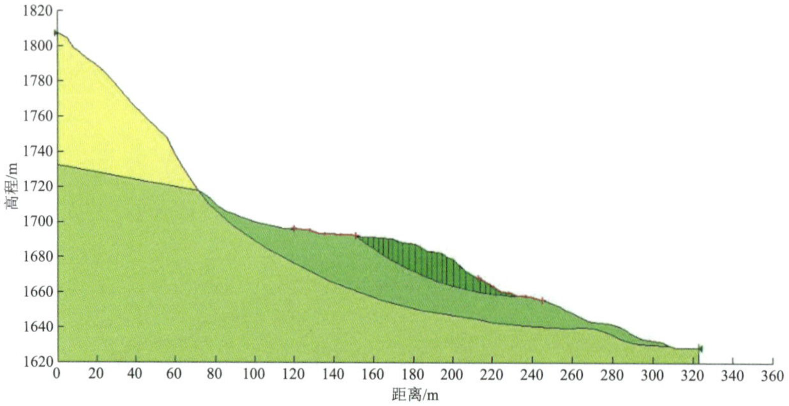	1.154
2-2′剖面		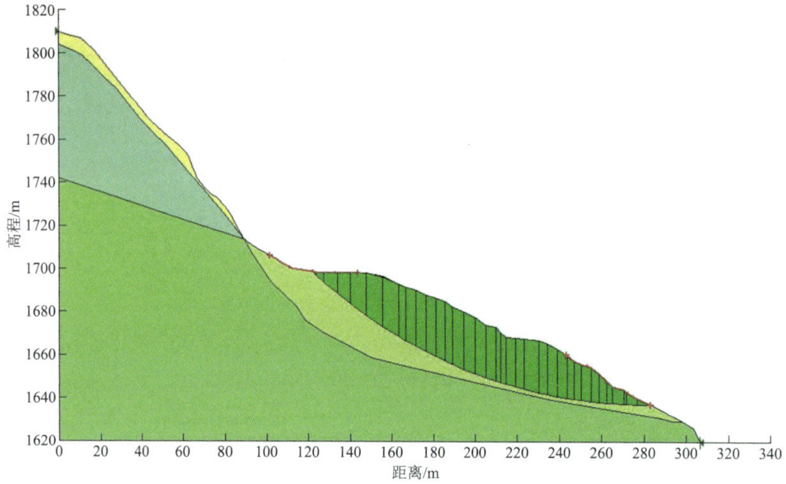	1.170
3-3′剖面		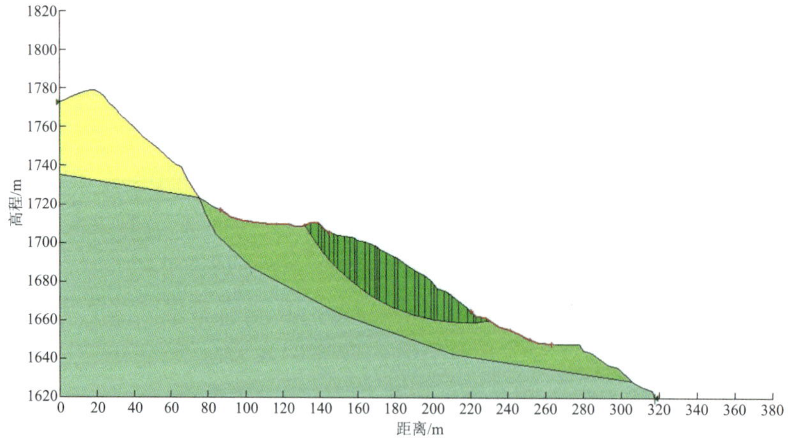	1.086

7. 取得的成果

北环路"8·9"滑坡是兰州城区首次利用三维扫描仪对黄土-红层滑坡进行灾害发生后的效果监测，经试验研究，并结合数值模拟验证，得到以下成果：

1）三维扫描仪监测系统性能稳定，可高精度、全天时、全天候、大面积的获取边坡变形结果。

2）通过对监测取得的结果进行分析，并结合数值模拟予以验证，证明三维扫描仪对监测区域发生的形变监测效果明显，结论准确，可实现对边坡稳定性的判定和预警的目标，可为应急决策提供有力支撑。

表 8-3　饱和工况下滑坡稳定性分析结果统计表

剖面编号	计算工况	计算简图及最危险滑裂面	稳定性系数
1-1′剖面		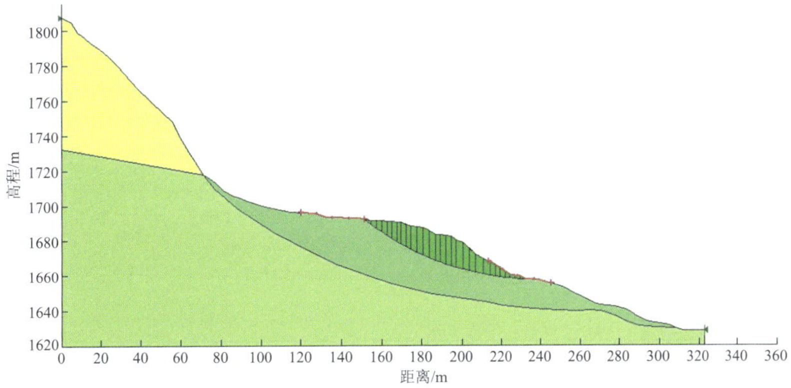	1.061
2-2′剖面	饱和工况	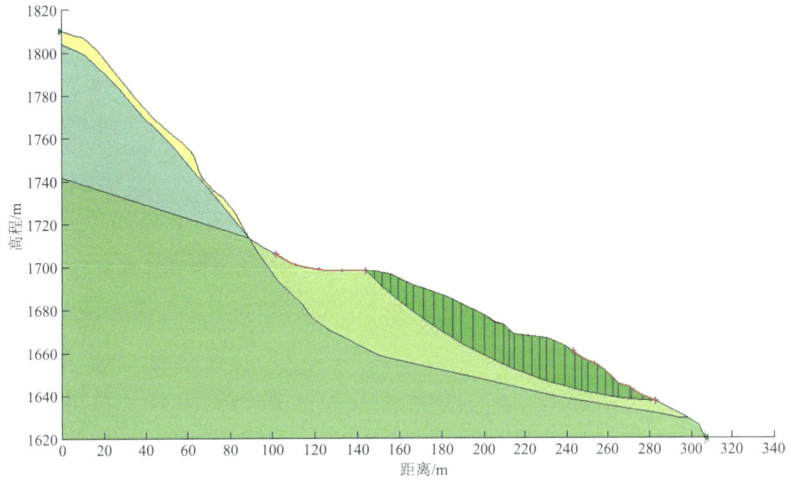	1.072
3-3′剖面		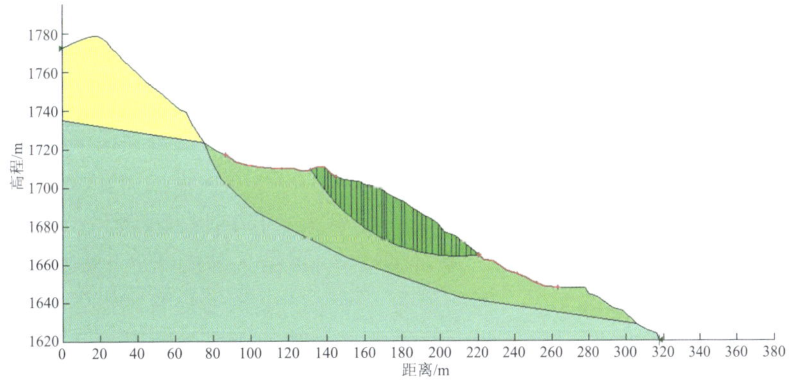	1.011

3）兰州地区滑坡、边坡灾害植被覆盖率低，多为裸露-半裸露区，三维扫描仪在该类地区具有很好的适应性，可在滑坡应急处置中推广应用，提高滑坡监测预警的时效性和连续性，为抢险提供依据。

（二）地基雷达（GB-InSAR）在应急监测中的应用

1. 仪器介绍

InSAR，即合成孔径雷达干涉测量（synthetic aperture radar interferometry），是近 20 年迅速发展起来的

空间对地观测技术，其核心是通过干涉的方式实现测量的目标，而所用的信息载体是SAR卫星观测时获取的"相位"信息的关系提取地表三维变形信息（Hoffmann et al.，2001）。星载雷达干涉测量（interferometric synthetic aperture radar，InSAR）技术监测在突发地质灾害早期识别、长期动态监测等方面得到广泛应用并取得了显著效果（Bürgmann et al.，2000；Hanssen，2001；Hooper et al.，2012；Osmanoğlu et al.，Zhang et al.，2017）。但就突发地质灾害应急监测而言，受制于卫星重访周期的限制，其监测数据的实时性、连续性尚不能满足需求。基于地质灾害应急监测的需求，地基InSAR的研究与试验应运而生。相对星载InSAR技术系统，地基InSAR（GB-InSAR）可根据场地条件灵活布置，能够在远距离处对大范围内的地面目标实现雷达成像，并精确测量被监测目标的位移变化及位移速度，从而实现对被监视目标的全天时、全天候、非接触、高精度、时空连续的远程监测，已应用在大坝、桥梁、边坡等工程方面的变形监测工作中，在滑坡、边坡等监测领域应用效果显著（Casagli et al.，2008；Gigli et al.，2011，2014；Bozzano et al.，2011；Intrieri et al.，2015）。

图8-25　3-3′剖面剪出口位置变形鼓胀迹象

图8-26　不同剖面位置处格构的变形情况

北环路"8·9"滑坡灾害发生后，当地政府采取削坡减灾等措施对滑坡实施应急治理。但滑坡应急治理效果如何？滑坡目前是否处于稳定状态？能否允许车辆通行？需要通过监测手段获取滑坡变形数据进行滑坡治理后状态分析，为保障车辆安全通行提供决策依据。笔者选取国产R/HYB1000型地基雷达系统作为监测工具，开展了针对滑坡应急治理后的效果监测，通过地基雷达获得滑坡地表监测数据并结合宏观调查，对滑坡应急治理后的稳定性进行分析，为滑坡治理和道路恢复通行提供科学依据。同时，也验证了地基雷达在黄土裸露区的应用效果，为兰州城区滑坡应急监测技术推广应用提供了依据。

2. R/HYB1000功能及测量原理

（1）R/HYB1000功能

R/HYB1000型地质灾害监测雷达能够在远距离处对大范围内的地面目标实现雷达成像，并精确测量被监测目标的位移变化及位移速度，从而实现对被监视目标的全天时、全天候、非接触、高精度、时空连续的远程监测。其功能特点如下：

1）非接触式测量。

2）高精度快速实时测量。

3）大范围空间连续测量。

4）开放的用户接口。

5）三维显示界面。

6）DEM独立扫描功能。

（2）测量原理

地基InSAR形变测量示意如图8-27所示。

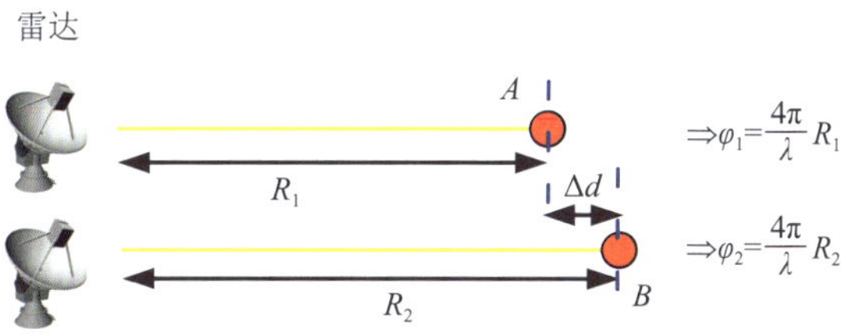

图 8-27 GB-InSAR 形变测量示意图

图 8-27 中设置固定观测基站观测目标点 P 形变前后的主副图像相位分别为 φ_M 和 φ_S，两者的干涉相位可表示为

$$\Delta\varphi_{MS}=\varphi_S-\varphi_M=\frac{4\pi\ (SP'-MP)}{\lambda}=\frac{4\pi}{\lambda}d \tag{8-5}$$

可得目标点 P 的形变量为

$$d=\frac{\lambda}{4\pi}\cdot\Delta\varphi_{MS} \tag{8-6}$$

d 可能不等于零，需要消除地形相位 φ_{geom}。因此，干涉相位的完整表达式为

$$\Delta\varphi_{MS}=\varphi_{geom}+\varphi_{defo}+\varphi_{atmo}+\varphi_{noise}+2k\pi \tag{8-7}$$

3. GB-InSAR 时序工作流程

GB-InSAR 形变时序分析流程主要包括原始数据聚焦、影像质量检查、特征点选取和形变分析等 4 部分。

（1）原始数据聚焦处理

天线波束内单个目标的回波信号会出现在线性轨道的每一个位置以及所有频率的原始数据中，此时的图像处于散焦状态。对原始数据的每一个像元来说，理想点目标具有相同的强度，并且相位是发射频率和传感器在轨道上位置的函数，强度和相位观测值需要转换到具有空间分辨率的格网上。图像聚焦分为距离向和方位向聚焦，聚焦使得图像具有距离向和方位向空间分辨率。

（2）影像质量检查

由于 SAR 系统采用侧视成像，将会在 SAR 影像中产生叠掩、阴影和透视收缩等几何失真现象，可利用地基 InSAR 初步观测一组数据，通过强度图、热信噪比、估计信噪比、时间相干性、空间相干性和相位稳定度等查看该组影像的观测质量，以判断地基 InSAR 观测位置、方位和仰角等是否满足要求，及时调整观测角度以满足监测要求。

（3）特征点选取

地基 InSAR 形变时序分析是基于相干点目标进行的，一般通过设置估计信噪比、相干系数和相位稳定度满足一定阈值的像元，筛选出稳定的相干点目标。由于 IBIS-L 系统采用 Ku 波段雷达（波长 λ 为 17.4 mm），其对形变信息非常敏感，初始形变时序分析得到的形变信息不但包含实际形变，还包括温度、湿度、气压和粉尘等环境变化引起的相位变化。因此，需要在稳定区域内选取一定数量的估计信噪比、相干系数和相位稳定度高的点作为地面控制点（ground control point，GCP），通过对所有 GCP 在视线向的形变时序曲线加权平均，建立环境相位时序校正函数，消除环境因素的影响。

（4）形变分析

地基 InSAR 时序分析主要采用简单网络和冗余网络组合方式对聚焦后的影像对进行干涉处理，为提高处理效率，工作中可采用简单网络组合方式对相邻时刻影像两两干涉处理。IBIS-L 系统一般采用连续观测模式，且观测距离较短，空间基线为 0，因此无须进行图像配准和地形相位补偿。由于连续模式观测数据采集时间短，目标的形变速率 v 在相邻的 SAR 影像获取时间间隔 Δt 内，一般能够满足 $|v|<\lambda/4\Delta tv<\lambda/4\Delta t$，因此避免相位解缠。

4. 滑坡灾后 GB-InSAR 应急监测应用

（1）监测方案部署

北环路滑坡总体植被覆盖度较小，滑坡发生后表面的植被在应急处置过程中大多被铲除，同时，滑坡对面为北环路修建时形成的高陡路堑，道路通行方便，可直达滑坡对面路堑边坡顶部，为 GB-InSAR 应急监测应用创造了良好的条件。

笔者本次的边坡雷达系统信号处于 Ku 波段（12.5~18G Hz），可以获得最高分辨率约为 4 mrad。通过合成孔径雷达技术（SAR）和调频连续波技术（FMCW）的结合，监测区域被分割成很多二维的小单元，如图 8-28 所示。

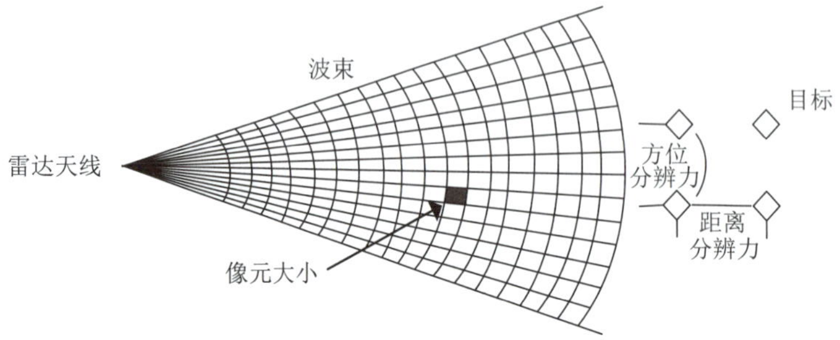

图 8-28　GB-InSAR 空间分辨单元

边坡雷达系统获取目标区域数据过程中，由于天线运动轨道固定，对某一区域目标重复监测成像时天线都处于相同的空间位置，所以空间基线为零。雷达信号往返的路径之差等于雷达视线方向的目标距离变化，具体可以表现为相位之差。

针对边坡场景实际形变特点，地基雷达拟建设雷达监测地址为对面上坡，实现对整个边坡的实时监测。雷达架设位置距离边坡底部直线距离约 100 m。监测区域如图 8-29 所示。

图 8-29　雷达监测区域及位置

（2）监测数据分析

根据监测边坡的实际形变特点，架设设备自 2018 年 9 月 11 日 21 时开始运行，至 2018 年 9 月 14 日 12 时结束观测，选取系统连续监测时间约 22 h 为基准数据进行分析。即此阶段进行了 224 轨监测，平均 5 min 进行一次雷达数据监测。雷达软件设定的场景成像距离为从 50 m 到 450 m。

图 8-30 分析了积累形变结果的时间变化序列，结果显示随着时间递增，场景中局部点位的形变量逐渐增大。22 h 的观测期结束之后，1 点形变量达到-4.5 mm，2 点形变量达到-4.5 mm。其中，负值在雷达

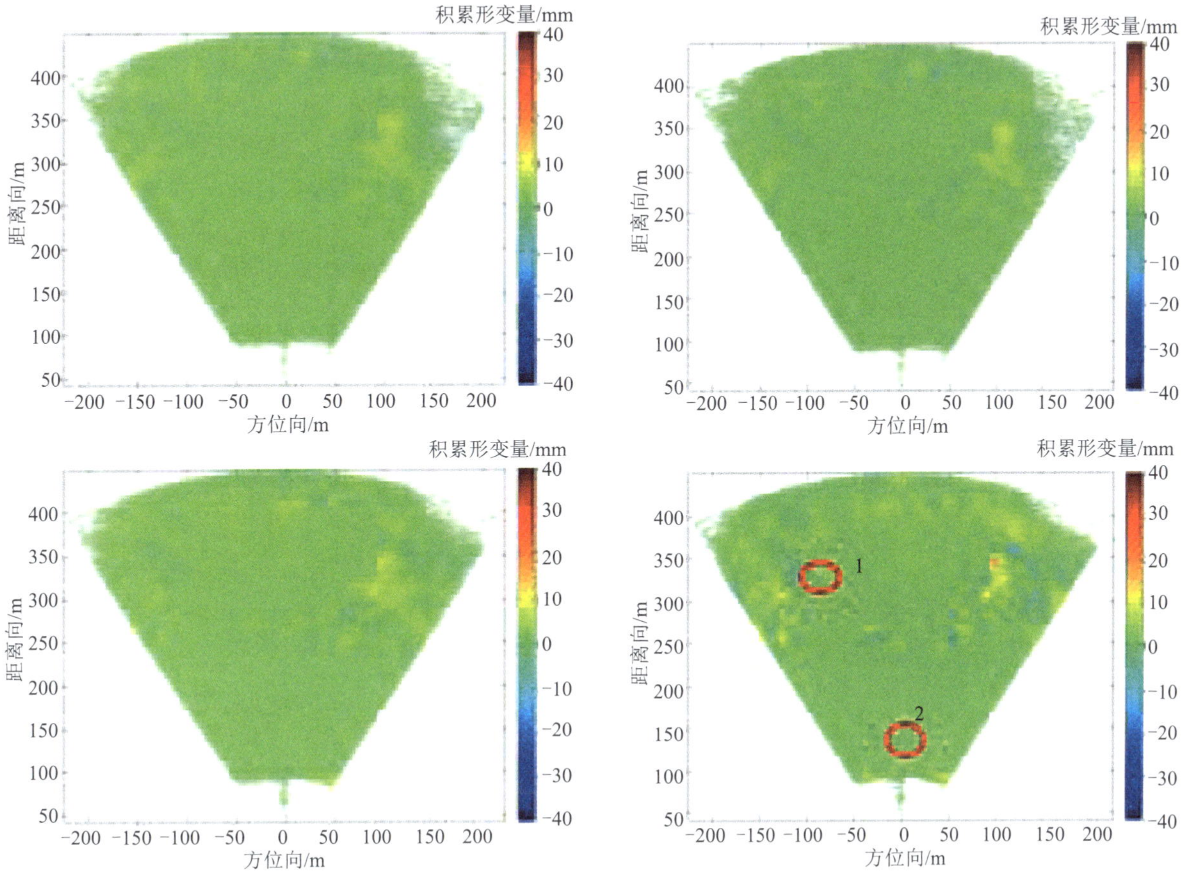

图 8-30 连续 20 小时边坡视线向积累形变量

场景中代表的意义是接近雷达方向的形变分量。下面分别对 1、2 点形变进行分析。

图 8-30 中的 1 点距离雷达位置距离大概有 146 m，在雷达观测视野中处于中部位置；2 点距离雷达位置距离大概有 178 m，在雷达观测视野左部。在实际场景中，因雷达分辨率为 0.3 m×4 m，即合成孔径雷达的 SAR 图像中，单个像素点代表着地面 0.3 m×4 m 的区域。

从图 8-31 的积累形变结果看，1 点区域位置有一定的形变量。经过 22 h 的连续形变监测发现，形变值累计增大，最大形变为-4.5 mm。为了更好地描述 1 点形变的趋势，系统软件对形变曲线进行了滤波平滑处理，用经过高斯滤波后的形变曲线结果代表过去 22 h 的形变特点（图 8-32）。结果显示，滤波显示出的 1 点时间序列曲线比原始曲线更为平滑，结果有效地解决因为常规像素点形变噪声引起的形变曲线跳动，在形变速率计算上具有明显优势。图 8-31 是 1 点位置基于高斯滤波计算的形变速率曲线。在这种形变速率较小的点位，常规方法直接计算速率获取的曲线基本全时在 0 附近波动的毛刺状“粗线”，基本看不出速率走势。但是这里采用高斯滤波方式计算的速率结果可以明显看出形变速率最大达到-2 mm/h 的量级，从图 8-32 的同一时刻也可以看出明显的形变曲线加速下滑，验证了速率计算结果的正确性。同样对 2 点数据进行处置，计算出形变速率最大达到-2.8 mm/h 的量级（图 8-33，图 8-34）。

通过本次边坡状态实地监测分析，可以得到以下结论：

1）观测期中，点 1 代表区域，方位向和距离向（-38.48，325.3），雷达二维坐标系下坐标（1107，146）的积累形变量达到-4.5 mm，最终表现为接近雷达方向的运动。观测开始累积达到 10 h，形变逐渐增加，达到 1.6 mm。在 10 h 后，形变变化特别迅速，计算显示此时的形变速率最大达到-2 mm/h，观测时间累积达到 22 h，形变累计达到-4.5 mm。

2）观测期中，点 2 代表区域，方位向和距离向为（2.673，143），雷达二维坐标系下坐标（2727，

178）的积累形变量达到-4.5 mm，最终表现为接近雷达方向的运动。观测时间开始至13 h，无明显形变。累积达到13 h，形变速率突然变大，计算显示此时的形变速率达到-2.8 mm/h。至第15 h速率出现波动反弹，形变速率在-1 mm/h。观测时间累积达到22 h，形变速率在0.1 mm/h。

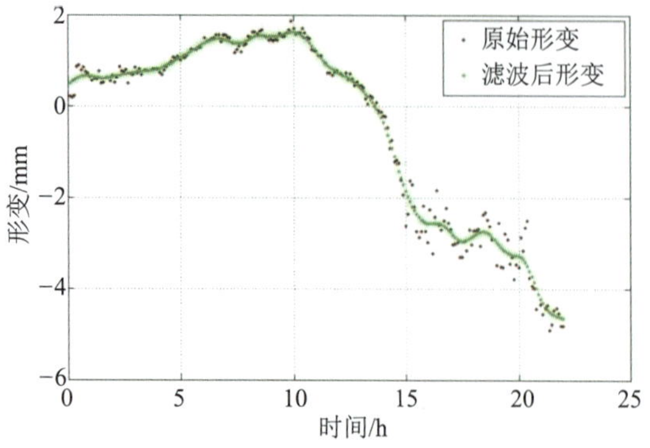

图8-31　点1形变时间序列

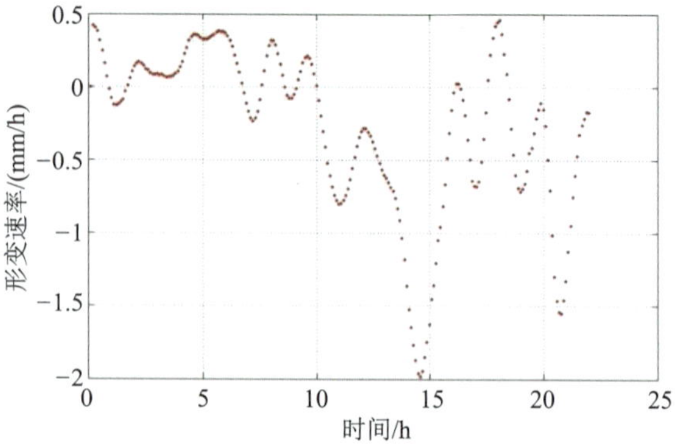

图8-32　点1速率时间序列曲线

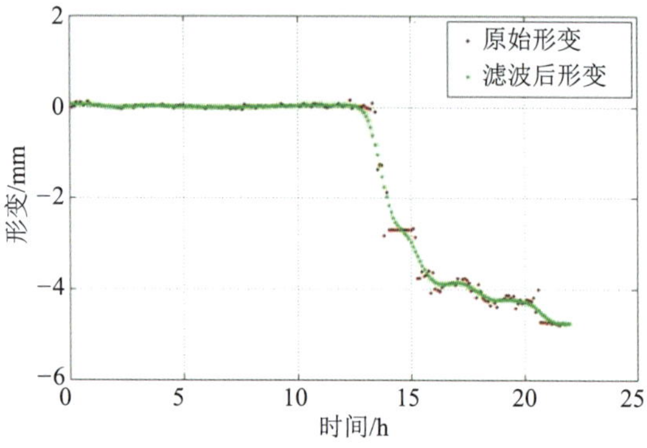

图8-33　点2形变时间序列

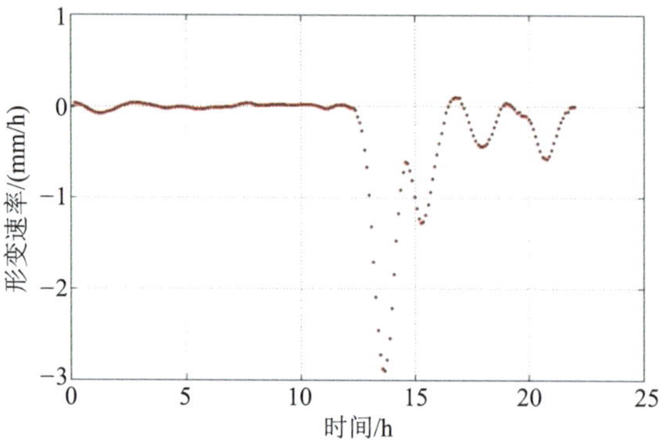

图8-34　点2速率时间序列曲线

从观测期22 h的结果看，监测区域形变依然在积累，滑坡仍处于压密及缓慢变形状态。这和调查人员先前发现滑坡局部存在拉张裂缝、滑坡前缘局部掉土块等现象是一致的。说明滑坡应急治理工程尚未达到完全稳定滑坡的要求。

5. 验证

针对GB-InSAR实地监测分析后得到的结论，笔者选取治理后的滑坡1-1′、2-2′剖面（图8-35），采用传递系数法，对滑坡体进行稳定性计算，计算分天然和饱和两种工况，滑坡堆积体的计算结果见表8-4（图8-36，图8-37）。

滑坡体土体为均质土体，验算时按折线型滑动法对滑坡进行稳定性验算。

（1）稳定性系数计算公式（8-8）

$$K=\frac{\sum_{i=1}^{n-1}\{[W_i((1-r_v)\cos a_i-A\sin a_i]\}\tan\varphi_i+C_iL_i)\prod_{j=1}^{n-1}\Psi_j)+R_n}{\sum_{i=1}^{n-1}\{[W_i(\sin a_i+A\cos a_i)+T_{Di}]\prod_{j=1}^{n-1}\Psi_j\}+T_n} \tag{8-8}$$

式中：K为稳定系数；W_i为第i条块的重量，kN/m；C_i为第i条块黏聚力，kPa；φ_i为第i条块内摩擦角，(°)；L_i为第i条块滑面长度，m；A为地震加速度；r_v为孔隙水压力比，由于滑体为局部含水，未形成统一水位，本次不计。

$$R_n=\{W_n[(1-r_v)\cos a_n-A\sin a_n]\}\tan\varphi_n+C_nL_n \tag{8-9}$$

图 8-35 北环路“8·9”滑坡治理后遥感影像图

$$T_n = [W_i(\sin a_i + A\cos a_i) + T_{Di}] + T_{Dn} \tag{8-10}$$

$$\prod_{j=1}^{n-1} \Psi_j = \Psi_i \Psi_{i+1} \Psi_{i+2} \cdots\cdots \Psi_{n-1} \tag{8-11}$$

式中：Ψ_i 为第 i 块段的剩余下滑力传递至第 $i+1$ 段时的传递系数（$j=1$），即

$$\Psi_i = \cos(a_i - a_{i+1}) - \sin(a_i - \cos_{i+1})\tan\varphi_i \tag{8-12}$$

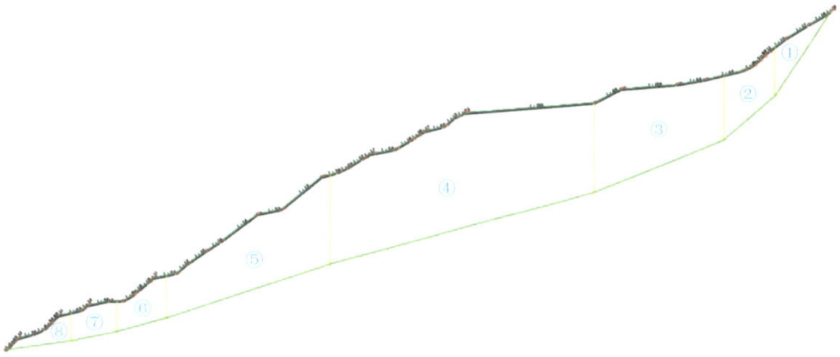

图 8-36 1-1′剖面稳定性计算图

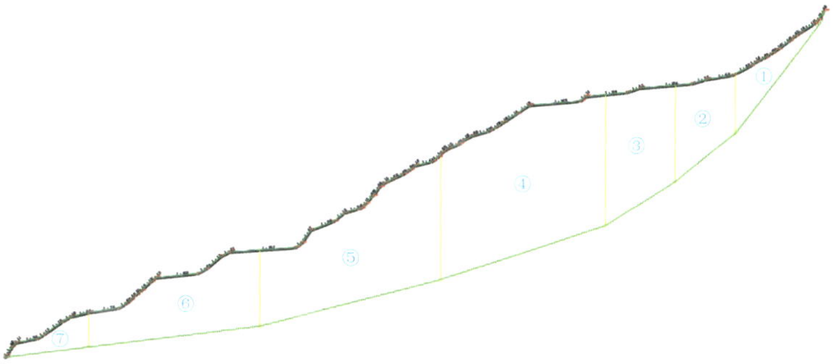

图 8-37 2-2′剖面稳定性计算图

（2）计算工况

工况Ⅰ：自重

工况Ⅱ：自重+暴雨

暴雨标准：根据《滑坡防治工程设计与施工技术规范》（GB/T32864—2016），暴雨强度重现期按50年。

地震荷载标准：根据《建筑抗震设计规范》（GB50011—2010），兰州市设防烈度为Ⅷ度，地震动峰值加速度按50～100年超越概率为10%计算，取0.2g。

表8-4　北环路"8·9"滑坡稳定性计算表

北环路"8·9"滑坡	1-1′	工况1：自重	1.181	稳定
		工况2：自重+暴雨	1.073	基本稳定
	2-2′	工况1：自重	1.103	基本稳定
		工况2：自重+暴雨	1.029	欠稳定

依据计算结果，该滑坡在实施应急治理工程后，天然工况下稳定性系数在1.103～1.181之间，处于基本稳定—稳定状态；饱和工况下稳定性系数在1.029～1.073之间，处于欠稳定—稳定状态。与滑坡未治理之前的参数予以对比发现（未实施应急治理工程前，滑坡天然工况下稳定性系数为1.086～1.170，滑坡处于基本稳定—稳定状态；饱和工况下稳定性系数为1.011～1.061，滑坡处于欠稳定—基本稳定状态），其稳定性系数虽有所提高，但提高不大，滑坡仍处在缓慢变形的阶段，应急治理工程尚未达到完全稳定滑坡的要求。这一结论与地基雷达得出的结论相吻合。

6. 取得的成果

北环路滑坡是甘肃省首次利用GB-InSAR对黄土-红层滑坡进行应急治理后的效果监测，经试验研究，得出以下结论：

1）边坡雷达系统性能稳定、观测速度快（最快可达1～2 min）、有效射程满足现场监测需求，可以高精度、全天时、全天候、大面积获取边坡形变结果。

2）通过对此边坡的测试结果，并结合稳定性计算表明，边坡雷达可以监测出长距离边坡的高精度形变，从监测结果看出监测1点区域及2点区域出现一定形变，即测试结果验证了边坡形变监测雷达对监测区域发生的形变监测效果明显，可以实现对边坡稳定性判定和预警的目标。

3）地基雷达在黄土裸露区具有很好的适应性，可在滑坡应急处置中推广应用，提高滑坡监测预警的时效性和连续性，为抢险提供依据。

四、"空天地"一体化技术在应急勘查中的应用

本次应急勘查中，主要采用了地质雷达对滑坡体的厚度、结构予以验证，详述如下。

（一）仪器介绍

地质雷达（ground penetrating radar，GPR）是一种利用高频电磁波技术探测地下物体的电子设备，是近十余年发展起来的地球物理高新技术方法，其具有分辨率高、定位准确、快速经济、灵活便捷、剖面直观、实时图像等优点。现已成功地应用于岩土工程勘察、工程质量无损检测、水文地质调查、矿产资源研究、生态环境监测、城市地下管网普查、文物及考古探测等众多领域，取得了显著的探测效果和社会经济效益，在工程探测领域发挥着越来越重要的作用。

（二）工作原理

地质雷达探测的工作原理，简单地说是通过特定仪器向地下发送脉冲形式的高频、甚高频电磁波。电磁波在介质中传播，当遇到存在电性差异的地下目标体，如空洞、分界面等时，电磁波便发生反射，返回到地面时由接收天线所接收。在对接收天线接收到的雷达波形、强度、双程时间等参数便可推断地下目标体的空间位置、结构、电性及几何形体，从而达到对地下隐蔽目标物的探测如图8-38、图8-39属于非破坏性的探测技术，具有较高的探测精度和分辨率。

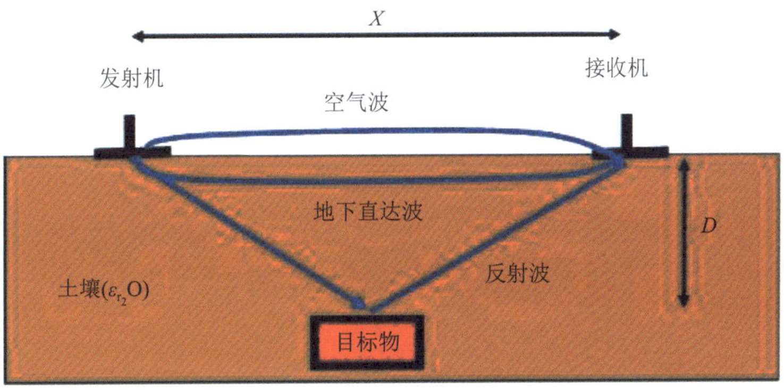

图 8-38 地质雷达工作原理示意图 1

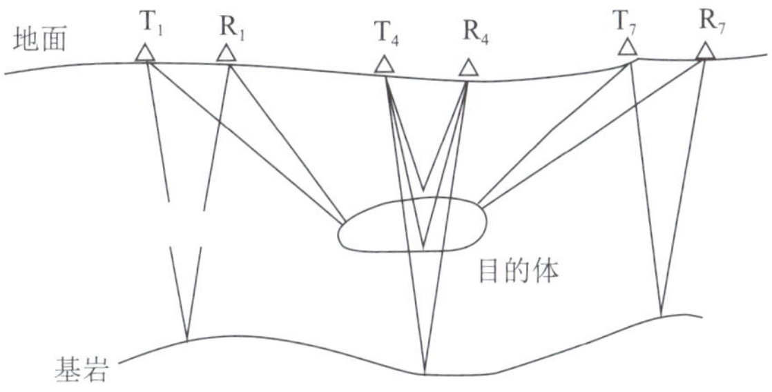

图 8-39 地质雷达工作原理示意图 2

图 8-39 中 T 为发射天线，R 为接收天线，电磁波在地下介质中遇到目标体和基岩时发射反射，信号返回地面由天线 R 接收并记录，通过主机的回放处理，就可得到雷达记录的回波曲线（图 8-40）。

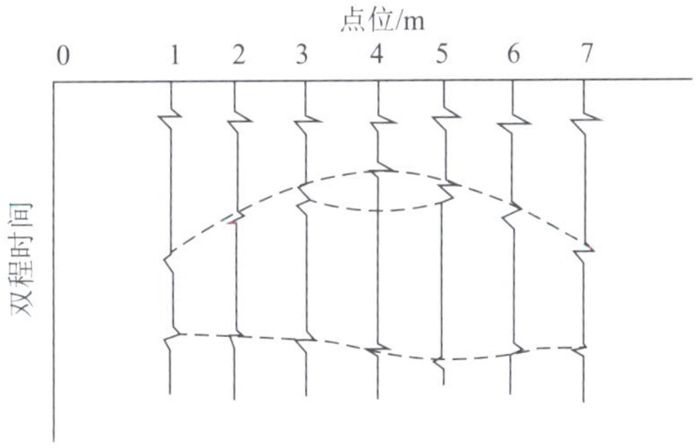

图 8-40 地质雷达记录的回波曲线

图 8-40 中横轴代表地面的探测距离，单位为 m，在地表面均匀打点可以得到相应点位的地下介质分布情况；纵坐标代表的是电磁波从发射到遇见地下目标体或基岩时反射回地面并被仪器接收所需要的时间。有了雷达记录的双程反射时间即可据公式（8-13）计算出该界面的埋藏深度 H：

$$H=\frac{tc}{2\sqrt{\varepsilon_r}} \tag{8-13}$$

式中：t 为目标层雷达波的反射时间；c 为雷达波在真空中的传播速度（0.3 m/ns）；ε_r 为目标层以上介质相对介电常数均值。

这时就可以对雷达资料进行进一步的数据处理，其方法主要有以下几方面：①滤波及时频变换处理；②自动时变增益或控制增益处理；③多处重复测量平均处理；④速度分析及雷达合成处理等。旨在优化数据资料、突出目标体，最大限度地减少外界干扰，为进一步解译提供清晰可辨的图像。之后对处理后雷达剖面图进行地质解译（图 8-41）。

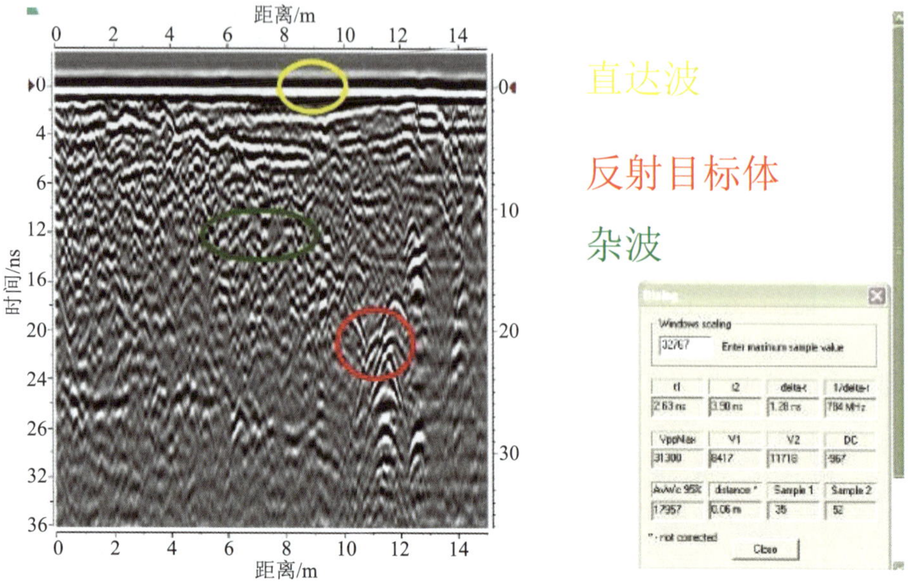

图 8-41　地质雷达解译影像图

（三）地质雷达的应用

地质雷达从 20 世纪初，随着电子技术和数据处理技术的发展，其体积越来越小，其功能从探测冰层厚度（当时的工作信号频率较低）到现在的“全面开花”，其技术指标也得到极大的提高，如利用高频天线探测深层目标时，深度可达上百米。如今地质雷达已广泛应用在市政建设、建筑、铁路等各个领域，具体到地质调查类领域，其主要可解决覆盖层厚度、松软地层厚度及分布、基岩风化层界面及分布、基岩节理和断裂带、地下水分布、地下溶洞、空洞、黄土落水洞、黄土陷穴、塌陷区等，在土层等松散地层上，其探测深度可达 70 m 以上，在致密地层或基岩上，探槽深度可达百米以上。

（四）滑坡灾害发生后地质雷达的应用

1. 勘查方案部署

针对北环路滑坡灾害的发育特征及发展趋势，本次在滑坡体上部布设地质雷达剖面线 2 条，地质雷达剖面线沿 2 条主剖面线布设（DL1、DL2），两条剖面线长度分别为 135. 2 m、150. 8 m，总长 286 m（图 8-12）。为验证地质雷达探测的准确性，笔者特别在地质雷达剖面线走向处（滑坡体 1-1′、1-1′剖面上部及中部）布设 4 眼钻孔（图 8-43），其工作部署详见图 8-44。

图 8-42　笔者成员使用地质雷达进行探测

图 8-43　钻探工作同时进行

图 8-44 北环路“8·9”滑坡应急勘查工作部署图

2. 勘查数据分析

依据地质雷达结果，剖面 DL1 在滑体中、上部，于 25.3~30.1 m 处波段反射率变大，在滑体下部于 17.8~20.3 m 处反射率变大；剖面 LD2 在滑体中、上部，于 23.2~20.3 m 处反射率变大，并一直持续于滑体下部，在滑体下部于 16.9~19.7 m 处反射率变大。据此推测北环路“8·9”滑坡体滑体厚度在纵向上变化规律为中后部厚、前部较薄；在横向上的变化规律为西部较厚、前缘较薄。在结构上，中上部滑体主要由黄土、卵砾石及泥岩团块组成，层序较为清晰；下部滑体主要由黄土及泥岩团块混杂体、泥岩碎屑组成。以下进行详细对比、分析。

（1）钻孔 ZK1 与地质雷达探测结果对比分析

ZK1 所在的地质雷达剖面为 DL1，该剖面长 135.2 m。采用 100 MHz 天线测量，测量深度 45 m，ZK1 位置位于剖面 18.3 m 处，该区段在 30 m 左右波段反射率变大，说明该深度上下土体密度变化较大，推测滑面深度为 30 m（图 8-45）。

依据钻孔 ZK1 揭露，该区段滑体厚度为 29.7 m，滑体成分中、上部为黄褐色粉土，偶夹青灰色卵石、砂及砂岩、泥岩块石，厚度 24.3 m；下部由泥岩、砂岩块石组成，地层岩性较杂乱；滑带土为破碎的砂质泥岩，含水量较高，可见明显擦痕。

（2）钻孔 ZK2 与地质雷达探测结果对比分析

ZK2 所在的地质雷达剖面为 DL1，该剖面长 135.2 m。采用 100 MHz 天线测量，测量深度 45 m，ZK2 位置位于剖面 116.3 m 处，该区段深度在 18 m 左右时，图形密度明显变化，坡段反射率高，证明该深度上下层土体密度、孔隙率变化明显，推测滑面深度为 18 m（图 8-46）。

依据钻孔 ZK2 揭露，该区段滑体厚度为 17 m，滑体成分上部主要为黄褐色粉土，下部主要为较为完整的泥岩、砂岩团块、碎屑，岩芯多呈短柱状，滑带土为破碎的砂质泥岩，岩芯呈松散状，含水量较高，可见明显擦痕。

（3）钻孔 ZK3 与地质雷达探测结果对比分析

ZK3 所在的地质雷达剖面为 DL2，该剖面长 150.8 m。采用 100 MHz 天线测量，测量深度 45 m，该剖

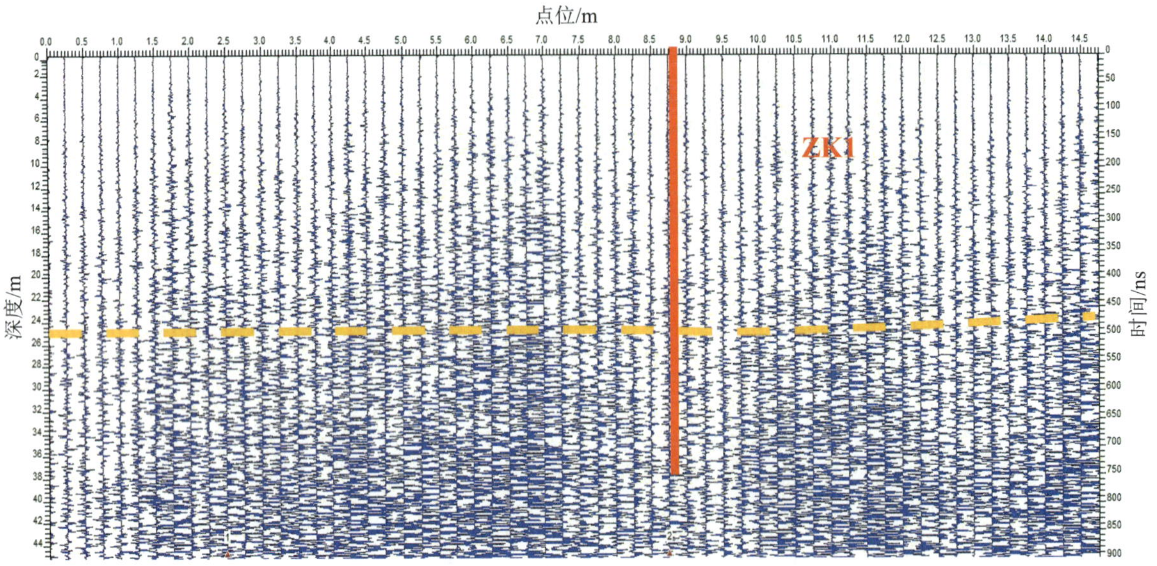

图 8-45　ZK1 处地质雷达解译影像图

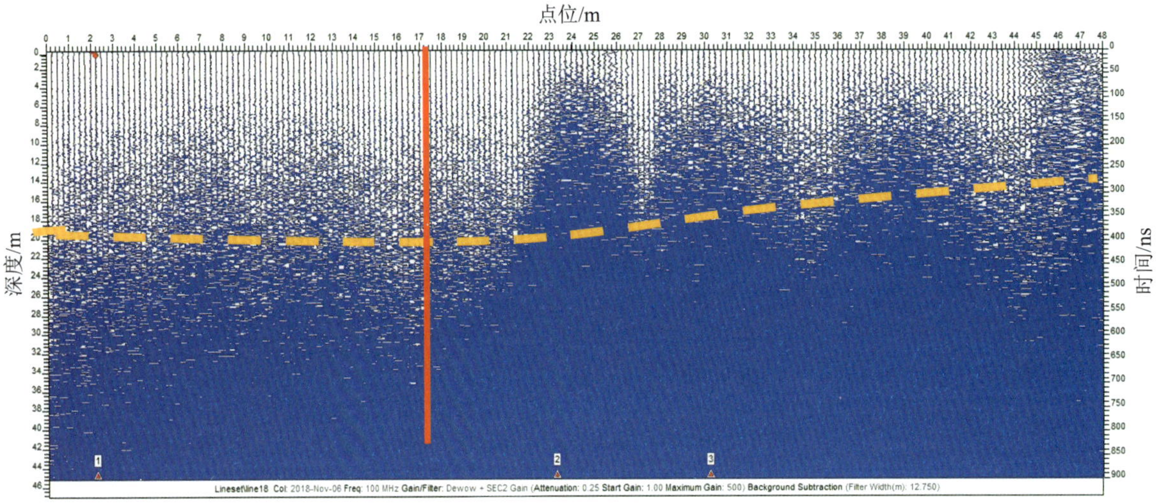

图 8-46　ZK2 处地质雷达解译影像图

面测量方向上高程变化较大，0～57 m 地势平坦，57～150.8 m 段为陡坡，ZK3 位置位于剖面 25.3 m 处，其波段在 20 m 处附近反射率变化明显，推测 20 m 下部土体较上部土体密集变化大，空隙变小，推测滑面深度为 20 m（图 8-47）。

依据钻孔 ZK3 揭露，该区段滑体厚度为 20.3 m，滑体成分上部主要为黄褐色粉土，下部主要为较为完整的泥岩、砂岩团块、碎屑，岩芯多呈短柱状，滑带土为破碎的砂质泥岩，岩芯呈松散状，含水量较高，可见明显擦痕（图 8-48）。

（4）钻孔 ZK4 与地质雷达探测结果对比分析

ZK3 所在的地质雷达剖面为 DL2，该剖面长 150.8 m。采用 100 MHz 天线测量，测量深度 45 m，ZK4 位置位于剖面 135.3 m 处，其波段在 19 m 处附近反射率变化明显，推测 20 m 下部土体较上部土体密集变化大，空隙变小，推测滑面深度为 19 m（图 8-49）。

依据钻孔 ZK4 揭露，该区段滑体厚度为 19.7 m，滑体成分上主要为较为完整的泥岩、砂岩团块、碎屑，岩芯多呈短柱状，滑带土为破碎的砂质泥岩，岩芯呈松散状，含水量较高，可见明显擦痕（图 8-50）。

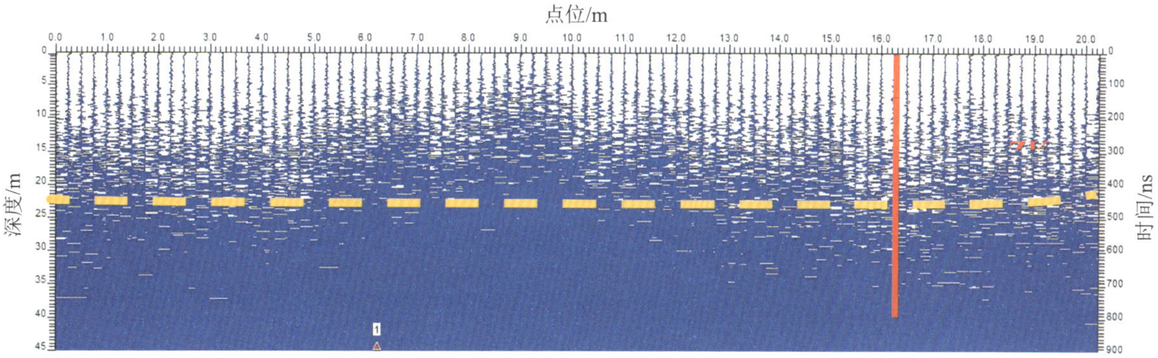

图 8-47　ZK3 处地质雷达解译影像图

图 8-48　ZK3 钻孔揭露的滑带土

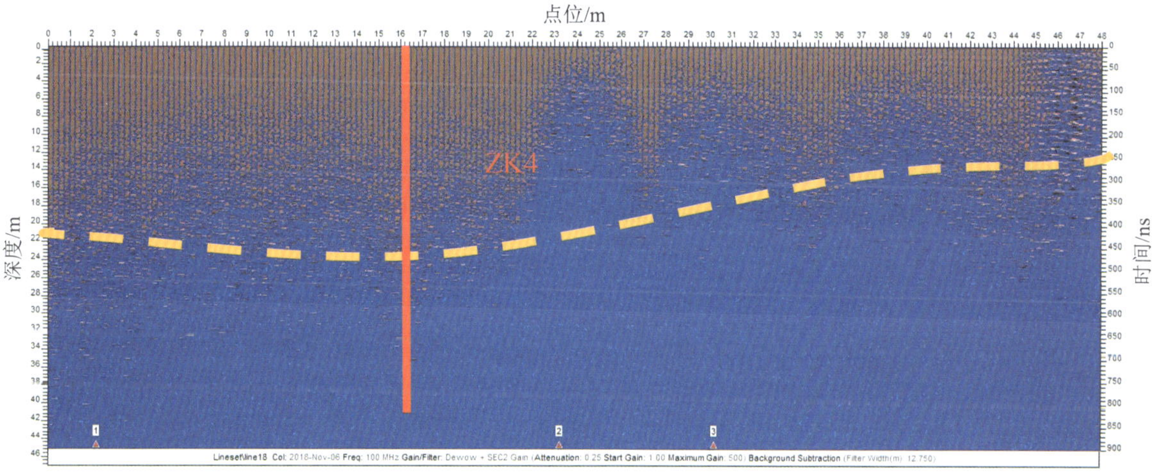

图 8-49　ZK4 处地质雷达解译影像图

（5）结论

本次将地质雷达推测和滑体厚度与钻孔揭露的厚度进行对比，对比结果见表 8-5。

依据表 8-5 得知，地质雷达推测的滑体厚度与钻孔揭露的滑体厚度最大误差仅为 1.0 m。这说明地质雷达具有较高的探测精度，虽没有钻探精确，但已高于其他种类的物探手段。在地质灾害应急处置工作中，由于时间紧、任务重，传统的钻探手段由于需要的周期长，不能满足应急工作的需求。地质雷达作为一种快速、高效和经济的高新探测技术，其操作简单，数据高速传输，仪器轻巧，携带便捷，可第一

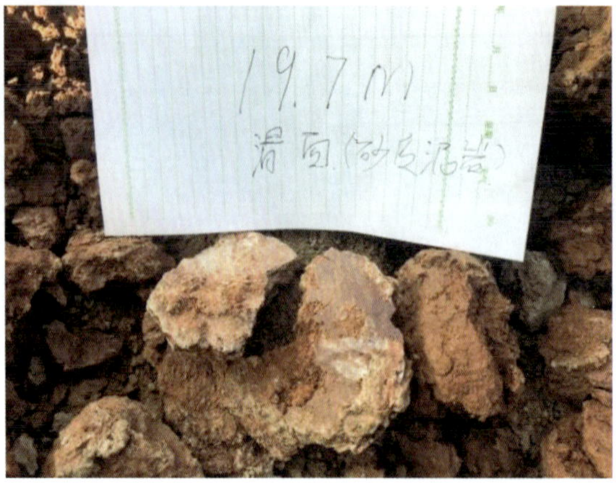

图 8-50　ZK4 钻孔揭露的滑带土

时间查明滑体厚度、结构等特征。由于地质雷达具有无损、快速、准确的工作特点，完全可以取代钻探、电法及超声波等传统方法，为应急处置提供支撑。

表 8-5　地质雷达推测滑体厚度与钻孔揭露滑体厚度对比一览表

位置	地质雷达推测滑体厚度/m	钻孔揭露滑体厚度/m	误差/m
ZK1	30.0	29.7	0.3
ZK2	18.0	17.0	1.0
ZK3	20.0	20.3	0.3
ZK4	19.0	19.7	0.7

五、"空天地"一体化技术在应急治理中的应用

通过采用"空天地"一体化技术，笔者查明了北环路"8·9"滑坡的基本特征、成灾模式、下一步发展趋势，并得出稳定性结论后，做如下分析：

1）该滑坡体虽采用了削坡减载等防治措施，开展应急治理，但滑坡体仍处于基本稳定—稳定状态，在强降水等不利工况下仍有局部失稳的可能，应急治理尚未达到完全稳定滑坡的目的。

2）该滑坡体的应力主要集中于滑坡体中上部，有关部门虽对该区域进行了削坡，但经地质雷达探明，该区段滑体厚度较大，在 20.3~29.7 m 之间，应急工程并未完全将该区段的土体进行消除，这是该滑体仍存在安全隐患的原因。

3）该滑坡体滑动后拉裂形成了高陡的黄土滑坡后壁，依据 2014—2017 年监测结果得知，该区段存在潜在变形区，主要以拉裂为主，变形速率为 4~10 mm/a，但本次应急治理并未将该区段纳入。目前该区段存在隐患，在强降雨等极端天气下，其高陡的滑坡后壁有失稳发生滑坡灾害的可能。

针对上述问题，笔者推荐了适宜于北环路滑坡的应急治理措施如下（图 8-51）：

1）对高陡的后壁开展削方减载工程，通过降低高陡边坡，达到稳定坡体的目的，其次，完善区内截排水系统，防止地表水冲刷入渗坡体。

2）在已实施削方减载工程的滑体中上部应力集中区前缘布设微型钢管桩（微型钢管桩虽在甘肃地区未曾使用，但其在云南、四川、陕西延安等地已广泛应用在应急治理中，具有快速施工的特点，只有机械打孔后，将成品钢管埋入即可）或机械挖孔桩，鉴于北环路"8·9"滑坡具有良好的施工条件，大型机械设备可直接到施工现场，而上述工程无须投入太多人工，工期短、收效高，且可保障滑坡完全稳定，完全适用于北环路"8·9"滑坡灾害的应急治理。

图 8-51 北环路“8·9”滑坡应急治理工程部署示意图

六、“空天地”一体化技术在北环路“8·9”滑坡灾害应急处置中取得的成果

通过采用“空天地”一体化技术，笔者利用无人机航测影像图精确测定滑坡平面参数，查明滑坡灾害的威胁对象及其所造成的损失，灾害体的空间分布特征，灾害体的类型、边界、规模、形态等特征；通过上述特征，分析滑坡体的成因、位移特征、活动状态及发展趋势。

笔者利用三维扫描仪、GB-InSAR 等监测设备，建立滑坡三维模型，高精度、全天时、全天候、大面积获取滑坡的变形特征，得出稳定性结论，查明滑坡的发展趋势，从而对滑坡稳定性判定和预警提供技术支撑。

笔者利用地质雷达（ground penetrating radar，GPR），在短时间内确定了滑体的厚度、结构等特征，为快速实施应急治理提供了保障。

笔者通过上述新技术、新方法在北环路“8·9”滑坡灾害应急测绘与调查、应急监测、应急勘查等方面的应用，迅速查明了滑坡体的形态、结构特征、形成原因、位移特征、活动状态及发展趋势、变形模式，有针对性地提出应急治理措施，不仅高效，而且数据精准，为应急处置工作提供了有力的支撑与保障。

第二节 “空天地”一体化技术在舟曲“7.12”江顶崖滑坡灾害应急处置中的应用

一、灾情概况

受汛期连续强降雨及白龙江冲刷坡脚的影响，2018 年 7 月 12 日，舟曲县南峪乡江顶崖发生山体滑坡，滑坡体滑入白龙江，严重挤占河道，致使原本宽约 36 m 的江面最窄处仅有 5 m。滑坡灾害的发生造成上游江水水位上升 7~8 m，导致上游南峪乡南一村、南二村 135 间居民住房及南峪水电站被淹，G345 国道被冲毁，直接经济损失 3135.76 万元（图 8-52）。鉴于滑坡已形成堰塞体，如若不及时疏通，不仅威胁南峪村的安全，中断上游 G345 国道及水电站安全运行，更对上游舟曲县城及下游陇南市区的安全及长江上游生态安全造成严重威胁。一旦失稳形成溃坝，造成的损失不可估量，灾情、险情均属特大型。因此，快速开展应急处置工作，正确研判灾害发展趋势，提出切实可行的防治措施建议就显得尤为关键。灾害发生后，笔者第一时间赶赴灾害现场，采用"空天地"一体化技术开展应急处置工作。

图 8-52　江顶崖滑坡全貌

二、滑坡地质环境条件概述

江顶崖滑坡地处舟曲县南峪乡，位于白龙江左岸，主要以中高山峡谷地貌为主，为强烈上升的侵蚀构造地形，地形切割强烈，海拔 1241～2052 m，山坡坡度 20°～45°。区域 70%的降雨量集中在 5—9 月，日最大降雨量 96.7 mm，1h 降水量 77.3 mm。白龙江从滑坡体前缘自西北向东南穿过，雨季多出现洪流，流量大、流速高，具有很强的冲刷侵蚀能力。据水文部门测量，2018 年 7 月洪水流量为 734 m^3/s，约为 50 年一遇。滑坡区出露地层为志留系千枚岩、板岩，泥盆系灰岩、炭质板岩、千枚岩和石炭系灰岩，基岩表层披覆大量第四系松散堆积物。

滑坡区新构造活动强烈，坪定-化马断裂带从滑坡体所在斜坡经过，由北支断裂带（F_{1-2}）和南支断裂带（F_{1-1}）组成，南、北两支断裂带平行分布，横切斜坡，形成走向垂直于斜坡坡向的断层破碎带。南支断裂带基本沿白龙江河谷分布，错断志留系中上统白龙江群和中泥盆统古道岭组，走向 142°，倾向北偏东 320°，断裂带宽约 370 m。北支断裂带位于江顶崖老滑坡体所在斜坡体上部，断裂带错断中泥盆古道岭组和石炭系，走向 140°，倾向北东 320°，断裂带宽约 300 m，两组断裂作用，在滑坡区形成宽约 1 km 的破碎带。

三、滑坡概况

江顶崖滑坡（H1 滑坡）为南峪滑坡群江顶崖老滑坡体（H 号滑坡）中部的复活块体（图 8-53），且一直处于滑动状态，每次滑坡均形成堵江回水淹没上游，具有链式灾害特征。据统计，自 1985～2018 年共发生过 4 次较大规模快速滑动，其中 1991 年 6 月 13 日，该滑坡体就曾发生过一次大规模的滑动，下滑土方约 530×10^4 m^3，在滑坡前缘白龙江河道形成一座宽约 50 m、高约 20 m 的土坝，堵塞白龙江，致使白龙江上游回水约 2. 8 km，积水 754. 9×10^4 m^3，将南峪乡一半淹没，迫使南峪乡选址重建，损失严重。此外，该滑坡体大部分时间处于蠕滑状态，江顶崖滑坡 2007 年到 2017 年的历史形变信息表明，江顶崖滑坡常年处于活动状态，年均变形超过 10 cm，并且各部位滑速不同。本次复活滑坡（H1 号滑坡）滑体最大长度约 462 m，平均宽度约 210 m，滑体平均厚度约 26. 5 m，总体积 338. 1×10^4 m^3，规模属大型。

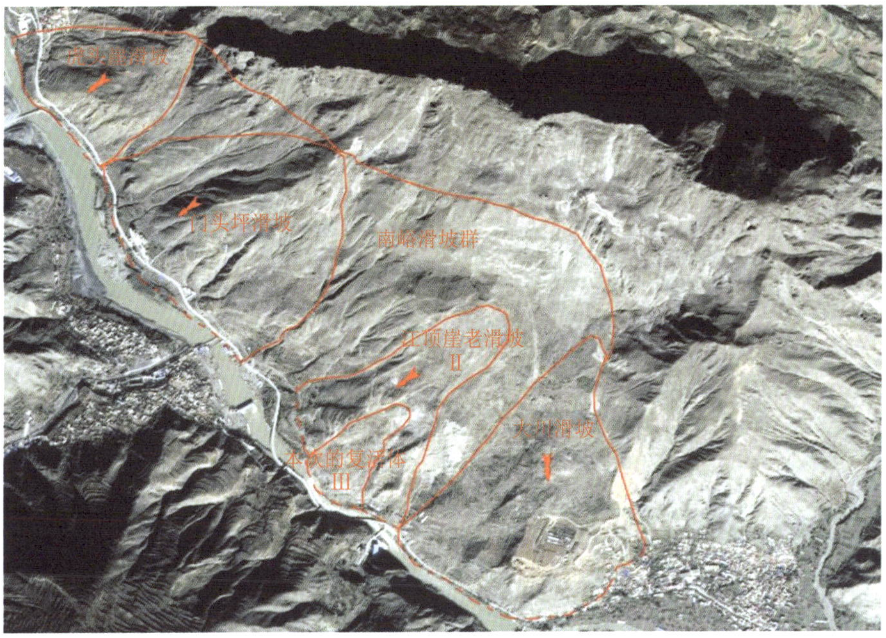

图 8-53　江顶崖老滑坡体（H）及本次发生的滑坡体（H1）遥感影像示意图

（一）江顶崖老滑坡（H 号）概况

江顶崖老滑坡为南峪滑坡群发育的滑坡体之一，该滑坡发生时代较早，为断层破碎带滑坡。滑坡体所在斜坡地形高陡，斜坡体顶部为陡峭的岩壁，其下部为松散的堆积层，根据斜坡上部灰岩陡崖呈圈椅状的地貌和堆积层岩性分析，斜坡体中、下部的松散堆积层主要是上部灰岩发生的早期崩塌体，受白龙江强烈侵蚀的作用，崩塌体曾多次发生滑动，使坡体结构十分混杂。江顶崖老滑坡即发育于堆积层上部（图 8-54）。滑坡平面形态呈长舌状，剖面形态大致呈折线形，沿滑动方向最大长度 1041 m，滑坡体上窄下宽，平均宽度 350 m，面积 36. 44×10^4 m^2，滑体平均厚度约 55 m，总体积 1493×10^4 m^3，滑体主滑方向 221°，为一深层特大型断层破碎带堆积层滑坡。鉴于滑坡体发生的年代久远，且具有多次多级滑动的特征，目前滑体的整体轮廓已不清晰，加之常年受流水冲刷的影响，滑坡体表面“V”字形冲沟发育，致使滑坡体被分割成多个“条状”“梁状”的地形，但依据滑坡两侧边坡冲沟的发育特征，可基本确定滑坡体的形态特征，滑体两侧边界受冲沟的控制，呈现“双沟同源”的形态，两侧冲沟均呈“V”字形，为地表水长期冲刷侵蚀形成，坡面还发育多条细小的“V”字形冲沟，将滑坡体切割呈条带状，致使坡面较为破碎。老滑坡堆积体覆盖于白龙江河谷阶地上部，且具有明显的分层特征，按厚度自上而下大致可分为 4 层（上部、中上部、中下部、下部），上部为黄褐色碎石土，成分以灰岩碎石和块石为主，局部夹杂粒径>3 m 的大块石，大小混杂，粒径变化大，松散，泥土充填，岩芯呈块状，干燥—稍湿，钻探过程中进尺慢，严重塌孔和漏浆；中上部为灰黑色炭质板岩碎屑，丝绢光泽，含水量较高，软塑，手搓呈粉末状或泥状，强度较低，局部夹杂粒径 2~5 cm 的炭质板岩或方解石碎石，岩芯呈短柱状，钻探过程中缩径严重；中下部即为碎石土，土体呈杂色，较为密实，干燥—稍湿，含碎石、块石，岩性为灰岩，大小混杂，粒径变化大，岩石多呈块状；下部具明显分带特征，滑体中后部主要为灰岩全风化层，岩体强度低，手掰易碎，滑体中部及下部为灰黑色炭质板岩碎屑，局部夹杂细颗粒物质及角砾，丝绢光泽，稍湿—湿，

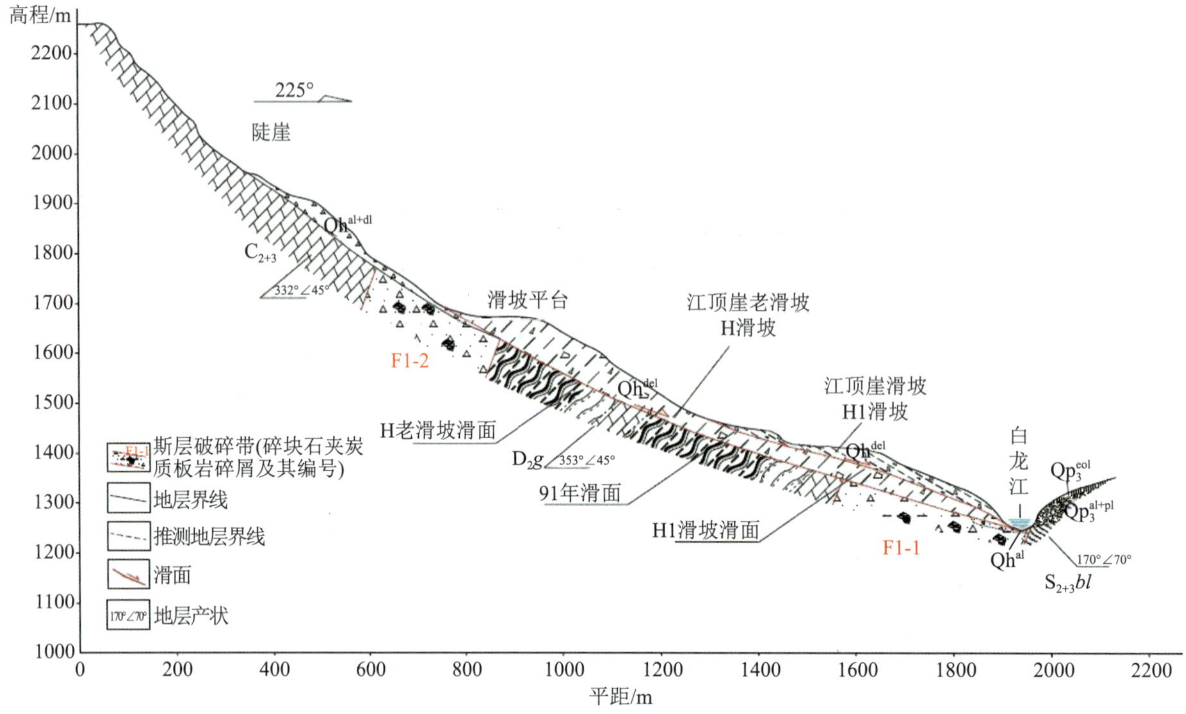

图 8-54　江顶崖老滑坡体剖面图（1-1′剖面方向）

Qh^{del}—全新统滑坡堆积体；Qh^{al}—全新统冲积卵砾石层；Qh^{dl}—全新统坡积体；Qp_3^{al+pl}—上更新统冲洪积卵砾石层；Qp_3^{eol}—上更新统风积层；C_{2+3}—中上石炭统灰岩；D_2g—中泥盆统古道岭组灰岩、炭质板岩、炭质千枚岩；$S_{2+3}bl$—中上志留统白龙江群炭质千枚岩

手搓呈粉末状。由于沉积年代较久远，老滑坡堆积体整体的结构相对密实，埋深越大密实度及强度越高。

（二）江顶崖滑坡（H1 滑坡）基本特征

H1 号滑坡位于江顶崖老滑坡体中部前缘，为江顶崖老滑坡体的次级滑坡。该滑坡近年来一直处于滑动状态，具有多次滑动的特征。据资料记载，该滑坡自 1985 年至 2018 年期间，共发生过 4 次较大规模快速滑动，其间大部分时间处于蠕滑状态，通过分析江顶崖滑坡 2007 年到 2017 年的历史变形信息，发现江顶崖滑坡常年处于活动状态，年均变形超过 10 cm，并且各部位滑速不同。依据现场调查及与以往影像图进行对比，本次滑坡主要沿 1991 年滑坡形成的凹槽滑动，是Ⅰ、Ⅱ号块体的失稳滑动，其规模范围小于 1991 年滑坡（图 8-55）。

该滑坡体为一大型推移式堆积层滑坡，平面形态整体呈舌状，坡面形态呈折线状（图 8-56、图 8-57），沿滑动方向最大长度为 462 m；滑体上部宽 185 m，中部宽 210 m，下部宽 254 m，平均宽度 210 m，面积 9.7×10^4 m^2；滑体平均厚度 26.5 m，总体积 338.1×10^4 m^3。滑体主滑方向 SW225°，前缘高程为 1241 m，后缘高程为 1355 m，相对高差 114 m，滑坡体整体上缓下陡，后部、中部较为平缓，为 13°～15°；下部、前缘较为陡峭，为 20°～25°。由于滑坡体蠕动下滑后，推挤老滑坡体下部滑体，在滑体中下部形成了多处反倾错动及百余条剪切裂缝，致使滑体中部局部地段形成鼓丘。滑坡滑动后，在后缘及两侧侧缘分别形成高陡的陡壁，侧壁及后壁呈“环状”展布，将滑坡体包围。

滑体土主要由两层土体组成，上部为碎石土，土体呈黄褐色，成分以灰岩碎石和块石为主，泥土充填，岩芯多呈碎散—块状，干燥—稍湿，松散，压实度较低，多为坡积物；下部以灰黑色炭质板岩碎屑为主，受地质构造影响，地层整体破碎，产状凌乱（图 8-58）。滑带土在滑坡后部主要为灰黑色含砾黏土，为炭质板岩泥化形成，土体呈软塑状，含少量细颗粒角砾，角砾大小 1～3 mm，结构致密，断面可见明显擦痕及镜面，揉搓较严重，含水量高，为饱和状态，手捏呈泥状，厚度 0.8 m；在滑坡中下部为灰黑

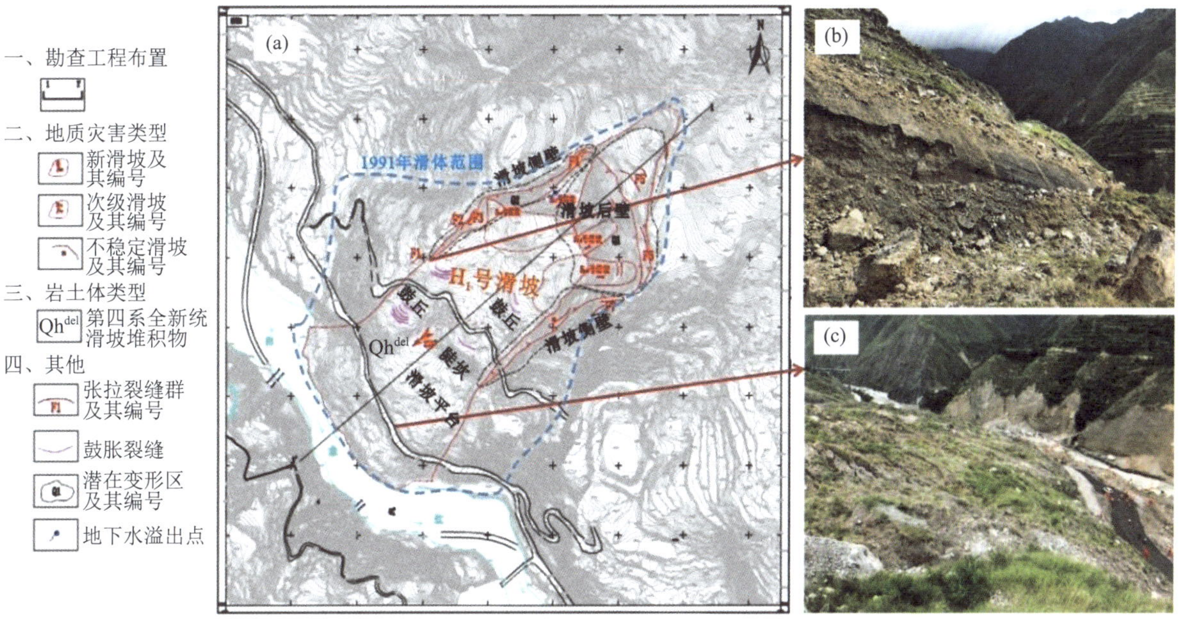

图 8-55　江顶崖（H1）滑坡工程地质平面图

（a）滑坡平面范围图；（b）滑坡侧壁黑色擦痕；（c）前缘反倾错动、鼓胀裂缝

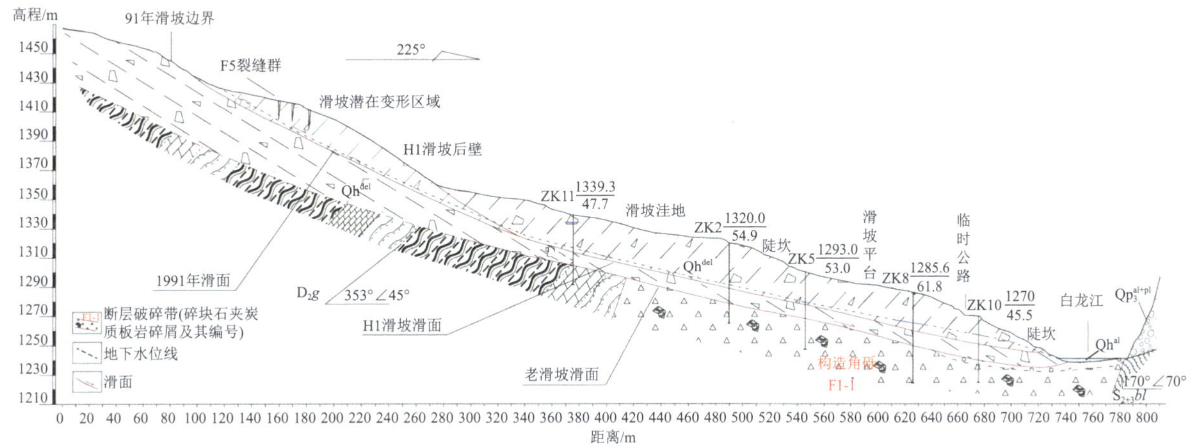

图 8-56　H1 滑坡工程地质剖面图（1-1′）

Qh^{del}—全新统滑坡堆积体；Qh^{al}—全新统冲积卵砾石层；Qp_3^{al+pl}—上更新统冲洪积卵砾石层；

D_2g—中泥盆统古道岭组灰岩、炭质板岩、炭质千枚岩；$S_{2+3}bl$—中上志留统白龙江群炭质千枚岩

色含砾黏土，除含大量细颗粒角砾外，还含少量碎石，致密，土体呈软塑状，含水量高，断面可见明显擦痕及镜面，揉搓较严重，厚度 0.5~1.1 m。滑床岩性为碎石土，呈黄褐色，属老滑坡堆积体，主要由灰岩碎石、块石和炭质板岩碎屑混杂堆积体组成，结构较密实，压实程度高，岩芯呈块状-短柱状。依据滑坡前缘疏通河道、开挖形成的断面揭露，滑坡剪出口高程在 1246~1251 m 之间，高出白龙江江面 6~8 m，滑体物质以黄褐色碎石土为主，成分为灰岩碎石、块石及粉土，局部夹杂灰黑色炭质板岩碎屑。下部滑带厚度在 0.3~0.4 m 之间，成分为灰黑色含砾黏土，含细颗粒角砾，可见明显擦痕和镜面，丝绢光泽，呈软塑状，含水量高。

（三）滑坡成因分析

1. 地形条件

地形条件是影响滑坡发育的决定因素之一，适宜的坡度和一定的高差是滑坡产生的基本地形条件。

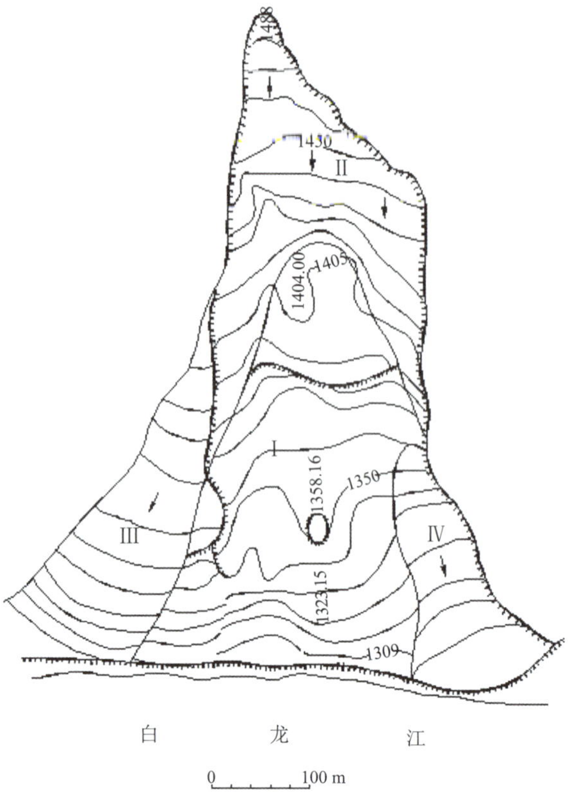

图 8-57　江顶崖滑坡（H1）1991 年滑动时平面分区示意图

(a)钻孔揭露滑坡中部地层　(b)钻孔揭露滑坡中部滑带

(c)钻孔揭露滑坡上部滑带　(d)滑坡前缘剪出口特征

图 8-58　工程地质钻探岩芯图片

江顶崖老滑坡所处的斜坡陡峻，H1 滑坡前缘坡脚与后壁高差达 177 m，坡度 13°~25°；H2 滑坡前缘坡脚与后壁高差达 53 m，坡度 26°~38°，前缘坡度更高可达 65°，这种后缘高陡、前缘开阔的地形为滑坡的形成提供了良好的临空条件，位于斜坡高处的岩土体由于势能大，在重力作用下，就产生了向坡底移动的趋势，在这个趋势力的作用下，斜坡上部的岩土体具备一定的下滑动力条件。

2. 岩土体特性

岩（土）体是滑坡发育的物质基础。H1、H2 滑坡均发育于江顶崖老滑坡堆积体，为老滑坡的次级滑坡。老滑坡原始的地层为志留系变质岩及泥盆系变质岩和碳酸岩，其中变质岩为页岩、千枚岩、炭质千枚岩、板岩等，以软弱夹层的形式存在于斜坡体中，降低了斜坡的稳定性，使该地区易形成滑坡。依据钻孔揭示，H1、H2 滑坡质上层主要为多成因的杂色、青灰色碎石土，下层为炭质板岩碎屑，滑床以炭质板岩为主。上层碎石土以块石和碎石为主，架空结构，松散，地表植被稀疏，利于地表水的入渗和流通；下层炭质板岩碎屑受断裂构造和滑动扰动影响，极其破碎，且该层遇水易软化和泥化，工程性质极差，属于易滑地层；滑床主要为炭质板岩，受坪定-化马大断裂影响，本组地层整体较为破碎、产状凌乱、节理发育。上述地层岩性决定了滑坡的发生和发展。

3. 地质构造与地震

滑坡区在大地构造上，属秦岭微地块之西秦岭造山带。该地区也是新构造运动最为强烈的地区之一，区内山势陡峻巍峨，河谷阶地发育，沟谷狭陡，显示地壳处于长期的上升过程中，经历了多期构造运动，山高谷深，河流发育。区域性大断裂控制着该地区滑坡的产生，大断裂致使岩体结构破碎，应力集中。

江顶崖滑坡主要受坪定-化马断裂控制，该断裂为一走滑逆冲断裂，兼有挤压性的特征，规模大，延伸长，破碎带宽度约 1 km。该断层从江顶崖滑坡体所在斜坡经过，它们分割地层，控制影响山体走向，使山体表现为断块发育，破坏强烈，形成典型的构造破坏带。受断裂活动的影响，斜坡体岩土体结构破碎，小型褶皱、次级断裂发育。区内地质构造复杂，褶皱、断裂分布广，并且呈现出多期活动特征，次一级褶皱、断层非常发育，不同方向断裂及褶皱裂隙相互交切，使区内岩体严重破碎，为地质灾害发育提供了良好条件。地质灾害尤其是滑坡的分布及发育规模明显受构造的控制，沿断层带滑坡成群发育，规模大，数量多，如坪定-化马断裂带发育的锁儿头-泄流坡-中牌滑坡群。

工作区处于舟曲-武都地震亚带，为地震多发带，近年来，频繁的地震作用（“5·12”汶川地震、“8·7”九寨沟地震）松动斜坡的岩土体结构，降低抗剪强度，为后期滑坡的形成提供了软弱面，是诱发和加剧滑坡的因素之一。

4. 水的作用

（1）降水

该区的降水量在时间和空间上呈不均衡分布，时间上，降水量在年内主要集中于 4—10 月，其中 6—9 月降水占全年降水量的 61.7%，降雨的时间相对集中，并且时有短时间的暴雨。舟曲县自 5 月以来，降雨频繁，7 月 10 日舟曲县降雨达到 40 mm 左右，当天滑坡前缘就发生了崩塌。降雨与滑坡的发生有关，由于滑坡体的结构松散，坡面裂缝较多，为降水入渗提供了输送通道。在强降雨或长时间降雨影响下，雨水在土体中迅速渗透进入坡体的孔隙、裂隙中，破坏斜坡岩土体结构，降低了岩土体的抗剪强度，同时增加岩土体重量，加重斜坡荷载，不利于斜坡稳定，而其中瞬间急速降雨对滑坡的影响最大，雨水渗入不仅改变了土体结构面的抗剪强度，短时间内大量的降雨还会在滑坡贯通的结构面内流动，形成渗流，增加了坡体内的动水压力，同时雨水侵蚀和溶蚀斜坡体，破坏土体结构，造成滑体容易沿着节理裂隙面和老滑坡滑动面发生滑动，引发滑坡等地质灾害。

（2）江水冲刷

根据兰州大学对该滑坡自 2003 年以来的监测分析，该滑坡一直处于蠕滑变形状态，其前缘一直挤压侵占白龙江河道，但由于白龙江水的冲刷作用，一直没有堵塞江水。10 日降雨量 38.8 mm，白龙江水流量达到 734 m^3/s，为白龙江近十年来的最大峰值，达到 50 年一遇的水平，水位上涨了约 2~3 m，由于水位的上升，增加了滑坡体前缘边坡的浮重度和饱和重度，减小了坡体的抗滑稳定性（图 8-59，图 8-60），加之江水流量大、流速急，对滑坡体前缘进行强烈的冲刷、掏蚀，致使其前缘发生崩塌，从而使上部坡体失去支撑而产生滑动变形，并牵引后部土体发生滑动。

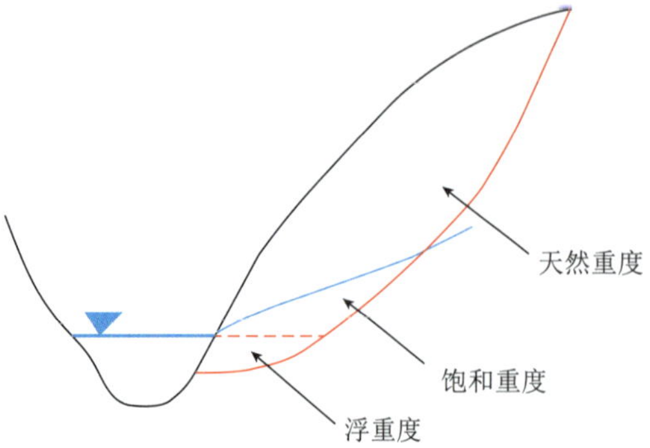

图 8-59　江水位上升前边坡情况

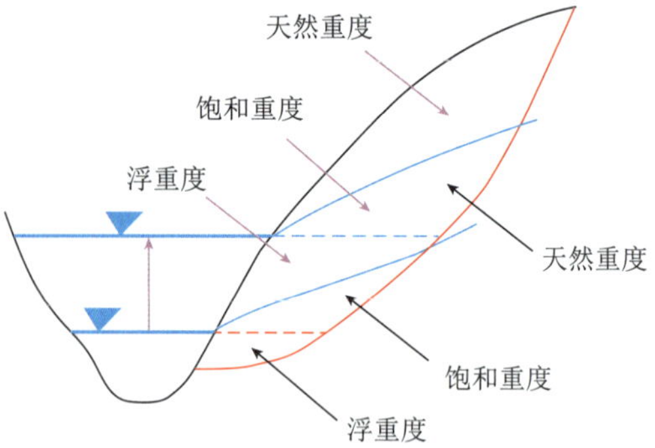

图 8-60　江水位上升后边坡情况

综上所述，由于滑坡体为老滑坡的复活，多年来一直处于蠕滑变形状态，加之坡体结构破碎，岩土体松散，在连续强降雨、白龙江河水冲刷、掏蚀等外界诱发因素共同作用下最终导致本次滑坡的发生。

（3）坡面灌溉

江顶崖老滑坡体坡度较为平缓，坡体后部及前缘坡面多被人为开垦成耕地，主要种植无花果，常年的灌溉增大了斜坡体的含水量，大量水体沿碎石土进入滑坡内部，增加了土体的含水量，降低了抗剪强度，导致斜坡的稳定性逐步降低。

5. "空天地"一体滑坡技术在江顶崖滑坡应急抢险中的应用

（1）GNSS 等应急监测设备在江顶崖滑坡应急抢险中的应用及成效

1）设备介绍。GNSS 监测站：GNSS 全称为全球导航卫星系统（global navigation satellite system，GNSS），它是泛指所有的卫星导航系统，包括全球的、区域的和增强的，如美国的 GNSS、俄罗斯的 Glonass、欧洲的 Galileo、中国的北斗卫星导航系统。GNSS 由空间部分、地面监控部分和用户接收机 3 部分组成。在地球上任何位置、任何时刻 GNSS 可为各类用户连续地提供动态的三维位置、三维速度和时间信息，实现全球、全天候的连续实时导航、定位和授时。目前，GNSS 已在大地测量、精密工程测量、地壳形变监测、石油勘探等领域得到广泛应用。具体定位原理如图 8-61 所示。

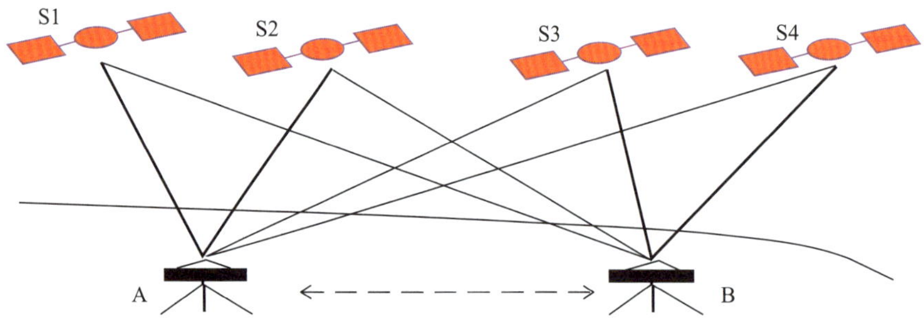

图 8-61　GNSS 差分示意图

GNSS 变形监测站由 GNSS 接收机、天线、传输模块和供电系统组成。GNSS 接收机实时接收卫星报文，实时传输到监控中心。在监测点上建立无人值守的 GNSS 观测站，同时将在稳固区域建立基准站，监控中心服务器 GNSS 数据处理软件实时差分解算出各监测点三维坐标，数据分析软件获取各监测点实时三维坐标，并与初始坐标进行对比而获得该监测点变化量。

GNSS 是目前在形变监测领域应用最为广泛的定位技术，其常用的有精密单点定位技术（PPP）、高精度静态定位技术、CORS 定位技术、RTK 动态定位技术等。其中，精密单点定位技术采用单站 GNSS 测量，其他三种均采用基准站+监测站测量。在实际应用时会存在各类误差（图 8-62），各类技术通过不同算法去除误差，提高监测精度。

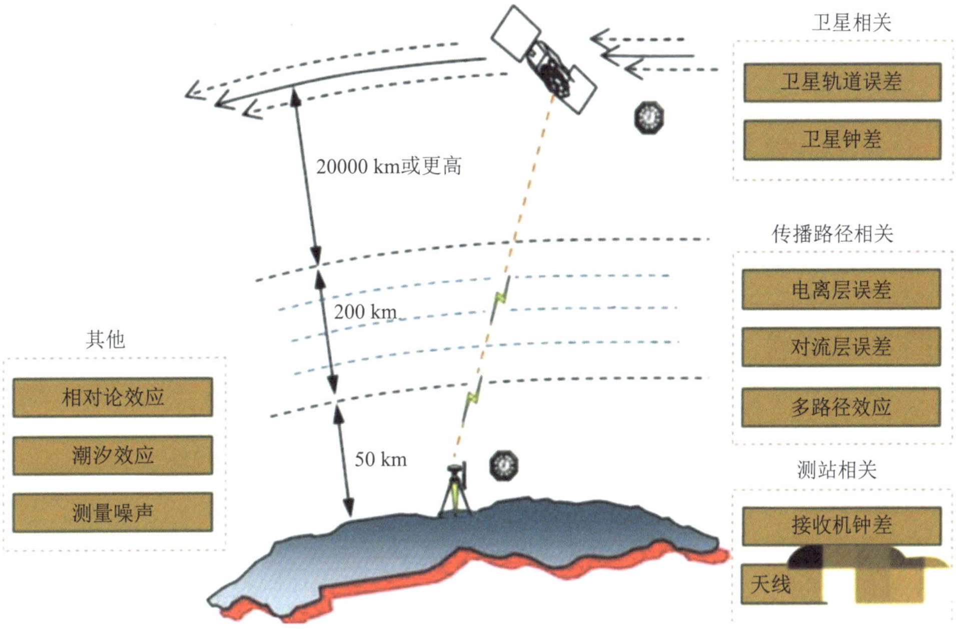

图 8-62　GNSS 信号传输示意图

精密单点定位技术通过使用精密星历，并对接收机和卫星的钟差、时钟漂移、电离层，对流层进行建模，消除部分误差，可实现分米级定位精度，常用于不需要高精度定位的场景。

通过近十多年的实践证明，利用 GNSS 定位技术进行精密工程测量和大地测量，平差后控制点的平面位置精度为 1~2 mm，高程精度为 3~4 mm。笔者采用的方案是：在监测点上建立无人值守的 GNSS 观测站，同时将在稳固区域建立基准站，并将这两者观测的卫星信号传输到解算中心，通过软件控制，实现实时监测解算和变形分析、预报（图 8-63）。

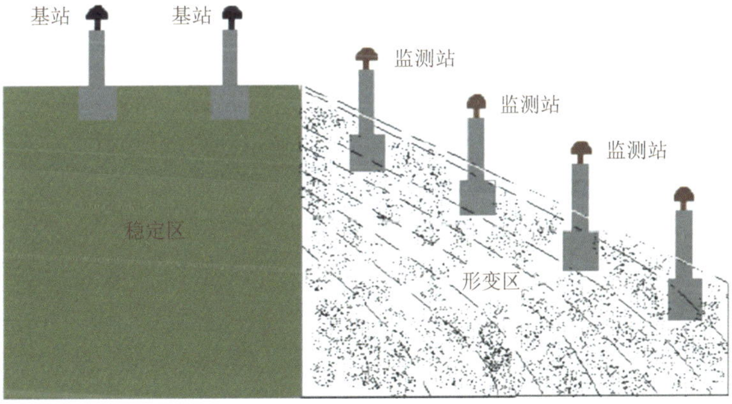

图 8-63　GNSS 基准值和监测站位置关系示意图

其工作原理为：各 GNSS 监测点与参考点接收机实时接收 GNSS 信号，并通过数据通信网络实时发送到控制中心，控制中心服务器 GNSS 数据处理软件 HCmonitor 实时差分解算出各监测点三维坐标，数据分析软件获取各监测点实时三维坐标，并与初始坐标进行对比而获得该监测点变化量，同时分析软件根据事先设定的预警值而进行报警。基准站和监测站按照设定的频率（一般 1~15 s）通过 4G 等通信方式将原始数据传输至监测平台服务器，服务器端收到原始数据后通过 GNSS 解算软件完成静态解算，得到监测站

X、Y、Z 三个方向上的坐标值，然后 X、Y、Z 三个方向上的坐标值与其初始建设时的坐标值作差，最终得到当前位移变化值（图 8-64）。

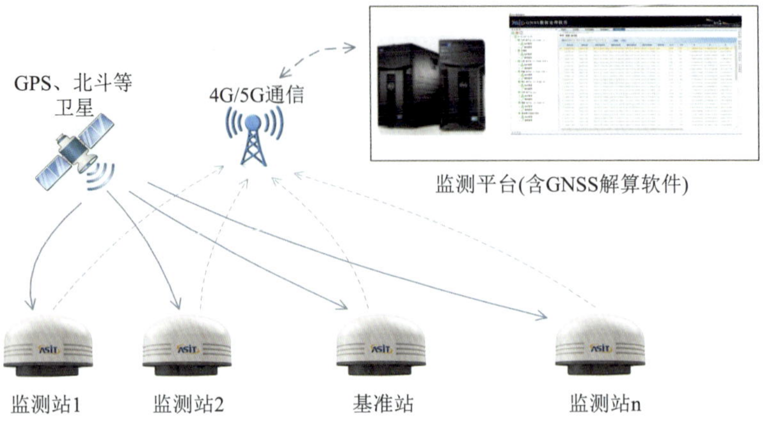

图 8-64　GNSS 监测工作原理

裂缝位移计：裂缝位移计是为适应滑坡地表位移监测开发的大量程地表位监测设备，可以自动捕捉到突发变形，也可长期监测裂缝变形趋势；随着滑坡体的发育，一般会在滑坡体的后缘形成多条垂直于斜坡坡向的平行展布的裂缝，裂缝宽度的变化情况直接反映滑坡体的变形状况具有量程大、低功耗、可埋设安装等特点，为滑坡预警提供重要参数支持。

裂缝位移计通过内置的裂缝计，布设在滑坡体后缘或滑坡体内裂缝变形较大位置，被测物体产生位移时，拉动与其相连接的钢绳，钢绳带动传感器传动机构和传感元件同步转动；当位移反向移动时，传感器内部的弹簧回旋装置将自动收回绳索，并在绳索伸缩过程中保持其张力不变，从而输出。可快速、有效地反映出滑坡体裂缝的变化情况。

2）设备运用及成效。本次滑坡灾害发生后，笔者所在的技术团队于 2018 年 7 月 13—17 日，采用地面激光三维扫描仪对 H1 滑坡体进行连续监测（2h/次）。7 月 18 日，笔者对 H1 滑坡堆积体部署了 6 套 GPS 套滑坡位移监测仪，分别布设于 H1 滑坡体的前缘、下部、中部、上部，对滑坡体发展趋势予以监测；并沿滑坡体后壁及侧壁发育的拉张裂缝群分别布设了 6 套裂缝位移计，对后壁、侧壁发展趋势预警监测。

对滑坡堆积体的监测：滑坡滑动后，受后部滑体推挤、挤压前部滑体影响，滑体中下部广泛分布数条鼓胀裂缝，各裂缝走向均垂直于滑向，平均长度在 5~10 m，缝宽在 8~12 cm，平均深度约 10 cm，裂缝之间间距多<1 cm，并形成多处反倾错动及错台，个别地段已形成鼓丘。为监测滑坡的变形速率，在滑坡体后部、中部及前部分别部署 1 台 GNSS 监测仪（图 8-65），监测时间为 2018 年 7 月 19 日—8 月 1 日，根据监测结果，滑坡前部累计位移 25.54 mm，平均速率 0.46 mm/d；中部累计位移 67.29 mm，平均速率 1.74 mm/d；后部累计位移 88.5 mm，平均速率 3.54 mm/d，监测曲线见图 8-66。

监测结论：依据监测数据分析研判，滑坡体后部的位移最大，中部的次之，前部的最小，整体上位移量均为毫米级，表明滑体目前正处于压密状态，虽剪切裂缝广布，但不影响滑坡整体稳定。位移多与滑体沉降、压密相关，滑坡体处于基本稳定状态，但滑坡体中、后部仍属应力集中区，该区段滑体厚度大（26.15~28.5 m），属滑源区，如若不及时进行处理，在降雨、地震扰动下，仍有再次失稳下滑的可能。

对滑坡体后部及侧壁的监测：滑坡后壁及侧壁呈环状展布，发育多处次级小型滑坡，规模在（1~3）× 10^4 m^3；沿后缘及侧缘发育 6 组张拉裂缝群（F_1~F_6），裂缝延伸长度为 5~25 m，走向均平行于坡向，连通性、张开性均较好，致使后缘及侧缘形成潜在变形影响区。本次对各裂缝群分布部署监测设备，监测时间自 7 月 20 日—8 月 13 日，历时 25 d，监测数据显示，滑坡后壁及两侧侧壁变形缓慢，以拉裂、错落的

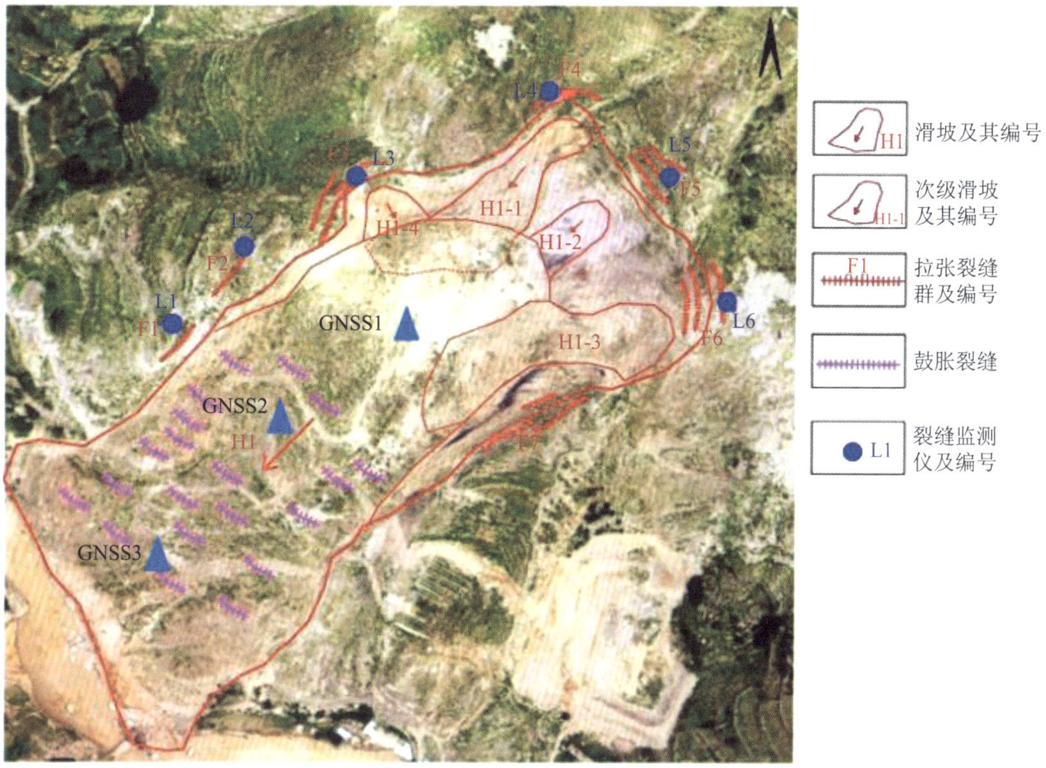

图 8-65 江顶崖滑坡裂缝分布遥感影像示意图

方式蠕动变形。特别是滑体后壁，其平均变形速率最大，为 3.82~7.15 mm/d，在降雨的影响下，变形趋势达到 10.68~15.15 mm/d，稳定性差，极有可能失稳发生滑动（图 8-66）。

监测结论：鉴于滑坡后壁潜在变形影响区为 1991 年滑动的块体，若失稳，将直接沿原有滑面向下滑动并在后壁坡脚处剪出，估算潜在变形体约 $37.5\times10^4\ m^3$；两侧侧壁正在以拉裂、错落的方式蠕动变形，且陡壁现已发育小型滑坡灾害，一旦遭遇强降雨等不利工况，降水沿裂缝入渗坡体，极有可能致使侧壁高陡的边坡失稳发生滑塌灾害，估算潜在变形体约 $6.8\times10^4\ m^3$，滑坡体堆积于中后部，形成“填洼效应”，滑坡体中、后部属于应力集中区，基本处于临界状态，一旦遭受堆积体加载，极有可能向下传递应力，进入加速滑动状态，促使滑坡整体滑动。

综上，依据 GNSS 自动监测仪和自动裂缝位移计监测，结合应急期间地面调查认识，笔者认为滑坡堆积体处于基本稳定状态，滑坡后壁及侧壁处于欠稳定状态。但鉴于应急期间所做的结论将直接影响当地政府应急处置、抢险救灾工作，为确保所卜结论万无一失，笔者又采用二维激光扫描仪，对滑坡体进行全方位、全大候、全自动实时监测（图 8-67，图 8-68）。监测工作自 2018 年 7 月 14 日 19 时开始，至 7 月 17 日 23 时结束，共持续 76 h。依据监测数据，7 月 15 日 17 时至 22 时 30 分滑坡区及周边有变形加剧趋势，但主要是侧壁、后壁的局部变形加剧，但滑坡堆积体不存在整体变形；7 月 16 日 19 时至 23 时滑坡后壁、侧壁变形有所减缓；7 月 16 日 19 时至 23 时滑坡后壁持续变形，滑坡堆积体未见变形，整体处于基本稳定状态，这一结论与 GNSS 监测仪、自动裂缝位移监测仪监测结论一致。

为此，笔者在应急抢险时及时向当地政府进行了反馈，指出滑坡目前处于基本稳定状态，可对滑坡中下部道路进行临时抢通，为应急抢险提供必要支撑。同时，笔者在提出应急治理方案时，也将工程布局针对性放在了滑坡侧壁、后壁及滑坡中、后部区域［提出了对后壁进行削方减载并辅以格构锚杆（索），对滑坡体中后部采取一定的削坡减载，在滑坡体中前部抗滑段部署抗滑桩提高抗滑力，在滑坡体前缘部署护坡墙防止江水冲刷的防治措施］，也为选择治理工程布设的区域提供了有力支撑。

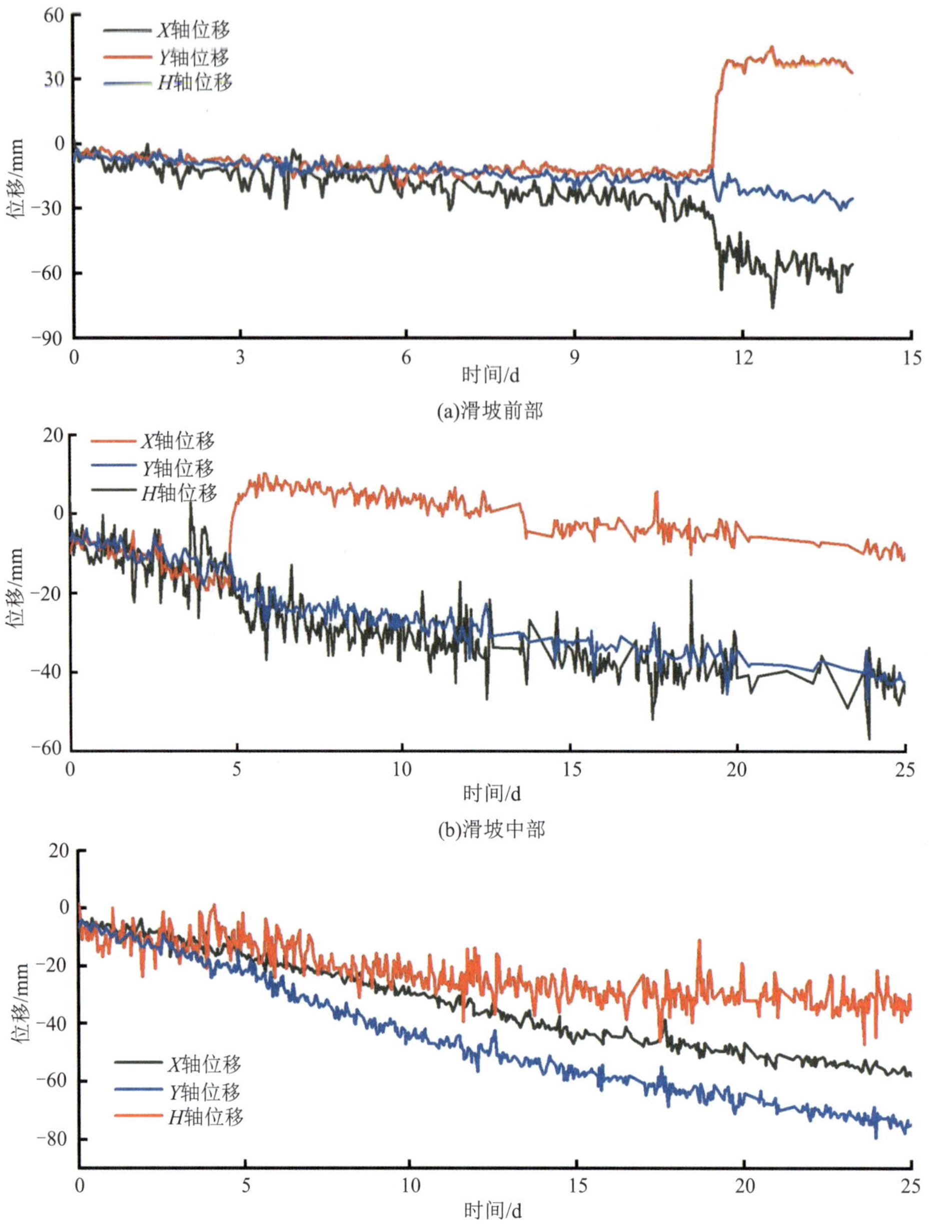

(c)滑坡前部、中部、后部

图 8-66　江顶崖滑坡位移监测数据

（2）高密度电法在江顶崖滑坡应急抢险中的应用及成效

依据工作要求和现场条件，笔者沿江顶崖滑坡主滑方向布设了 1 条纵向剖面，在滑坡体中、前部各布设了 2 条高密度电法横向剖面，测线总长 890 m，电极数 182 个，电极间距 5 m，其成果见图 8-69 至图 8-71。

依据物探结果可以看出：从纵向上看，滑体中、后部较厚，滑动面位置位于地表向下 30~35 m 深度范围内；滑体下部、前缘较浅，滑动面位置在下部大致位于地表向下 23~28 m 范围内，在前缘大致位于地表向下 15~20 m 范围内。从横向上看，滑体西侧、中部较厚，东侧较薄。通过与后期钻探资料，两者结果基本吻合。江顶崖老滑坡属断层破碎带滑坡，滑坡体位于坪定-化马断裂带上部，其地层较为复杂，笔者依据高密度电法结果，探明在 H1 滑坡体后部埋深 33 m 以下深度表现出高电阻特征，而滑坡体中前部同深度其他范围电阻率相对较低（G-1 勘探线）。根据这一结果，笔者后期（应急抢险阶段结束后）在

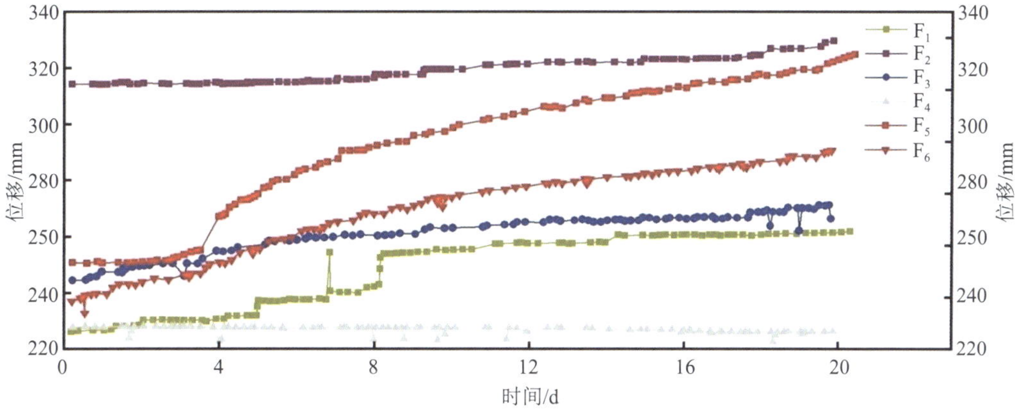

图 8-67 江顶崖滑坡后壁及侧壁监测位移曲线

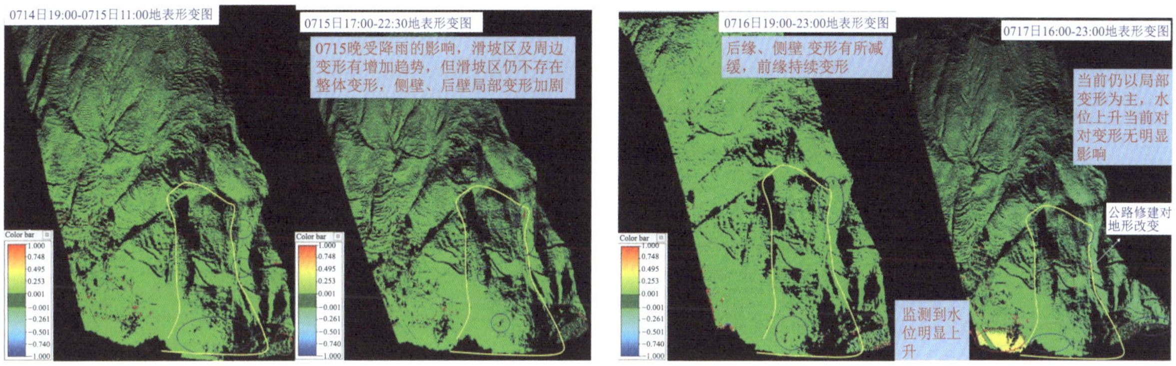

图 8-68 江顶崖滑坡地面激光三维扫描仪监测图

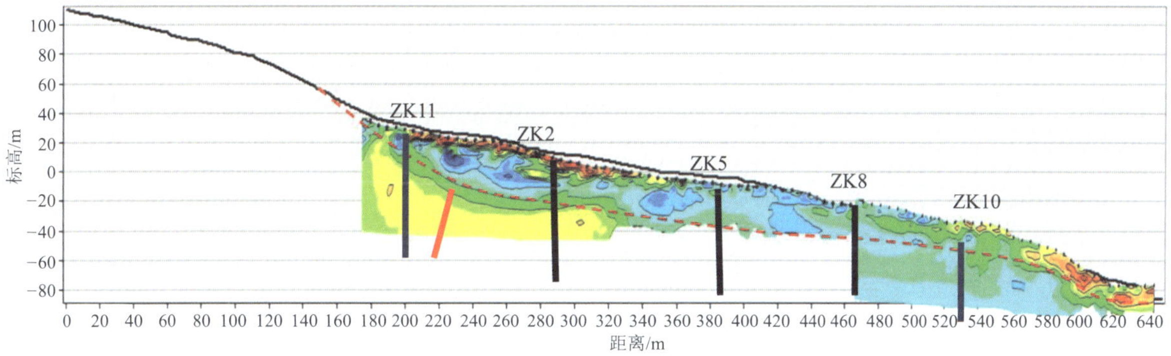

图 8-69 G-1 剖面电法成果图

滑体主剖面（1-1′）沿后部、中上部、中下部、前部、前缘依次布设了 5 眼钻孔，在老滑坡体滑床处（34.4 m）揭露了灰岩强风化层（高电阻范围），而其余 4 眼钻孔孔深分别为 54.9 m、53.0 m、61.8 m、45.5 m，但在老滑坡体滑床下部均未揭露基岩，且成分均为破碎的碎块石，局部夹杂炭质板岩碎屑（低电阻范围）。通过与地质图进行对比，笔者基本查明滑体下部断层破碎带（坪定-化马断裂带）的位置、物质组成、宽度等特征。这一成果在应急抢险期间，为快速确定滑坡规模，获取滑坡参数提供了坚实的基础。

（3）无人机在江顶崖滑坡应急抢险中的应用及成效

依据笔者现场访问，江顶崖滑坡前缘于 2018 年 7 月 10 日崩塌，崩塌体方量约 1×10^4 m^3，崩落后堆积于白龙江内。滑坡整体于 7 月 12 日 8 时 20 分发生滑动，至 9 时 25 分停滞，滑动时间共持续近 1.5 h，平

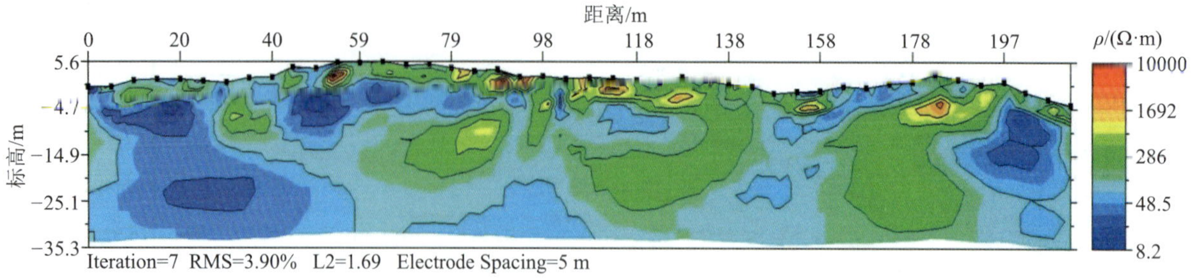

图 8-70 G-2 剖面电法成果图

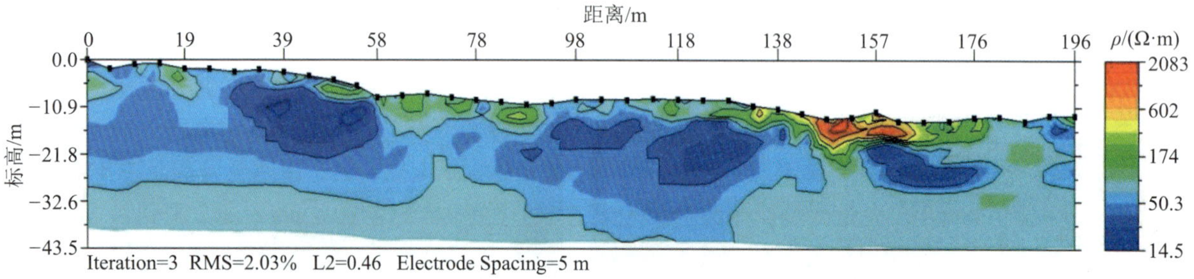

图 8-71 G-3 剖面电法成果图

均滑移距离为 65.67 m，变形模式（运动过程）大致可分为 3 个阶段，蠕滑-滑动阶段为 8 时 20 分至 9 时 20 分，滑体后部出现不同大小的裂缝及错落，滑体两侧边界剪切裂缝、羽状裂缝发育，前部出现鼓胀裂缝和不连续放射状裂缝，前缘陡坎处碎石土剥落现象；剧滑阶段为 9 时 20 分至 9 时 26 分，滑坡运动速度最快，滑体舌部首先发生滑动，中部、后部块体失去支撑后整体滑动，并不断推挤下部块体，中前部形成百余条鼓胀裂缝，前缘挤压白龙江河道约 25 m，使白龙江河道最窄处仅有 5 m；停滞阶段为 9 时 26 分至 9 时 50 分，滑体移速逐渐变慢，滑坡体逐步趋于稳定。

灾害发生后，笔者第一时间采用无人机对滑坡开展了测绘工作，制作了正射影像图，及时获取了滑坡平面参数，并结合物探结论初步获取了滑坡三维特征。随后，笔者将灾害发生后的影像同滑前遥感影像图进行了对比（图 8-72，图 8-73），得出如下结论：在纵向上，滑坡体后部滑移距离为 89.57 m；滑坡体中部滑移距离为 87.31~97.25 m；滑坡体前部滑移距离为 71.8~90.47 m；滑体前缘滑移距离为 18.49~29.79 m（图 8-74）。滑坡体中后部滑移的距离、前部滑移的距离和前缘滑移的距离是依次递减的，这表明，滑体中后部块体向下滑动时，受到了前部块体的阻挡，滑移速度减慢，这与滑体中前部剪切裂缝、局部鼓丘发育这一现象是吻合的。说明滑体总体上属于推移式中—深层变形。

在横向上，滑体中部的滑移距离后段为 89.57 m，中段为 92.65 m，前段为 71.84 m，前缘为 29.79 m，总体区间为 29.79~89.57 m；滑体西部的滑移距离后段为 89.77 m，中段为 93.25 m，前缘为 18.94 m，总体区间为 18.94~89.77 m；滑体东部的滑移距离后段为 90.02 m，中段为 87.31 m，前段为 84.94 m，前缘为 34.56 m，总体区间为 34.56~90.02 m。滑体中部及西部滑移距离明显小于滑体东部滑移距离，其中在滑体中后部时，两者之间滑移距离差值仅为 0.5~2.3 m，但在中前部就可达 9.2 m。这表明，滑体厚度上东部较西部、中部略薄，所以前部滑体对中后部滑体形成的阻力相较略小，滑移距离较远。这一结果与钻孔、物探数据相吻合。

通过分析得出如下结论：滑坡体中后部、前部、前缘三部分滑移的距离依次递减，表明滑体中后部块体向下滑动时受到前部块体的阻挡，滑移速度减慢，与滑体中前部剪切裂缝、局部鼓丘发育相吻合，反映出模拟结果与实际情况基本相符，滑坡总体上属推移式中—深层变形。综上，滑体前期运动过程为前缘临江段斜坡受白龙江冲蚀影响，致使滑坡前缘失去支撑，发生牵引式滑动；后期运动过程为中后部滑体受自重等因素影响，并不断挤压、推挤前部块体，中后部的推力大于前缘的牵引力，致使滑坡发生推移式滑动，变形模式属牵引-推移复合式破坏。这一成果为笔者分析滑坡的运动形式、变形破坏模式提供了支撑。

图 8-72 江顶崖 H1 滑坡历史影像图

图 8-73 江顶崖 H1 滑坡灾害发生后影像图

（4）数值模拟在江顶崖滑坡应急抢险中的应用及成效

江顶崖滑坡灾害发生后，笔者采用了 GNSS 等开展了应急监测，研判了滑坡发展趋势；采用了无人机获取了滑坡平面参数，分析了滑坡变形破坏模式。但鉴于滑坡处于基本稳定状态，并非整体稳定，加之当时又正值汛期，一旦遭遇强降雨、降水等不利工况，仍有发生再次失稳滑动的可能性。为进一步分析滑坡失稳模式，笔者采用了 Massflow 软件对滑坡的动力过程模拟进行了分析。Massflow 软件是基于 MacCormack-TVD 有限差分法改进的，采用基于深度积分的连续介质理论，同时考虑地形地貌对滑坡运动过程的控制，将复杂的三维计算简化为二维问题，在保证计算精度的前提下，对物质的质量、动量方程进行计算。根据现场调查及勘查成果，在保证土体参数选取尽可能准确合理的情况下，综合选取基于物理 Coulomb 摩擦模型：

$$\tau = c + (1 - \lambda)\rho g h \tan\varphi \tag{8-14}$$

式中：τ 为基底摩擦力；c 为黏聚力；ρ 为滑体密度；g 为重力加速度，取 9.8 m/s^2；h 为滑坡体厚度；λ 为孔隙水压力系数，表征滑带土材料的液化程度；φ 为滑动面摩擦角，将动态摩擦角概化为单一变量表示。

主要参数由室内试验数据及当地经验参数综合确定，ρ=2000 kg/m^3、c=6 kPa、φ=15°、λ=0.2。

地形数据采用滑坡灾害现场无人机摄影测量 DEM 数据，计算中采用 3 m 的空间网格，滑动面数据运用钻孔揭露的滑动面高程数据，采用克里金插值法获得，滑体物源数据采用滑坡区地形数据和插值获取的滑面数据差分获得，厚度为 0~31.8 m（图 8-75）。

堆积范围分析：滑坡在不利工况下，将会发生整体滑动，根据滑坡堆积范围及厚度计算结果，滑坡启动后，受地形控制滑坡中上部将沿着滑坡形成的洼地持续向前滑动，前缘进入白龙江河谷后，滑体向两侧逐渐扩散，随着滑动继续，滑坡体前缘将逐渐堵塞白龙江河谷，滑动后 50 s 滑坡前缘堆积体将完全堵塞白龙江形成堰塞湖，随后滑体进入缓慢变形阶段；至滑动后 100 s，滑动过程逐渐停止，堰塞体最大厚度 18 m。滑坡体前缘平均滑动距离 20 m，西侧最大侧向扩散距离 62 m，东南侧最大侧向扩散距离 85 m。

滑动速度分析：依据滑坡滑动速度计算结果，滑坡启动后 0~20 s，滑坡体中下部将首先发生整体滑动（图 8-76、图 8-77），最大滑动速度位于滑坡前缘西北侧，为 10.20 m/s；滑动后 20~40 s，滑坡体中

图 8-74　江顶崖 H1 滑坡滑距示意图

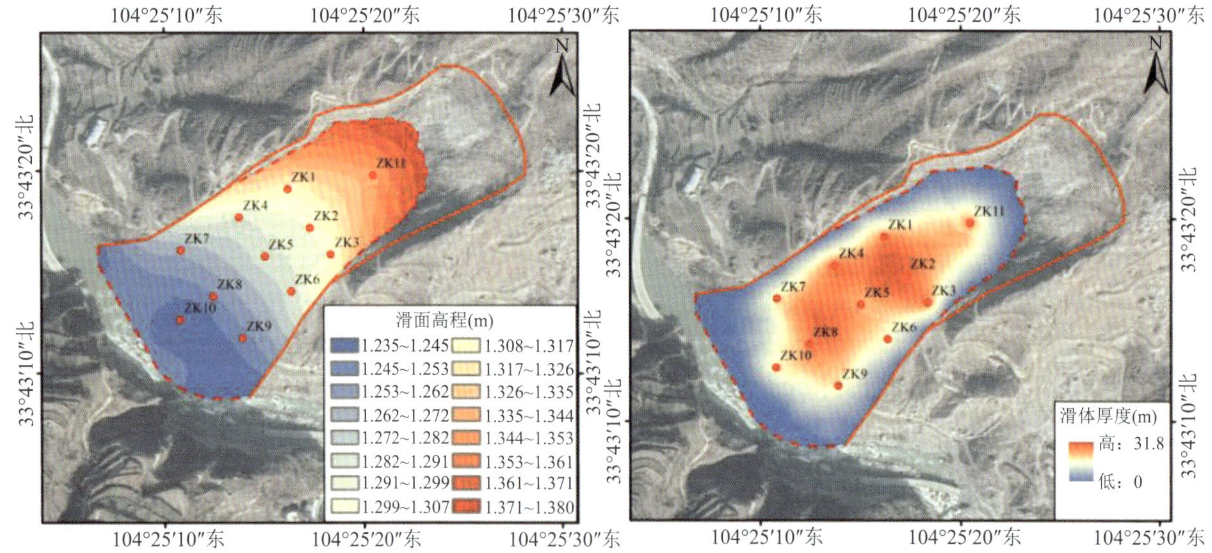

(a)动画高程数据　　(b)滑体物源数据

图 8-75　滑坡高程及物源数据计算结果

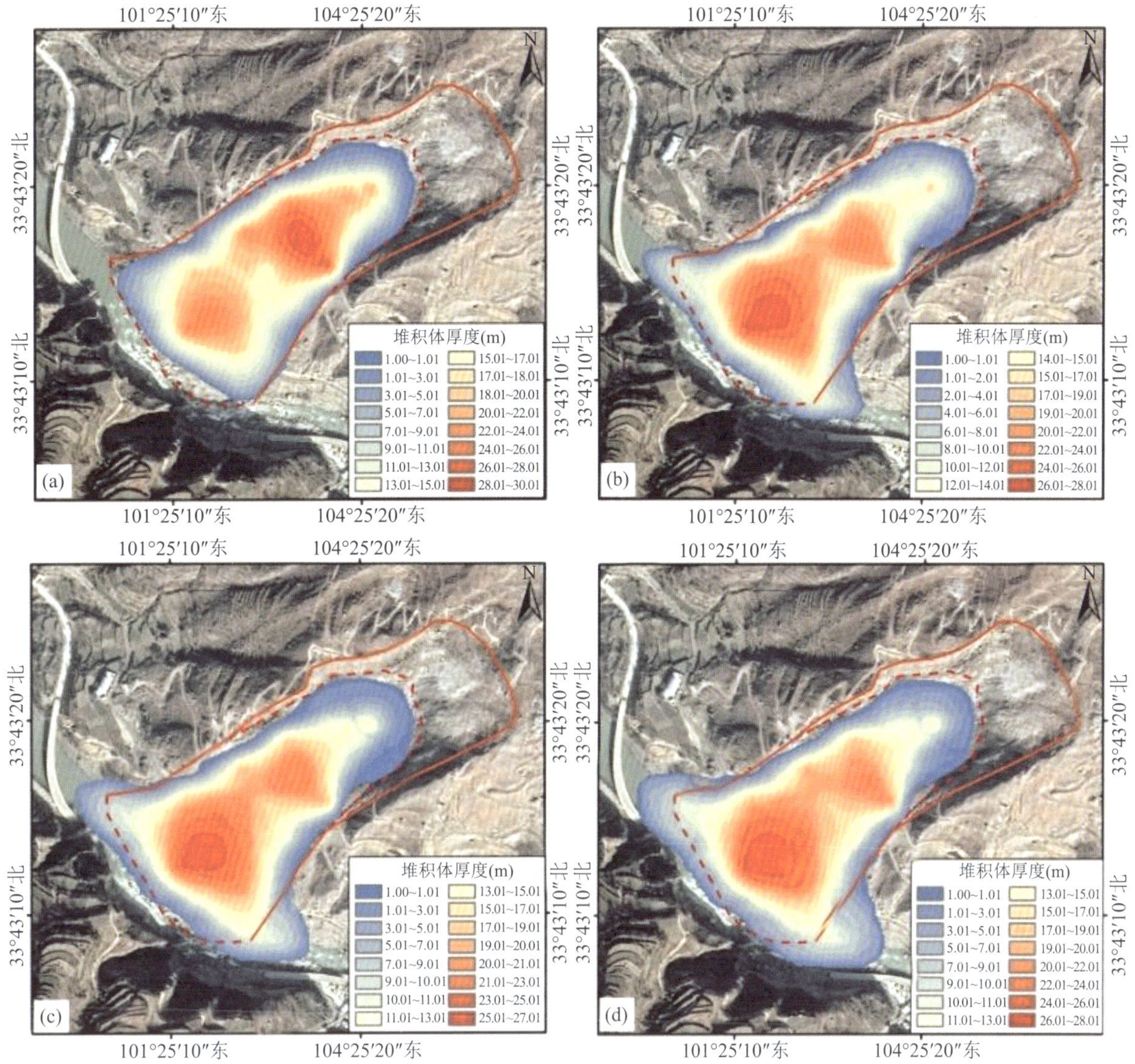

图 8-76 江顶崖滑坡堆积体范围及厚度计算结果

(a) 10 s；(b) 30 s；(c) 50 s；(d) 100 s

上部滑体开始滑动，中下部滑体厚度较大的区域速度逐渐降低趋于停滞，该部分滑体速度降低后起到一定阻滑作用，受该部分块体阻滑影响，中上部滑体沿着东西两侧滑体厚度较薄的区域向下滑动，形成“优势通道”，该阶段西侧滑体最大滑动速度为 8.60 m/s，东侧滑体最大滑动速度为 8.10 m/s；滑动 50 s 之后，滑坡体各部位速度逐渐降低，处于缓慢变形-蠕变阶段。

结合滑坡现场调查及勘查结果，判断滑坡体启动后表现出前缘舌部—中下部首先开始滑动，随后牵引滑坡上部开始滑动。受前缘舌部—中下部滑坡的影响，后部、中后部、中部块体失去支撑力，重力作用下整体发生滑动，并不断推挤中下部、舌部块体，逐级向下传递应力。鉴于后部、中后部、中部滑速大于中下部、舌部滑速，在推挤、挤压中下部、舌部块体过程中，舌部—中下部块体提供的抗滑力致使滑动速度降低。受中下部滑动速度降低造成的阻滑作用，滑坡中部、中后部表现出沿两侧优势通道滑动的特点，整体表现为先牵引式、后推移式的复合型动力特征，滑坡数值模拟与实际滑动的动力过程具有较好的一致性。

基于位移监测结果分析及发展趋势研判，该滑坡体处于基本稳定状态—欠稳定状态，在降雨、地震等外力作用下极易失稳滑动。根据滑坡动力过程模拟结果，滑坡体在最不利工况下仍存在失稳下滑的可

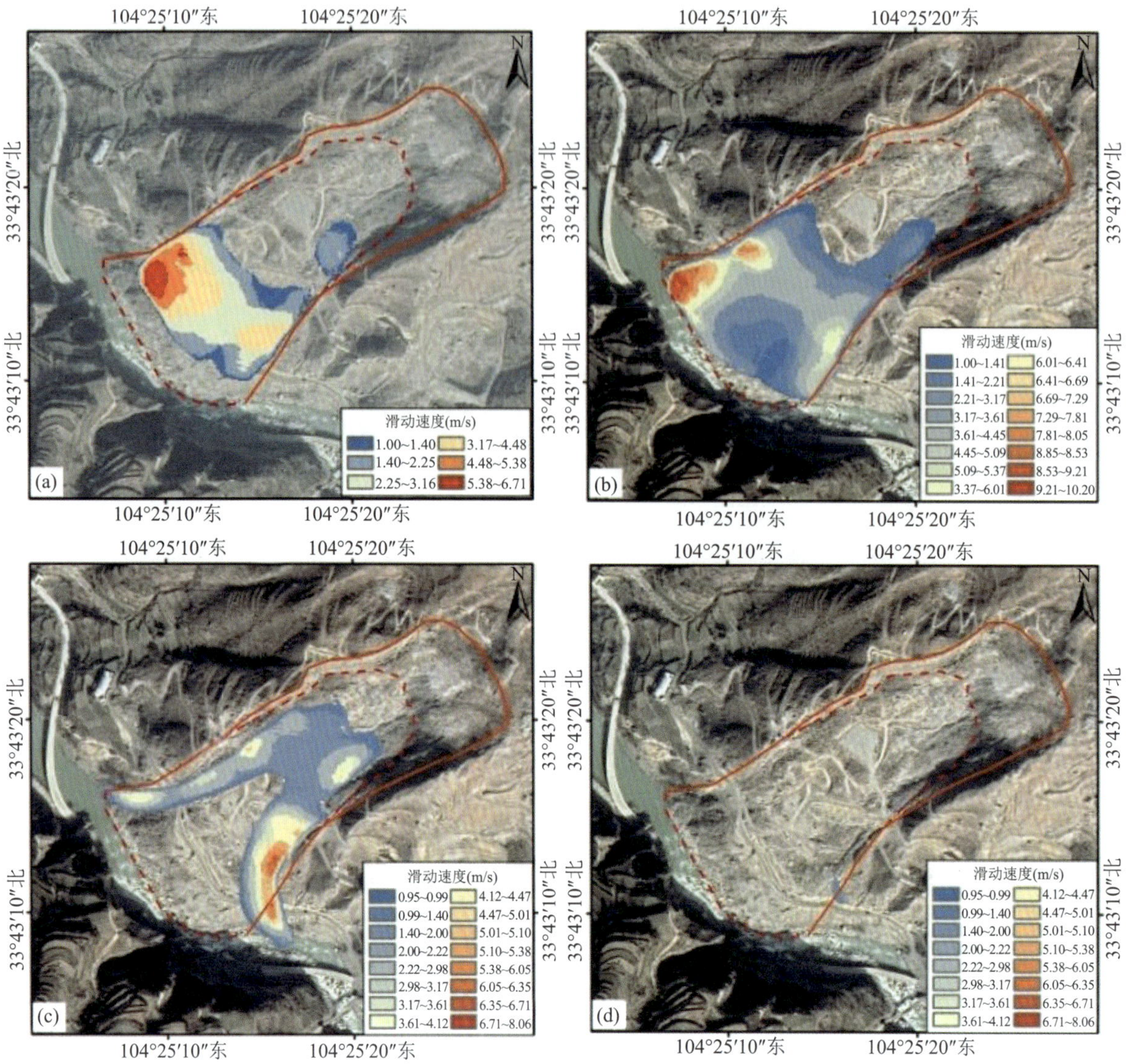

图 8-77　江顶崖滑坡滑动速度计算结果

(a) 10 s；(b) 30 s；(c) 50 s；(d) 100 s

能，滑动后将堵塞前缘白龙江河谷形成堰塞湖，堰塞体最大厚度 18 m。依据实际地形测量，滑坡区域上游白龙江河道平均纵比降为 3‰，堰塞体厚度选取数值模拟结果（18 m），滑坡体堵江后回水将影响上游 6.6 km 范围，沿线南峪乡南峪村、虎家崖村、安子坪村等村庄均处于淹没区内（图 8-78）。堰塞体溃决将直接威胁下游陇南市区的安全，潜在的经济损失不可估量。

（5）成效分析

通过采用“空天地”一体化技术，笔者利用无人机航测影像图精确测定了滑坡平面参数，查明了灾害的威胁对象及其所造成的损失，查明了灾害体的空间分布特征；查明了灾害体的类型、边界、规模、形态特征；通过上述特征，分析了滑坡体的成因、位移特征、活动状态及发展趋势。利用 GNSS 等监测设备，通过滑坡体不同部位的形变特征，分析了滑坡的稳定性，得出了滑坡处于基本稳定的结论，对滑坡稳定性判定和预警提供技术支撑。利用高密度电法，在短时间内确定了滑体的厚度、结构等特征。利用 Massflow 软件对滑坡的动力过程模拟进行了分析，查明了滑坡在最不利工况下的失稳破坏模式，并结合监测结论，分析滑坡的应急分布情况，提出了切实可行的应急治理措施建议，为应急处置工作提供有力的支撑与保障。

图 8-78 江顶崖滑坡堵江后回水淹没范围

第三节 “空天地”一体化技术在舟曲“7·19”牙豁口滑坡灾害应急处置中的应用

一、灾情概况

2019 年 7 月 19 日，舟曲县东山镇牙豁口发生山体滑坡，滑坡体从顶部崖口处启动，呈流塑状自上而下缓滑动，沿途摧毁 S414 县道 3 km、农村合作社 1 处，直至滑入岷江后逐渐停滞。致使原本宽约 20 m 的岷江河道最窄处仅为 4 m，导致岷江水位不断上升，呈半堵江状态，据舟曲县政府统计，造成直接经济损失 1.02 亿元（图 8-79）。灾害发生后，笔者第一时间赶赴灾害现场，采用“空天地”一体化技术开展应急处置工作。

二、滑坡地质环境条件概述

江顶崖滑坡地处舟曲县东山镇，位于岷江右岸，主要以中高山峡谷地貌为主，为强烈上升的侵蚀构造地形，地形切割强烈，地势总体西高东低，山顶海拔 2053 m，坡脚海拔 1298 m，相对高差达 745 m，地形起伏大，为强烈上升的侵蚀构造地形。区域 70%的降雨量集中在 5—9 月，日最大降雨量 96.7 mm，1 h 降水量达 77.3 mm。岷江从滑坡体前缘自西北向东南穿过，雨季多出现洪流，流量大、流速高，具有很强的冲刷侵蚀能力。滑坡的区域处于西高东低凹槽状条带地形的低洼地段，三面环山，多雨季节地势低洼处有季节性地表径流，平时无长流水。滑坡区出露地层主要为泥盆系、石炭系和第四系（图 8-80）。其中泥盆系中统古道岭组灰岩、千枚岩、板岩发育于滑坡体北侧，为老滑坡后部左侧的基岩山体，与下伏地层呈不整合接触或断层接触，岩层产状 330°∠55°。表层岩体风化较为强烈，节理裂隙发育，多呈大块状，崩塌发育，坡脚倒石堆明显；石炭系中上统灰岩发育于滑坡南侧，为滑坡右侧的基岩山体，与下伏

图 8-79　牙豁口滑坡全貌

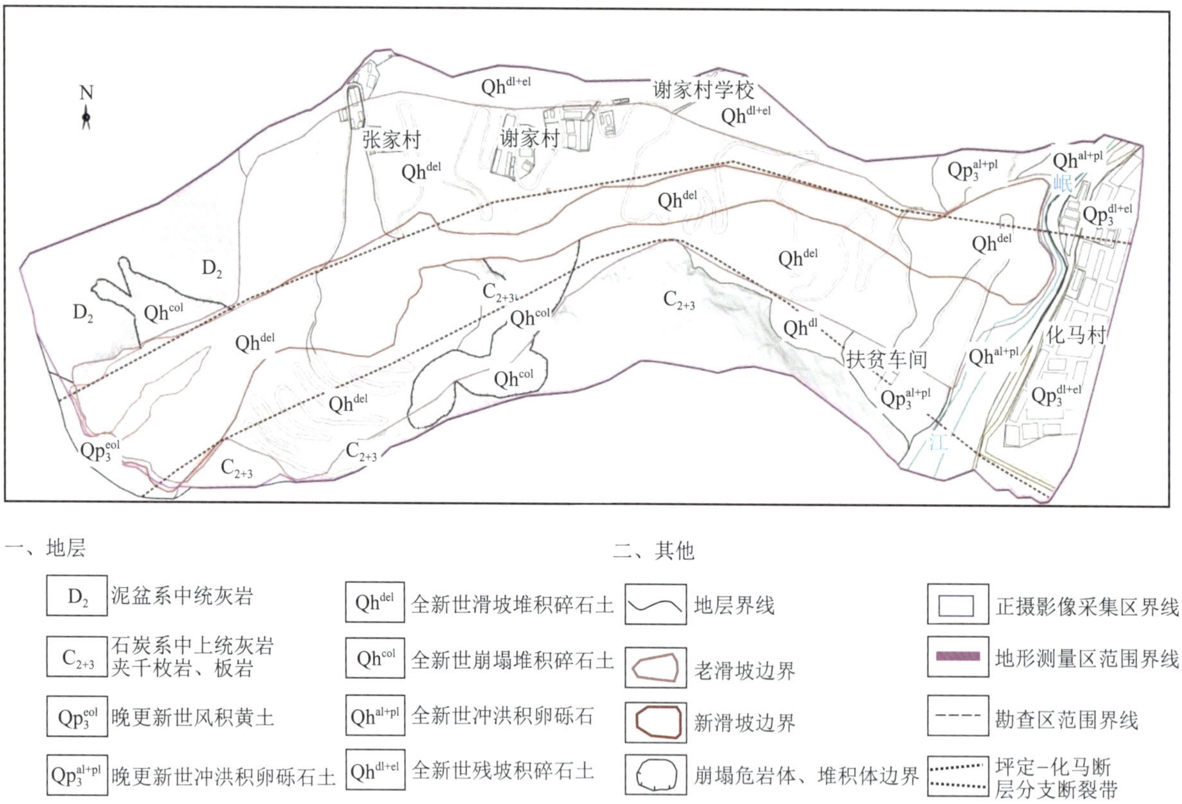

图 8-80　牙豁口滑坡勘查区地质图

地层呈不整合接触或断层接触，岩体风化较为强烈，尤其以千枚岩、板岩最为明显，坡体节理裂隙发育，崩塌形成坡脚多处倒石堆；风积黄土零星分布于滑坡后壁以西的山梁，厚度变化较大，一般在1~7 m，岩性以粉质黏土为主，含少量中细砂，疏松多孔，垂向节理发育，表面多植物根系；滑坡堆积体具二元结构，上部以碎石土为主，中下部以灰黑色炭质板岩碎屑为主，局部夹杂粒径2~4 cm的角砾。

牙豁口滑坡主要受坪定-化马断裂的控制，坪定-化马断裂系光盖山-迭山南麓断裂的分支断裂之一。该断裂西起九原，经坪定南靖边、舟曲县城西向东至中牌、化马一带，东延至励志坝，全长约55 km，总体走向NW300°~310°，倾向NE，倾角50°~80°，舟曲县城东至大川北一带，断裂带走向渐变为近EW向，再向东至中牌，断裂走向NEE70°~80°，化马以东断裂带走向又专项NWW310°。其上盘为中泥盆统古道岭组板岩、千枚岩、变质砂岩，夹薄层灰岩；下盘为石炭统中厚层状灰岩，中夹炭质千枚岩、板岩等，石炭系产状紊乱。区域构造上，石炭统为光盖山-迭山南麓断裂带中断夹块。该断裂破碎带宽500~1500 m，由2条次级分支断层组成，带内断层泥、断层构造发育，局部可见泉水出露。断层性质以挤压逆冲为主，为走滑逆冲断裂兼有挤压的特征，走滑速率为1.4 mm/a，垂直于断层方面表现为挤压特征，挤压速率为1.4 mm/a，现今活动性明显，包括牙豁口滑坡在内的区内的重大滑坡都受坪定-化马断裂控制（图8-81）。

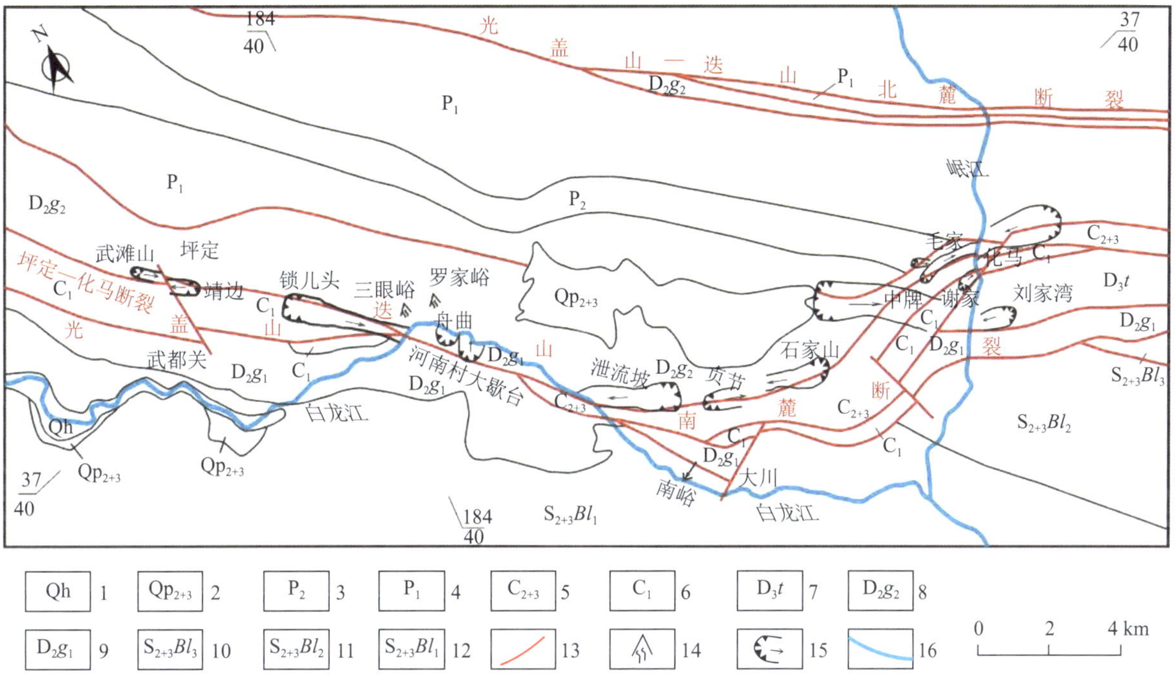

图8-81 坪定-化马断裂控制的滑坡分布

1—全新统；2—中上更新统；3—中二叠统；4—下二叠统；5—中上石炭统；6—下石炭统；7—上泥盆统铁山组；8—中泥盆统古道岭组上段；9—中泥盆统古道岭组下段；10—中上志留统白龙江群上段；11—中上志留统白龙江群中段；12—中上志留统白龙江群下段；13—断裂；14—泥石流；15—滑坡；16—河流

牙豁口滑坡发育于坪定-化马断裂带形成的凹槽中，滑坡滑向与断裂带走向近于平行，受断裂活动的影响，滑坡体岩土体破碎，松散，且后缘两侧高陡山体崩塌、落石现象发育，大量崩落的块石体堆积于相对平缓的滑体上，增加了下滑力。

三、滑坡概况

（一）牙豁口滑坡滑动过程

牙豁口滑坡位于宕昌化马段岷江左岸，发育于坪定-化马断裂带上部，主滑方向与断裂带走向近平行，属坪定-化马断裂带控制的滑动。坪定-化马断裂形成于印支期，后期经燕山期和喜马拉雅期，断裂带复活改造，至第四纪初期，甘肃南部白龙江流域地壳总体处于抬升，此时河谷深切，斜坡岩体遭风化剥蚀。由于断裂破碎带岩体破碎，易风化，多形成凹槽状—洼地状构造地貌。牙豁口滑坡就位于断裂带形成的凹槽内，由于岩土体破碎，加之地形上处于洼地，极具汇水条件，历史上曾多次发生滑动，素有

"10 年一小滑，30 年一大滑"之说，具多级多次滑动的特征。

据访问，最近一次较大规模的滑动发生于 1989 年 8 月，据当地居民介绍，早在 1987 年就发现滑坡体顶部有裂缝发育，1989 年 8 月，受连日降雨的诱发，滑坡体从顶部崖口处开始启动下滑，滑体呈流塑状缓慢向下滑动，滑动时摩擦声音巨大，在 1 km 外都可听到巨大的声响。受上部滑体滑动推挤挤压和堆积加载的影响，其中、下部滑体也开始失稳下滑，最终滑体整体滑入岷江后逐渐停滞。整个滑动过程持续时间近 1 个月，致使滑体前缘岷江河道大部分被堵塞，最窄处仅为 3~5 m。受堰塞体堵塞河道影响，江水被迫改道，持续对岷江左岸岸坡进行了掏蚀，导致国道 212 部分道路被损毁。灾害发生后，当地政府组织人员对滑入岷江的部分堰塞体采用人工开挖的方式进行了清除，并对国道 212 进行了重修，加之由于堰塞体较为松散，大部分被江水携带冲走，并未完全堵江，因此，未造成人员伤亡（图 8-82）。

图 8-82　1989 年牙豁口滑坡与本次牙豁口滑坡同一地点对比照片

本次滑坡同样沿 1989 年滑动形成的凹槽滑动，其运动形式、特征与 1989 年滑坡极为相似，但规模略小于 1989 年滑坡。通过多期遥感影像图对比分析和 InSAR 监测数据（数据来源于兰州大学）分析发现，滑体后缘右侧部分自 2018 年 3 月 22 日至 8 月 12 日期间，InSAR 监测到的最大位移量为 42 mm，滑体后缘左侧部分自 3 月 22 日至 8 月 13 日变形速率较小，平均位移在 7~10 mm 之间，但 2018 年 8 月 13 日至 2019 年 3 月 5 日变形速率逐渐加快，InSAR 监测到最大位移量达 30 mm（图 8-83），这反映出滑坡后缘早在 2018 年初已处于分块蠕动变形阶段，且变形速率呈逐渐增加的态势。进入到 2019 年汛期后，舟曲全县暴雨及长期降雨较往年平均值明显增多，5 月初至 7 月中旬舟曲东山镇累计降水量已达 439. 9 mm，较往年偏多两成。在连日降水的诱发下，7 月 16 日，滑坡体后缘左侧部分滑体原有的裂缝出现明显的增宽迹象，个别裂缝已发展成横切坡面的贯通裂缝，反映出滑坡已进入加速变形阶段。7 月 19 日 18 时，滑坡体后缘左侧部分滑体先期失稳发生滑动，并牵引后缘右侧部分滑体，致使后缘滑体整体失稳，呈流塑状向下缓慢滑动，并不断推挤、挤压后部滑体，致使后部滑体整体滑动堆积至坡体中后部的较为宽缓的反坡平台上部（图 8-84，图 8-85）。鉴于滑坡堆积体成分较为松散，其左侧堆积体受到前缘反坡平台阻挡后，逐渐停滞在了缓坡平台上部；但其右侧滑坡堆积体前缘为一峡口，由于峡口前部为一坡长约 260 m、坡度约 30°的陡坡，受后部滑体推挤的影响，部分堆积体呈土石流状沿陡坡向下缓慢滑动（图 8-86），7 月 20 日 17 时—7 月 23 日 18 时，滑体已堆积至陡坡下部、滑坡体中部的缓坡平台上，形成填挖效应。至此，滑坡体中部累计滑移距离达 120. 14 m，滑坡体前缘段（顺陡坡溜滑段）最大滑移距离达 453 m。

受到上级滑坡堆积体加载的影响，中部滑体也出现变形迹象，2019 年 7 月 24 日 8 时调查时，中部滑体两侧羽状裂缝发育，树木呈醉汉林状（图 8-87），反映出滑坡迅速进入加速形变阶段，并逐渐开始解体。最终，在上部滑坡堆积体的加载及推挤作用下，中部滑体的后部于 7 月 24 日 18 时首先发生塑性流动，滑坡体以逐级堆积、逐级传递应力、逐级启动的方式，逐级向下部扩展，且滑速呈逐渐递增的态势，每天都出现新的形变区域，至 7 月 26 日 8 时，滑体已运动、堆积至坡体下部的缓坡平台，此时滑坡累计滑移距离已达 183. 39 m。同时，受滑坡体滑动的影响，在中部滑坡后缘陡坡段拉伸形成长 233 m、宽 42~

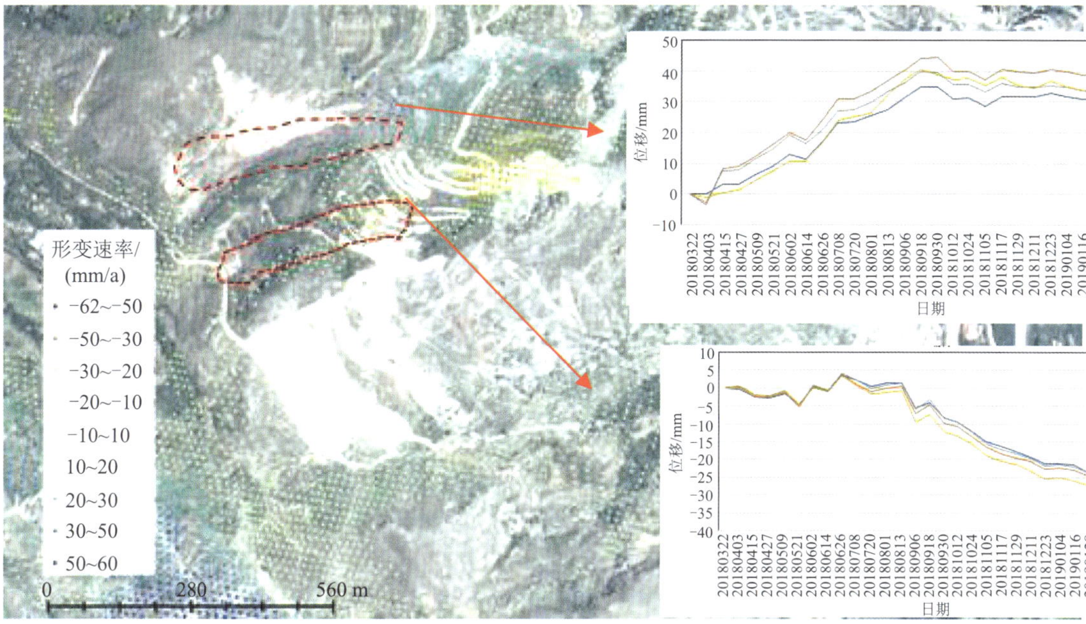

图 8-83　牙豁口滑坡 InSAR 监测形变速率图（2018 年 3 月至 2019 年 3 月）
（资料来源兰州大学）

图 8-84　滑坡滑动堆积至宽缓的平台上部

56 m 的“V”字形拉槽（图 8-88）。至此，上级块体和中级块体已出现明显的分级特征。

同样，受到中级滑坡堆积体加载和推挤的影响，下部滑体也开始进入变形阶段，在 2019 年 7 月 26 日 14 时，调查人员发现明显的变形迹象，主要为 X414 县道道路出现开裂变形（图 8-89），坡体上部出现新的裂缝，并且裂缝形变速率很快，往往在 1~2 h 就出现明显的增宽、错落等现象，坡体上部的泉水变得浑浊。至 7 月 27 日 8 时，下级块体后段开始解体滑动，且形变速率较快，受滑坡滑动的影响，在其后部逐渐拉裂形成了长约 120 m 的拉槽，拉槽两侧拉裂形成的侧壁轮廓清晰，至此，中级块体和下级块体出现明显的分级特征，调查时可清楚地看到中级块体前缘堆积体和下级块拉槽的分界线（图 8-90），图 8-90 清楚地显示，中级块体的大部分滑坡堆积体逐渐停滞在缓坡上部，但仍有少部分滑体受应力作用的影响，沿拉槽内的陡坡向下滑动堆积，成为加载下部滑体的补给物源。至 8 月 8 日 12 时，滑坡已滑动至养鸡场平台处，鉴于该平台较为宽阔，可起到一定的阻滑作用，此时滑坡体的滑动速度有所减缓，但随着滑坡体不断的向下滑动堆积，应力不断地增大，8 月 10 日 9 时，调查发现滑坡体养鸡场平台出现变形迹象，表现为红色铁皮房屋变形（图 8-91）、滑体上部出现羽状裂缝，局部陡坎有掉块迹象，反映出滑体进入加速变形状态。8 月 11 日 8 时，受上部滑坡推挤、挤压的影响，该区段滑体也开始启动下滑，并不断挤压下部滑体，其前部、滑坡前缘的扇形地也开始发育垂直于滑向的“扇状”裂缝，将扇形地切割、分解

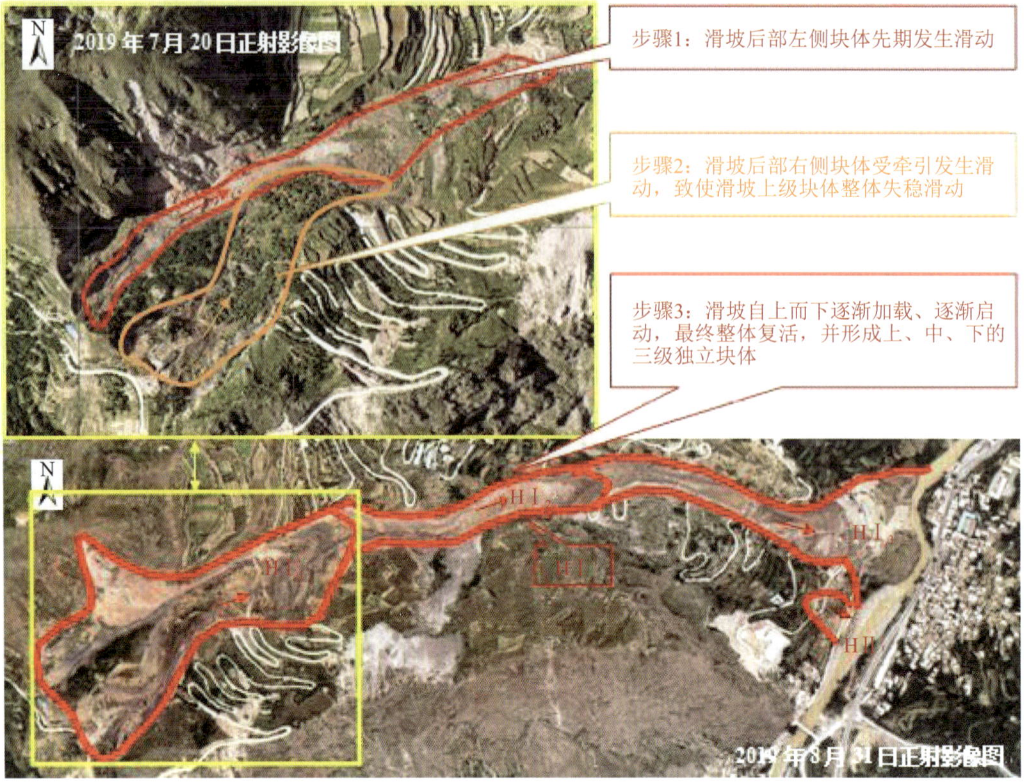

图 8-85　牙豁口滑坡灾害前期失稳过程图

成不规则扇状、条带状，受后部滑体不断向前挤压、推挤的影响，滑坡体前缘扇形地中北部首先开始蠕动变形，向岷江缓慢滑动，随之前缘扇形地中部、南部也开始蠕动变形，并侵入岷江（图 8-92）。至 8 月 14 日 14 时，滑坡体最终以逐级推移加载、逐级传递应力、逐级启动的缓变推移式整体复活滑动。

图 8-86　滑体呈"土石流"状沿陡坡向下滑动

图 8-87　滑坡体上部树木呈"醉汉林"状

（二）滑坡概况

2019 年发生的牙豁口滑坡主要沿 1989 年滑坡形成的凹槽内滑动，受地形条件的束缚，滑坡体在地貌形态上呈凹槽状，平面形态上呈狭长的舌形，在剖面形态上呈折线形，沿滑动方向最大长度为 2055 m；滑体上部平均宽度 146 m，中部平均宽度 70 m，下部平均宽度 95 m，总平均宽度 104 m；面积 16.6×10^4 m^2，滑体平均厚度 13.0 m，总体积 215.5×10^4 m^3，为一大型推移式断裂带堆积层滑坡。

滑坡自启动至停歇历时近 1 个月，依据滑坡体的形态特征及其运动模式，可将滑坡体分为大小不同的上、中、下三级相对独立滑坡块体（HⅠ$_1$滑坡、HⅠ$_2$滑坡和HⅠ$_3$滑坡）。上述块体均不具有统一完整的滑面，而是由三个独立滑面组成，剖面上呈“叠瓦状”（图8-93）。

图8-88 滑坡滑动后拉伸形成的大“V”字形拉槽

图8-89 滑坡体上部道路出现开裂变形

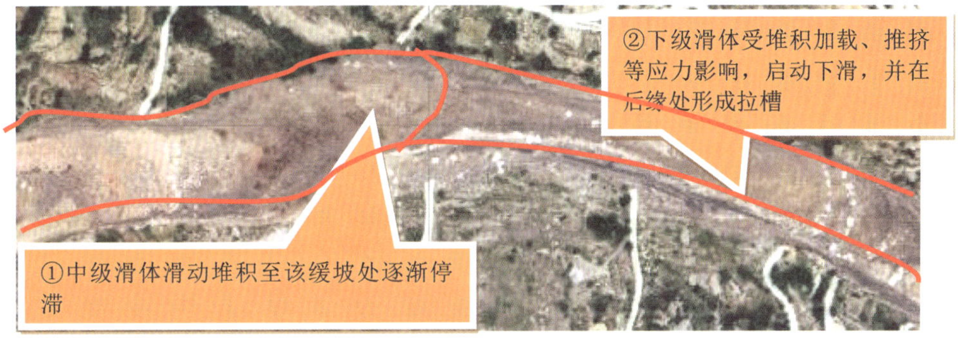

图8-90 中级滑体、下级滑体运动模式遥感影像示意图

图8-91 养鸡场红色铁皮房屋变形

1. HⅠ$_1$滑坡概况

该滑坡为HⅠ滑坡上级滑坡体，为HⅠ滑坡的主要物质来源及驱动段。滑坡体平面形态呈“舌形”，剖面形态呈不规则“折线形”，沿滑动方向最大长度为712 m；受地形的束缚，滑坡体上部在两侧山梁之

图 8-92　滑体前缘扇形地侵入岷江河道遥感示意图

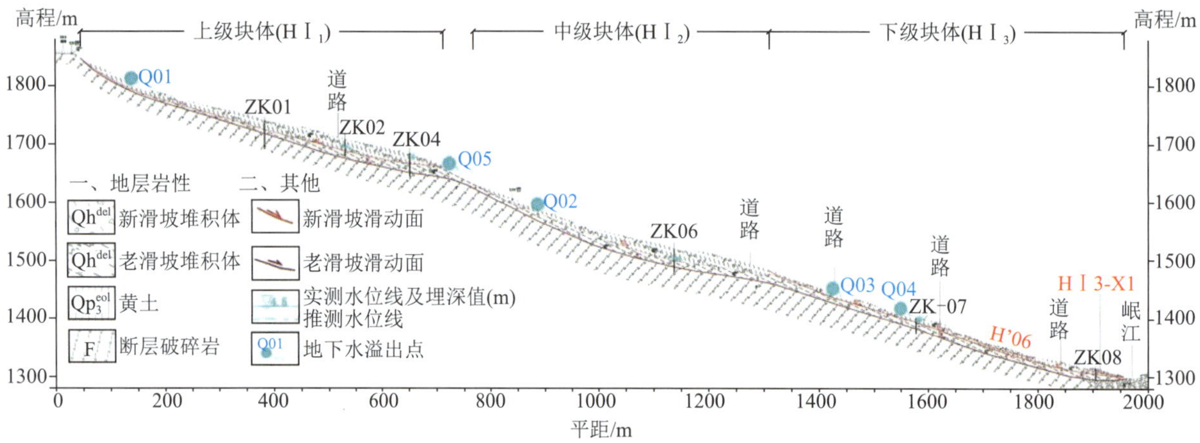

图 8-93　牙豁口老滑坡体剖面图（1-1′）

间的"大U"形崖口凹槽内滑动，在中、下部因地形较为平坦开阔，向两侧扩散，致使滑体平面形态在宽度上有中后部较窄、前部较宽的特征，最窄处宽度为 99 m，最宽处宽度为 193 m，平均宽度 158 m，面积 $7.8\times10^4\ m^2$；滑坡体具后部最薄、前缘次之、中部最厚的特点，平均厚度 15.2 m，总体积 $118.5\times10^4\ m^3$（图 8-94，图 8-95）。滑体主要由碎石土和炭质板岩碎屑组成，在剖面上具两层结构。上部为碎石土，土体呈黄褐色或红褐色，成分以灰岩碎石和粉质黏土混杂堆积组成或炭质板岩碎屑、千枚岩碎屑及粉质黏土混杂堆积物，泥土充填，碎石含量为 50%~60%，局部夹杂有透镜体，岩性多呈碎散—块状，干燥—稍湿，松散，压实度较低，原始成因多为坡积物或滑坡混杂堆积物，钻进过程中进尺较慢；下部以灰黑色炭质板岩碎屑为主，含细颗粒角砾，受地质构造影响本组地层整体破碎，产状凌乱。炭质板岩呈丝绢光泽，含水量较高，岩芯呈短柱状，软塑，手搓呈泥状，强度较低，局部夹杂粒径 3~8 mm 的角砾，钻进过程中缩径严重。滑带土在滑坡中部主要为灰黑色含砾黏土（图 8-96，图 8-97），为炭质板岩泥化形成，土体呈揉塑状，除含大量细颗粒角砾外，还含少量碎石，角砾、碎石岩性多为炭质板岩碎屑、方解石碎石，致密，含水量高，断面可见明显擦痕及镜面，擦痕与水平方向夹角约 19°，揉搓较严重，厚度为 0.6~1.3 m。

2. HⅠ$_2$ 滑坡概况

该滑坡为HⅠ滑坡中级滑坡体，属中型推移式断裂带堆积层滑坡，受上级块体（HⅠ$_1$ 滑坡体）沿峡口陡坡下滑后堆积加载及推挤的影响，该滑坡体整体复活发生滑动，并在后缘拉伸形成了长 233 m、宽 42~56 m 的"V"字形凹槽，致使滑坡形成的陡峭后部及侧壁。其中滑坡堆积体平面形态呈长舌形，剖面

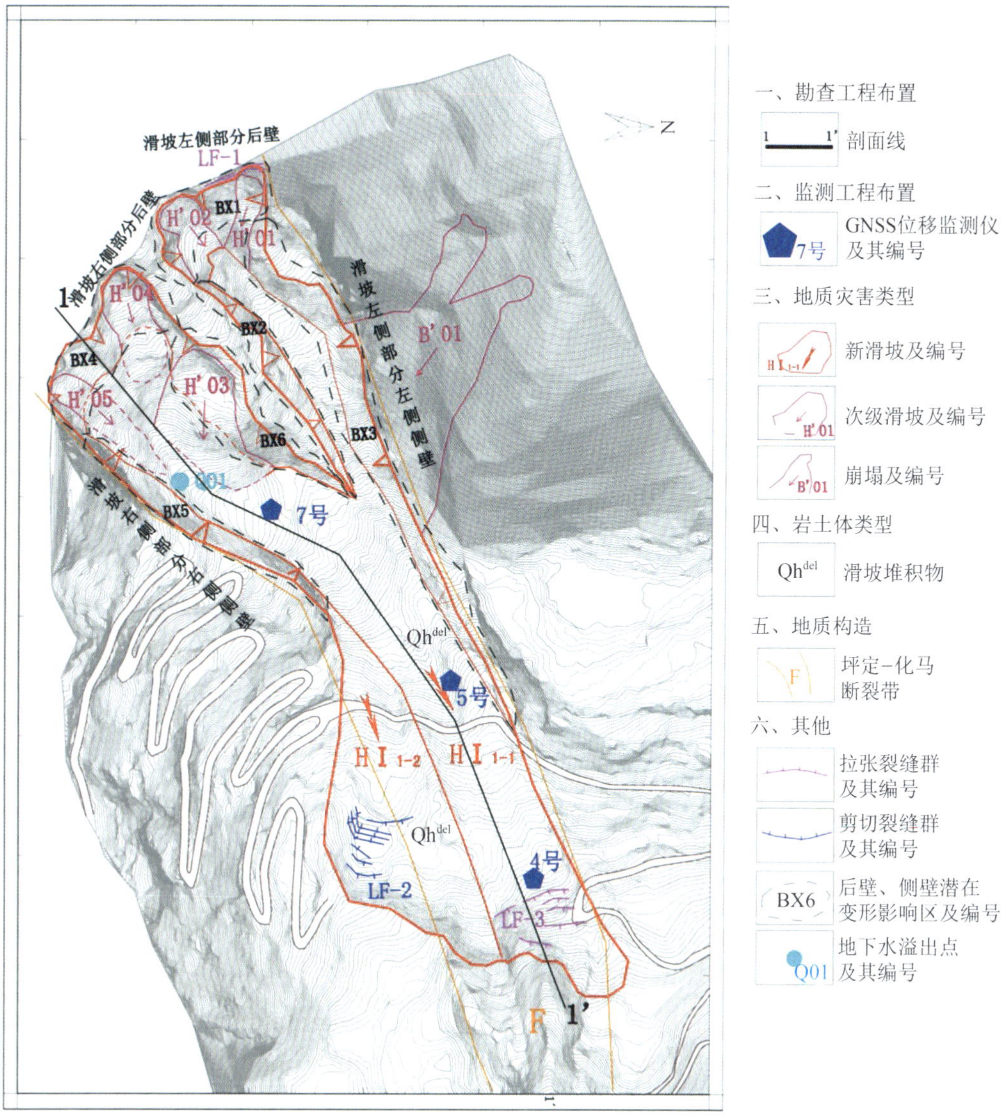

图 8-94 H Ⅰ 1 滑坡平面图

形态呈不规则折线形，沿滑动方向最大长度为 623 m，滑坡体在平面形态上具有中后部较窄、中前部较宽的特征，最窄处宽度仅为 32 m，最宽处宽度 75 m，平均宽度 59 m，面积 3.0×10^4 m^2（图 8-98，图 8-99）；据调查，滑坡体后缘拉伸形成了长 233 m、宽 42～56 m 的“U”字形拉槽，其上段底部滑床裸露，滑床可见明显擦痕，物质组成为灰黑色炭质板岩碎屑，经测量，与水平夹角为 27°，反映出该区段滑动面较大约为 27°，较为陡峭；依据布设于滑坡体中下部的 1 眼钻孔（ZK6），结合物探剖面线（A-A′）揭示，滑体具后部最薄、前缘次之、中部最厚的特征，平均厚度 13.8 m，总体积 41.4×10^4 m^3。滑体主要由碎石土和炭质板岩碎屑组成，在剖面上具两层结构，上部为碎石土，下部为炭质板岩碎屑。其中中下部滑体 0～5.0 m 为黄褐色碎石土，土体干燥—稍湿，含粒径较大的灰岩砾石，砾径为 1～20 mm，最大粒径为 30 mm，碎石含砾占 60%～70%，磨圆较差，多呈次棱状，岩芯较破碎，呈碎块状、散状，钻进过程中进尺较快，原始成因多为坡积物；5.0～6.9 m 为碎石土和炭质板岩碎屑混杂体，呈灰黑色，成分以粉质黏土为主，夹杂炭质板岩碎屑、灰岩砾石及细颗粒角砾，砾石含砾为 30%～40%，粒径在 2～20 mm 之间，稍湿，软塑，手搓呈泥状，强度较低，岩芯呈短柱、长柱状；6.9～19.5 m 为碎石土，土体呈黄褐色，干燥—稍湿，成分为粉土夹杂灰岩砾石，砾石粒径 2～50 mm，含砾约 50%～60%，磨圆度差，多呈次棱状，岩芯较破碎，多呈块状、散状；19.5～21.0 m 为炭质板岩碎屑，呈灰黑色，稍湿—潮湿，可塑—软塑状，质

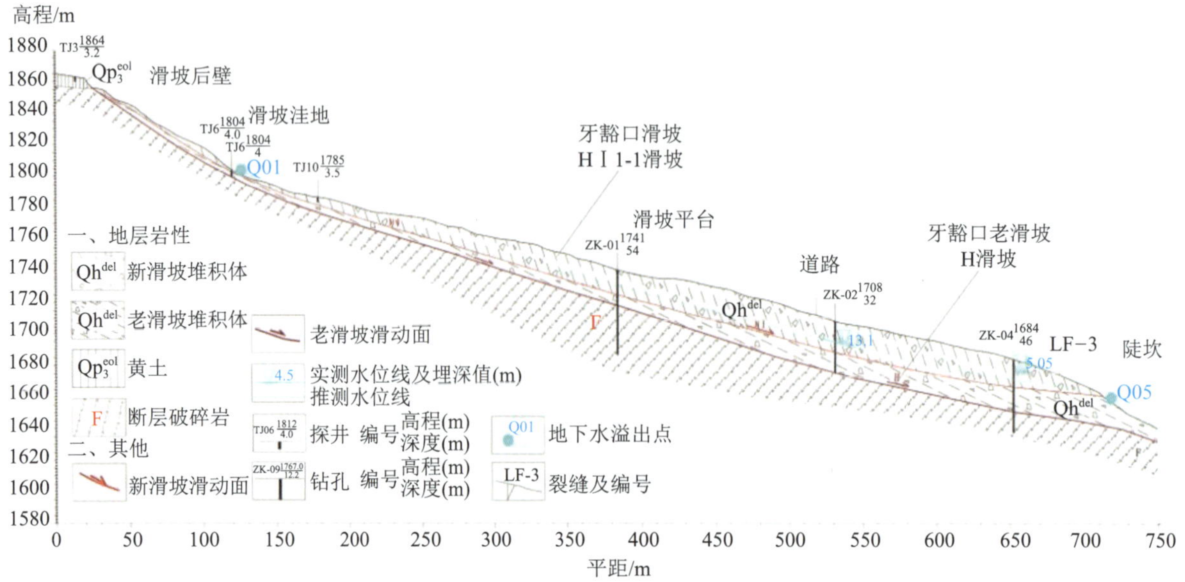

图 8-95　H Ⅰ 1-1 滑坡工程地质剖面图（1-1′）

地均匀，含细颗粒角砾和少量碎石，具丝绢光滑，岩芯较完整，呈短柱、长柱状。滑面为灰黑色含砾黏土，为炭质板岩泥化形成，土体呈揉塑状，除含大量细颗粒角砾外，还含少量碎石，角砾、碎石，岩性多为炭质板岩碎屑、方解石碎石，致密，含水量高，断面可见明显擦痕及镜面，擦痕与水平方向夹角约14°，揉搓较严重，厚度约 0.5 m。

图 8-96　滑面擦痕明显、光亮、新鲜

图 8-97　滑体中部滑带土

3. H Ⅰ $_3$ 滑坡概况

该滑坡为 H Ⅰ 滑坡下级滑坡体，受中级块体（H Ⅰ $_2$ 滑坡体）堆积加载及推挤的影响，该滑坡体整体复活发生滑动，滑坡体沿 1989 年滑动后形成的凹槽内滑动，致使滑体在地貌形态上呈凹槽状，平面形态上滑体整体呈长舌形，前缘呈扇形，剖面形态呈不规则折线形，沿滑动方向最大长度为 673 m，在平面形态上具有中后部较窄、前部、前缘较宽的特征，最窄处宽 45 m，最宽处位于滑坡体前缘的扇形地，宽约 214 m，平均宽度 101 m，究其原因，主要是滑体后部、中部主要位于 1989 年滑动形成的凹槽内，受地形条件束缚，而前缘平缓处迅速向两侧扩展，面积 5.5×10^4 m^2（图 8-100）；滑体具后部最薄、前缘次之、中部最厚的特征，平均厚度 10.1 m，总体积 55.6×10^4 m^3。

据灾害发生时现场调查发现，滑坡体下滑堆积至该平台上部后，由于该平台较为平缓，对滑坡体的

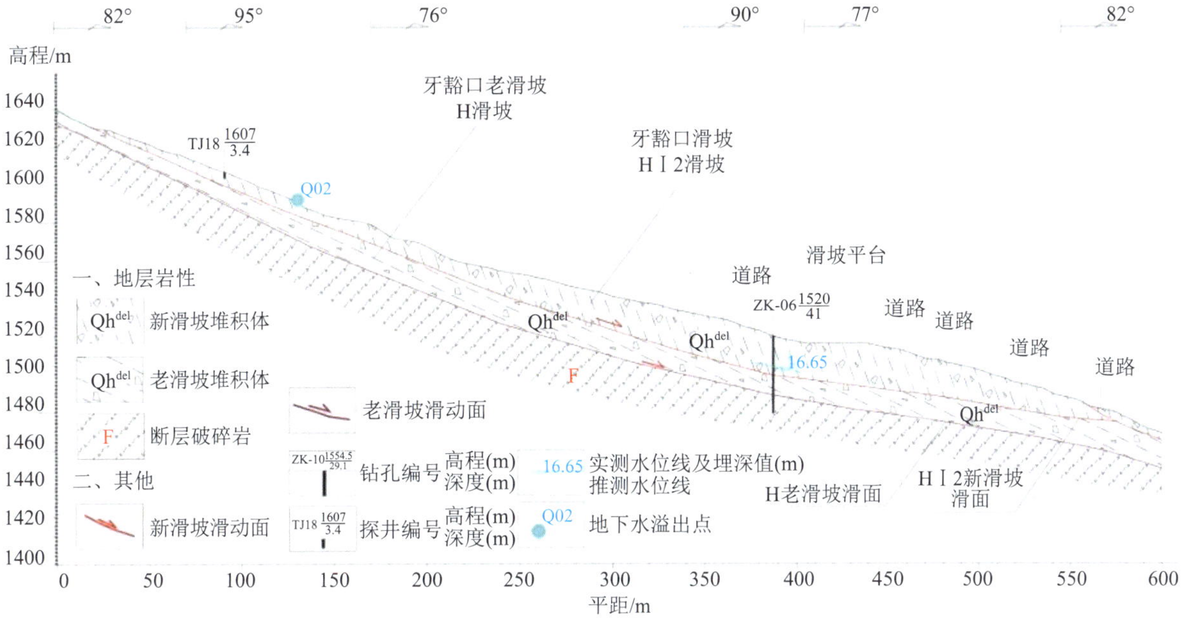

图 8-98　HⅠ$_2$ 滑坡工程地质剖面图（1-1′）

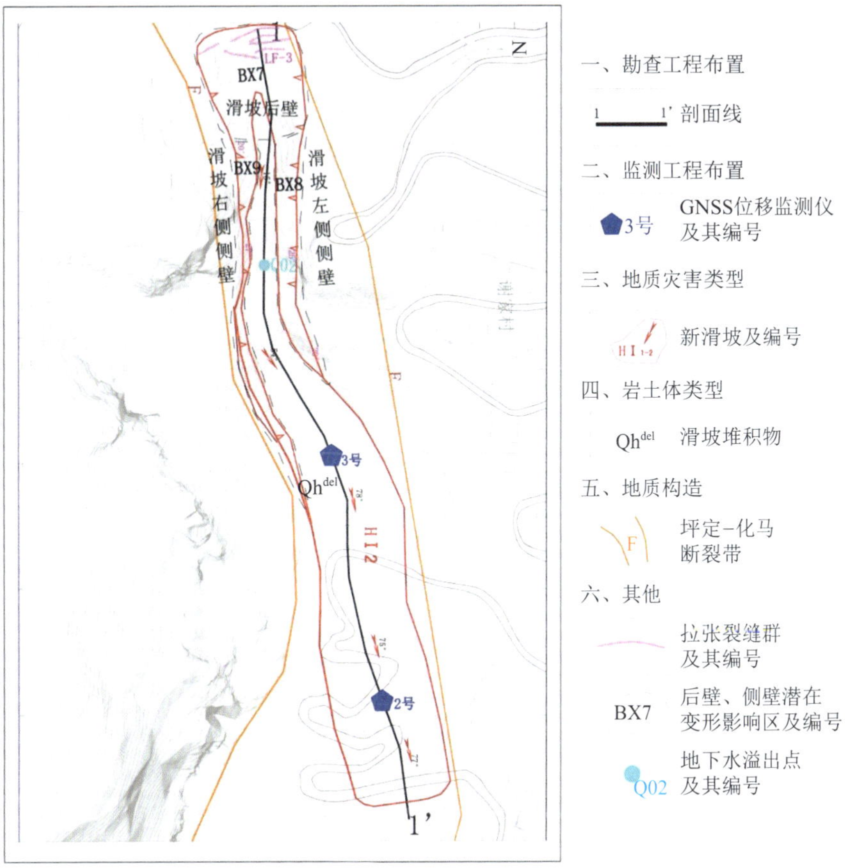

图 8-99　HⅠ$_2$ 滑坡平面图

阻力较大，致使堆积体在平台上部停留了 2~3d 后，才触发下部块体变形；二级平台位于滑坡体前缘扇形地上部，与一级平台高差约 9 m，该平台平面形态呈不规则哑铃状，平台南部台面最长，约 82 m，北部台面次之，约 56 m，中部台面最窄，约 27 m，总宽度约 196 m，面积约 1.2×10^4 m^2（图 8-101），平台较为

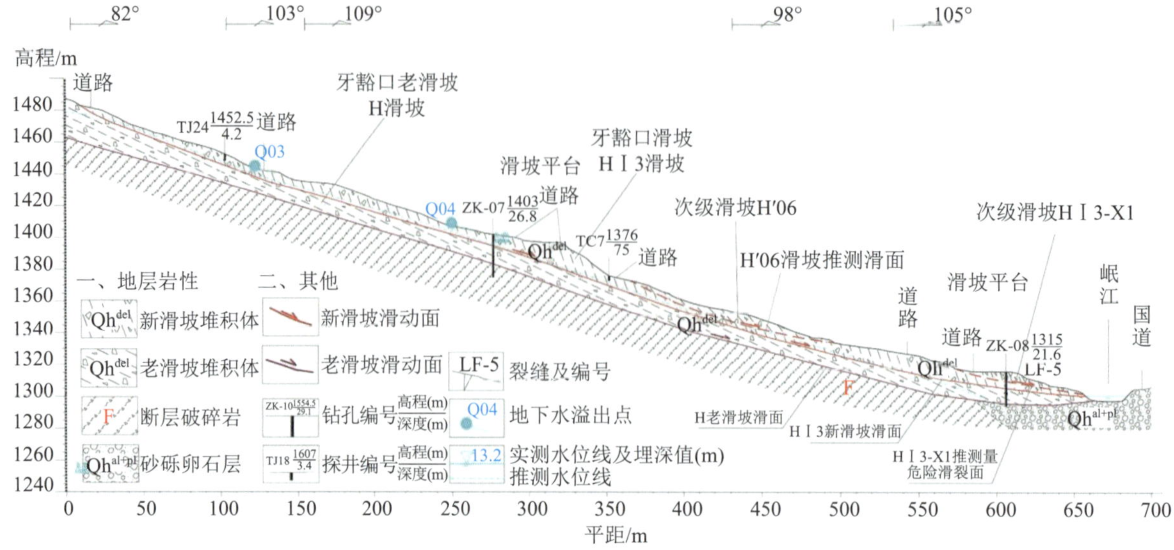

图 8-100　HⅠ$_3$ 滑坡工程地质剖面图（1-1′）

平坦、开阔，后缘高程 1316 m，前缘高程 1314 m，自西向东呈缓坡状展布，坡度仅为 2°，受滑坡滑动影响，该平台上部横、纵裂缝广布，将平台切割呈块状、条带状（图 8-102），受历史上多次滑动的影响，滑坡挤占了河道，迫使该区段岷江改道，呈“S”形展布（图 8-103）。

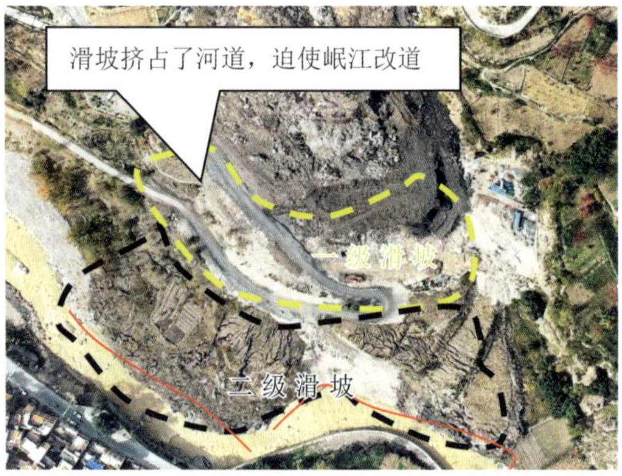

图 8-101　滑体下部及前缘发育两级滑坡平台

图 8-102　二级平台被裂缝切割呈块状、条带状

该滑坡的滑体主要由碎石土和炭质板岩碎屑组成，在剖面上具两层结构。上部为碎石土，土体呈黄褐色，成分以灰岩碎石和粉质黏土混杂堆积组成，局部夹杂炭质板岩碎屑及角砾，泥土充填，碎石含量为 50%~60%，局部夹杂有透镜体，岩性多呈碎散—块状，干燥—稍湿，松散，压实度较低，原始成因多为坡积物或滑坡混杂堆积物，钻进过程中进尺较慢；下部以灰黑色炭质板岩碎屑为主，含细颗粒角砾，受地质构造影响本组地层整体破碎，产状凌乱。炭质板岩呈丝绢光泽，含水量较高，岩芯呈短柱状，软塑，手搓呈泥状，强度较低，局部夹杂粒径 4~6 mm 的角砾，钻进过程中缩径严重。滑带土为灰黑色含砾黏土，为炭质板岩泥化形成，土体呈揉塑状，含大量细颗粒角砾，致密，含水量高，断面可见明显擦痕及镜面，擦痕与水平方向夹角约 15°，揉搓较严重，厚度约 0.4 m。

（三）滑坡成因分析与演化模式

1. 成因分析

HⅠ滑坡（牙豁口滑坡）形成原因复杂，根据本次勘查分析认为，陡峭的地形条件、软弱的岩土体组合、强烈的构造运动、降水的入渗、外围崩塌体的加载是滑坡灾害发生的主要原因。

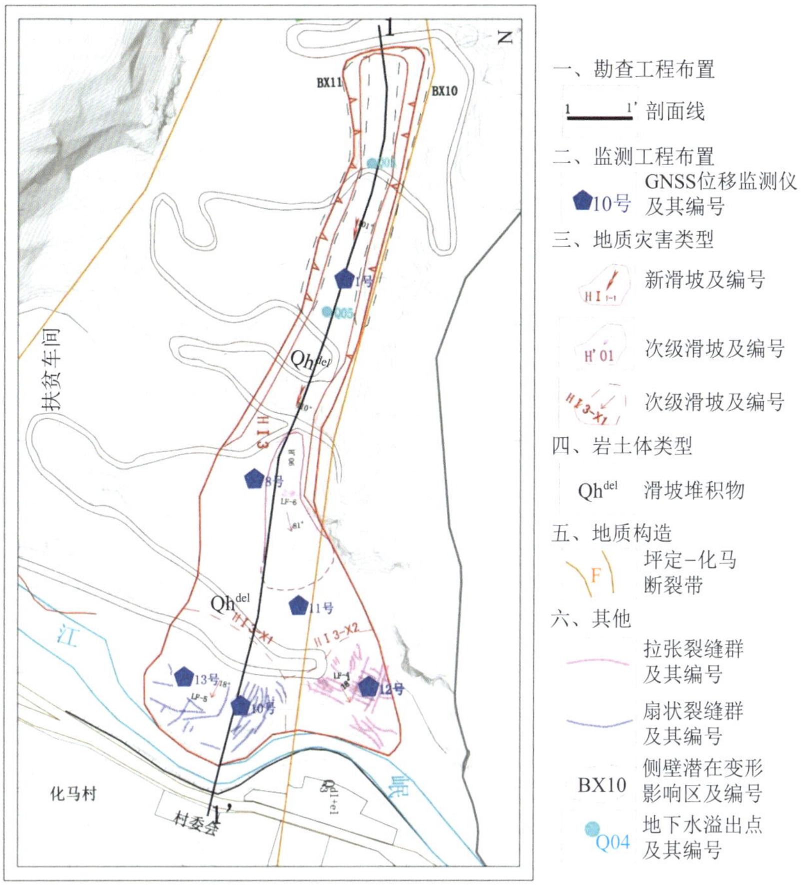

图 8-103 HⅠ$_3$ 滑坡平面图

（1）地形条件

地形条件是影响滑坡发育的决定因素之一，适宜的坡度和一定的高差是滑坡产生的基本地形条件。牙豁口滑坡所处的斜坡陡峻，属高山峡谷地貌，滑坡后缘海拔 1863 m，前缘海拔 1300 m，相对高差 553 m，其表面坡度自上而下依次为 13°、20°、15°，这种后缘高陡、前缘开阔的地形为滑坡的形成提供了良好的临空条件，位于斜坡高处的岩土体由于势能大，在重力作用下，就产生了向坡底移动的趋势，在这个趋势力的作用下，斜坡上部的岩土体具备一定的下滑动力条件。同时，牙豁口滑坡位于 1989 年滑动后的洼地内，地形上极具汇水条件，利于地表水入渗、汇流，同样不利于斜坡体稳定。

（2）岩土体特性

岩（土）体是滑坡发育的物质基础，牙豁口老滑坡（H）发育于坪定-化马断裂带上部，滑向与坪定-化马断层走向平行。牙豁口滑坡（HⅠ）发育于老滑坡堆积体，为老滑坡的次级滑坡，滑体由次生黄土、风化破碎带岩体及二者混杂组成。依据钻孔揭示，滑体在剖面上具双层结构，其中碎石土由粉质黏土混杂搓碎的灰岩、炭质板岩、千枚岩角砾等组成，属次生黄土与风化破碎带岩体混杂堆积体，其裂隙发育，结构松散，极易风化，且具架空结构，利于地表水的入渗和流通；下层为炭质板岩碎屑，属风化破碎带岩体，受断裂构造和滑动扰动影响，极其破碎，遇水极易软化和泥化，强度迅速降低，工程性质极差，属于易滑地层。加之受坪定-化马大断裂影响，本组地层整体较为破碎、产状凌乱、节理发育。

由于断裂破碎带岩土体风化作用强烈，且凌乱破碎，当受滑坡体上部次级崩塌体、滑坡体等堆积加载后，坡体上次生黄土堆积上覆压实作用后，或遭受降水入渗饱和后，断裂破碎强风化带会发生向坡体下方的塑性流动，从而导致上覆次生黄土层或软弱带出现拉裂、解体等变形迹象。综上，上述地层岩性决定了滑坡的发生和发展。

（3）地质构造与地震

滑坡区在大地构造上，属秦岭微地块之西秦岭造山带。该地区也是新构造运动最为强烈的地区之一，区内山势陡峻巍峨，河谷阶地发育，沟谷狭陡，显示地壳处于长期的上升过程中，经历多期构造运动，山高谷深，河流发育。区域性大断裂控制着该地区滑坡的产生，大断裂致使岩体结构破碎，应力集中。

牙豁口滑坡主要受坪定-化马断裂控制，该断裂为一走滑逆冲断裂，兼有挤压性的特征，规模大，延伸长，破碎带宽度1~1.5 km。牙豁口滑坡即发育断裂带上部，滑向与断裂带走向近平行，受断裂活动的影响，斜坡岩土体结构破碎，小型褶皱、次级断裂发育。区内地质构造复杂，褶皱、断裂分布广，并且呈现出多期活动特征，次一级褶皱、断层非常发育，不同方向断裂及褶皱裂隙相互交切，使区内岩体严重破碎，为地质灾害发育提供良好条件。地质灾害尤其是滑坡的分布及发育规模明显受构造的控制，沿断层带滑坡成群发育，规模大，数量多，如坪定-化马断裂带发育的锁儿头-泄流坡-中牌滑坡群。

工作区处于舟曲-武都地震亚带为地质多发带，近年来，频繁的地震作用（“5·12”汶川地震、“8·7”九寨沟地震）松动了斜坡的岩土体结构，降低抗剪强度，为后期滑坡的形成提供了软弱面，是诱发和加剧滑坡的因素之一。

（4）水的作用

1）降水。2019年，受厄尔尼诺现象的影响，舟曲全县夏季暴雨及长期降雨比往年平均值明显偏多，据舟曲县东山气象站资料，2019年5月初至7月中旬，舟曲县东山镇累计降水量已达439.9 mm，较往年偏多两成，其中最大降水量为6月，当月累计降水量达147.9 mm。由于牙豁口滑坡位于1989年滑动的洼地内，地形上极具汇水条件，存在积水地形，且滑坡体结构松散，岩土体破碎，坡面裂缝较多，为降水入渗提供了输送通道。在强降雨或长时间降雨影响下，遇水迅速渗透进入坡体的孔隙、裂隙中，使滑坡岩土体含水量增加。依据钻孔揭露，滑坡体上部的碎石土松散，具大孔隙，利于地表水入渗，而其下部的炭质板岩碎屑相对致密，属相对隔水层，且遇水易软化、泥化。当地表水入渗至滑体下伏不透水层时，滑动带饱和，滑体和滑动带抗剪强度降低；当坡体饱和时，地下水位增高，地下水的动水压力和静水压力增大，坡体向下的渗透力增加，且岩土体重量增大，滑体下滑力增大，促使滑坡失稳下滑。

2）地下水软化滑面。依据调查及钻孔、物探结果发现，牙豁口滑坡体内地下水赋存，含水层位于滑坡体上部较为松散的碎石土中，致使其下部的炭质板岩碎屑饱水后软化、泥化，强度显著降低，在重力作用下失稳下滑。

（5）外围崩塌的加载

本次通过多期遥感影像图对比分析和卫星及InSRA监测对比分析发现，滑坡体自2017年8月以来就处于缓慢蠕动下滑状态。但自2017年8月滑坡后部左侧岩壁发生崩塌灾害，约10×10^4 m^3的崩塌堆积体堆积于滑坡上部，对滑坡体形成加载后，滑坡体就由缓慢蠕动状态逐步进入了蠕动变形阶段和加速变形阶段，InSRA监测到，其2018年3月22日至10月12日最大位移量高达42 mm。这说明后缘崩塌体的加载也是促使滑坡失稳的主要因素之一。

综上所述，牙豁口滑坡体为老滑坡的复活，多年来一直处于蠕滑变形状态，加之坡体结构破碎，地形上又极具汇水条件，岩土体松散，外围崩塌体的加载增大了滑坡体的自重，在汛期连续强降雨的入渗下导致了本次滑坡的发生。

2. 牙豁口老滑坡成灾地质模式和形成演化

依据本次勘查结论，可将牙豁口老滑坡形成演化过程大致划分为以下四个阶段（图8-104）。

（1）断裂带构造地貌形成期

通过查阅文献得知，坪定-化马断裂形成于印支期，其后经燕山期和喜马拉雅期，断裂复活改造，至第四纪初期，甘肃南部白龙江流域地壳总体处于抬升，此时河谷深切，斜坡岩体遭风化剥蚀。由于断裂带岩体破碎，易风化，从而形成凹槽状构造地貌。

（2）断裂带接受黄土沉积期

晚更新世，断裂带凹槽内黄土沉积，直接披覆于断裂破碎带岩土体上，坡体形成上部黄土、下部断

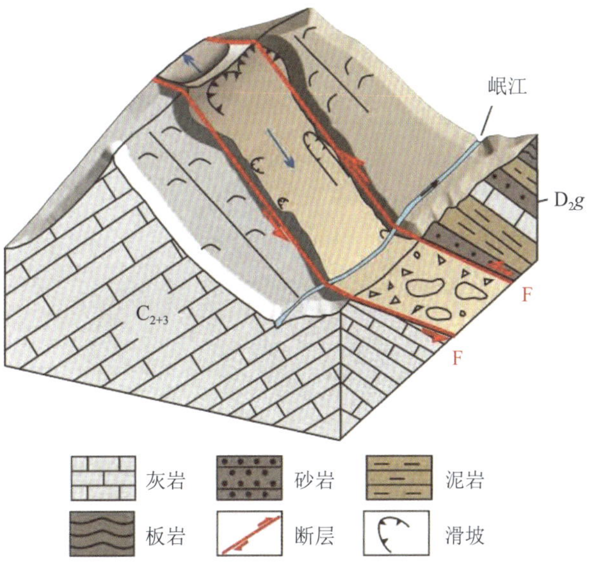

图 8-104 牙豁口老滑坡成灾地质模型

层破碎岩的双层结构。

(3) 地壳抬升断裂带滑坡形成期

全新世以来，本区地壳总体表现抬升，河谷下切，斜坡坡顶增大，坡脚遭受江水侵蚀，形成高陡临空面，再加之坪定-化马断裂带的周期性活动，导致斜坡上沉积的黄土与强风化断裂破碎带发生蠕滑拉裂变形。

(4) 滑坡扩展期

受地震或降雨的影响，沉积于斜坡上的黄土、残坡积物及强风化断裂破碎带最终呈塑性流动状态发生滑动，形成滑坡灾害。

综上，牙豁口老滑坡是在内外动力耦合作用下形成的，其成灾模式表现为断裂带形成构造凹地→沉积黄土或残坡积物→断裂活动塑性流动诱发滑坡体蠕滑拉裂变形→地震或降雨等又促进滑坡下滑。

(四)“空天地”一体化技术在牙豁口滑坡应急抢险中的应用

1. “空天地”一体化技术在滑坡应急监测、应急测绘中的运用和成效

(1) 运用

牙豁口滑坡灾害发生后，为第一时间掌握滑坡的形变速率，研判滑坡的发展趋势，为应急处置工作提供有力支撑，也为新技术、新方法的应用研究积累经验、笔者在应急监测工作中同时采用了无人机、三维扫描仪、地基 SAR 和高精度便携式 GNSS 位移监测仪。具体为①在滑坡体上、中、下三个区域共计安装了 13 台高精度便携式 GNSS 位移监测仪，对滑坡进行高精度位移监测（图 8-105）；②在滑坡对面高地架设地基 SAR 观测站点，对滑坡进行全方位、全天候监测；③采用三维激光扫描仪对滑坡变形情况进行监测，并能快速、准确获取不同时期地形数据；④通过无人机获取滑坡多期正射影像图，对比获取滑坡变形速率。

为掌握滑坡变形速率，研判滑坡发展趋势，笔者在滑坡体上部针对性部署 13 台 GNSS，其中上级块体（HI_1 滑坡）部署了 3 台（4 号点、5 号点、7 号点），中级块体（HI_2 滑坡）部署了 2 台（2 号点、3 号点）；下级块体（HI_3 滑坡）部署了 5 台（1 号点、8 号点、10~13 号点）。

上级块体监测时间始于 2019 年 7 月 23 日 20 时 47 分，止于 10 月 16 日 16 时 20 分，其间各监测点监测频率均为 1 次/min，鉴于 4 号监测点由于中途频繁调整位置及信号问题，监测数据不连续，所以本次主要对 5 号点和 7 号点监测点数据获取的 241920 条有效数据采用 grapher 软件进行统计分析（图 8-106）。

分析发现，该滑坡体滑动时间为 7 月 19 日，停滞时间为 8 月 5 日。其中：7 月 23 日至 8 月 5 日，滑移速度呈逐渐递减状态，累计滑动距离（位移量）为 120.14 m，单小时最大滑移距离接近 1.5 m/h，日最大滑移距离为 35.5 m/d；平均滑速为 0.002 m/h，最大滑移距为 0.03 m/d，说明滑体处于逐渐停滞状态，

图 8-105 滑坡应急监测工作部署图

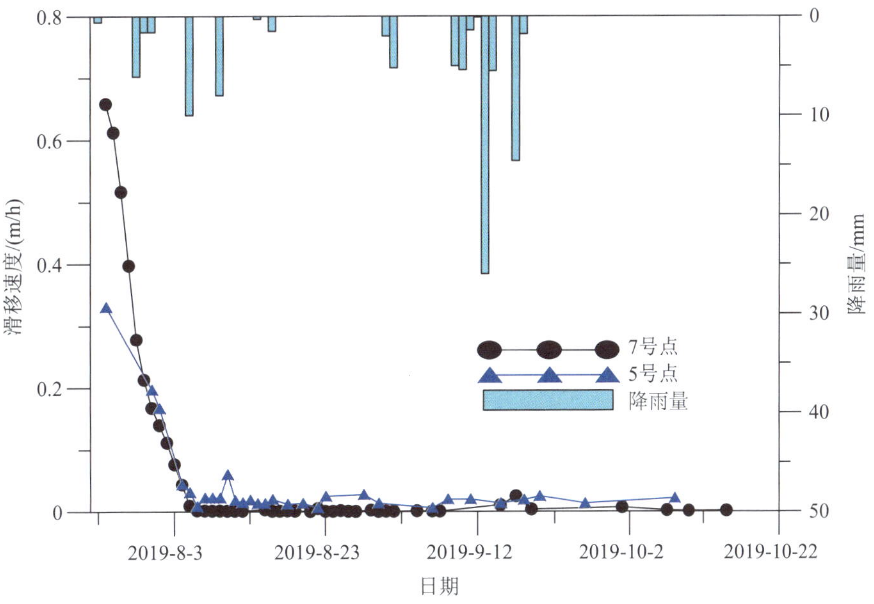

图 8-106 上级块体 4、5、7 号 GNSS 点监测数据曲线图

其位移多与滑体挤压、蠕变有关，滑坡已处于基本稳定状态。此外，9 月 13 日该区域出现 29 mm 的降水，但未对滑坡产生任何影响，说明滑体对 30 mm 以内降水天气并不敏感（阈值大于 30 mm）。

中级块体监测时间始于 7 月 24 日 12 时 42 分，止于 9 月 16 日 10 时 6 分，其间上述监测点监测频率均为 1 次/min，鉴于 2 号监测点由于中途频繁调整位置及信号问题，监测数据不连续，所以本次主要对 3 号监测点数据采用 grapher 软件进行统计分析。

分析发现，3 号监测点共获取有效数据 74880 条，累计滑移距离为 247.35 m，滑动时间为 7 月 24 日，停滞时间为 8 月 14 日，其中，7 月 23~30 日滑移速度呈递增状态，最大滑移速度 0.88 m/h；自 7 月 30 日至 8 月 14 日，滑移速度呈递减状态，滑动速度由 0.88 m/h 逐渐减小至 0。同时，叠加降雨量数据后发现，降雨同滑坡的稳定性及变形速率密切相关，其中 9 月 13 日该地区降水量达 26 mm，原本已趋于停滞、滑移速度仅为 0.02 m/h 的滑坡体受降水的影响，出现突然加速的情况，至 9 月 17 日滑动速度达 0.11 m/h（图 8-107）。这反映出两种结论：①该滑坡体目前处于挤压、蠕变过程，属基本稳定状态；②该滑坡体的稳定与降水密切相关，如若遭遇强降水等极端天气，有局部失稳复活的可能。

下级块体布设于滑坡体后部、中部的 1 号、8 号监测点监测时间始于 7 月 24 日 16 时 9 分，止于 10 月 17 日 0 时 21 分，监测频率均为 1 次/min，共获取有效监测数据 74951 条；布设于滑坡体前部、前缘的 10~13 号监测点监测时间始于 8 月 4 日 18 点 39 分，止于 10 月 17 日 0 时 21 分，监测频率均为 1 次/min，共获取有效监测数据 226335 条。上述监测点中，8 号点由于多次挪动位置，监测数据较为紊乱，且不连续。综上，本次对其余 4 个监测点数据采用 grapher 软件进行统计分析（图 8-108）。

滑体后部的 1 号监测点数据显示，滑动时间段为 7 月 26 日至 8 月 20 日，累计滑移距离为 268.12 m。由滑动速度折线图（图 8-108）可以看出，7 月 26 日至 8 月 1 日滑移速度呈递增状态，最大滑移速度为 3.89 m/h；8 月 1—20 日滑移速度呈递减状态，并逐渐停滞；前缘中部 10 号点监测数据显示，前缘中部于 8 月 8 日缓慢启动，滑动时间段为 8 月 8—19 日，累计滑移距离为 12.75 m。其中 8 月 8—11 日，速度呈递增状态，最大滑移速度为 0.13 m/h；8 月 11—19 日，速度呈递减状态，并逐渐停滞；前缘北侧 12 号点监测数据显示，前缘北侧于 8 月 12 日缓慢启动，滑动时间段为 8 月 12—20 日，累计滑移距离为 8.2 m。其中 8 月 12—13 日，速度呈递增状态，最大滑移速度为 0.13 m/h；8 月 13—20 日速度呈递减状态，并逐渐停滞；前缘南部块体 13 号监测点数据显示，自 8 月 12—19 日，滑动速度呈递减状态，速度由 0.11 m/h 逐渐减小并趋于停滞，累计滑移距离为 3.43 m。

依据上述监测的监测数据分析发现，该滑坡体具有明显的逐级加载、逐渐启动的特点，1 号监测点监

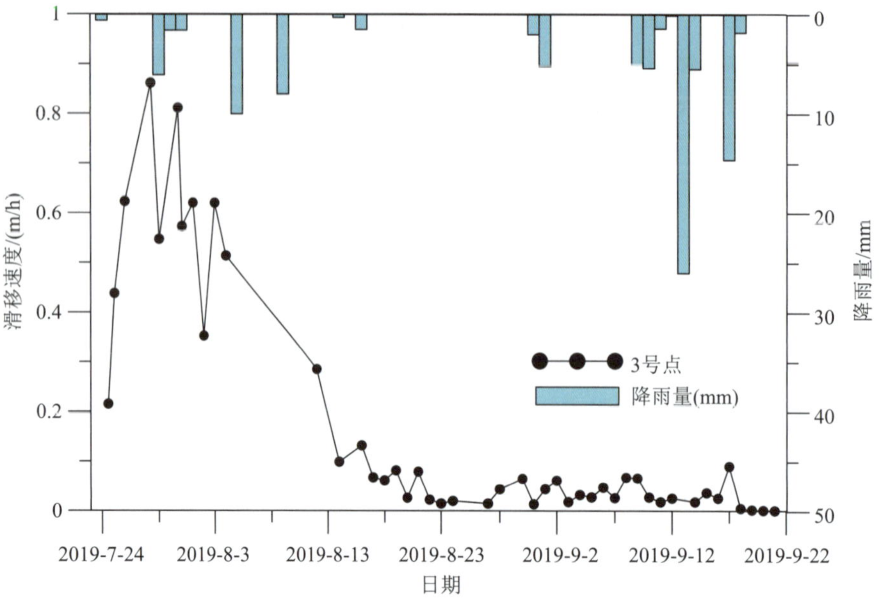

图 8-107　中级块体 3 号点滑移速度曲线图（数据来源于 GNSS 位移监测）

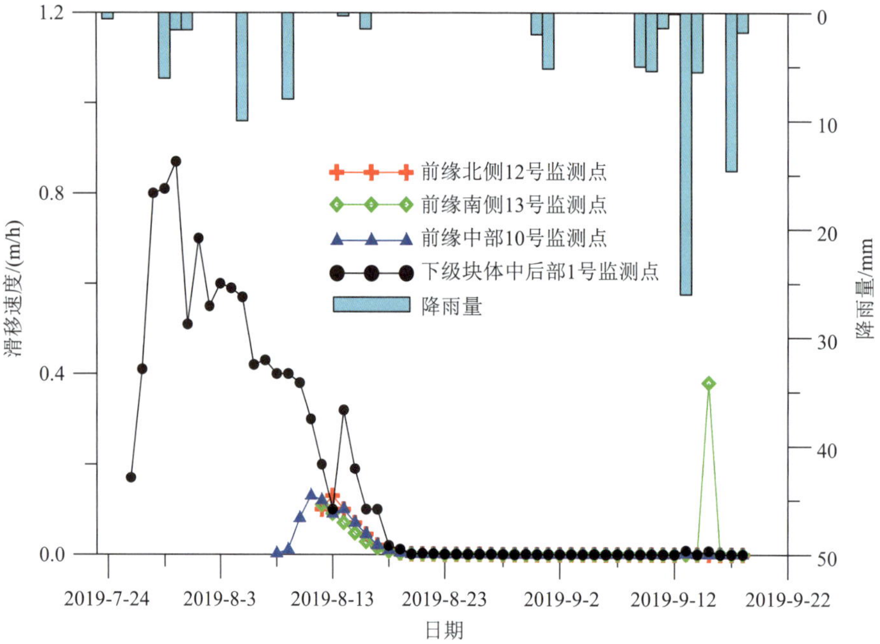

图 8-108　牙豁口滑坡下级块体（H Ⅰ$_3$）GNSS 监测数据曲线图

测到变形速率的时间为 7 月 24 日，变形速率为 0.054 m/h，同时，该区域于 7 月 27 日 8 时在地表出现羽状裂缝，此时 1 号点的变形速率由 0.054 m/h 增大至 0.13 m/h，呈明显上升趋势，至 28 日 16 时 31 分变形速率达 0.39 m/h，表现出的是滑坡体该区段整体变形明显，出现明显位移；此时 1 号监测点监测到的滑动速率由 16 时 31 分的 0.39 m/h 迅速增大至 0.93 m/h（21 时 31 分），反映出来的是滑坡体整体发生滑动。至 8 月 4 日时，其下部的 10~13 号监测点开始逐步监测到变形速率，地表也开始出现裂缝等变形迹象，反映出上部滑体滑动后不断加载、推挤下部滑体，下部滑体逐渐启动变形的特点（图 8-109）。

综上，依据上、中、下三级块体监测数据，上级块体滑动时间点在 7 月 23 日—8 月 5 日，滑坡体滑移速度呈逐渐递减状态，单小时最大滑移距离由最初的 1.5 m/h 逐渐递减至 0.002 m/h；8 月 5 日后，滑坡基本处于停滞状态，GNSS 未监测到变形数据。

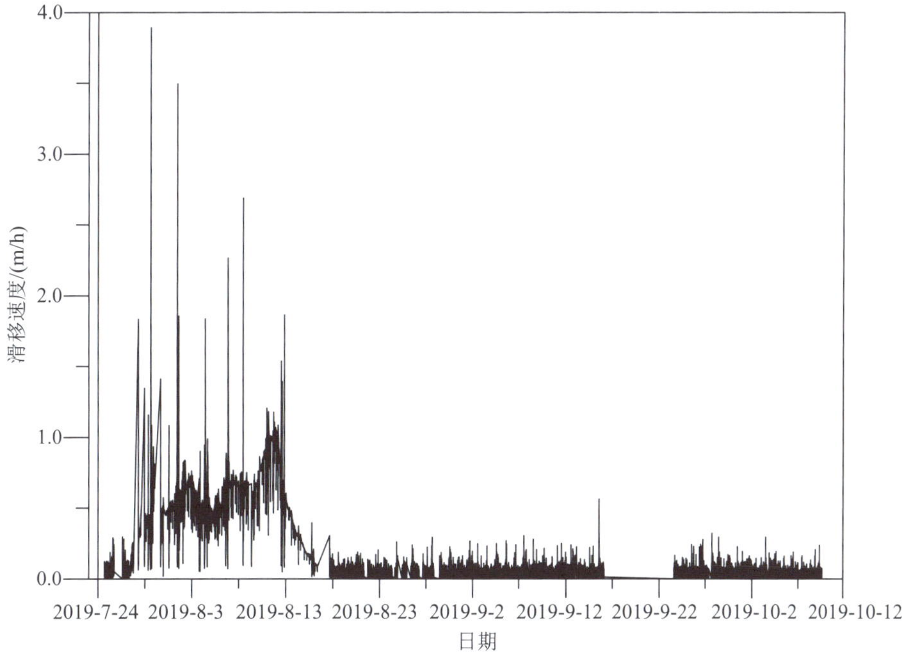

图 8-109 1号点监测速率曲线图

中级块体滑动时间段在7月30日—8月14日，其中7月23—30日，滑移速度呈递增状态，滑速最初仅为0.07 m/h，至7月30日，滑速达0.88 m/h，7月30日后，滑坡体滑移速度呈递减状态，至8月14日，滑坡体基本处于停滞状态。

下级块体中后部滑动时间段在7月26日—8月20日，其中，7月26日—8月1日滑移速度呈递增状态，最大滑速达0.87 m/h，8月1—20日，滑移速度呈递减状态，直至停滞；下级块体前缘舌部扇形地滑动时间为8月8—20日，滑体自8月8—12日呈块状逐级启动，且滑速呈递增状态，最大滑移速度为0.11~0.13 m/h，自8月12日后，上述块体滑移速度逐步呈递减状态，最终停滞（图8-110）。

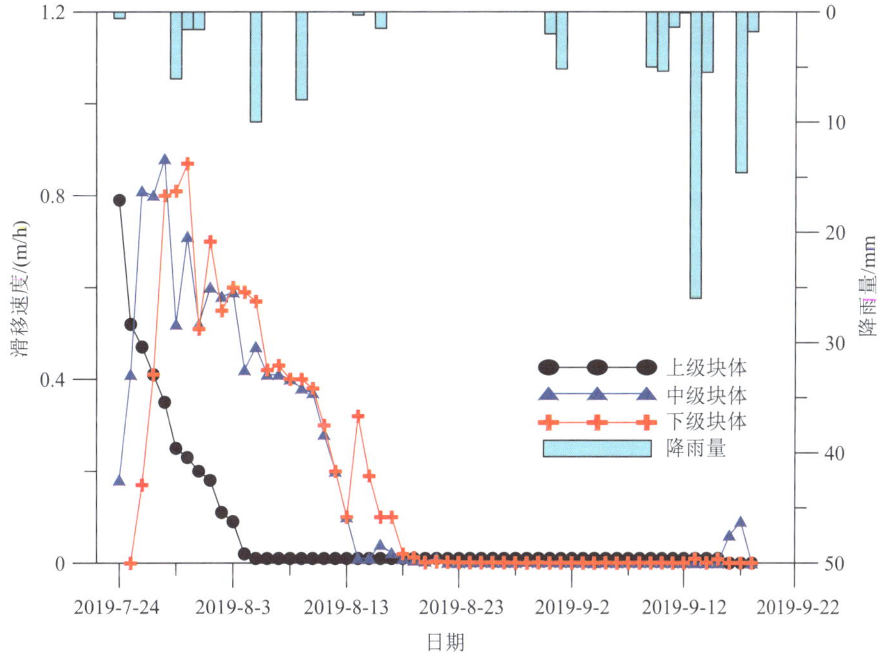

图 8-110 牙豁口滑坡上、中、下块体滑速曲线图

笔者通过分析监测结果发现，滑坡体自上而下的滑动有一定的规律性，其中滑坡后部（上级块体）自7月19日开始发生滑动，自7月23日开始已明显进入减速阶段，而此时滑坡中部（中级块体）才开始缓慢启动，并逐渐进入加速阶段，当中级块体于7月30日逐渐达到峰值，逐渐开始进入减速状态后，下级块体已于7月26日开始启动，且滑移速率呈逐步递增状态。滑坡具有明显逐级启动的特征。

为进一步验证此观点，笔者依据现场调查结论，根据多期无人机正射影像进行了对比。滑坡灾害发生后，笔者于7月21日起，更加关注滑坡发展变化动态，1~2日对滑坡体开展正射影像采集工作，直至滑坡滑入岷江后停滞（共采集9期）。

通过现场调查，结合对各期无人机正射影像图件对比分析发现（图8-111），滑坡在陡坡段快速滑动，在缓坡段堆积加载，并挤压其下部的滑体启动变形。变形破坏方式上表现为分级分块、从上至下逐级滑动的缓变式推移变形。其滑动过程可归纳总结成以下三个阶段（图8-112）。

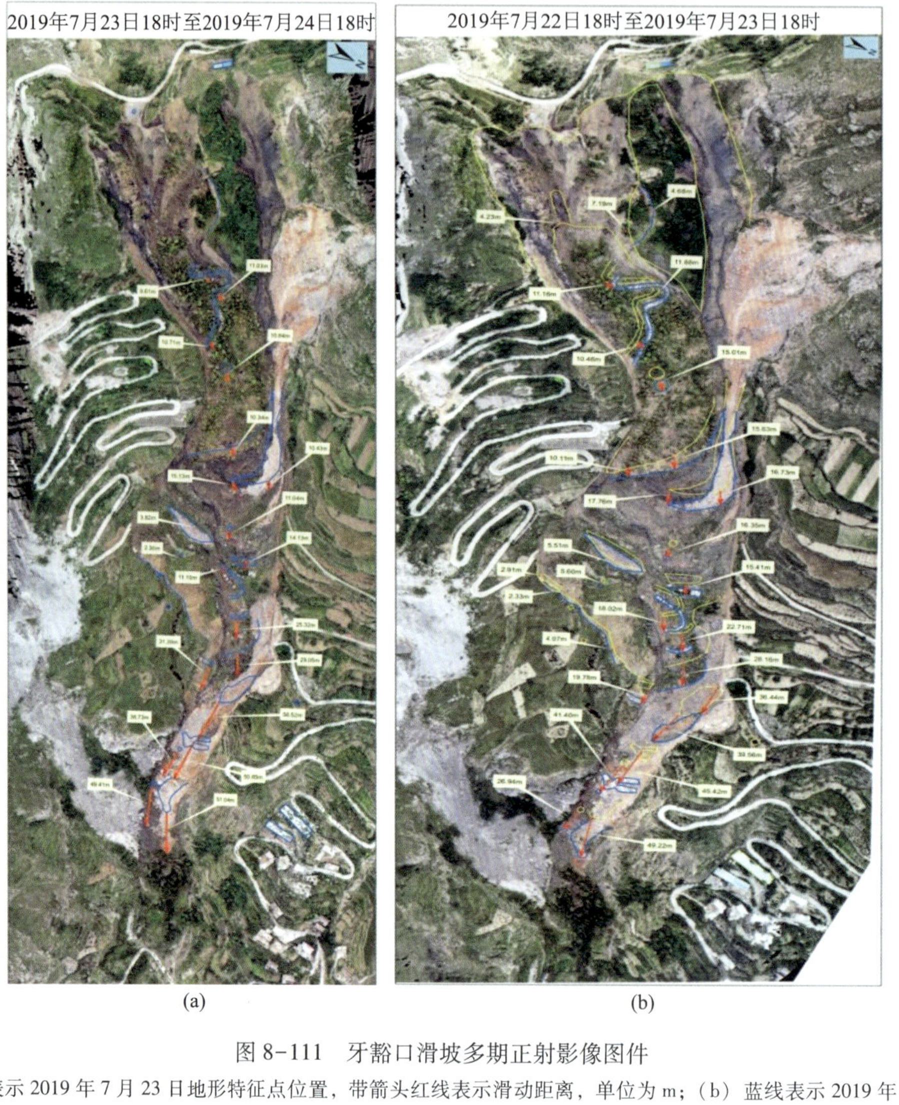

(a) (b)

图8-111 牙豁口滑坡多期正射影像图件

（a）蓝线表示2019年7月23日地形特征点位置，带箭头红线表示滑动距离，单位为m；（b）蓝线表示2019年7月23日地形特征点位置，黄线表示2019年7月22日地形特征点位置，带箭头红线表示滑动距离，单位为m

阶段一：滑坡体上部于7月16日发生变形，7月19日整体发生滑动，鉴于滑坡岩土体松散，且地下水赋存，致使滑坡自上而下呈流体状态向下缓慢滑动，当滑坡体通过缓坡，进入峡口下部的陡坡后，在重力作用的影响下，滑速（或流速）加快，迅速通过陡坡，在下部缓坡平台的堆积加载，形成填挖效应。

阶段二：原本处于临界状态的中部滑体受到上部堆积体加载后，迅速进入加速滑动状态，表现出来

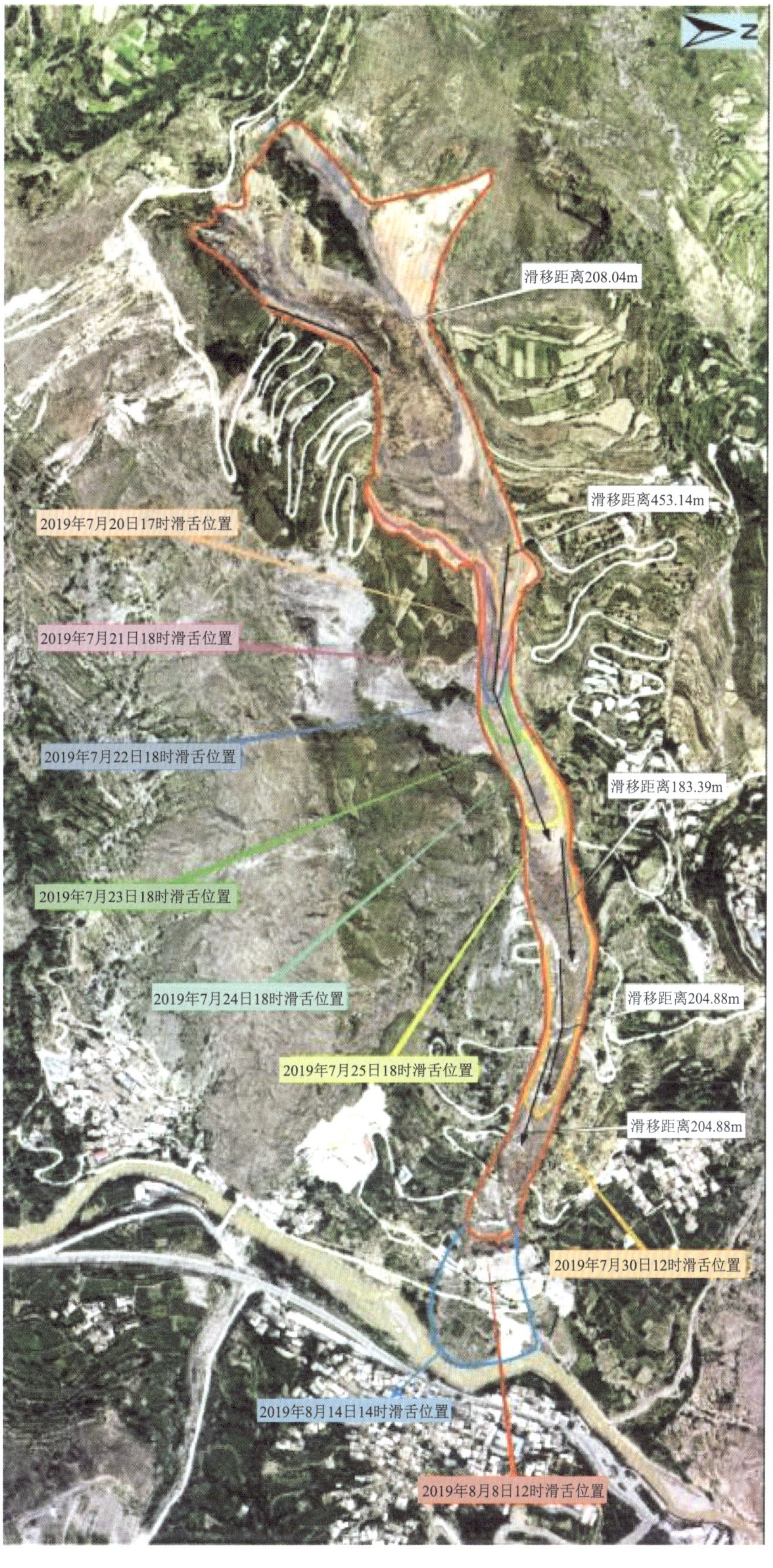

图 8-112 牙豁口滑坡滑动过程遥感影像图

[通过 9 期（7 月 20 日至 8 月 14 日）正射影像图对比解译得出]

的是两侧滑体两侧羽状裂缝发育，滑体上部树木出现变形，最终在堆积体的加载及推挤作用下发生塑性流动，并在后缘形成拉槽，其变形破坏方式表现为蠕滑—拉裂—土石流。

阶段三：以此模式，中部的滑坡体继续向下加载、推挤其下部的滑坡体，分级分块将应力逐级传递，表现出来的是其滑体前部不断出现新的剪切裂缝、鼓胀裂缝等迹象，现场调查时，几乎每天都可划定新的变形区域。最终以逐级加载、逐级启动的缓变推移式变形入江。同时，受其蠕滑-拉裂的破坏形式影响，滑坡最终发展成上、中、下三级相对独立的滑体，其滑面呈“叠瓦状”展布。

同时，笔者在滑坡对岸架设了三维扫描仪和地基 SAR，监测频率分别为 2 h 一期和 5 min 一轨，实现了地表绝对位移监测，获取滑坡现场地形高程数据，依据三维扫描仪和地基 SAR 数据，其监测到的滑坡变形过程与 GNSS 位移监测、无人机正射影像对比结论一致（图 8-113，图 8-114）。

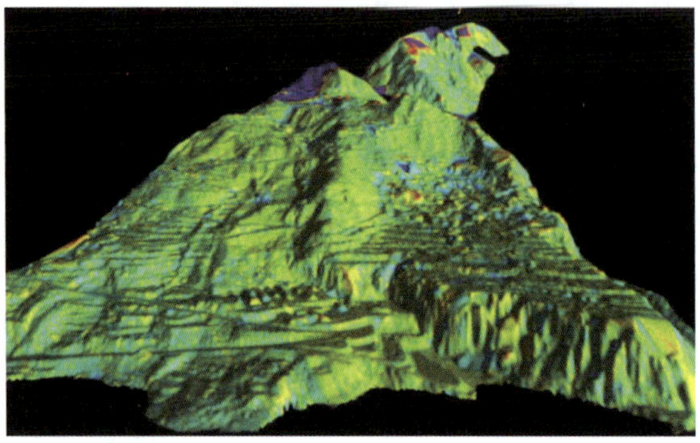

图 8-113　地基 SAR 监测成果

图 8-114　三维激光扫描仪监测成果

综上，滑坡体变形破坏模式如下（图 8-115）：

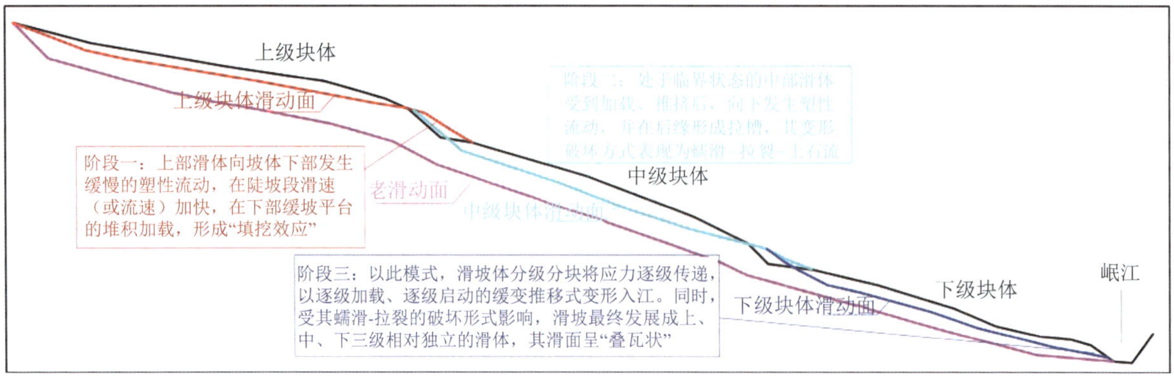

图 8-115　牙豁口滑坡变形破坏模式步骤剖面示意图

滑坡体地处断裂带发育的凹槽内，地形上极具汇水条件，滑坡体内地下水赋存，近年来一直处于蠕滑状态，在汛期遭受降雨入渗饱和后，滑坡岩土体下坡下发生塑性流动，其变形破坏方式表现为蠕滑—拉裂—土石流。

滑坡体变形模式为逐级加载、逐级传递应力、逐级启动的缓变推移式变形。

（2）成效

通过调查，结合监测数据分析和航测数据对比，笔者获取滑坡变形破坏模式，分析滑坡形成机理，准确研判滑坡的滑动路径及发展趋势，并对滑坡入江的具体时间进行了较为精确的预测，提前五天通知当地政府做好河道疏浚的准备工作，有效地避免了滑坡形成堰塞体造成的危害。在保障了工作人员生命安全的同时，更为当地政府开展河道疏浚工作赢得了宝贵的时间，提供了科学决策依据。

2. “空天地”一体化技术在滑坡应急勘查中的运用和成效

鉴于牙豁口滑坡规模大，滑距长，为准确测得滑坡基本特征，笔者在利用无人机航测获取滑坡平面参数的同时，沿滑坡体主滑方向布设了 1 条纵向剖面，在滑坡体上、中、下块体布设了 7 条高密度电法横向剖面，测线总长 3182 m，电极数 636 个，电极间距 5 m，其成果见图 8-116 至图 8-118。

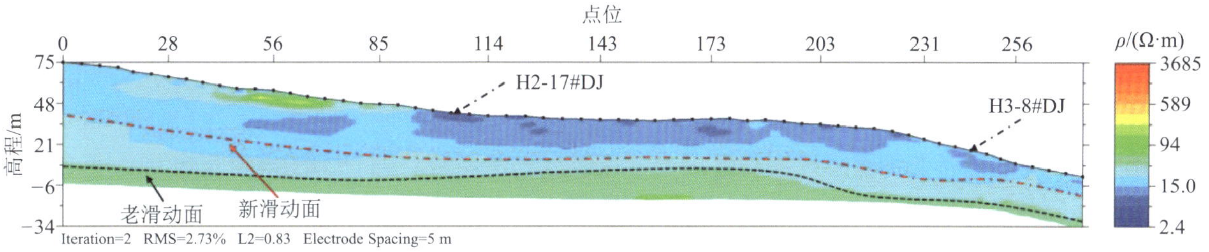

图 8-116　上级块体纵剖面电法解译成果图

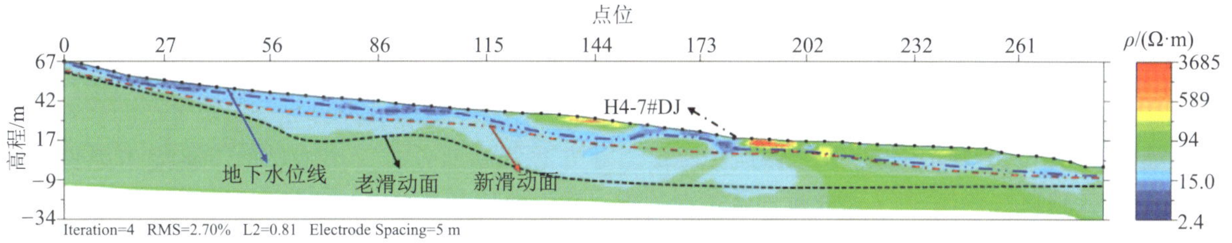

图 8-117　中级块体纵剖面电法解译成果图

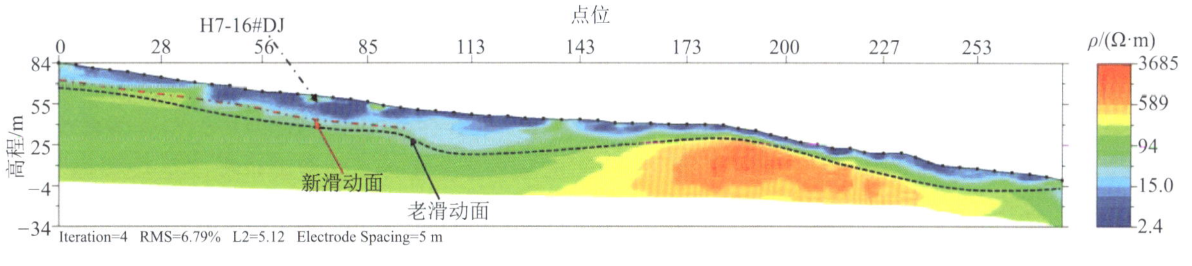

图 8-118　下级块体纵剖面电法解译成果图

依据物探结果可以看出：滑坡体自上而下可分为上、中、下三级相对独立的块体，三级块体界线明显其滑面形态呈叠瓦状，这一点与调查结论是一致的。

其中上级块体从纵向上看，其上部 0~13 m 深度范围内存在显著的局部聚水，地下水位不连续，中下部分布较为连续的地下水；滑体在厚度上后缘较薄，中部较厚，新滑动面的分布深度在 15~25 m 深度范围内，老滑动面的分布深度在 25~35 m 深度范围。

中块体从纵向上看，中部块体中间段滑体较厚，两端较薄，新滑动面的分布深度为10~25 m，老滑动面的分布深度为25~38 m。

下级块体从纵向上看，中下段较厚，上端较薄。从横向上看，滑体中间厚、两侧薄。滑坡导致地下水通道阻断，推测新滑动面的分布深度为6.5~10 m，老滑坡的滑动面分布深度为15~30 m。

另外，高密度电法显示滑坡上段（后部至中部）地层内多个位置存在显著集水的特征，并存在地面出水的现象；滑坡中段（中部）存在明显的局部聚水特征，滑坡下段（中部至前部）、前缘有明显的地下水分布，已形成较为统一的含水层，说明滑坡体内地下水较为丰富，地下水呈线状分布，且存在多层水位。

笔者通过与后期开展滑坡灾害治理工程勘查设计时部署的钻探工程对比，滑坡上级块体滑体的厚度在15.8~19.7 m之间，中级块体滑体厚度为13.1~21.0 m；下级块滑体厚度为7.3~10.5 m，这与物探的结论是基本吻合的。同时，钻探揭露地下水主要赋存于滑体中的碎石土层，整体上地下水分布较为连续，大体上已形成了统一含水层，但局部区段地下水含水层不均匀，存在上层滞水现象，这也与物探反映的滑体多个位置存在显著的集水特征，存在多层水位相印证。

依据物探结论，笔者在应急阶段快速获取滑坡各项参数，为稳定性计算、数值模拟等工作提供了支撑，确保趋势预测研判结论的准确性。

3. "空天地"一体化技术在滑坡应急治理中的运用和成效

笔者通过采用GNSS监测仪、三维扫描仪开展应急监测，认为滑坡体在滑动入江后处于基本稳定状态，在形变模式上具有逐级加载、逐级传递应力、逐级启动的特征；通过采用高密度电法，获取滑坡各项参数。为保障滑坡体稳定，笔者认为如何控制上级块体物源，防止其失稳滑动后向下加载和下级块体在汛期降水入渗和江水冲刷下局部失稳就显得尤为关键。因此，应急治理要重点治理上、下级块体，从而达到滑坡整体治理的目的，并提出如下应急治理措施建议：

1）对上级块体采用分级抗滑的方式继续治理，在滑坡体中部崖口处布设一排截面积2.4 m×3.6 m的埋入式抗滑桩；在滑坡体前缘（10-10′断面处）布设一排截面积2.4 m×3.6 m的悬臂式抗滑桩，墙后架设挡土板；通过各类抗滑桩的布设能有效提高滑坡局部及整体的稳定性，在治理滑坡的同时还能兼顾滑坡体前缘现有的变形体，治理浅层滑坡的同时还能兼顾深层滑动，起到事半功倍的效果。

2）鉴于上级块体后壁及侧壁坡度陡峭，坡顶裂缝发育，局部发育次级滑坡体。采取不同的放坡坡率、削坡级数及每级坡高等，通过实施削方减载工程，减轻斜坡"头部"重量、消除斜坡威胁。

3）滑坡体滑动入江后，下级块体前缘河道最窄处仅为12 m，已不满足工程段岷江50年一遇和100年一遇的过流能力，应对挤占河道的前缘堆积体进行清除，并采用不同坡率进行削坡减载，从而在保障工程段岷江过流能力的同时，提高前缘的稳定性。同时，为防止前缘在江水冲刷下失稳发生浅层滑动后不断向后牵引后部土体，对下级块体前缘高陡边坡采用挡土墙进行护坡，达到防止江水冲刷后失稳、固脚的目的。

4）鉴于滑坡体地处断裂带发育的凹槽内，地形上极具汇水条件。截排水工程是应急治理成效是否有效发挥作用的关键。应利用滑坡体现已形成的冲沟自然排泄，辅以导流措施将地表水排泄出滑坡体，即地表排水系统；并在地下水赋存的区段采用集水井、仰斜式排水孔等措施排泄滑坡体内的地下水，即地下排水系统。从而达到通过减少地表水入渗，降低地下水水位，增强滑坡体的稳定性的目的（图8-119）。

4. 成效分析

通过采用"空天地"一体化技术，笔者利用无人机航测影像图精确测定滑坡在滑移、停滞等各阶段下的平面参数，查明灾害的威胁对象及其所造成的损失。利用GNSS监测仪、三维扫描仪等监测设备，获取滑坡不同部位下的变形特征，获取滑坡形变规律，分析滑坡的稳定性和形成机理、成灾模式，预测滑坡发展趋势，提前5天预判滑坡入江时间。利用高密度电法，在短时间内确定了滑体的厚度、结构、地下水分布及埋深等特征。结合监测、勘查数据，提出具有逐级加载、逐级传递应力、逐级启动的特征，并

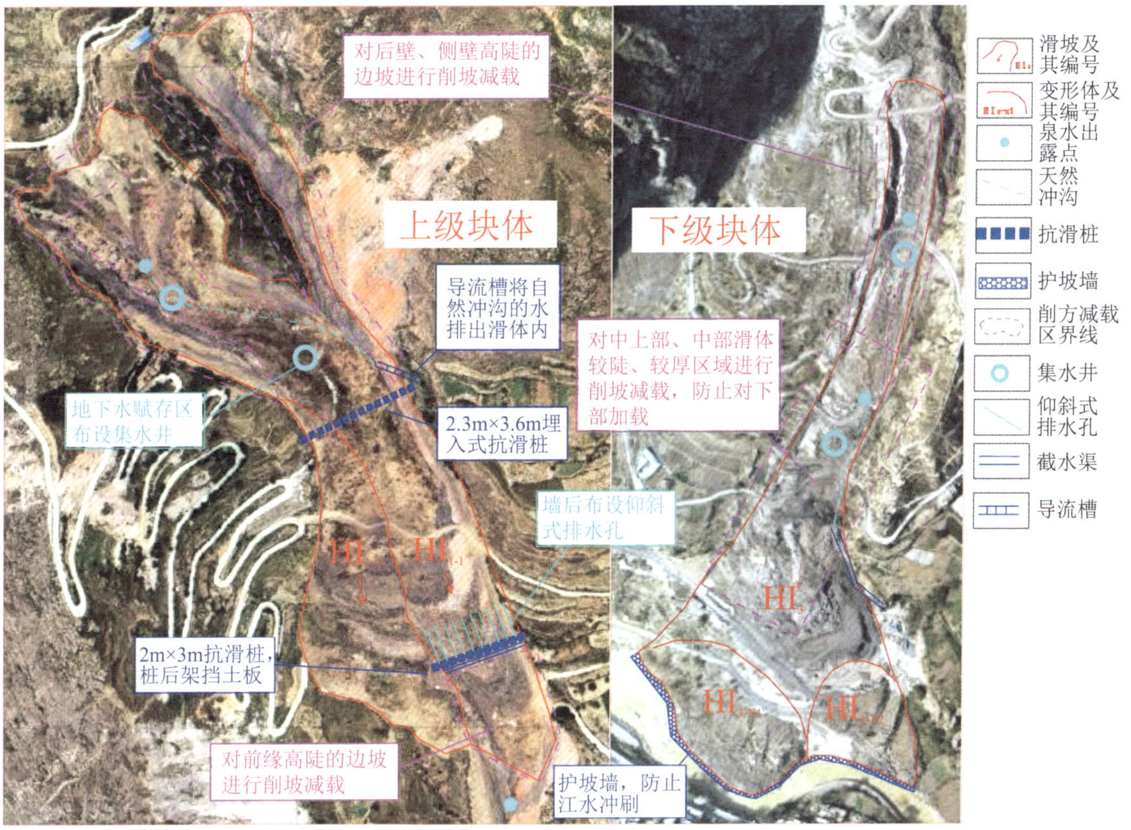

图 8-119 应急治理工程部署建议示意图

聚焦滑坡形成机理和成灾模式，针对性提出了切实可行的应急治理措施建议，为应急处置工作提供了有力的支撑与保障，为应急治理工程的快速开展奠定了坚实的基础。

第四节 “空天地”一体化技术在舟曲立节北山滑坡灾害应急处置中的应用

一、灾情概况

2021 年 1 月 14 日，立节镇北山滑坡出现复活迹象，坡体多处出现裂缝和错落，造成滑坡体中部北山村通村道路局部变形，直接威胁滑坡体上北山村及沟口堆积扇上立节镇机关单位、立节村共 152 户 751 人生命安全，威胁资产 1.17 亿元，险情等级为特大型。

立节镇北山滑坡处于长期蠕滑变形状态，历史上多次发生滑坡、泥石流链式灾害。据调查，40 多年以来，滑坡曾于 1978 年、1992 年、2010 年、2018 年多次复活滑动，并引发泥石流灾害，造成严重的灾情。尤以 1978 年最为严重，致使滑坡体上部 100 多户居民房屋损毁，被迫搬迁至立节镇。2020 年 8 月北山发生 $4.5\times10^4\ m^3$ 崩塌，在暴雨作用下转化为泥石流，造成白龙江 1/2 被堵。

二、立节北山滑坡-泥石流链式灾害基本特征

（一）滑坡特征

1. 滑坡基本特征

舟曲县立节镇北山滑坡为一老滑坡体（H），滑坡长 600～1200 m（平均长 750 m），宽 260～520 m

(平均宽430 m),厚度4~25 m(平均厚13 m),体积约420×10^4 m^3,规模属大型。本次滑坡为老滑坡的部分复活,复活体按照发育特征可分为HⅠ滑坡、HⅡ滑坡(图8-120)。以下分别进行描述。

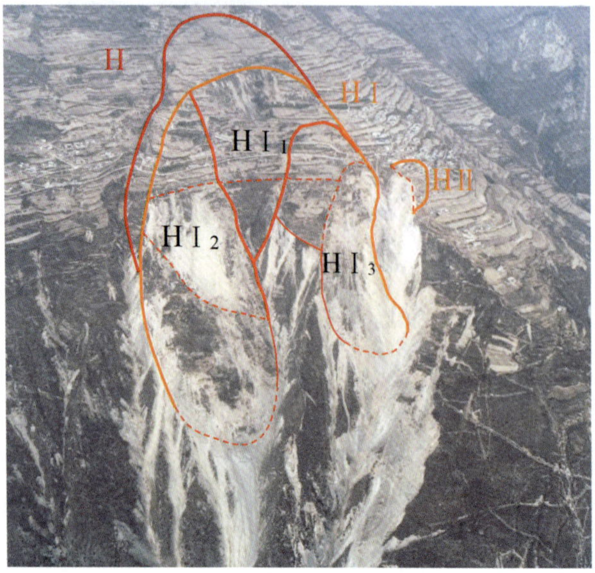

图8-120 舟曲县立节北山滑坡全貌

(1)HⅠ滑坡特征

HⅠ滑坡为一黄土碎石土混合土质滑坡,滑坡长500~700 m(平均长550 m),宽度300~500 m(平均宽420 m),厚度6~22 m(平均厚13 m),体积约267×10^4 m^3,规模属大型。根据滑坡体的地貌特征和变形特征,可将滑坡分为三个次级滑坡(HⅠ$_1$、HⅠ$_2$、HⅠ$_3$)。其中HⅠ$_1$滑坡位于HⅠ滑坡中后部,滑体较完整,形态呈不规则形状,坡度较为平缓;HⅠ$_2$滑坡、HⅠ$_3$滑坡均位于HⅠ滑坡中下部,两个滑坡之间受山梁阻隔,将其切割成两个独立的块体(表8-6,表8-7)。上述块体均高悬于山坡上,属高位滑坡,滑体成分为黄土和碎石土混杂堆积体,滑床为板岩、千枚岩强风化破碎层(图8-121)。以下进行分别叙述。

表8-6 舟曲县立节北山老滑坡复活体分块列表

滑坡名称		次级滑坡	滑块名称	长/m	宽/m	面积/m^2	厚/m	体积/10^4 m^3
复活体	HⅠ滑坡	HⅠ$_1$(HⅠ上段)	HⅠ$_{1-1}$块体	320	165	52633	15	79
			HⅠ$_{1-2}$块体	100	80	8184	5	4
		HⅠ$_2$(HⅠ西侧)	HⅠ$_{2-1}$块体	210	100	21131	20	42
			HⅠ$_{2-2}$块体	200	155	31178	6	19
			HⅠ$_{2-3}$块体	340	150	51826	10	52
		HⅠ$_3$(HⅠ东侧)	HⅠ$_{3-1}$块体	175	120	21414	20	43
			HⅠ$_{3-2}$块体	100	115	11454	10	11
			HⅠ$_{3-3}$块体	270	105	28172	6	17
	HⅡ滑坡	HⅠ东侧侧壁		90	155	13972	8	11
复活体				558	430	239964	13	278

1)HⅠ$_1$滑坡特征。HⅠ$_1$滑坡位于滑坡堆积体中上部(图8-122),滑坡平面形态为不规则状,剖面呈折线形(图8-123),长约300 m,宽约230 m,平均厚度12 m,体积83×10^4 m^3,规模为大型。根据变形特征HⅠ$_1$可分为HⅠ$_{1-1}$和HⅠ$_{1-2}$两个块体。HⅠ$_{1-1}$块体后缘以坡顶张拉裂缝为界,前缘以东西两侧框

架下部平行线为界，长约 320 m，宽约 165 m，相对高差 186 m，整体坡度约 25°，平均厚度 15 m，体积约 $79\times10^4\ m^3$，规模属中型。HⅠ$_{1-2}$ 块体后缘以东西两侧框架下部平行线为界，前缘剪出口明显，滑坡体长约 100 m，宽约 80 m，相对高差 100 m，整体坡度约 30°，平均厚度 5 m，体积约 $4\times10^4\ m^3$，规模属小型。参照前期勘查成果和本次高密度电法解译成果，上部滑体厚度 10~15 m，中部滑体厚度 20~22 m，前缘滑体厚度 6~8 m（图 8-124）。

表 8-7 舟曲县立节北山滑坡及滑动分块剪出口离白龙江高差及水平距离一览表

滑坡名称		次级滑坡	滑块名称	后缘高程/m	前缘高程/m	前后缘高差/m	剪出口-白龙江高差/m	剪出口—江水平距离/m
复活体	HⅠ滑坡	HⅠ$_1$（HⅠ上段）	HⅠ$_{1-1}$ 块体	2431	2245	186	732	1280
			HⅠ$_{1-2}$ 块体	2245	2133	112	620	1143
		HⅠ$_2$（HⅠ西侧）	HⅠ$_{2-1}$ 块体	2389	2245	144	732	1266
			HⅠ$_{2-2}$ 块体	2245	2069	176	556	1060
			HⅠ$_{2-3}$ 块体	2081	1921	160	408	848
		HⅠ$_3$（HⅠ东侧）	HⅠ$_{3-1}$ 块体	2308	2243	65	730	1281
			HⅠ$_{3-2}$ 块体	2239	2157	82	644	1160
			HⅠ$_{3-3}$ 块体	2261	2048	213	535	1058
	HⅡ滑坡	HⅠ东侧侧壁		2282	2178	104	665	1213
复活体				2431	1921	510	408	848

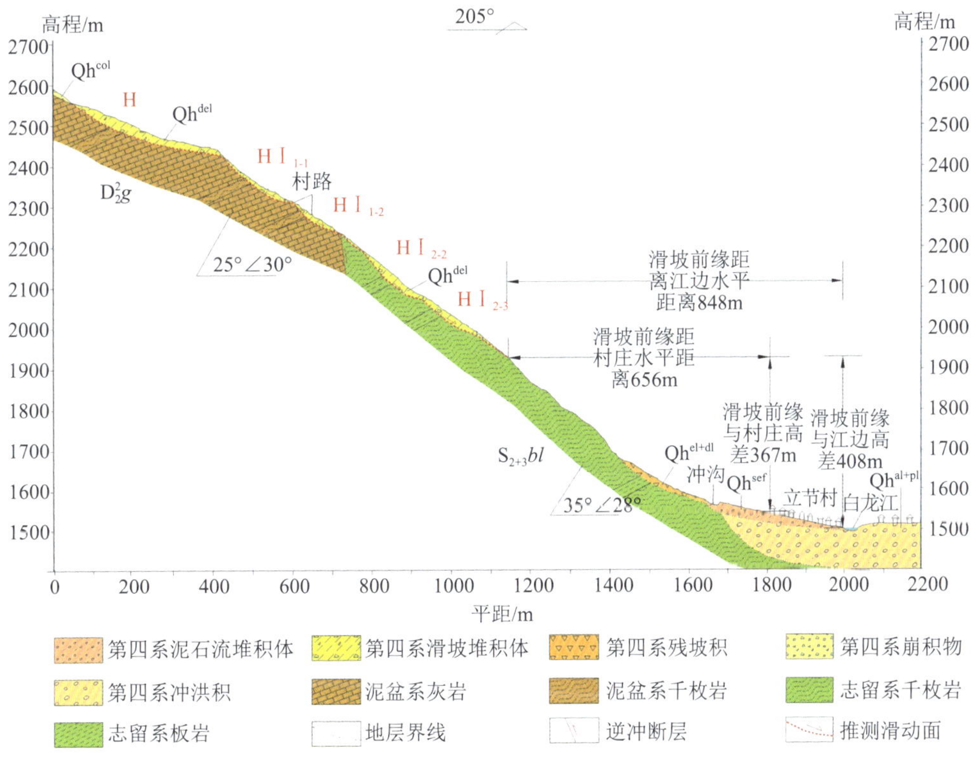

图 8-121 立节北山滑坡（H）剖面图

2）HⅠ$_2$ 滑坡特征。HⅠ$_2$ 滑坡位于 HⅠ滑坡堆积体西侧（图 8-125），滑坡平面形态为舌状，剖面呈折线形（图 8-126），长约 620 m，宽约 150 m，平均厚度 12 m，体积 $113\times10^4\ m^3$，规模为大型。根据变形特征 HⅠ$_2$ 可分为 HⅠ$_{2-1}$ 和 HⅠ$_{2-2}$、HⅠ$_{2-3}$ 三个块体。HⅠ$_{2-1}$ 块体后缘以坡顶张拉裂缝为界，前缘以框架

图 8-122　HⅠ$_1$ 滑坡全貌

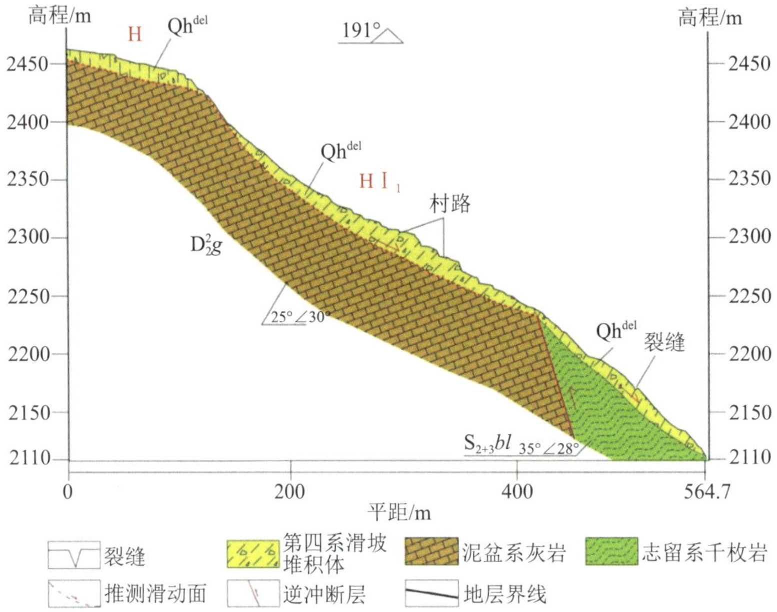

图 8-123　HⅠ$_1$ 滑坡剖面图

下部为界，长约 210 m，宽约 100 m，相对高差 140 m，整体坡度约 30°，平均厚度 20 m，体积约 42×10^4 m^3，规模属中型。HⅠ$_{2-2}$ 块体后缘以既有框架下部为界，前缘剪出口明显，滑坡体长约 200 m，宽约 155 m，相对高差 172 m，整体坡度约 45°，平均厚度 6 m，体积约 19×10^4 m^3，规模属中型。HⅠ$_{2-3}$ 块体为上部老滑坡堆积体，前缘剪出口明显，滑坡体长约 340 m，宽约 150 m，相对高差 256 m，整体坡度约 25°，平均厚度 10 m，体积约 52×10^4 m^3，规模属中型。

3）HⅠ$_3$ 滑坡特征。HⅠ$_3$ 滑坡位于滑坡堆积体东侧（图 8-127），滑坡平面形态为不规则舌状，剖面呈折线形，HⅠ$_3$ 滑坡长度约 320 m，宽约 170 m，平均厚度 13 m，体积 71×10^4 m^3，规模为中型（图 8-128）。根据变形特征可分为三个块体，编号为 HⅠ$_{3-1}$、HⅠ$_{3-2}$、HⅠ$_{3-3}$。HⅠ$_{3-1}$ 后缘以坡顶拉张裂缝为界，前缘以既有框架下部为界，两侧以冲沟为界，长约 175 m，宽 120 m，相对高差 69 m，整体坡度约

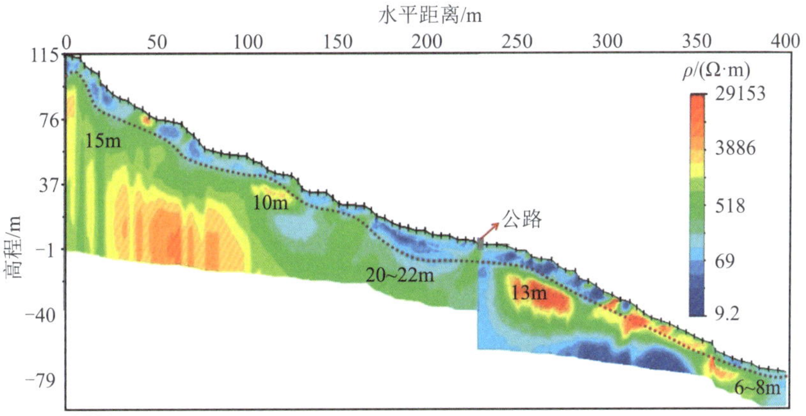

图 8-124　H Ⅰ$_1$ 滑坡物探解译剖面

图 8-125　H Ⅰ$_2$ 滑坡全貌

30°，平均厚度 20 m，体积约 43×10^4 m^3，规模属中型。H Ⅰ$_{3-2}$ 后缘以既有框架下部为界，前缘剪出口明显，滑坡体长约 100 m，宽约 115 m，相对高差 84 m，整体坡度约 35°，平均厚度 10 m，体积约 11×10^4 m^3，规模属中型。H Ⅰ$_{3-3}$ 后壁明显，前缘剪出口明显，滑坡体长约 270 m，宽约 105 m，相对高差 216 m，整体坡度约 40°，平均厚度 6 m，体积约 17×10^4 m^3，规模属中型。

（2）H Ⅱ 滑坡特征

H Ⅱ 滑坡位于 H Ⅰ 滑坡东侧（图 8-129），滑坡平面形态为半圆弧状，剖面呈折线形，滑坡长度约 90 m，宽约 155 m，平均厚度 8 m，体积 11×10^4 m^3，规模为中型。滑坡前缘地形陡峭，坡脚临空，整体坡度 25°，前后缘相对高差 104 m（图 8-130）。

2. 滑坡变形特征

（1）H Ⅰ$_1$ 滑坡变形特征

H Ⅰ$_1$ 滑坡后缘崩塌发育，局部有裂缝，裂缝贯穿长约 30 m，平均裂缝宽约 5 cm，局部有错动陡坎，高差 5~20 cm（图 8-131，图 8-132）；前缘 H Ⅰ$_{1-2}$ 块体变形明显，坡体醉汉林成片分布，裂缝发育，裂缝长约 6 m，宽约 30 cm，局部有错动陡坎，高差 5~12 cm（图 8-133，图 8-134）。

（2）H Ⅰ$_2$ 滑坡变形特征

HⅠ$_2$ 滑坡后缘发育一道贯穿裂缝，裂缝贯穿长约 150 m，平均裂缝宽约 5 cm，局部有错动陡坎，高差 8~15 cm（图 8-135）；该滑坡变形明显加剧，造成坡腰道路错断塌落，坡脚路面出现裂缝（图 8-136）；HⅠ$_2$ 滑

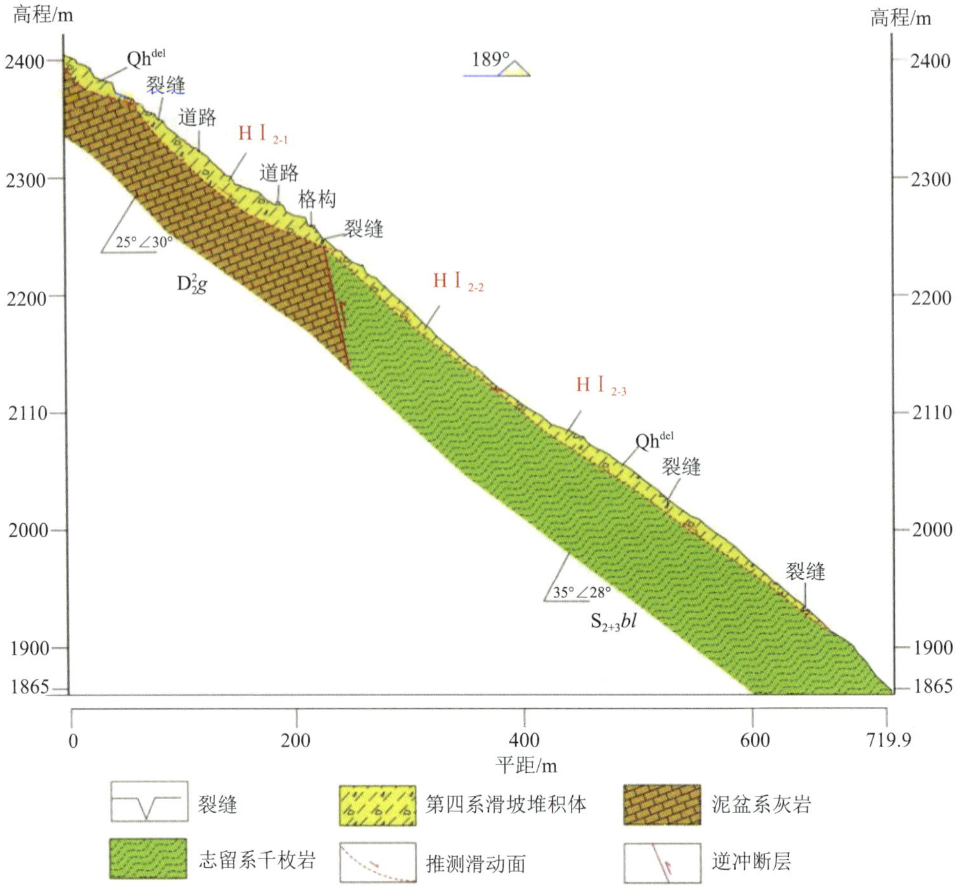

图 8-126　H Ⅰ$_2$ 滑坡剖面图

图 8-127　H Ⅰ$_{3-1}$ 滑坡全貌

坡下部次级滑坡发育，裂缝数十条，时有碎石土下溜（图 8-137，图 8-138）；既有框架下部平台已出现多次次级滑动，导致局部框架基础滑动后外露，框架基础两侧未滑动部分均已出现贯穿的裂缝，裂缝长约 70 m，其中东侧裂缝长约 30 m，西侧裂缝长约 40 m，裂缝宽度约 20 cm。（图 8-139，图 8-140）。

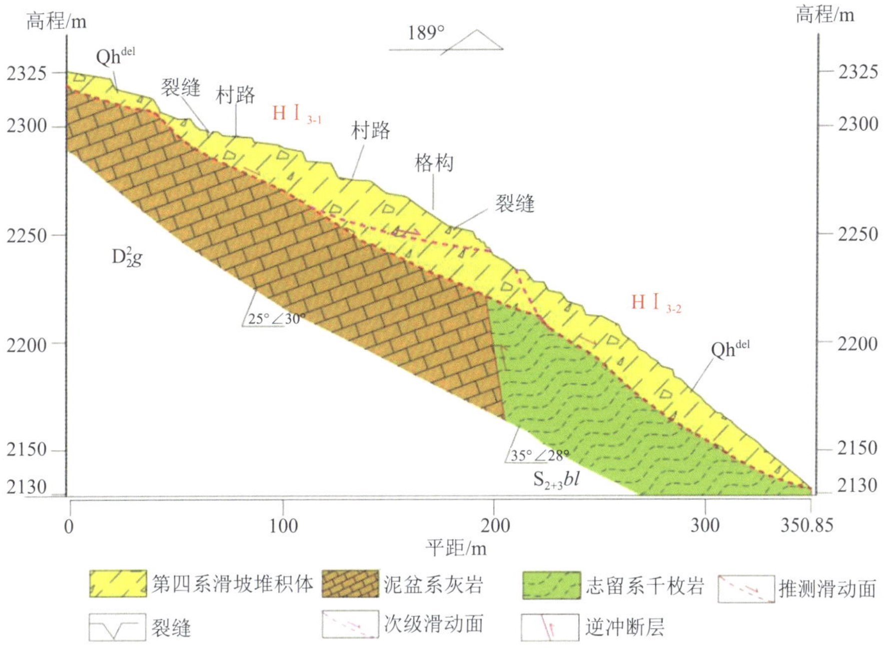

图 8-128　H Ⅰ $_{3-1}$ 滑坡剖面图

图 8-129　HⅡ滑坡全貌

（3）H Ⅰ $_3$ 滑坡变形特征

受汛期降雨影响，与 H Ⅰ $_2$ 滑坡相似，H Ⅰ $_3$ 滑坡变形也明显加剧。目前 H Ⅰ $_3$ 滑坡后缘裂缝发育，裂缝长约 20 m，宽度约 10 cm。上部次级滑坡发育，右侧侧壁明显（图 8-141）。东侧冲沟两侧已发生多起滑塌（图 8-142），坡腰道路错断塌落，既有框架下部平台已出现变形反翘（图 8-143）；坡体西侧前缘裂缝发育，长约 50 m，宽约 20 cm（图 8-144）。

（4）HⅡ滑坡变形特征

受汛期降雨影响，H Ⅰ 滑坡东侧 HⅡ滑坡变形也明显加剧。目前 HⅡ滑坡前缘裂缝发育，由于前缘不断滑塌变形，局部临空，导致变形区不断向后扩展（图 8-145，图 8-146）。

（二）泥石流特征

1. 泥石流形成条件

（1）地形条件

立节北山泥石流形成与立节北山滑坡密切相关，属于由滑坡转化的沟谷型泥石流。泥石流流域呈北

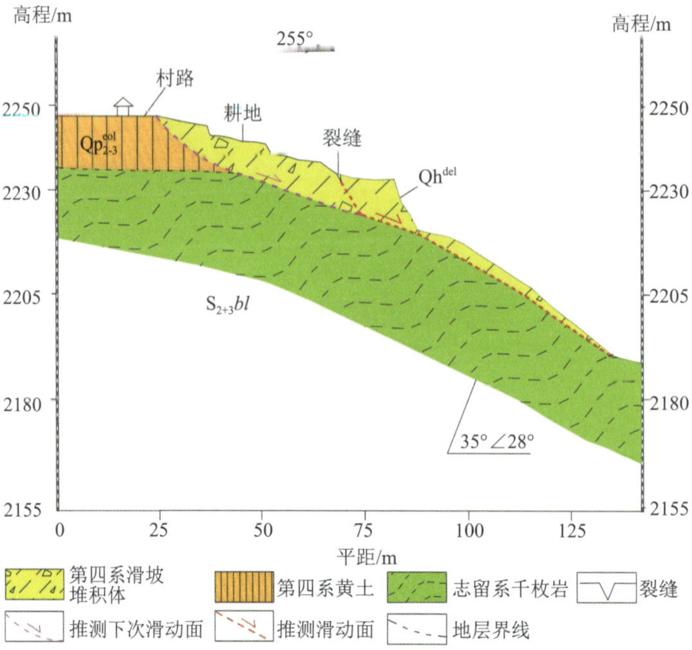

图 8-130　HⅡ滑坡剖面图

南向展布，流域总体呈桃叶状，流域面积 1.55 km^2，北部沟脑（坡顶）高程 2925 m，沟口（坡脚）高程 1560 m，相对高差 1365 m，主沟道长度 2580 m，沟道纵比降达 530‰。流域地形起伏强烈，地势较为陡峻，上游沟谷形态不明显，呈汇水洼地，沟坡坡度 40~60°；中游滑坡堆积严重，沟道切割强烈，支沟有滑坡体堵塞沟道情况，沟坡坡度 40°左右；下游沟槽切割较深，弯曲、狭窄，跌水发育，呈"V"字形，深度 5~8 m，底宽一般小于 15 m。

图 8-131　HⅠ$_1$ 滑坡上部次级变形

图 8-132　HⅠ$_1$滑坡后缘裂缝发育

图 8-133　HⅠ$_1$ 滑坡前缘次级变形

图 8-134　HⅠ$_1$ 滑坡前缘裂缝

图 8-135 HⅠ$_2$ 滑坡后缘裂缝

图 8-136 HⅠ$_2$ 滑坡上部道路错断

图 8-137 HⅠ$_2$ 滑坡格构下部次级滑动

图 8-138 HⅠ$_2$ 滑坡下部次级滑坡

图 8-139 HⅠ$_2$ 滑坡框架梁底部裂缝

图 8-140 HⅠ$_2$ 滑坡框架梁底部已滑空

（2）物质来源

丰富的松散固体物质是立节北山泥石流形成最基本的条件，物质来源形式主要为滑坡、崩塌、坡面补给和沟道堆积再搬运四类。其中以北山滑坡堆积物占主导地位。北山滑坡为一老滑坡，历史上曾多次发生滑动和复活，导致沟道山体支离破碎，堆积物在坡面和沟道内堆积，尤其是本次滑坡活动的几个块体前缘直接受到沟道流水侵蚀，产生的固体松散物质逐级加载堆积在沟道内，甚至能堵塞沟道，形成的松散物质几乎能够全部补给泥石流。根据目前调查，2020 年 8 月 17 日发生的崩塌方量为 4.5×10^4 m^3，由于 HⅠ$_2$、HⅠ$_3$ 滑坡前部块体逐步滑入沟道，可全部转化为泥石流物源，其体积达 69×10^4 m^3，再加上坡面面状侵蚀物源量 1.5×10^4 m^3，由此计算的松散物物质储量大于 74.47×10^4 m^3/km^2，具备了丰富的物源。

图 8-141　HⅠ$_3$ 滑坡东侧次级滑坡

图 8-142　HⅠ$_3$ 滑坡东侧侧壁及次级滑塌

图 8-143　HⅠ$_3$滑坡中部格构框架变形翘起

图 8-144　HⅠ$_3$ 滑坡西侧前缘裂缝发育

图 8-145　HⅡ滑坡前缘裂缝发育

图 8-146　HⅡ滑坡前缘崩滑体

（3）水动力条件

流域内泥石流的形成与连续降雨和短时强降雨密切相关。据气象资料显示，滑坡区及周围多年平均降水量为435.88 mm，日最大降雨量为63.3 mm，1小时最大降雨量为47.0 mm。2020年8月17日降雨54.1 mm，即发生较大规模的泥石流，并将白龙江河道堵塞1/2。近5年来，立节镇年降水量呈逐年增多趋势，区内降水集中在6—9月，且多以强降雨出现，具有降水集中、雨强大的特点。由于泥石流沟道长度短，比降大，导致泥石流短时间内可形成，具有突发性特征。历时短强度大的降水为泥石流的形成提供了充足的水源条件，是区内泥石流频繁发生的重要原因。

2. 泥石流分区特征

立节北山泥石流沟是典型的滑坡转化为泥石流的链式灾害，属于高频黏性中型坡面型泥石流，虽属坡面型泥石流，但汇水区、形成区、流通区、堆积区较为明显，本次按照流域分区的四个区域（图8-147）特征进行描述。

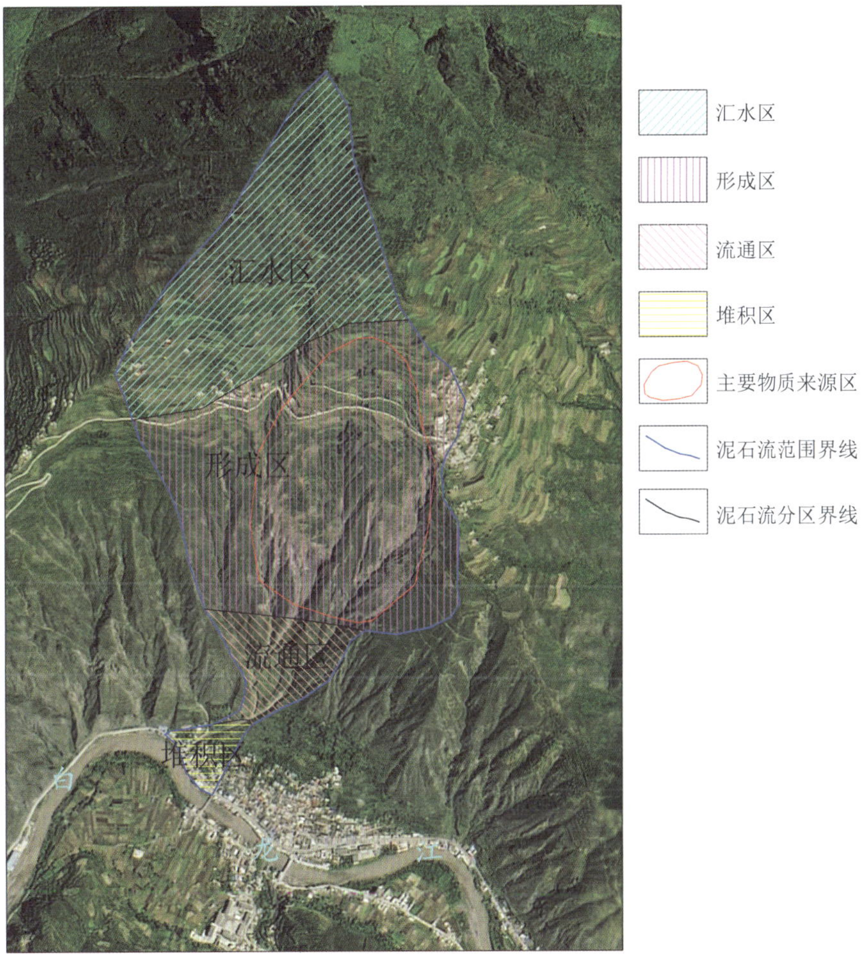

图8-147 立节北山泥石流分区图

（1）汇水区

滑坡所在坡体顶部基岩山区为泥石流汇水区，平面呈不规则三角形，面积0.35 km^2，占流域面积的22%，坡体无深切沟槽，坡度较陡，约40°，植被稀疏，基岩裸露，总体呈汇水勺状，有天然和人工积水槽，具有良好的汇水条件，同时，北山村东侧村落截排水渠也汇入该区域，增加了水源来量。

（2）形成区

水流途径坡体中部立节北山滑坡时，大量的松散物质为坡体上的4条冲沟提供了丰富的物质来源，为泥石流形成区，面积0.87 km^2，占流域面积的56%，形成区总体地形为上部缓，下部陡，上部以陡坡耕地和居民房屋为主，地势相对平缓，有多级台坎，坡度25°左右，下部以滑坡堆积物为主，冲沟和滑坡、崩塌极其发育，坡度35°左右，现状滑坡处于不稳定状态，松散物质丰富，固体松散物质补给量占流域总补量的90%左右，为泥石流主要物质来源，良好的松散固体物质补给为泥石流的形成提供了必然条件。

（3）流通区

在坡脚段，4条冲沟呈“梳”状在狭窄的沟槽排列并最终汇集形成泥石流流通区，面积0.11 km^2，占流域面积的7%，流通区两侧山体坡度30°~40°，冲沟切深呈“V”字形，冲沟弯曲，长度500~600 m，高差可达350 m，比降可达700‰，冲沟内滑坡堆积物松散滑落至流通区上游，堵塞沟道或披覆于沟道内，在强降雨中进入流通区形成泥石流，流通区中下段弯曲处沟槽泥石流爬高痕迹最高可达10 m。

（4）堆积区

经流通区后泥石流在沟口段减速堆积，形成堆积扇，面积0.22 km^2，占流域面积的14%，扇形地较为完整，长度450 m，宽700 m，扩散角100°，坡度10°~15°，为耕地和镇政府所在地，历史堆积物逐年挤压河流，导致白龙江主沟道向南侧偏移并弯曲。现状出山口后堆积区南侧有排导工程，泥石流发生后沟道堵塞情况较为严重，局部一次淤积厚度最高可达4 m，堆积物颗粒以2~15 cm碎石和角砾及大量黏性土等物质为主。

3. 泥石流径流堆积特征

（1）径流和流体特征

立节北山泥石流具有汇流快、洪峰流量大的特点，据当地居民介绍，往年泥石流发生呈阵性流的特征。暴雨期间，先是黏度较大的以大颗粒为主的泥石流快速流出，流速快、颗粒大、黏度高、含水量小；其后，相对较稀的以泥沙为主的泥石流冲出，流速慢、声音小、黏度小、颗粒细、含水量大。从暴发泥石流时的观测视频来看，流通区流速6.5 m/s，堆积区沟道内流速逐渐变缓为3 m/s左右（图8-148）。

图8-148　泥石流沟口流通及排导段高程点云渲染图

（2）堆积特征

泥石流在流通区的沟道内堆积较少，大多沿陡峭的沟道排泄后堆积于沟口以下老堆积扇右侧。主要是第四系泥石流堆积物，为碎石和黏土，母岩成分以灰岩、板岩、千枚岩为主，呈棱角状，级配良好，一般粒径为2~12 cm，最大粒径25 cm，填充物主要为粉质黏土，占总量的25%，稍密、胶结良好。

（3）流量及重度

立节北山泥石流根据排导渠泥位计算，其100年一遇流量可达70 m^3/s，百年一遇泥石流一次最大冲出固体物质 15×10^4 m^3，规模为中型；根据泥石流浆体特征及打分法估算，其重度可达20 kN/m^3，属黏性泥石流。

（4）泥石流堵江特征

立节北山泥石流排导渠与白龙江呈正交，由于排导渠固化了泥石流的运动路径，因此，泥石流出沟口后直接冲向白龙江河道，在河道内形成小型的堆积扇，挤压白龙江主流向右岸偏移，堆积扇高度5 m左右，造成白龙江局部被堵。后在江水冲刷作用下，自行冲开。

（5）泥石流发展趋势

泥石流发生频率每年1~3次，属高频发泥石流；形成区坡度大于30°，不良地质现象发育，沟槽处于强侵蚀阶段，切蚀严重，目前处于发展期（壮年期）。

4. 泥石流过流能力核算

舟曲县于2015年在泥石流出山口向上游150 m段修建了排导工程，但由于泥石流黏度较大，沟槽内淤积较为严重，每次发生后都需清淤。2020年8月发生泥石流，沟道下游基本处于堵塞状态，淤积厚度2~5 m。按照清淤后的沟道情况选择三处典型断面进行过流计算，计算认为，沟道清淤后三处（图8-149）实测断面均可通过一次泥石流的峰值流量（表8-8），但由于立节沟泥石流黏度大，入水口处坡度较缓，容易形成堆积物滞留，影响下一次洪峰的排泄，在排泄不畅的情况下，泥石流可能越过两侧排导堤（图8-150）。

表8-8 泥石流峰值流量通过能力（理想状态下）估算表

断面编号	断面位置	断面面积/m	流速/(m/s)	过流能力/(m^3/s)	峰值流量/(m^3/s)
1	沟口桥下	33.3	3	99.9	70
2	沟口向上50 m处排导堤	32.38	3	97.14	70
3	出山口向下游50 m处天然沟槽	84.6	3	253.8	70

图8-149 泥石流沟口排导情况及断面测量处照片

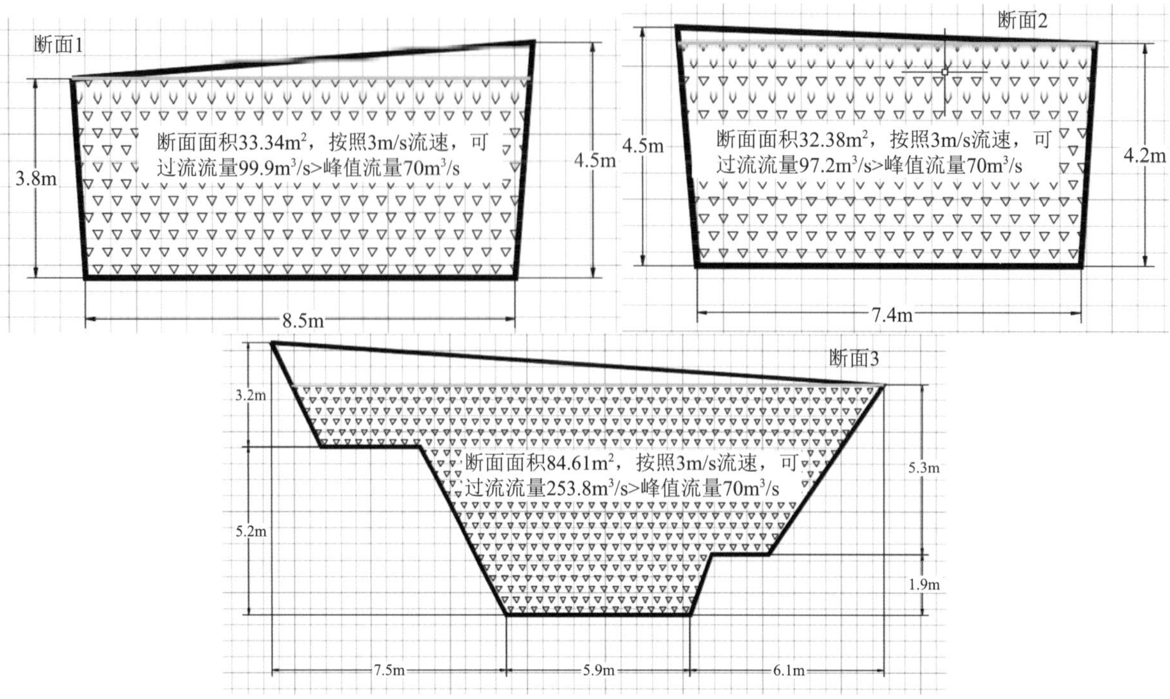

图 8-150　排导堤（槽）三处典型断面理想情况过流能力估算图

三、立节北山滑坡-泥石流链式灾害成因分析

立节北山滑坡形成原因复杂，依据调查分析认为：陡峭的地形条件、软弱的岩土体组合、强烈的构造运动、水的作用是滑坡灾害发生的主要原因。

（一）地形地貌条件

滑坡所处地为侵蚀构造中高山地貌。山坡陡峻，滑坡后缘海拔 2431 m，前缘海拔 1921 m，相对高差 510 m，滑体中上部坡度约 25°，中下部坡度约 50°。这种后缘较缓、前缘陡峭的地形为牵引式滑坡的形成提供了有利条件。滑坡剪出口高出村庄 337m，具有很高的临空面，形成了高位高势能滑坡的基础地形条件。

（二）岩土体特性

特殊的地层岩性为滑坡的孕育提供了物质条件。立节北山滑坡的物质组成主要为黄土和泥盆系古道岭组灰岩及志留系千枚岩、板岩风化残积层。上部黄土结构松散，孔隙发育、落水洞分布，特殊的岩土体为地下水的入渗提供了优势通道。滑坡下部灰紫色千枚岩、泥砂质灰岩及灰色千枚岩，在水的作用下，极易软化、泥化，抗剪强度降低，呈现塑性变形和剪切破坏，滑坡后部滑床位于其泥盆系地层风化带中，岩性为碎石层，结构松散，特殊的地层为滑坡的形成提供了条件。

（三）地质构造与地震

近东西向的白龙江断裂带通过滑坡区，使地层产生强烈褶皱和断裂，构造作用破坏了岩体的完整性，滑坡区地层破碎、产状凌乱、节理发育，降低了岩体强度，为滑坡的发生提供了构造条件。同时，历史强震作用造成区域岩土体结构劣化，降低了岩土强度，地震瞬间的水平加速度会成为滑坡的触发因素，从而有可能导致滑坡整体滑动，形成高速远程滑坡。

（四）水的作用

在强降雨或长时间降雨影响下，雨水在土体中迅速渗透进入坡体的孔隙、裂隙中，破坏斜坡岩土体结构，降低了岩土体的抗剪强度，同时增加岩土体重量，加重斜坡荷载，不利于斜坡稳定。短时间内大量的降雨还会在滑坡贯通的结构面内流动，形成渗流，增加了坡体内的动水压力，同时雨水侵蚀和溶蚀斜坡体，破坏土体结构，造成滑体容易沿着节理裂隙面和老滑坡滑动面发生滑动，引发滑坡等地质灾害。

（五）人类工程活动

滑坡区人类工程活动主要为削坡修路建房，土地开垦，尤其是村庄硬化道路使坡体水流更为集中，表面冲蚀更强烈，加剧滑坡变形。

综上，立节镇北山滑坡具备了地形、岩土、构造等基础地质条件，在降雨和人类工程活动作用下，导致滑坡复活。其中降雨是滑坡复活的主要引发因素，且降雨转化为地下水后，软化滑带，致使滑坡一直处于蠕动滑动状态，整体不稳定。

四、“空天地”一体化技术在滑坡灾害应急抢险中的运用及成效

该滑坡复活变形后，由于险情重大，各级政府高度重视，在现场应急调查、监测过程中，采用“空天地”一体化技术，基本查清了滑坡基本特征、变形模式及发展趋势，合理划定了危险性分区，为当地政府抢险救灾提供了技术支撑。

（一）“空天地”一体化技术准确监测滑坡变形迹象

在应急监测工作中，采用“空天地”一体化技术全天候、全时序对该滑坡各部位变形情况进行了监测，监测手段主要包括GNSS地表位移监测、地基SAR监测及视频监测等。

1. 监测点布置

（1）GNSS监测

在立节北山滑坡上级块体HⅠ$_1$布设2台GNSS监测设备，在HⅠ$_1$前缘、中部各1套。在立节北山滑坡左侧块体HⅠ$_2$布设3台GNSS监测设备，在HⅠ$_2$前缘1套、中部1套、后缘1套。在立节北山滑坡右侧块体HⅠ$_3$布设3台GNSS监测设备，HⅠ$_3$前缘1套、中部1套、后缘1套（图8-151）。

（2）地基SAR

地基SAR布设于滑坡正对面的立节镇，舟曲县第二中学楼顶，距离滑坡后缘直线距离为2.5 km。地基SAR有效工作距离0~4 km，监测精度为0.1 mm，监测频率为6 min一轨，可监测两轨之间不超过4.5 mm的形变位移，数据处理为全自动化处理，无须人工干预。主要针对老滑坡整体的形变监测，适用于缓慢形变的监测。

（3）视频监测

视频监测利用架设在滑坡正对面的高清红外网络摄像机1台对滑坡体进行24小时监测。

2. 监测数据分析

（1）GNSS地表位移监测

根据9台GNSS监测仪（1个基准点、8个监测点）采集的数据分析（图8-152至图8-159），自2021年3月9日到4月17日，HⅠ$_1$滑坡上部累计水平位移215.45 mm，累计沉降124.9 mm；接收数据连续40日平均移动速率：水平方向5.38 mm/d，垂直方向3.12 mm/d（图8-152）。HⅠ滑坡下部累计水平位移229.5 mm，累计沉降157 mm；接收数据连续40日平均移动速率：水平方向5.74 mm/d，垂直方向3.9 mm/d（图8-153）。

HⅠ$_3$滑坡上部累计水平位移131.76 mm，累计沉降132.7 mm；接收数据连续40日平均移动速率：水平方向3.29 mm/d，垂直方向3.32 mm/d（图8-157）。HⅠ$_3$滑坡中部块体累计水平位移466.49 mm，累计沉降274.7 mm；接收数据连续40日平均移动速率：水平方向11.66 mm，垂直方向6.87 mm/d（图8-158）；HⅠ$_3$滑坡下部累计水平位移2098.48 mm，累计沉降1375.5 mm；接收数据连续40日平均移动速率：水平方向52.45 mm/d，垂直方向34.39 mm/d（图8-159）。

滑坡体HⅠ$_1$、HⅠ$_2$、HⅠ$_3$，监测数据反映出，立节北山滑坡体整体处于不稳定状态。从2021年3月9日至4月17日监测数据表明，HI$_1$滑坡缓慢蠕滑，平均形变速率为3.9~5.74 mm/d；HI$_2$滑坡变形迹象明显，滑坡中下部最大变形速率达到15.13~32.56 mm/d；HI$_3$滑坡变形迹象明显，滑坡中下部最大变形速率达到34.39~52.45 mm/d。这一监测结果对滑坡的稳定性评价及工程治理方案的确定提供了有力支撑。

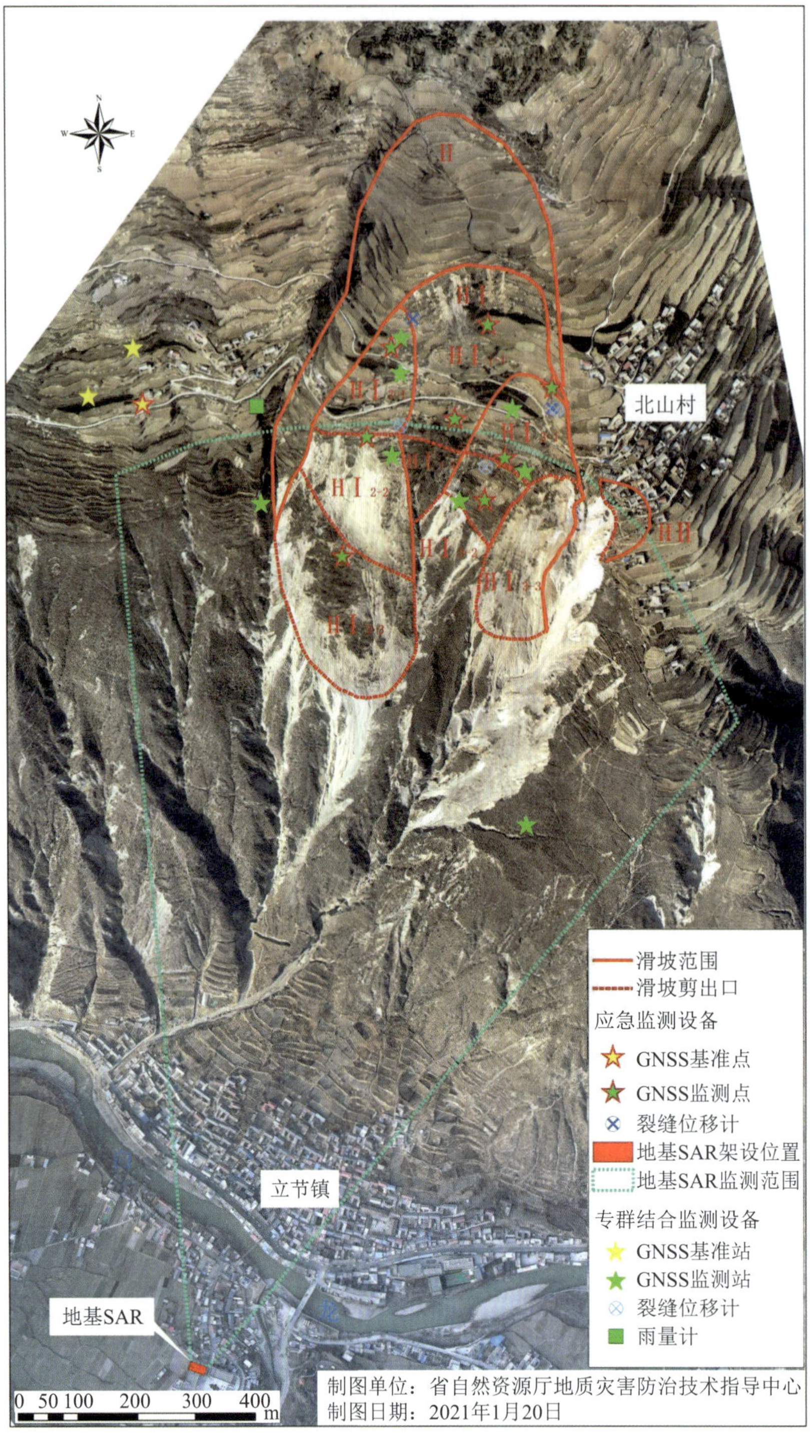

图 8-151　立节北山滑坡泥石流灾害链监测工作部署图

（2）地基 SAR 监测

地基合成孔径雷达 2021 年 1 月 21 日 18 时至 1 月 27 日 14 时，HⅠ$_2$ 滑坡中块体：最大形变量为 139 mm，平均变形速率 23.17 mm/d；HⅠ$_2$ 滑坡下块体：最大形变量为 97 mm，平均变形速率 16.17 mm/d；HⅠ$_3$ 滑坡下块体最大形变量为 144 mm，平均变形速率 24 mm/d；地基合成孔径雷达 1 月 28 日 18 时至 2 月 3 日 14 时，HⅠ$_2$ 滑坡中块体：最大形变量为 205 mm，平均变形速率 34.1 mm/d；HⅠ$_2$ 滑坡下块体：最大形变量为 70 mm，平均变形速率 11.67 mm/d；HⅠ$_3$ 滑坡下块体最大形变量为 152 mm，平均变形速率 25.33 mm/d。上述地基 SAR 监测数据表明滑坡体三大部分存在不同程度形变（图 8-160 至图 8-163）。

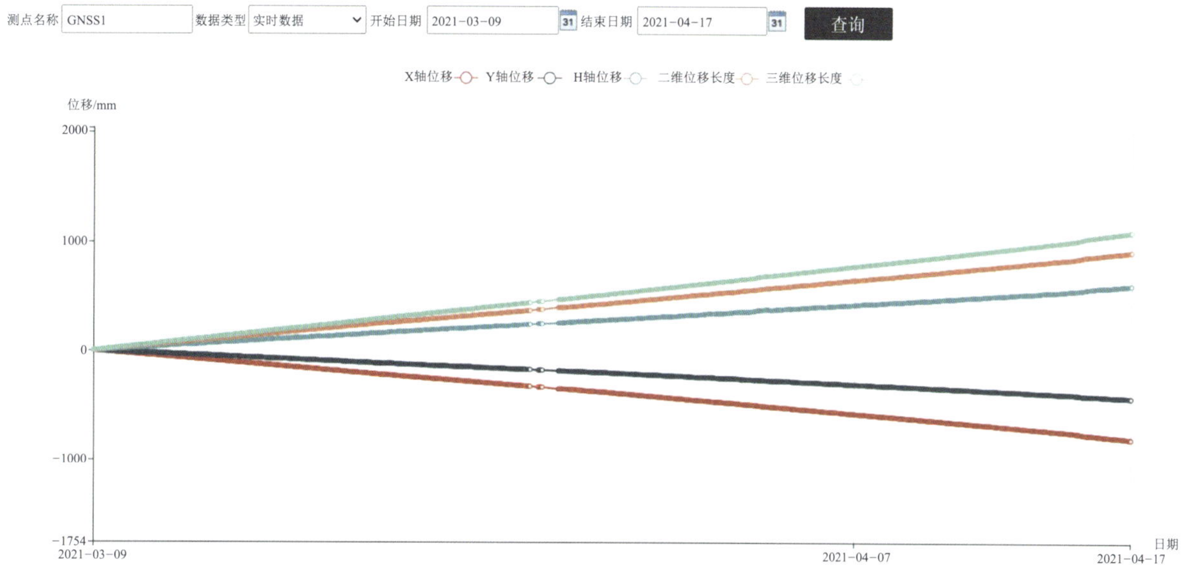

图 8-152 GNSS1 监测曲线

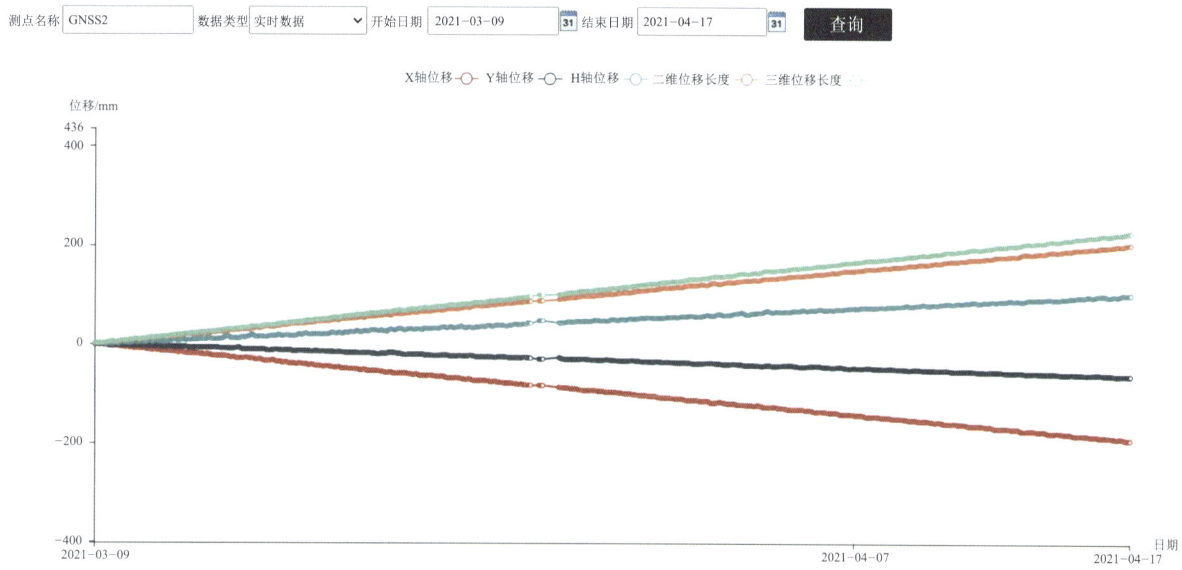

图 8-153 GNSS2 监测曲线

3. 监测结论

综合监测数据分析，滑坡体整体处于不稳定状态。通过监测数据表明，$\mathrm{H\,I}_1$ 滑坡缓慢蠕滑，平均形变速率为 3 mm/d；$\mathrm{H\,I}_2$ 滑坡变形迹象明显，滑坡中下部最大变形速率达到 32.56 mm/d；$\mathrm{H\,I}_3$ 滑坡变形迹象明显，滑坡中下部最大变形速率达到 52.45 mm/d。

（二）快速物探技术有效查清滑坡体厚度及结构组成

采用电阻率层析成像技术、微动探测技术对滑坡体进行地球物理探测。根据需要，在纵向（滑坡走滑方向）共布设物探剖面 2 条，横向（垂直于走滑方向）共布设物探剖面 2 条，对滑坡的滑动面分布位置及滑坡区域内部的地下水分布情况进行探查。

1. 技术原理

（1）电阻率层析成像技术原理

利用 AGI SUPER STING 电阻层析成像仪开展现场电法剖面测量。高密度电法是一种阵列勘探方法，

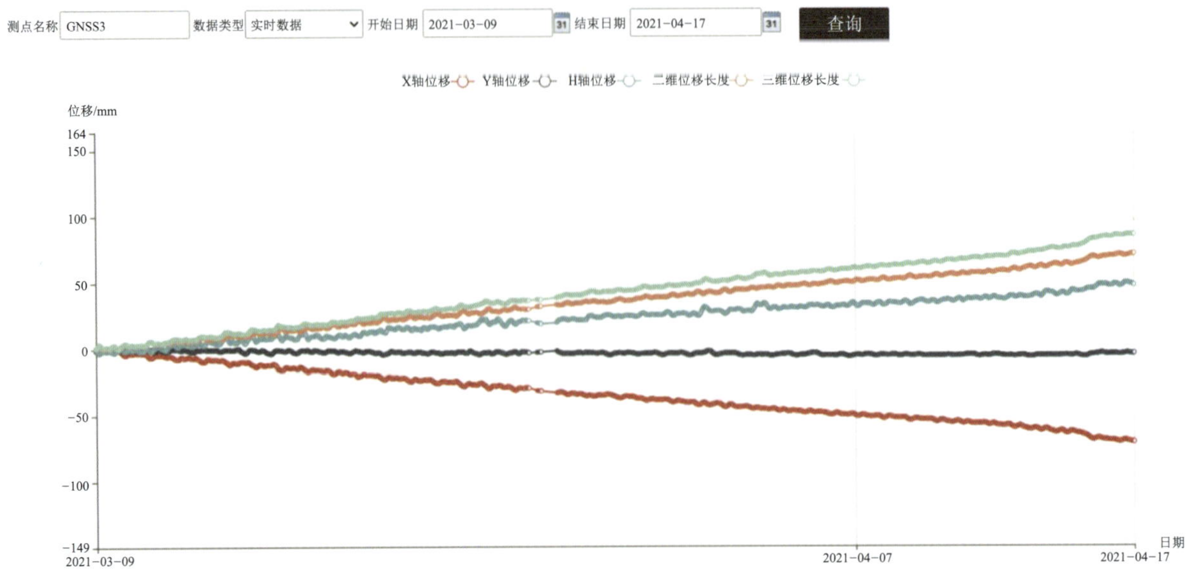

图 8-154　GNSS3 监测曲线

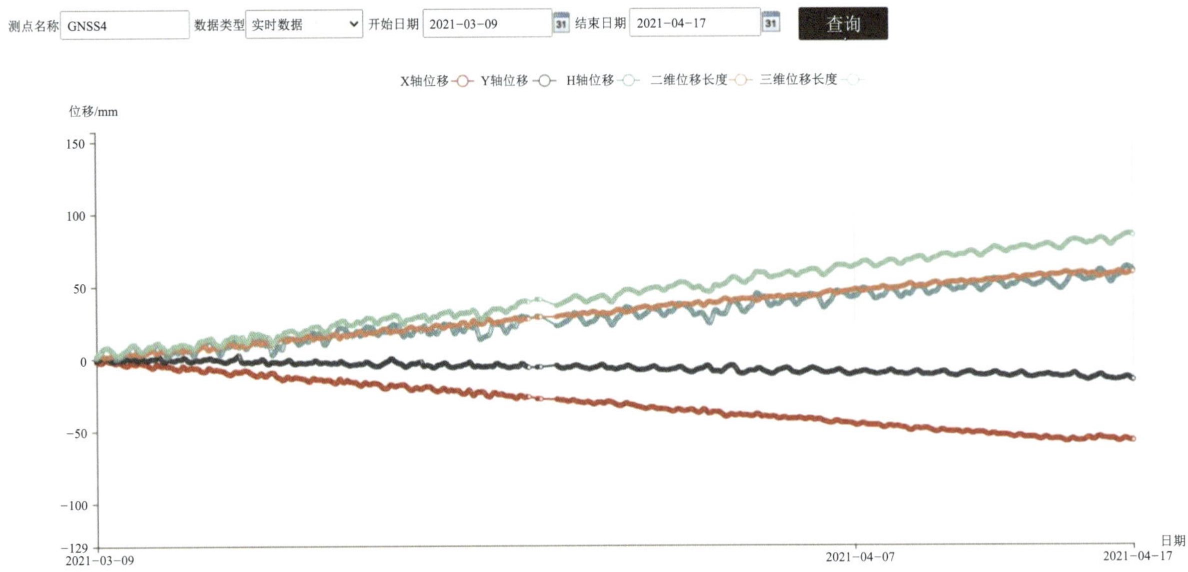

图 8-155　GNSS4 监测曲线

由于其集电阻率剖面法和电阻率测深法为一体的独特性，与常规电法相比，具有操作简单、成本低、效率高、信息丰富等多重优点，近年来广泛应用于水文地质、工程地质勘察等领域，并显示出良好的优越性。高密度电法是综合物探方法中岩层分界线、落水洞、含水层等调查的有效方法之一，其以岩土体（物质组成、孔隙率、含水量等）的导电性差异为物理基础，通过观察和研究人工建立的地下稳定电流场的分布规律从而达到解决地质问题的目的。高密度电阻率法工作时，将数十根电极一次性布设完毕，布设完成后即可进行观测并采集数据，每根电极既是供电电极又是测量电极。与常规电法相比高密度电法的数据采集工作实现了自动化或半自动化的高效结合，使工作效率得以质的飞跃。当电极排列间距为 Δx 时，测量电极距 $a=n\cdot\Delta x$，依次取 $n=1,2,\cdots$，每个极距按照逐点由左至右移动的固定装置模式来实现该极距相关数据采集工作。对某一极距而言，其结果相当于电阻率剖面法，而对同一记录点处不同极距的观测又相当于一个电测深点，因而一次可完成纵横二维勘探过程。高密度电法与常规电法一样，通过向地下供电流 I，在 M、N 电极间测量电位差 ΔV，从而可求得该点（M、N 的中点）的视电阻率：

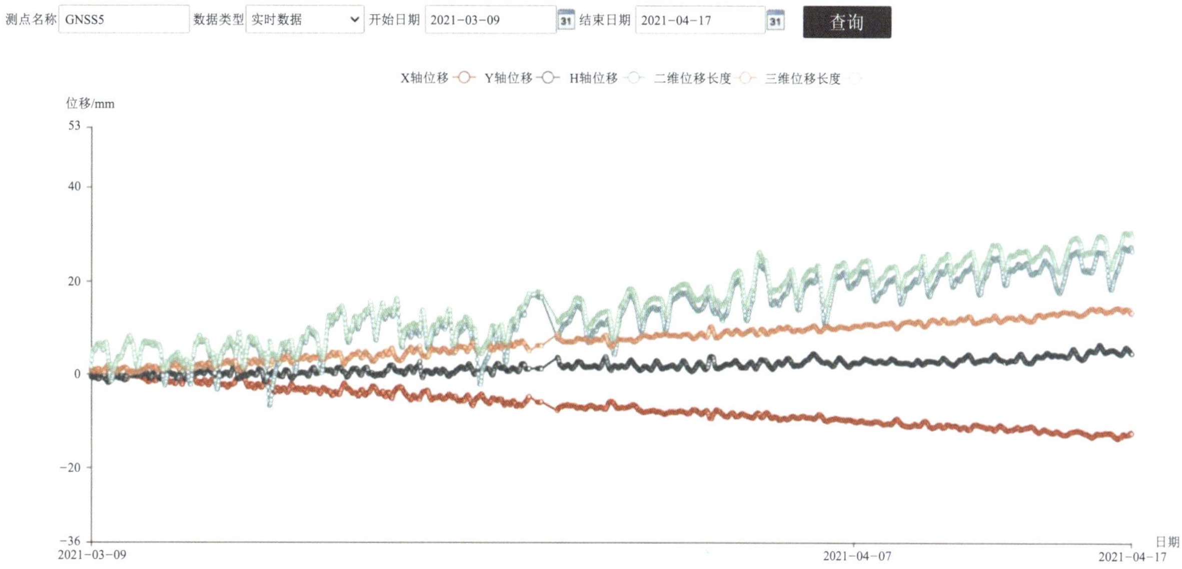

图 8-156 GNSS5 监测曲线

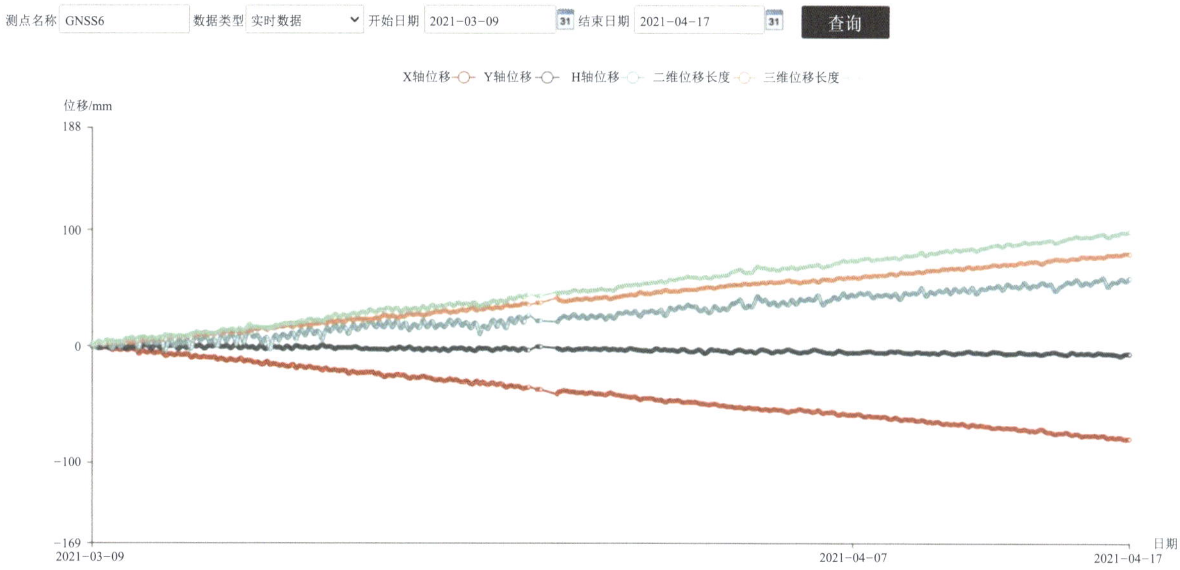

图 8-157 GNSS6 监测曲线

$$\rho = K * \Delta V / I \tag{8-14}$$

式中：K 为装置系数。

$$K = \frac{2\pi}{\frac{1}{AM} - \frac{1}{AN} - \frac{1}{BM} + \frac{1}{BN}} \tag{8-15}$$

式中：AM、AN、BM、BN 分别为各电极间的水平距离，m。

工作原理见图 8-164。

装置系数的不同决定着不同的测量方式，综合考虑分辨率以及测量深度，我们选择了对水分测量比较敏感的偶极装置和对结构比较敏感的温纳装置，其测量原理如图 8-165 所示。

高密度电法兼具剖面法与电测深法的效果，并具有点距小、数据采集密度大等特点，能直接反映岩土体裂缝的位置和走向，高密度电法测量的二维断面，结合钻孔资料能较直观地反映不同性质岩土体的

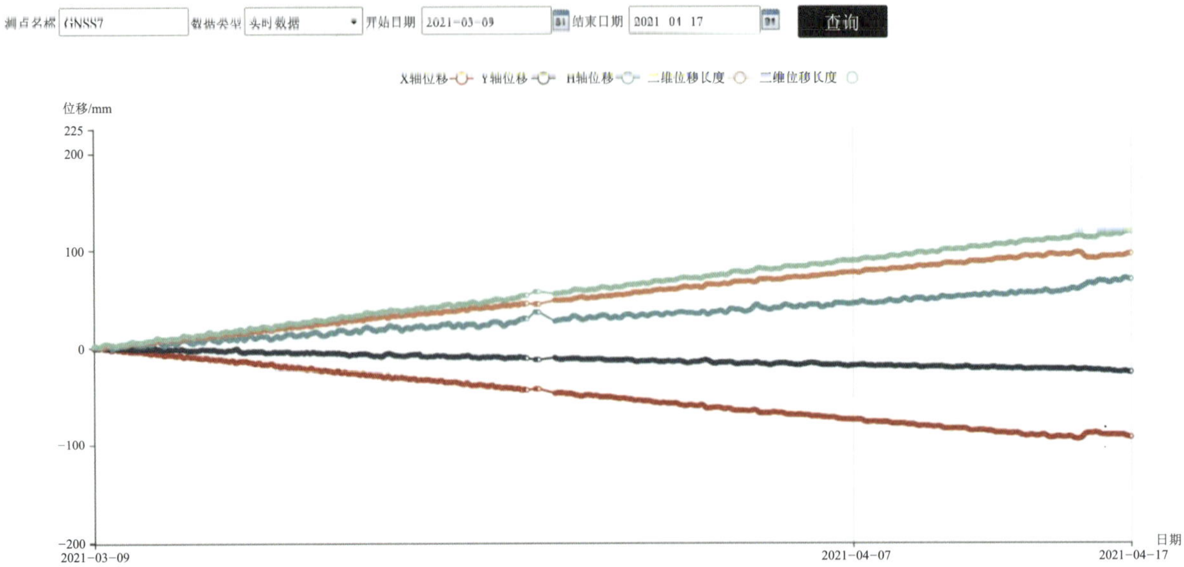

图 8-158　GNSS7 监测曲线

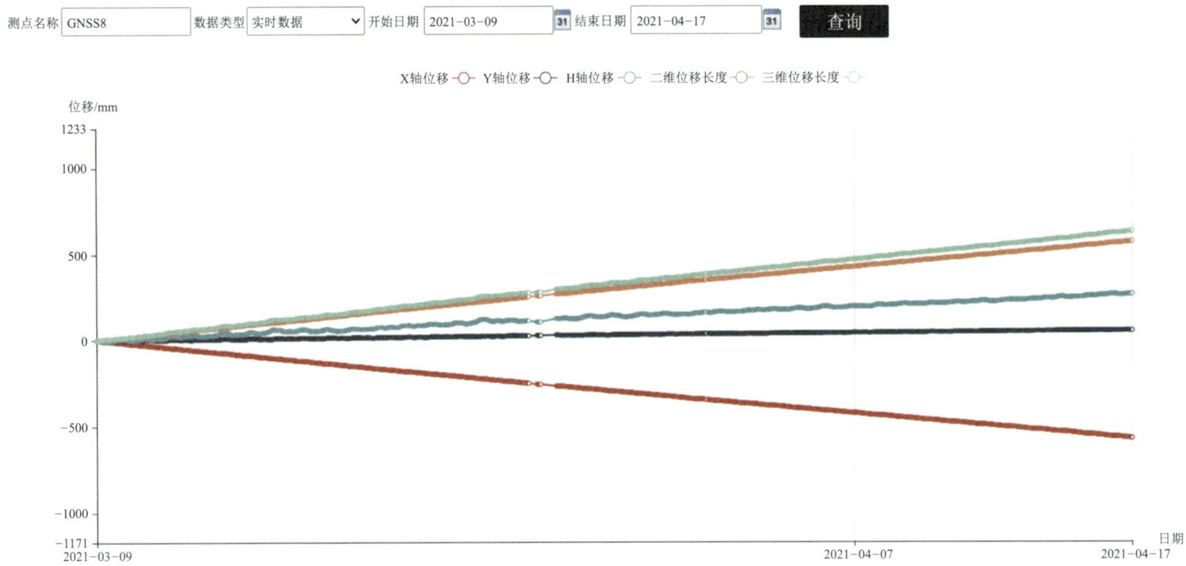

图 8-159　GNSS8 监测曲线

界线、密实度、含水量及异常体的位置、埋深等地质信息。

由于场地土层的密实度、含水量、物质组成等不同，不同层位土体的电阻率呈现不同的变化趋势，通过了解电阻率的变化特征可以判断土层分界线、含水层等。因而从理论上采用国外先进的八通道高密度电法测量系统探查岩土体分层是可行的，且高密度电法自动化程度高，可以实现数据的快速采集和处理，大大提高了工作效率，结合钻孔资料能更客观地定性和半定量地对岩土体分层的位置、含水量等做出判定，以满足本次研究的要求。

通常条件下，对于 AGI SUPER STING 电阻层析成像仪，最大探测深度大约是最大排列长度的 20%，平均分辨率大约是电极距的 1/2。

（2）电阻率成像数据反演

本项目利用美国 AGI EarthImager 2D 软件对高密度电法测量结果进行反演，得到视电阻率二维剖面数据。先将存储在仪器内的测量数据传输到计算机并对原始数据进行格式转换；然后，再对数据进行预处

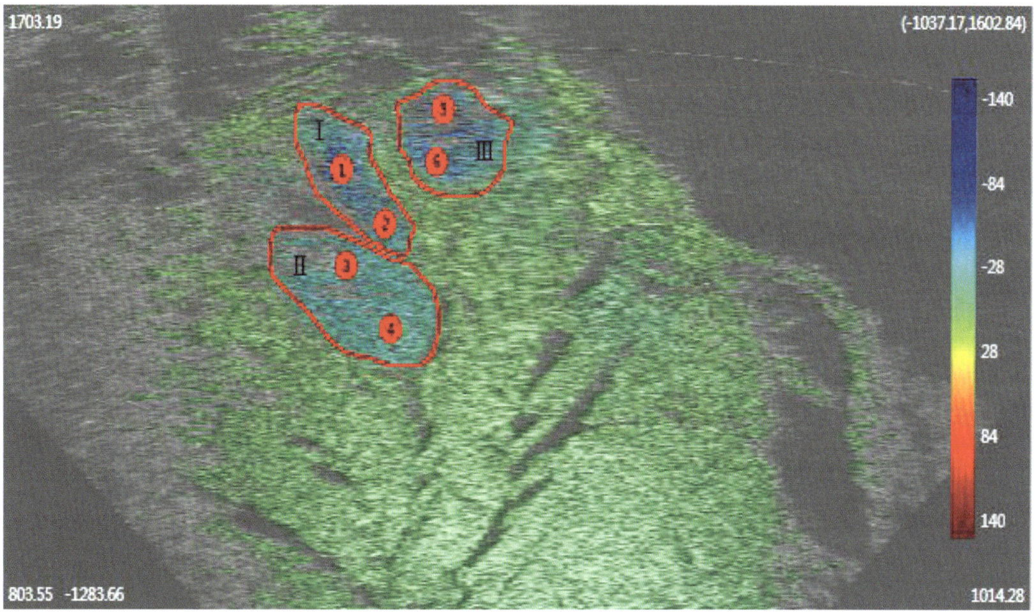

图 8-160 地基合成孔径雷达监测图一

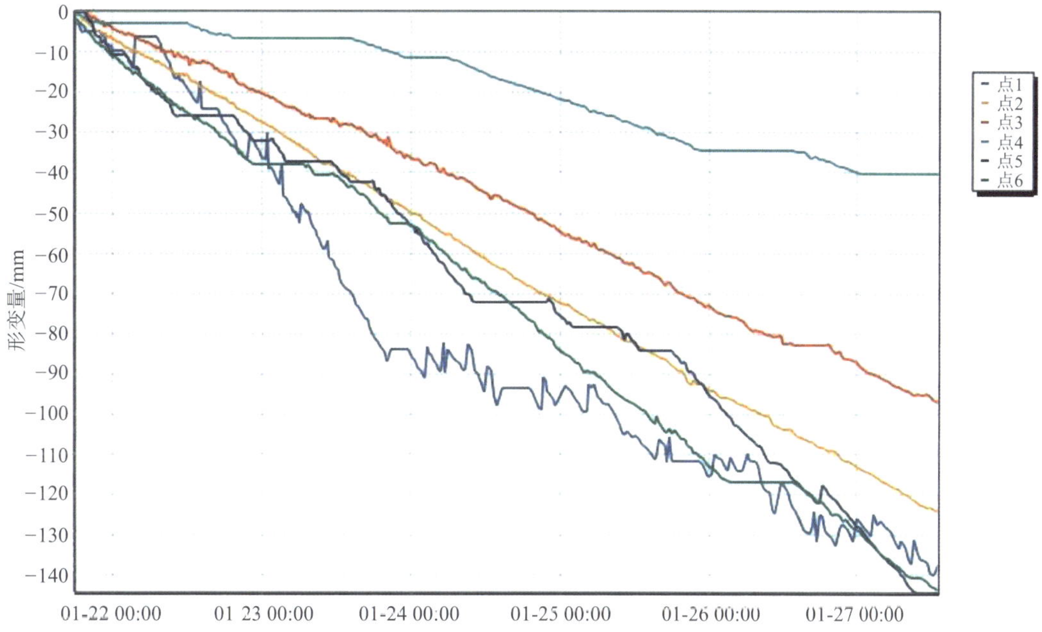

图 8-161 地基合成孔径雷达变形曲线

理，比如剔除坏点，即对于相邻电阻率有严重畸变的数据在预编辑时就将其剔除，然后采取曲线内插值方法处理，并不断调整初始模型参数，使正演曲线与实际曲线之误差达到最小，此时获得的模型参数作为最终合理的参数结果；最后，采用圆滑约束（smoothness constrained）最小二乘法进行反演验算，在设置反演参数时，根据各剖面不同的数据选择不同的迭代次数，进行迭代反演生成反演图像，最终得到效果最清晰的反演成像色谱图。分析其反演成像色谱图，可以清楚地了解剖面线上的电性特征及异常、地形地貌及起伏状态、黄土体的厚度及土质变化、裂缝分布及潜在发展趋势等。在剖面中，电阻率差别越大，视电阻率拟合断面的效果也越明显。二维高密电法数据处理流程见图 8-166（肖翔等，2015）。

高密度电法野外数据信息采集量大，一次性布局，大大减少了数据采集的人为误差。高密度电法层析成像技术自动化程度高，经数字滤波和人工经验修正后，可消除各种人为的测量误差，使其所探测的

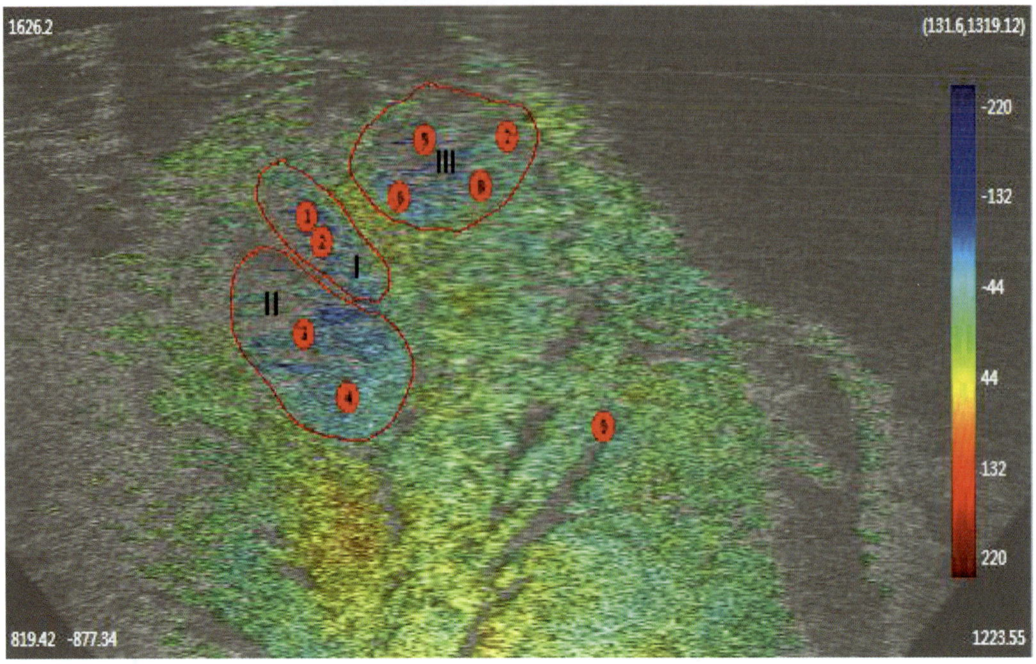

图 8-162 地基合成孔径雷达监测图二

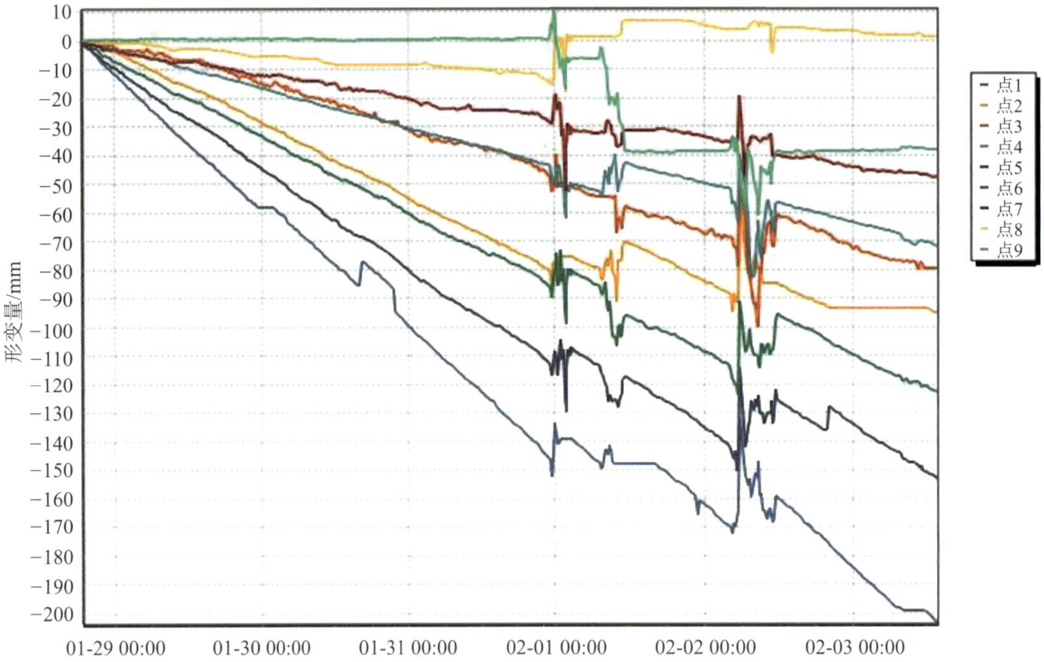

图 8-163 地基合成孔径雷达变形曲线二

调查对象更加形象直观，数据处理软件对数据的处理程序更加合理、更加实际，大大减少了解释的多解性。对本次观测数据经处理软件的多次地形改正和反演满足了勘测技术要求，保证了所需达到的探测精度。同时，全部勘测工作严格按照物探规范的要求进行，并采用 GPS 进行测线定位，保证了原始数据的真实可靠，在此基础上进行的资料解释和分析结果是可信的。

（3）微动探测技术原理

微动勘探技术作为一种浅层结构探测的有效方法被应用于场地动力特性测试、煤矿陷落柱探测、地铁“孤石”的探查和斜坡土石混合体精确探测等研究方面，表现出了设备操作简单、施工方便、成本低、

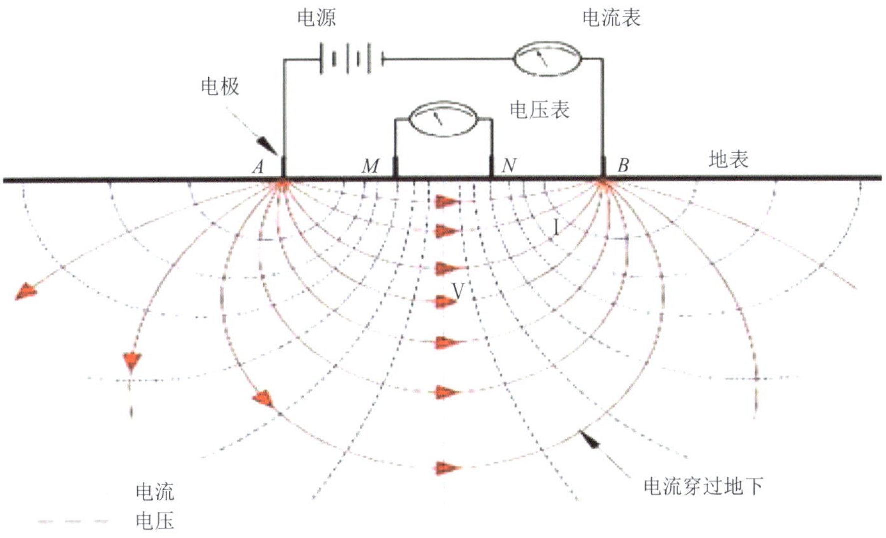

图 8-164 高密度电法工作原理

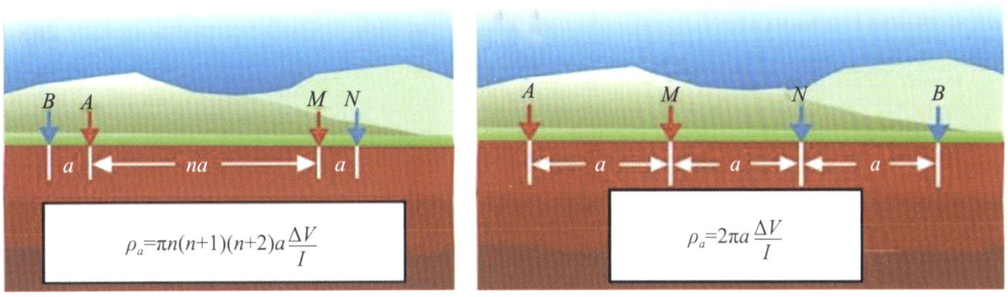

(a)偶极 (b)温纳

图 8-165 不同装置测量原理图

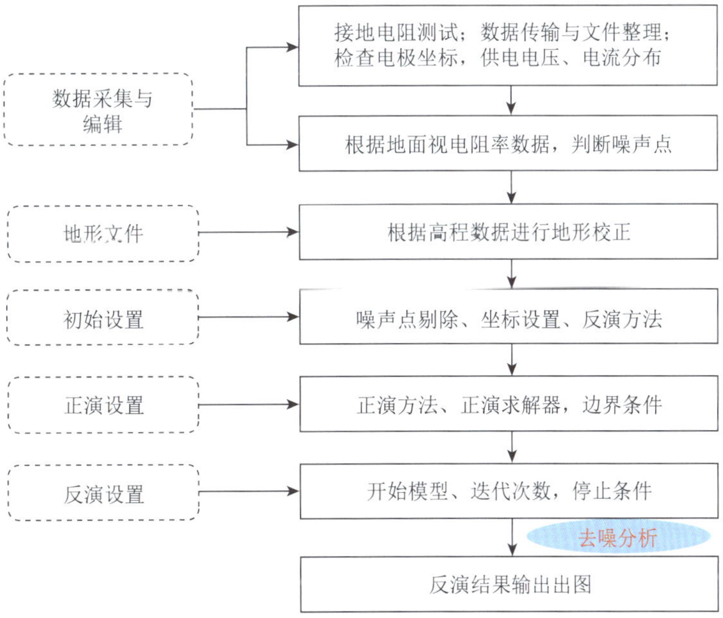

图 8-166 二维高密度电法数据处理流程

对环境依赖性小、探测分辨率高和数据处理相对简单等优点。在对滑坡进行勘探研究的过程之中，常规的钻探研究方法受到地质、地貌以及自然环境等多个方面的限制而无法采用，因此当前阶段需要全新的技术满足地球探测的实际需求。在进行地质勘探的过程之中面波勘探体现出了一系列的优点。人工源面波探测技术对深度较小的地层进行勘探时分辨率较高，但是进行准确勘探的深度存在一定的限制。人工源面波探测技术在 20 世纪 60 年代时得到了实际的应用，其又分为稳态面波勘探和瞬态面波勘探。经过几十年的发展，现阶段人工源面波勘探技术和天然源面波勘探技术已经逐步地整合为一个整体并在工程实践之中得到了非常广泛的应用（图 8-167）。微动信号主要源自两方面：①人类的日常活动，包括各种机械振动，道路交通等。这些活动产生的信号频率一般大于 1 Hz，属于高频信号源，通常这类微动信号也被称作常时微动。②各种自然现象，包括海浪对海岸的撞击、河水的流动、风、雨、气压的变化等。这些现象产生的信号频率一般小于 1 Hz。

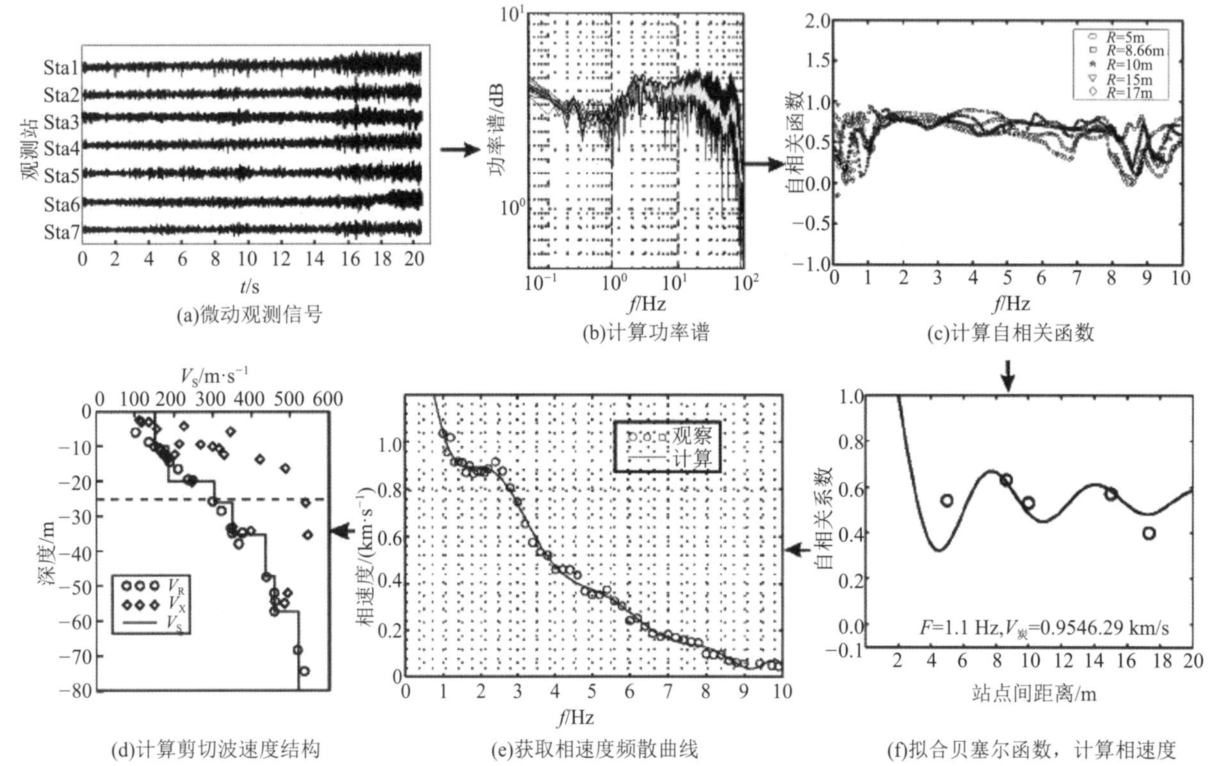

图 8-167　空间自相关法（SPAC）数据处理基本流程

（4）微动探测物性参数确定与台阵布置

根据现场调查可知该地的地层岩性由上而下分别为黄土、碎石土、强风化千枚岩、灰岩。这几种岩性之前存在着明显的面波波速差异，为微动勘探工作的进行提供了物性基础，为了确保微动探测的效果，在正式开展工作前在不同的目标体上进行了背景噪声测试，提取出了频散曲线，利用已知的目标位置、深度等信息，统计出不同目标体的面波速度。详见表 8-9。

表 8-9　目标体物性测试统计表

序号	目标体	面波波速/(m/s)	备注
1	黄土	100~250	
2	中密的碎石土	250~400	
3	强风化千枚岩	400~800	基岩
4	灰岩	>800	基岩

从表 8-9 中可以看出，不同的目标体之间存在波速差别，具备利用地球物理勘探的前提条件。

微动探测常用观测台阵主要有一字形、L 形、三重圆形三种，其中一字形为传统的人工源排列方式引用过来的，其各个检波点在一条直线上，属于一维排列；L 形由两条直线形组合而来，当两直线形的一个端点重合其夹角为直角时便是 L 形；三重圆形是前两种的升级和变化，在实际应用中效果最好，所以本次我们在北山滑坡上的微动勘探使用三重圆形台阵（图 8-168）。

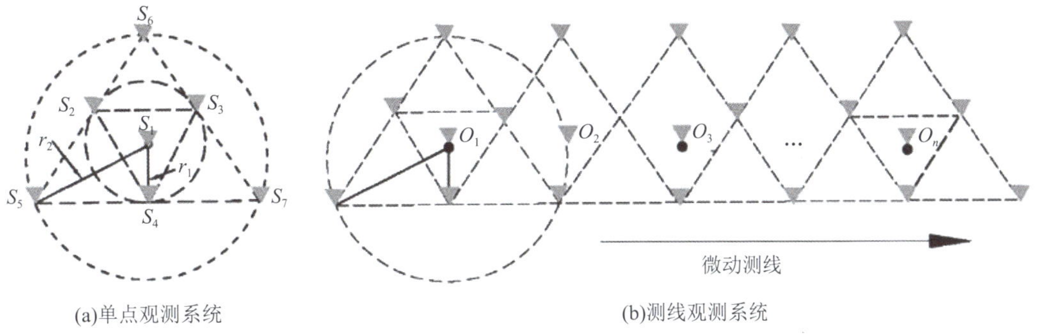

图 8-168 微动观测系统示意图

（5）勘探深度

微动探测的深度与直线长度或台阵半径大小、检波器数量、震源频率丰富程度、地质条件等因素存在相关性。通过模拟不同方法间台阵半径和有效波长范围的关系，SPAC 法有效波长范围为三重圆台阵半径的 3.2~17.2 倍，有效波长范围上限随地下构造的不同和台阵的大小而变化，同时，检波器的固有频率也影响着探测深度。

2. 探测结果

（1）基于高密度电法反演结果的滑坡滑动面及地下水分布分析

A. 滑坡纵剖面

Z1（纵向第一条剖面），起始于滑坡后缘拉张裂缝位置，该剖面有显著的地形起伏，相对高差 115 m，电极数 58，电极距 5 m，测线长度 275 m，受地形起伏影响，最浅探测深度约 40 m。

根据电阻率反演剖面（图 8-169），剖面内部电阻率分布由表层到深层具有电阻率随深度增加而增大的特征，同时相同深度在横向位置上具有较为显著的空间差异性。斜坡浅表层呈现低阻特征，分布深度介于 0~22 m 之间。22 m 深度向下电阻率分布相对较为均匀，但是在横向 0~100 m 范围内存在显著的高阻区域，主要分布在 58.5 m 深度以下。结合野外调查及已有勘探资料，斜坡范围的地层可以分为黄土、坡积物及下伏基岩三层，相对透水性较好的黄土地层水分含量较高，在电阻率剖面中表现低电阻率特征，坡积物地层呈现相对高的电阻率特征，基岩区域电阻率值最高。基于不同地质体透水性质的差异及滑动面相对聚水的特征推测，潜在滑动面分布在黄土地层与坡积物的交界处，受地形影响，滑动面深度为 10~22 m。

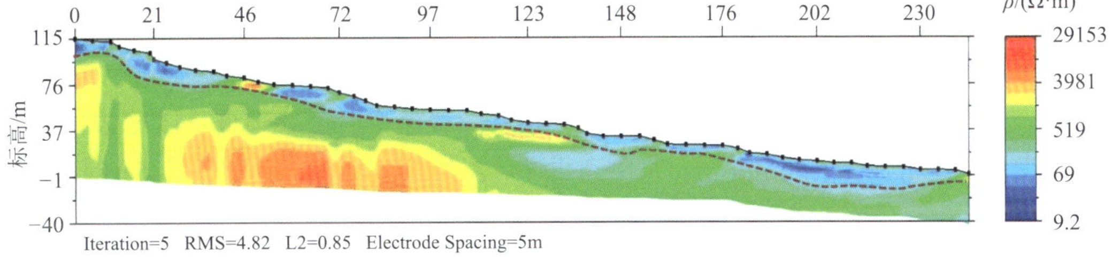

图 8-169 Z1 测线电阻率反演剖面

Z2（纵向第二条测线）与 Z1 测线相接，地形相对于 Z1 测线起伏较小，相对高差约 75 m，电极数 38，电极距 5 m，测线长度 185 m，受地形起伏影响，最浅探测深度约 26 m。

根据电阻率反演剖面（图 8-170），剖面内部电阻率分布由浅表层到地下深层呈现低阻—高阻—低阻过渡变化的特征，同时相同深度在横向位置上具有较为显著的空间差异性。在斜坡浅层 0～13 m 深度，横向 0～70 m 范围内，呈现相对低的电阻率特征，耕作区域相对较高的地层水分含量可能是导致低阻特征的主要原因，在同深度横向 70～120 m 范围内，由于滑坡滑动，导致浅表层结构相对较为破碎，地层连续性降低，导致电阻率值相对较高；13～39 m 深度，横向 19～50 m 范围内呈现异常高阻特征，长期排水形成冲蚀的落水洞或地层内部的巨大岩体的存在可能是导致高阻异常区产生的主要原因；39 m 深度向下，横向 0～100 深度呈现低电阻率特征，结合地面调查，冲蚀形成的落水洞向地下深层的排水导致的地下深层可能存在的滞水位是导致电阻率降低的原因。结合地层电阻率特征及地面调查结果，推测测线范围内潜在滑动面的分布深度为 10～13 m（图 8-171）。

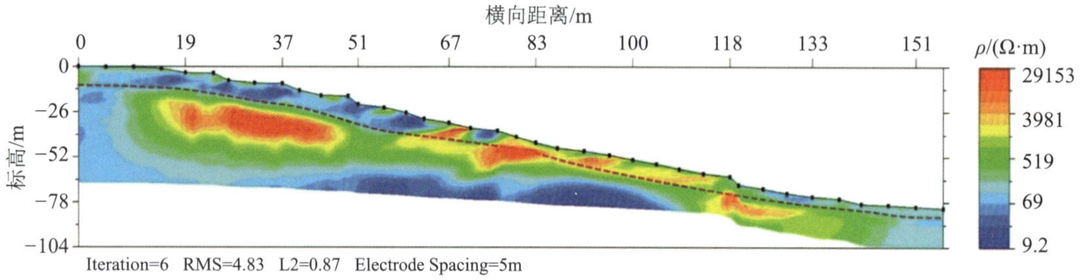

图 8-170 Z2 测线电阻率反演剖面

图 8-171 Z2 测线范围内地面调查结果（地表裂缝、落水洞）

B. 滑坡横剖面

H1（横向第一条测线），起始于滑坡东侧，地形起伏相对较小，相对高差约 30 m，电极数 60，电极距 5 m，测线长度 295 m，受地形起伏影响，最浅探测深度约 47 m。

根据电阻率反演剖面（图 8-172），测线范围内电阻率分布由地表浅层至地下深层电阻率逐渐升高，深层电阻率在横向上具有较为显著的空间差异性。剖面浅层 0～10 m 深度范围呈现低电阻率特征，对应耕作区较强水分入渗特征导致该层内水分含量相对较高，是该段整个底层呈现低电阻率特征的主要原因；55～115 m 横向范围内呈现显著的高阻异常，推测下伏稳定基岩的存在是导致高阻异常的主要原因；同深度范围内其他区域电阻率呈现低阻至相对高阻特征。结合地层电阻率分布特征及纵向探测潜在滑动面分布深度，推测测线范围内潜在滑动面的分布深度东侧比西侧深，滑动面分布深度介于 10～15 m 之间。

H2（横向第二条测线）起点与 H1 测线相接，地形起伏相对较小，相对高差约 20 m，电极数 23，电极距 5 m，测线长度 110 m，受测线长度限制，有效探测深度相对较浅，约 19 m。

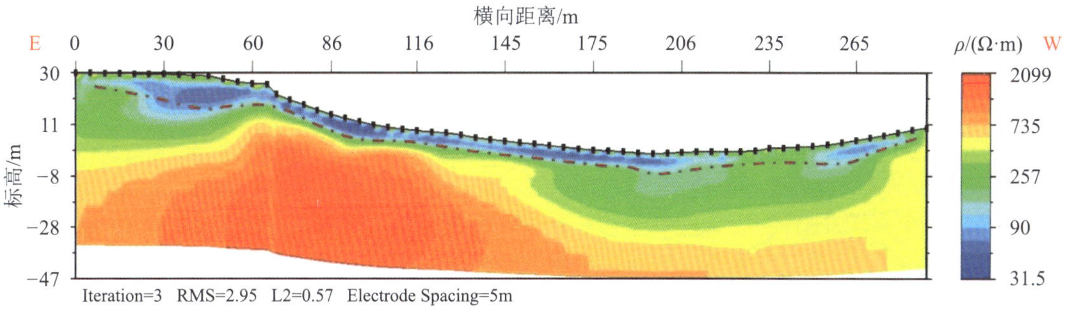

图 8-172 H1 测线电阻率反演剖面

根据电阻率反演剖面（图 8-173），测线范围内地层电阻率分布呈现显著的空间差异性，局部位置存在显著的高/低阻异常区，结合野外调查结果，测线范围内发育的裂缝等入渗导致的局部地层水分相对较高是导致低阻异常区存在的主要原因，而坡积物中巨大岩体的存在可能导致了局部的高阻异常。测线范围内电阻率分布高低阻混杂，难以有效地解译出滑坡潜在的滑动面信息。

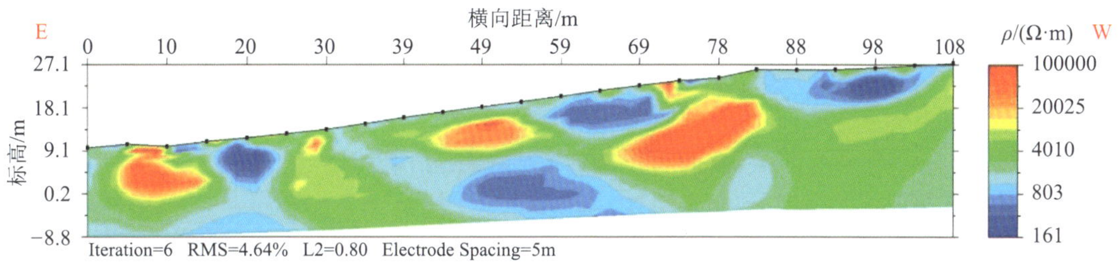

图 8-173 H2 测线电阻率反演剖面

综上，根据探测获得的滑坡横纵剖面电阻率分布特征，结合地面滑坡地形地貌、地层岩性勘察，推测滑坡上覆黄土层内水分含量相对较高，未探测到地下水位的存在，但是在滑坡前缘坡体深层内部可能存在滞水；整体来看，滑坡上段较厚，下段稍薄，滑坡滑动面位于黄土地层与基岩崩积物的交界处，滑动面深度介于 10~22 m 之间，上段滑动面为 10~22 m 深度，下段滑动面深度约 13 m，滑坡最前缘深度为 6~8 m（图 8-174）。

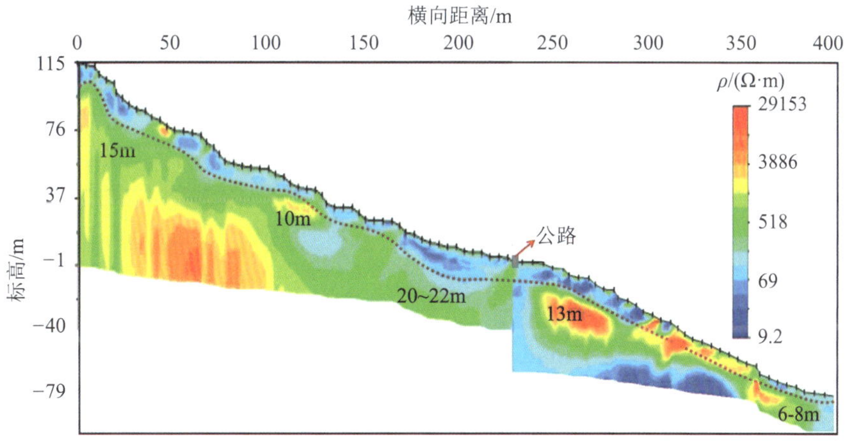

图 8-174 滑坡纵向电阻率完整剖面及推测滑动面分布特征

（2）基于高密度电法探测的滑坡地质剖面

根据滑坡高密度电法探测结果并结合野外调查，立节滑坡属于堆积层滑坡，是位于断裂带上的基岩-

黄土堆积层滑坡。根据滑坡所在区域地质概况和野外现场调查，结合现场踏勘和物探结果绘制滑坡纵向水文地质剖面（图8-175）。滑坡体主要为破碎基岩和上覆黄土，基岩为中上志留统板岩夹千枚岩，滑坡前缘地层夹中上志留统灰岩。根据滑坡前缘断层作用迹象，推测近东西走向逆冲断层通过。

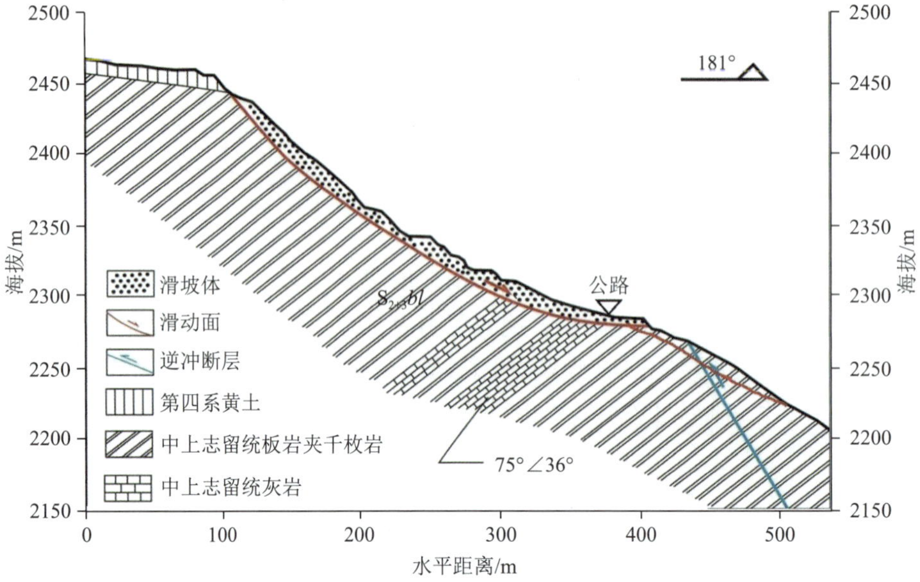

图8-175　滑坡纵向剖面地质图

（3）微动探测结果与分析

基于滑坡实际踏勘情况，在滑坡表面选定9个微动调查点，然后布设微动台阵，采集坡体微动信号。计算每个微动调查点的视横波速度及结构，通过横向插值得到二维滑坡剪切波速度结构剖面（图8-176，图8-177）。

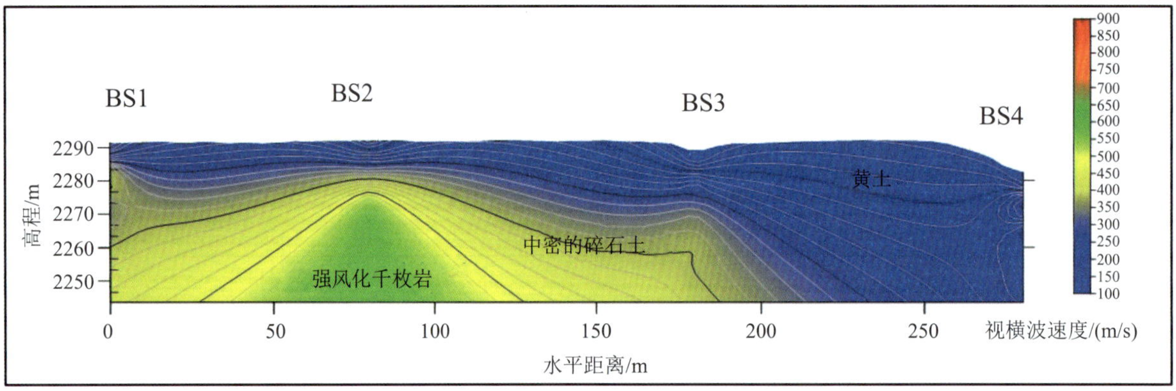

图8-176　北山滑坡微动横剖面图

根据横剖面剪切波速度结构特征（图8-177），滑坡体地层可以分为四层：黄土（100~250 m/s）、碎石土（250~400 m/s）、强风化千枚岩（400~800 m/s）、灰岩（>800 m/s）。探测结果显示，浅部的黄土厚度为10 m左右，靠近滑坡东侧界冲沟，黄土逐渐变厚，最厚部位达40 m。碎石土平均厚度为60 m，千枚岩平均厚度80 m，灰岩厚度未知。

对于潜在滑动面的确定，微动探测可能的滑动面发育在黄土与崩积物碎石土接触带，可以推测北山滑坡滑动面距地表10~15 m范围，与现场调查及其他物探资料判断基本吻合。

（三）数值模拟手段模拟计算滑坡动力过程及致灾范围

依据应急调查结果，该滑坡破坏模式为下部逐级牵引，逐级分块破坏，滑坡堆积物逐渐堆积于坡脚

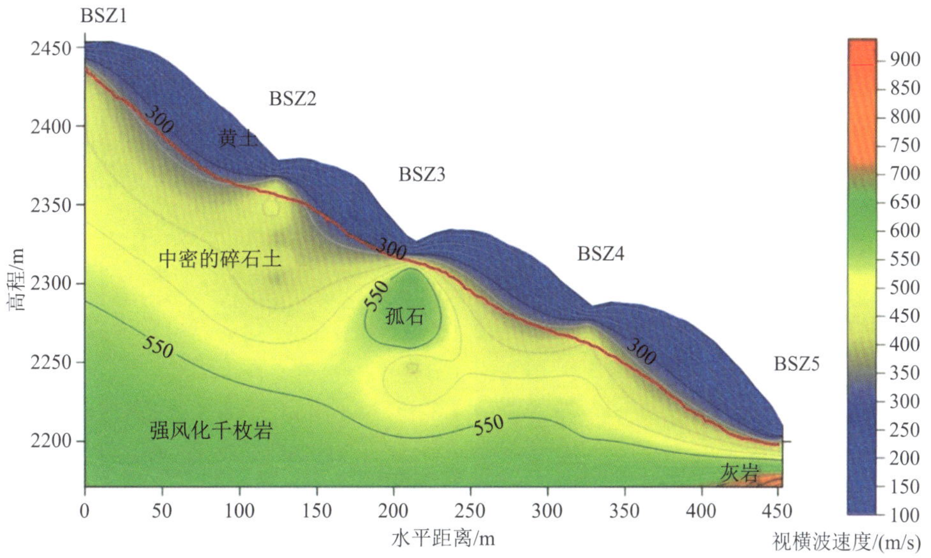

图 8-177 北山微动纵剖面图

冲沟，为泥石流的形成提供物源，将威胁到沟口立节镇村民生命财产安全。应急阶段采用无人机航测DEM数据采集和调查勘查的基础上，利用Massflow软件对滑坡动力过程及致灾范围进行模拟计算。

Massflow数值模型基于广义深度积分连续介质力学模型，且满足二阶求解精度的数值模型，适用于崩滑流灾害的数值模拟。目前，国内已经被成功地应用于金沙江白格滑坡、深圳光明新区滑坡等多起国内重大滑坡灾害动力过程重建及灾害风险预测分析中。需要的参数主要包括黏聚力、基底摩擦系数、内摩擦角和基底摩擦角。基于Massflow数值模型对舟曲立节北山滑坡进行数值模拟与预测，模型根据实地调查以及高密度电法探测的结果确定物源区范围及厚度以预测滑坡的堆积过程以及堵江风险。模型共模拟了三种强度下的滑坡堆积状态（表8-10）。

表 8-10 Massflow 模拟情景及参数

情景	黏聚力/Pa	内摩擦角/(°)
情景一	6000	28
情景二	6000	31.5
情景三	6000	35

第一种强度设定：黏聚力 $c=6000$ Pa，内摩擦角 $\varphi=28°$。模拟结果显示滑坡主要在下部的沟道中以及平坦的居民区堆积。滑坡体前缘距后壁斜距约1561 m，垂直高差约906 m。滑坡堆积体最大厚度位于沟道的下部，约28 m。根据模拟结果可以看出滑坡或可威胁3766 m^2 的居民区，且最大厚度达20.3 m（图8-178）。

第二种强度设定：黏聚力 $c=6000$ Pa，内摩擦角 $\varphi=31.5°$（接近试验的残余强度）。模拟结果显示滑坡主要在下部的沟道中堆积，未到达山前的居民区。滑坡体前缘距后壁斜距约1349 m，垂直高差约861 m。滑坡堆积体最大厚度位于沟道的下部，约33 m（图8-179）。

第三种强度设定：黏聚力 $c=6000$ Pa，内摩擦角 $\varphi=35°$。模拟结果显示滑坡主要在下部的沟道中堆积，未到达山前的居民区。滑坡体前缘距后壁斜距约1293 m，垂直高差约854 m。滑坡堆积体最大厚度位于沟道的下部，约30 m（图8-180）。

根据数值模拟结果可以看出，试验残余强度情景下（情景二），滑坡主要在下部的沟道中堆积，未到达山前的居民区。滑坡堆积体最大厚度位于沟道的下部，约33 m。小于残余强度情景下（情景一），滑坡

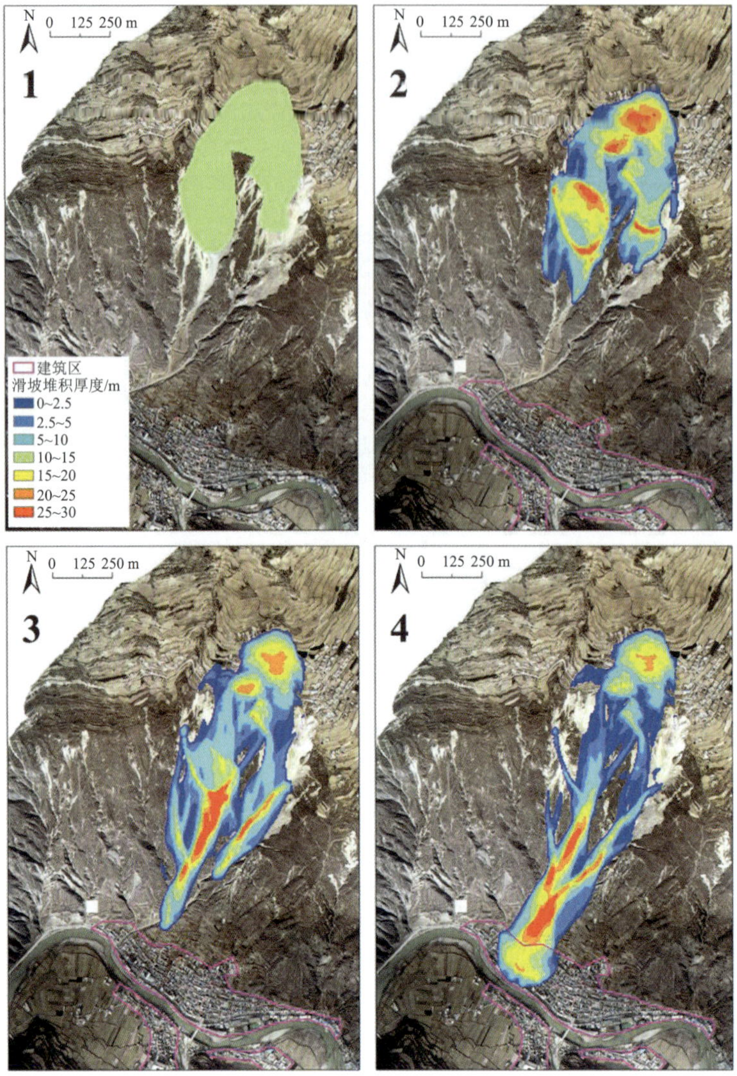

图 8-178　情景一不同时段滑坡堆积厚度
（1 代表 0 时刻）

主要在沟道中以及平坦的居民区堆积。根据模拟结果可以看出滑坡或可威胁 3766 m^2 的居民区，且最大厚度达 20.3 m。大于残余强度时（情景三），滑坡堆积体最大厚度也位于下部沟道内，厚约 30 m。对比不同强度下的模拟结果发现，第二种和第三种强度下大量的滑坡物质将堆积在地形低洼的沟道内，短时间不会对山前居民区造成危害，但大量松散物源堆积在沟道内，若出现大规模降雨，极易引发山洪或泥石流灾害。第一种强度下滑坡会对山前的居民区造成危害，在降雨或其他可能会降低滑坡体强度的情况出现时，应加强对滑坡体的监测以及提前做好山前居民避让搬迁等应急处置工作。

（四）准确划定危险区

依据应急调查、监测成果，结合数值模拟及专家建议，在考虑滑坡-泥石流链式灾害和已有防治工程的情况下，划定了立节北山滑坡-泥石流危险性分区图（图 8-181）。危险性分区共分为危险性大、中、小三级。

危险性分析认定滑坡最大滑距可到达白龙江北岸，但不会形成堵江后果。滑坡危险性大区主要位于滑坡体区域及其可能转化为泥石流淹没的区域，危险性大区面积为 0.412 km^2，威胁北山村村委会及坡脚立节村部分区域。危险性中等区面积 0.121 km^2，主要包括 H Ⅰ 滑坡上部块体及下部危险性大区两侧滑坡、泥石流可能淹没区，威胁上部北山村通村公路、下部立节村部分居民和道路等。危险性小区面积为

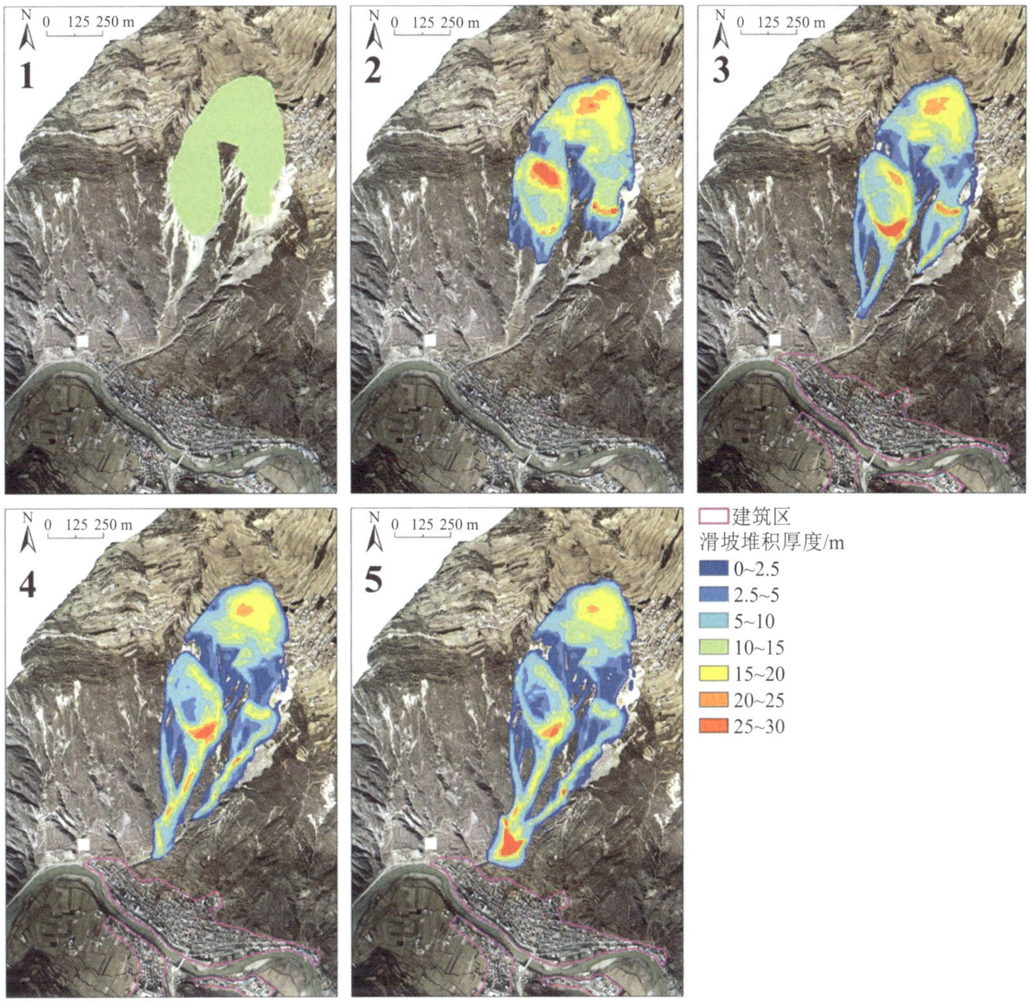

图 8-179　情景二：不同时段滑坡堆积厚度
（1 代表 0 时刻）

0. 305 km²，主要位于危险性大区和中等区外围，为滑坡可能影响的区域，威胁上部北山村村民、下部立节村部分村民和镇政府、道路、农田等。

据统计，A 区（危险性大区）、B 区（危险性中区）、C 区（危险性小区）共涉及立节镇立节村和北山村 2 个村共 152 户 752 人，威胁资产 11669 万元（表 8-11）。其中 A 区 32 户、139 人、威胁资产 2120 万元；B 区 24 户、120 人、威胁资产 1480 万元；C 区 96 户、492 人、威胁资产 4815 万元。另外，涉及民

表 8-11　立节北山滑坡危险区人口及财产统计表

序号	村组	危险区		户数/户	人数/人	其他/万元					财产/万元
						民房	其他设施	农田	道路	电力	
1	立节村	A 区		32	139	169	加油站、派出所、镇政府	174	2480	600	2120
2		B 区	B2	4	21						175
3			B3	19	98						1270
4		C 区		82	444						4325
5	北山村	B 区		1	1						35
6		C 区		14	48						490
合计				152	752	169	2500	174	2480	600	11669

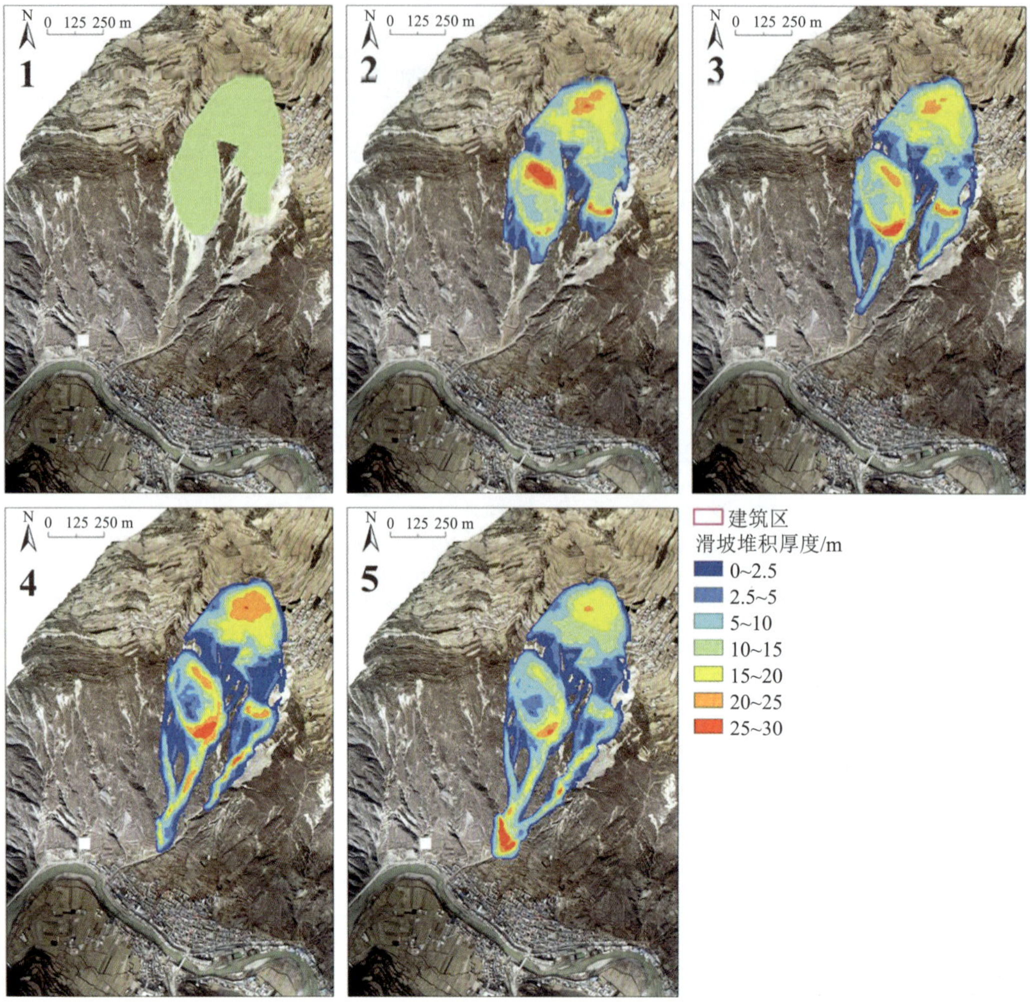

图 8-180　情景三：不同时段滑坡堆积厚度
（1 代表 0 时刻）

房、加油站、派出所、镇政府、道路、输电线路、农田等共 5923 万元，合计威胁资产 11669 万元（大于 1 亿元），威胁人数 752 人。险情属特大型。

立节北山滑坡最终以滑坡转化为泥石流形成灾害链威胁北山村和立节镇居民生命财产安全，并且在极端情况下，可能堵断白龙江形成堰塞湖，威胁白龙江沿岸立节镇及下游村庄安全，在综合判定，其险情为特大型。该结论的提出，为政府分区管控、应急治理等决策提供了有效技术支撑。

（五）成效总结

立节北山滑坡主要致灾模式为滑坡转化为泥石流形成灾害链威胁北山村和立节镇居民生命财产安全，并且在极端情况下，可能堵断白龙江，威胁白龙江沿岸立节镇及下游村庄安全，其险情为特大型。在应急过程中采用常规调查、勘查手段与"空天地"一体化技术相结合的方法，主要包括常规调查、勘查手段与无人机、三维激光扫描仪、地基 SAR、GNSS 位移计、裂缝位移计、高密度电法、电阻率层析成像、微振法及数值模拟等一系列新技术新方法搭配使用，显著提高了调查效率及调查精度，快速查明了灾害规模及变形特征，精准研判了灾害发展趋势，同时一系列非接触式调查手段的应用有效保障了调查人员的人身安全。在综合调查、监测等成果分析及专家建议的基础上，提出了切实可行的防治对策建议，为当地政府抢险救灾提供了有力技术支撑。

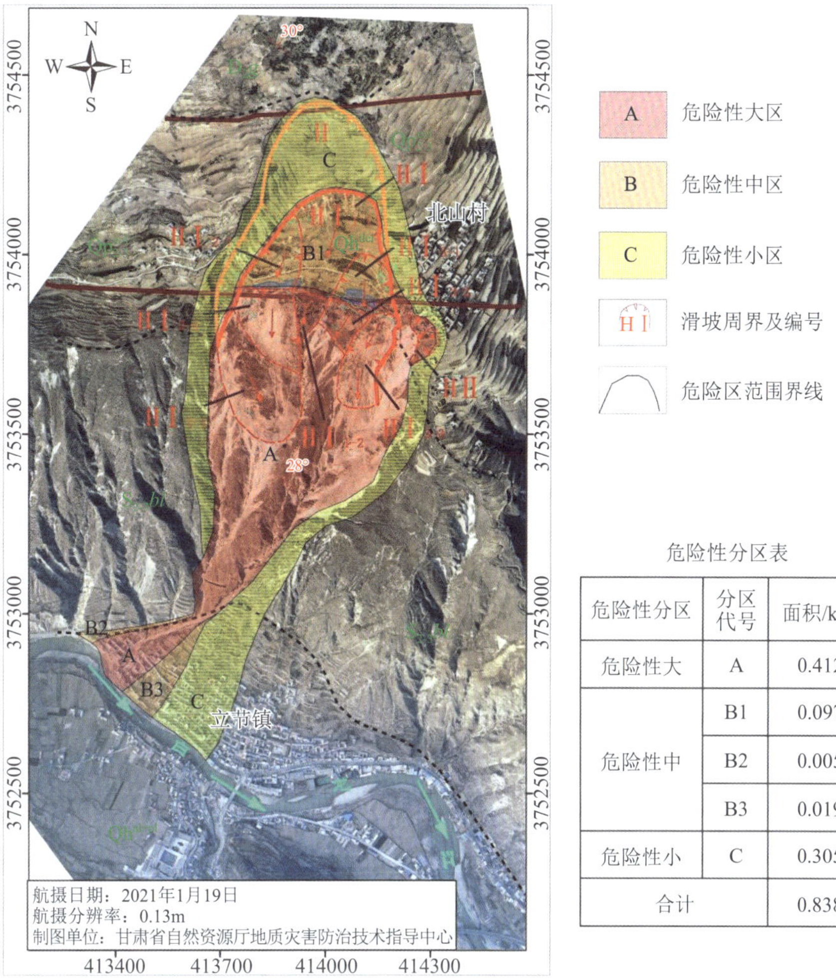

危险性分区表

危险性分区	分区代号	面积/km^2
危险性大	A	0.412
危险性中	B1	0.097
	B2	0.005
	B3	0.019
危险性小	C	0.305
合计		0.838

图 8-181 舟曲县立节北山滑坡泥石流灾害链危险性分区图

第五节 “空天地”一体化技术在舟曲果耶磨里滑坡灾害应急处置中的应用

一、灾情概况

磨里滑坡位于甘南藏族自治州舟曲县果耶镇磨里村，该滑坡于2021年2月26—28日之间持续发生滑动，滑坡中心位置为：东经103°26′05.05″，北纬33°38′29.08″。果耶镇磨里滑坡处于长期蠕动状态，历史上多次发生滑坡灾害。据调查，磨里滑坡在1987年、2019年、2020年8月至今均有活动。2020年8月以来，受汛期连续强降雨影响及春季冻融作用，2021年2月26—28日，舟曲县果耶镇磨里村发生滑坡，据统计，截至3月7日，滑坡已造成92户402人受灾，直接经济损失约489万元。其中一般损坏房屋（房屋有轻微变形开裂）74户165间，受灾人口265人；严重受损10户70间（房屋变形开裂较严重），受灾人口35人；倒塌8户22间，受灾人口32人。灾害发生后，县乡两级迅速组织受威胁群众进行避险转移安置，由于预警及时未造成人员伤亡，截至3月7日，共计转移安置受灾群众76户315人，灾情为中型。

二、滑坡基本特征

该滑坡为一堆积层滑坡群，位于大水坝河左岸，坡体上部局部出露第四系上更新统马兰黄土，上部为中泥盆灰岩，下部为中、上志留统板岩、千枚岩，表层为第四系坡积碎石层和滑坡堆积碎石土等。总体积为 $272.5\times10^4\ m^3$。按照平面形态和发育特征，该滑坡群可分为 5 个滑坡（H2、H3、H4、H5、H7）和 3 个潜在滑坡（H1、H6、H8），其中 H2、H4、H5 前缘变形明显，坡体裂缝发育，且 H5 滑坡前缘发育次级滑坡 H5-1 复活体（图 8-182，表 8-12）。

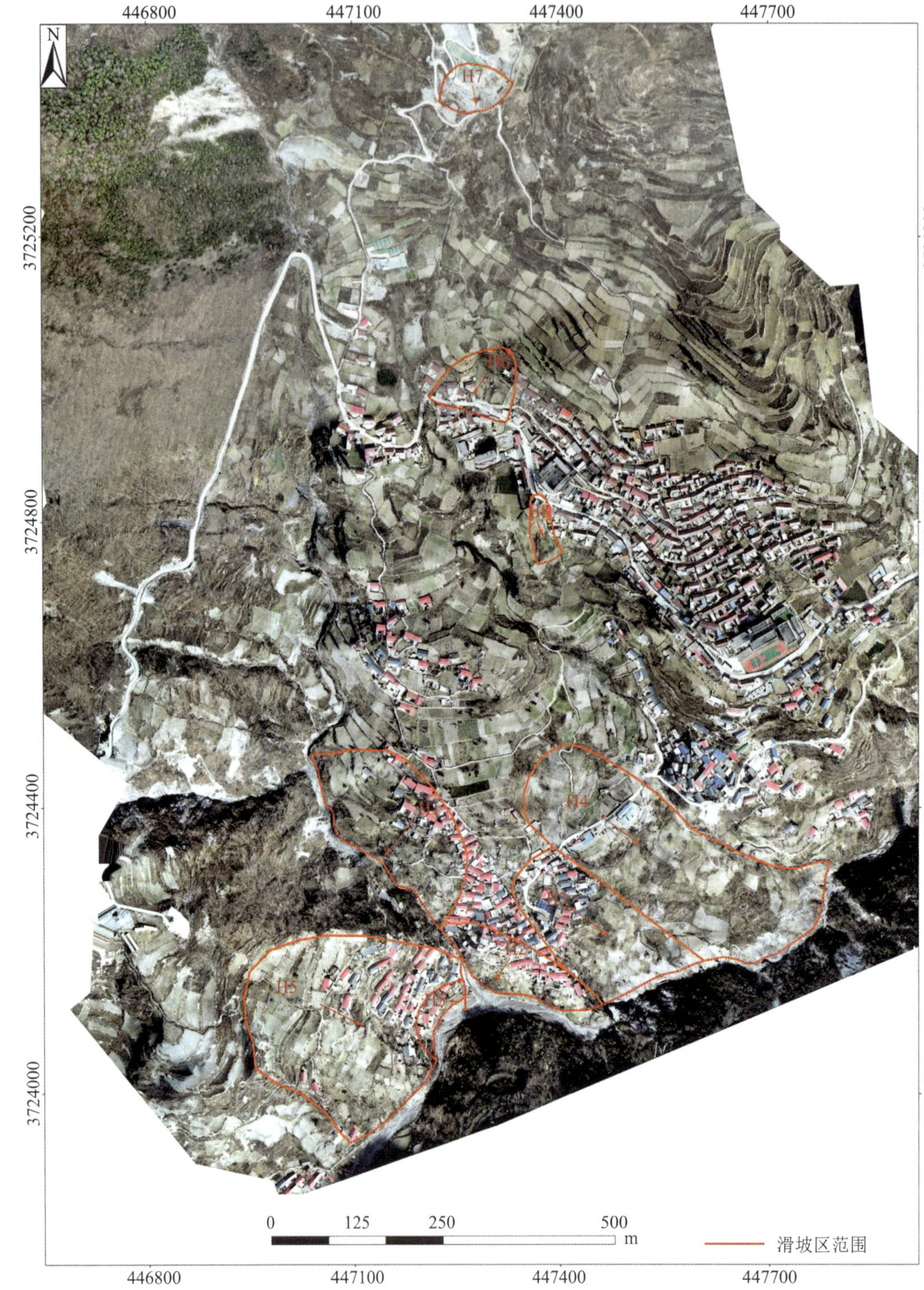

图 8-182　舟曲县果耶磨里滑坡全貌

表 8-12 舟曲县果耶磨里滑坡群特征表

灾害类型	编号	长/m	宽/m	面积/m^2	厚/m	体积/10^4 m^3	规模
滑坡	H2	160	170	27200	5~15	6.90	小型
	H3	230	120	27600	20	55.00	中型
	H4	250	170	42500	20	85.00	中型
	H5	320	230	73600	5~15	74.00	中型
	H7	75	105	7875	8	6	小型
潜在滑坡	H1	160	310	49600	6~15	37.00	中型
	H6	95	120	11400	8	7.00	小型
	H8	90	30	2700	6	1.6	小型

（一）H1 滑坡特征

H1 滑坡位于左侧冲沟左岸坡体前缘，滑坡平面形态为簸箕状，长约 160 m，宽约 310 m，厚 6~15 m，体积 37×10^4 m^3，规模为中型。滑坡后缘高程 1790 m，前缘高程 1765 m，相对高差约 25 m，滑坡体整体较缓，前缘较陡，坡度 15°~25°，坡体后缘为村民住房，坡体为耕地和道路，前缘紧邻冲沟（图 8-183）。

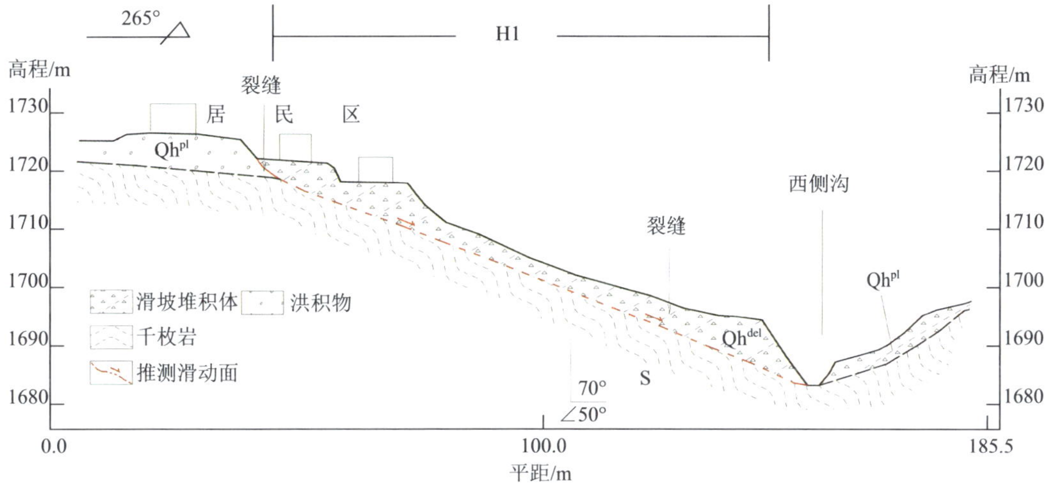

图 8-183 H1 滑坡剖面图

（二）H2 滑坡特征

H2 滑坡位 H1 滑坡南侧，滑坡平面形态为不规则状，长约 160 m，宽约 170 m，厚 5~15 m，体积 6.9×10^4 m^3，规模为小型。滑坡后缘高程 1760 m，前缘高程 1710 m，相对高差约 50 m，滑坡体整体较缓，坡度为 25°~30°，H2 滑坡体厚度 5~12 m。坡体上部为村民住房，前缘紧邻大水坝河，地势较陡，局部临空（图 8-184）。

（三）H3 滑坡特征

H3 滑坡位 H2 滑坡东侧，滑坡平面形态为舌状，长约 230 m，宽约 120 m，厚约 20 m，体积 55×10^4 m^3，规模为中型。滑坡后缘高程 1760 m，前缘高程 1710 m，相对高差约 50 m，滑坡体整体较缓，坡度 15°~20°，滑坡体厚度为 5~20 m。坡体中上部为村民住房，下部为耕地，前缘紧邻大水坝河，受河流切割侵蚀，前缘坡体地势陡峻，局部临空，基岩出露高度 8~10 m，滑坡剪出口明显（图 8-185）。

（四）H4 滑坡特征

H4 滑坡位于 H3 滑坡东侧，滑坡平面形态为舌状，后缘呈圈椅状，长约 250 m，宽约 170 m，厚约

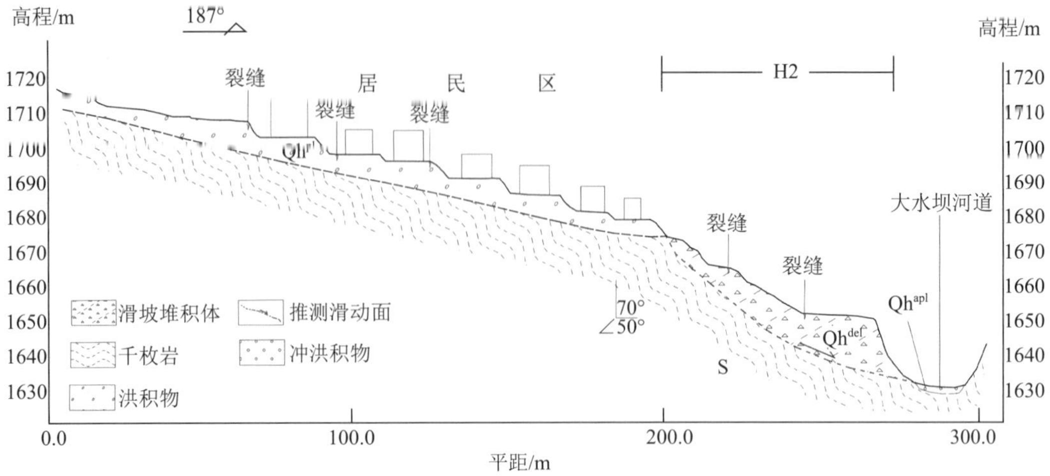

图 8-184 H2 滑坡剖面图

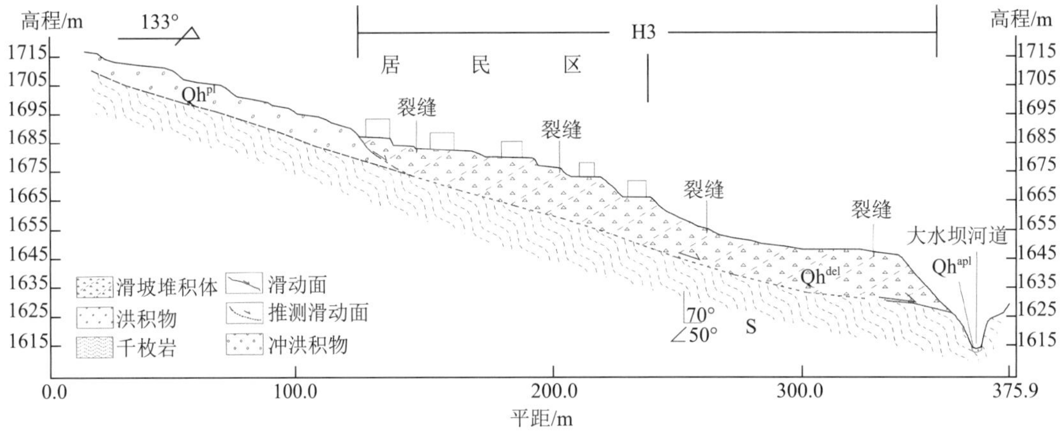

图 8-185 H3 滑坡剖面图

20 m，体积 85×10^4 m^3，规模为中型。滑坡后缘高程 1795 m，前缘高程 1665 m，相对高差约 130 m，滑坡体整体较缓，坡度为 13°～22°，坡体上部为村民住房，大部为耕地，前缘紧邻大水坝河，受河流切割侵蚀，前缘坡体地势较陡峻，局部临空，基岩出露高度 3～5 m（图 8-186）。根据现场调查成果，H4 滑坡滑体平均厚度为 20 m。

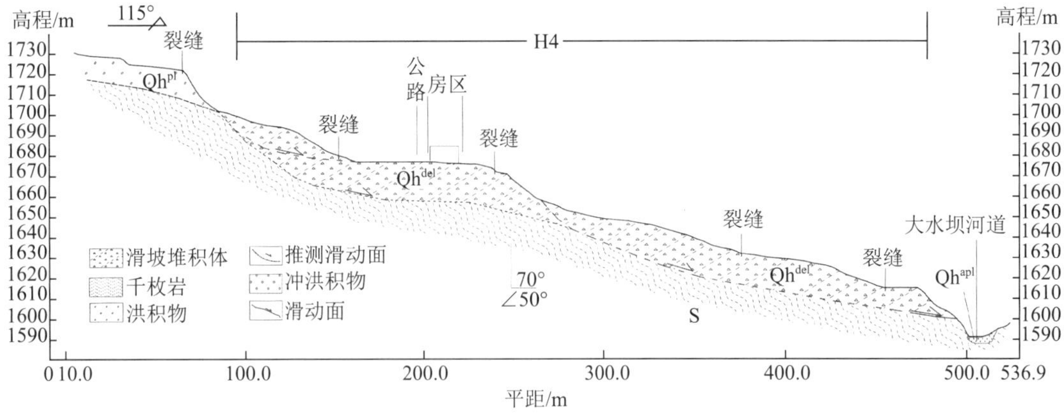

图 8-186 H4 滑坡剖面图

（五）H5 滑坡特征

H5 滑坡位于大水坝河左岸，为一老滑坡，滑坡平面形态为舌状，后缘呈圈椅状，长约 320 m，宽约 230 m，厚为 5~15 m，体积 74×10^4 m^3，规模为中型，本次发生滑坡为前缘 H5-1 次级滑坡复活体，滑坡平面形态为不规则状，滑坡体长约 40 m，宽约 105 m，厚度约 6 m，体积 2.6×10^4 m^3，规模为小型。H5 滑坡后缘高程 1795 m，前缘高程 1665 m，相对高差约 130 m，滑坡体整体较陡，呈台阶状，坡度为 30°~40°，坡体东侧中下部为村民住房，上部多为耕地，前缘紧邻大水坝河，受河流切割侵蚀，前缘坡体地势较陡峻，局部临空。H5-1 滑坡后缘高程 1745 m，前缘高程 1725 m，相对高差约 20 m，坡度为 40°~50°（图 8-187）。

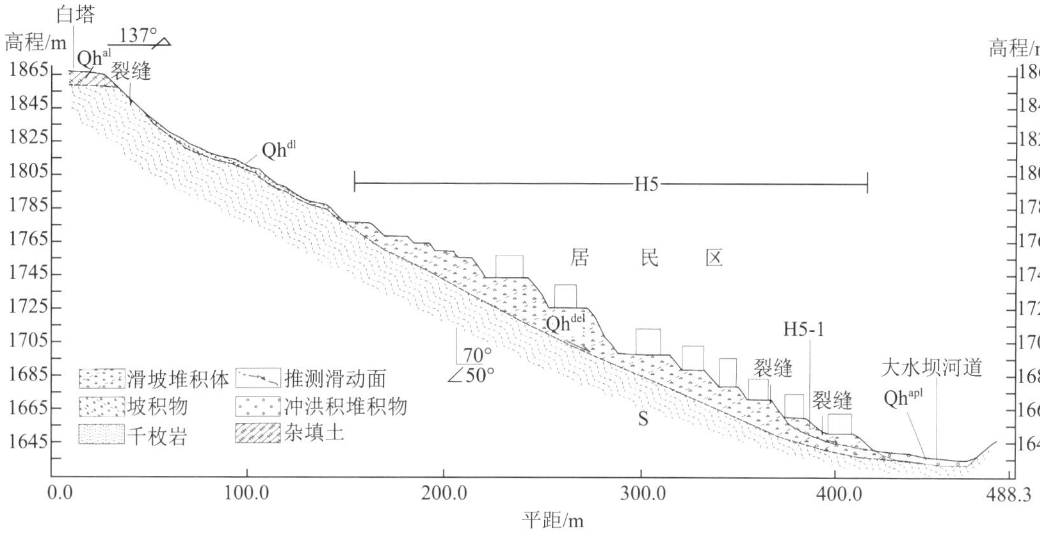

图 8-187 H5 滑坡剖面图

（六）H6 滑坡特征

H6 滑坡位于果耶镇政府西侧 80 m，滑坡平面形态为舌状，后缘呈圈椅状，长约 95 m，宽约 120 m，厚为 5~10 m，体积 7×10^4 m^3，规模为小型。滑坡后缘高程 1890 m，前缘高程 1850 m，相对高差约 40 m，滑坡体整体较缓，坡度约 20°~30°，坡体为村民住房和耕地，坡脚前缘为通村公路（图 8-188）。

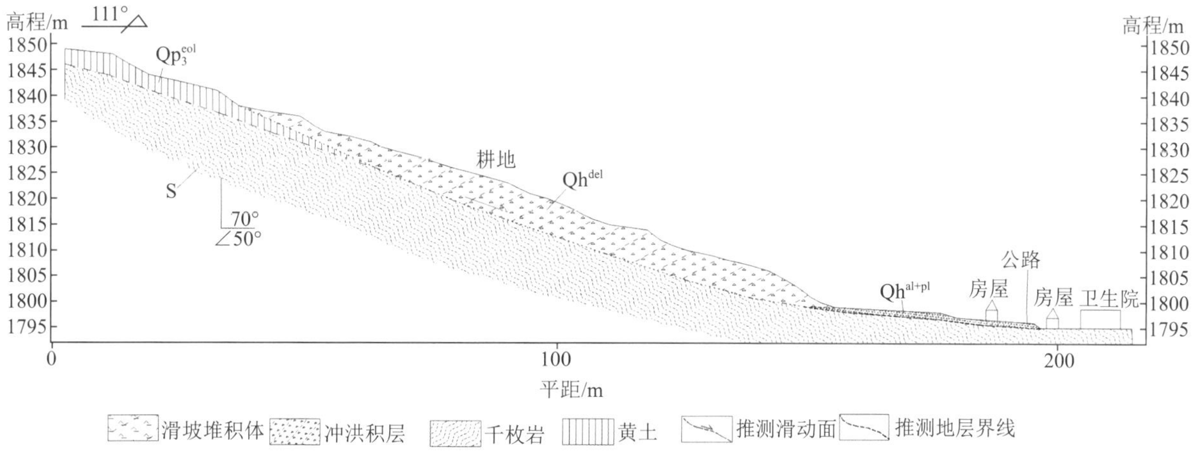

图 8-188 H6 滑坡剖面图

（七）H7 滑坡特征

H7 滑坡位于果耶镇东侧，坡体上为一养殖场，滑坡平面形态为舌状，后缘呈圈椅状，长约 75 m，宽约 105 m，厚约 8 m，体积 6×10^4 m^3，规模为小型。滑坡后缘高程 1982 m，前缘高程 1960 m，相对高差约 22 m，滑坡体整体较缓，坡度为 25°~35°，坡体上部为养殖场，前缘为耕地和通村路（图 8-189）。

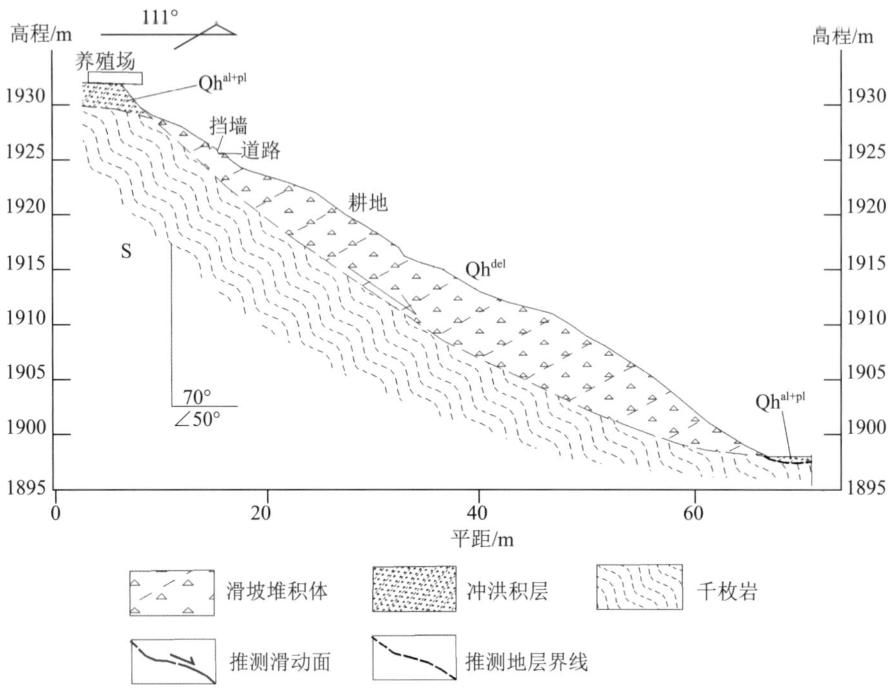

图 8-189　H7 滑坡剖面图

（八）H8 滑坡特征

H8 滑坡位于果耶镇政府南侧，滑坡平面形态为舌状，后缘呈圈椅状，长约 90 m，宽约 30 m，厚约 6 m，体积 1.6×10^4 m^3，规模为小型。滑坡后缘高程 1847 m，前缘高程 1824 m，相对高差约 23 m，滑坡体整体较缓，坡度为 20°~35°，坡体上部为通村公路及村民住宅，前缘为耕地（图 8-190）。

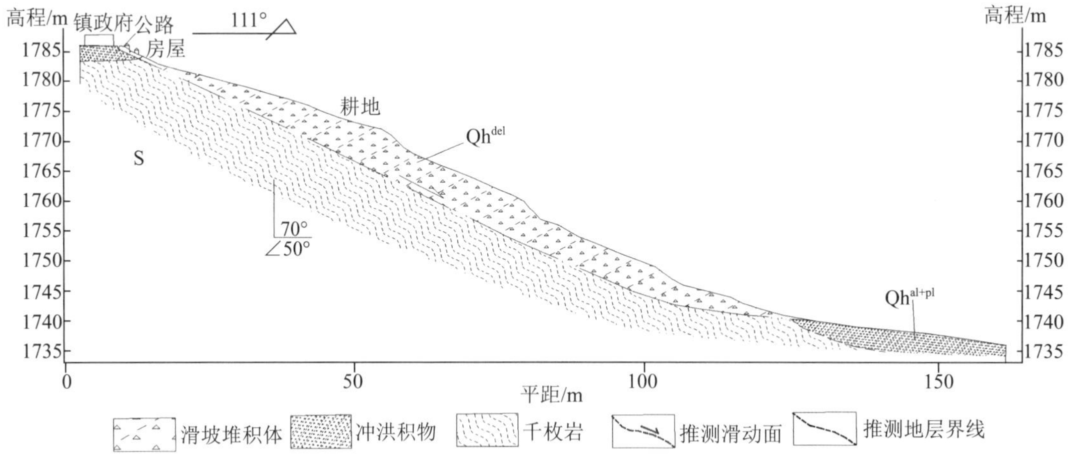

图 8-190　H8 滑坡剖面图

三、滑坡变形特征

根据调查，磨里滑坡变形明显，主要表现为局部滑塌，坡体裂缝发育，道路错断，房屋裂缝等，具体变形特征如下。

（一）H1 滑坡变形特征

H1 滑坡主要变形迹象表现为坡体中部通村便道发育数条纵向裂缝，裂缝宽为 2~4 cm，长约 1.2 m（图 8-191）；坡体后缘村民住宅局部有裂缝。

图 8-191 H1 滑坡中部通村路开裂

（二）H2 滑坡变形特征

H2 滑坡前缘变形强烈，局部发生滑塌，导致前缘坡体房屋侧墙垮塌，基础临空，前缘路面可见鼓包变形，坡脚修建的排导堤挤压变形，裂缝长约 8 m，宽 3~8 cm。滑坡后缘目前没有明显变形（图 8-192 至图 8-195）。

图 8-192 H2 滑坡前缘滑塌

图 8-193 H2 滑坡前缘道路鼓包变形

（三）H3 滑坡变形特征

H3 滑坡变形强烈，主要表现为两侧地表裂缝发育，后缘房屋局部损毁，且前缘坡脚可见明显剪出口（图 8-196，图 8-197）。

（四）H4 滑坡变形特征

H4 滑坡变形强烈，主要表现为滑坡体次级滑坡发育，坡体后缘发育两条横向裂缝，坡体道路错断，前缘横向裂缝及两侧剪切裂缝非常发育，后缘横向裂缝长 5~8 m，宽 3~8 cm，由于前缘不断滑塌变形，局部临空，挤压前缘大水坝河道，且变形区不断向后扩展（图 8-198 至图 8-201）。

图 8-194　H2 滑坡前缘房屋破坏

图 8-195　H2 滑坡坡脚排导堤挤压变形

图 8-196　H3 滑坡西侧裂缝

图 8-197　H3 滑坡前缘剪出口

图 8-198　H4 滑坡后缘道路错断

图 8-199　H4 滑坡前缘滑塌体

（五）H5 滑坡变形特征

H5 滑坡为一老滑坡，坡体中上部发育一条裂缝，裂缝长约 8 m，宽 2~4 cm。其主要变形区为坡体前缘，表现为前缘坡体局部滑塌，道路错断，房屋开裂（图 8-202 至图 8-205）。

（六）H6 滑坡变形特征

H6 滑坡变形主要表现为前缘通村公路发育横向裂缝，裂缝长约 20 m，宽为 2~3 cm，后缘局部可见房屋裂缝（图 8-206，图 8-207）。

图 8-200 H4 滑坡前缘羽状裂缝

图 8-201 H4 滑坡前缘滑塌

图 8-202 H5 滑坡前缘房屋倒塌

图 8-203 H5 滑坡前缘道路变形

图 8-204 H5 滑坡前缘道路错断

图 8-205 H5 滑坡后缘裂缝

（七）H7 滑坡变形特征

H7 滑坡变形明显，滑坡东侧后缘发生滑塌，滑塌区面积 840 m^2，体积约为 1.5×10^4 m^3 左右。滑坡体西侧水泥道路及挡墙变形开裂严重，裂缝宽度 5~20 cm，长度 5 m 左右。滑坡体前缘挡墙变形开裂严重，可见明显推挤变形（图 8-208 至图 8-210）。

图 8-206　H6 滑坡前缘公路裂缝

图 8-207　H6 滑坡前缘房屋裂缝

图 8-208　养殖场东侧滑塌变形体全貌

图 8-209　养殖场东侧滑塌变形体后缘

图 8-210　H7 滑坡体西侧建筑物变形

（八）H8 滑坡变形特征

H8 滑坡体中部发育有 2 条裂缝，裂缝长 5~12 m，宽 2~5 cm，错断高差 2~6 cm。后缘房屋墙体局部变形，道路局部错断（图 8-211，图 8-212）。

图 8-211　H8 滑坡体中部裂缝

图 8-212　H8 滑坡后缘道路变形

四、滑坡成因分析

经调查分析此次地质灾害的形成主要受以下因素的控制和影响。

（一）地形地貌

滑坡体处于中高山地貌，东西两侧冲沟发育，坡体整体较为平坦，前缘受河流侵蚀切割，地形较陡，局部临空。地形上极具汇水条件，利于地表水入渗，且前缘临空为滑坡发育提供了有利的地形条件。

（二）岩土体特性

特殊的地层岩性为滑坡的孕育提供了物质条件。该滑坡的物质组成主要为碎石土和千枚岩、板岩，上部碎石土结构松散，含水量较高，局部呈饱和状态，下部千枚岩、板岩相对隔水，在水的作用下，极易软化、泥化，抗剪强度降低，呈现塑性变形和剪切破坏，不利的岩土体组合为滑坡的形成提供了条件。

（三）降雨

滑坡坡体汇水面积较大，由于 2020 年多雨，降雨量达 800 mm 以上，特别是“8・17”暴雨接近 50 年一遇暴雨强度，降雨持续入渗，土体局部饱和，土体的重度增大，岩土体软化，土的抗剪强度降低，导致滑坡局部变形失稳。

（四）地震

调查区处于舟曲-武都地震亚带，历史上发生过多次地震，地震作用会导致坡体岩土体松动，地表产生裂缝，加剧坡体变形。根据中国地震台网速报目录，调查区周边 200 km 内近 5 年来发生 3 级以上地震共 97 次，最大地震是 2017 年 8 月 8 日在四川阿坝藏族羌族自治州九寨沟县发生的 7.0 级地震，震中位于北纬 33.20°，东经 103.82°，与滑坡区直线距离为 75 km。最近一次震感明显的地震为 2020 年 12 月 28 日 20 时 46 分，在甘肃陇南市宕昌县发生的 3.9 级地震，震源深度 13 km，震中位于北纬 33.83°，东经 104.45°，距离本次滑坡区直线距离约 21 km（图 8-213）。

（五）冻融作用

滑坡体地下水丰富，坡体有多处泉眼出露，且流量较大，导致坡体局部饱和，反复的冻融作用导致地下水位变化产生静水压力和动水压力，加剧坡体变形蠕滑。

图 8-213　宕昌和九寨沟地震震中与滑坡区位置示意图

（六）人类活动

人类工程活动对滑坡的影响主要表现为坡体建房加载和生活用水的无序排放，居民生活排水长期下渗，增加土体自重和降低抗剪能力，不利于坡体稳定，同时临坡建房地基处理不合理导致房屋垮塌。另外，H2 滑坡东侧发现一处泉眼，该泉眼主要由居民自行引水，作为集中用水供应，居民引水后对泉眼未装阀门，致使排水管常年流水渗入坡体，不断加大坡体自重，降低抗剪能力。

综上，本次滑坡的发生是由降雨、冻融作用、地震、居民无序用水、建筑加载、地形地貌、易滑岩土组合综合作用的结果，其中降雨是主要的引发因素。

五、“空天地”一体化技术在果耶磨里滑坡应急抢险中的应用

为保障能第一时间准确获取滑坡基本特征，本次调查充分利用 InSAR 时序变形分析、无人机正射影像快速采集、高密度电法勘探等“空天地”一体化协同技术手段开展了滑坡灾害调查和监测工作。

（一）INSAR 监测在磨里滑坡应急抢险中的应用及成效

笔者在应急抢险中，与兰州大学地质灾害研究团队相互共享数据，通过多期遥感影像图对比分析和 InSAR 监测数据（数据来源于兰州大学）（图 8-214）分析发现，2010—2019 年光学影像对比分析中，滑坡体范围内无明显运动破坏迹象。相比较 2010 年，2019 年建筑面积稍有增多，但是建筑类型整体发生了转变，由土坯房整体改建为钢筋混凝土和砖瓦房，由以单层为主的房屋转变为 2~3 层楼房，加之不合理生活用水排放，坡体整体荷载明显增加，为滑坡发育提供了有利条件。此外，坡体前缘沟谷下切侵蚀明显，2010—2019 年，斜坡前缘坡度不断增大，为滑坡发育提供了良好的前缘临空条件。

2010—2019 年光学影像对比分析中，滑坡所在中下部前缘垭口变形迹象明显。2010 年只有接近垭口局部地表较为破碎，发育有小型滑坡、崩塌（黄色多边形所示区域），其他区域光谱平滑，田埂清晰可见，表面梯田完整，无明显变形迹象。2019 年，滑坡前缘大范围地表物质破碎，滑坡崩塌面积扩大，由于整个区域的长时间运动，破坏梯田，田埂模糊不清，变形十分剧烈。该区域人类活动加剧，道路和房屋的修建破坏了原有地表，为降雨入渗提供了有利条件。推测该区域破碎地表有利于降雨入渗坡体，为

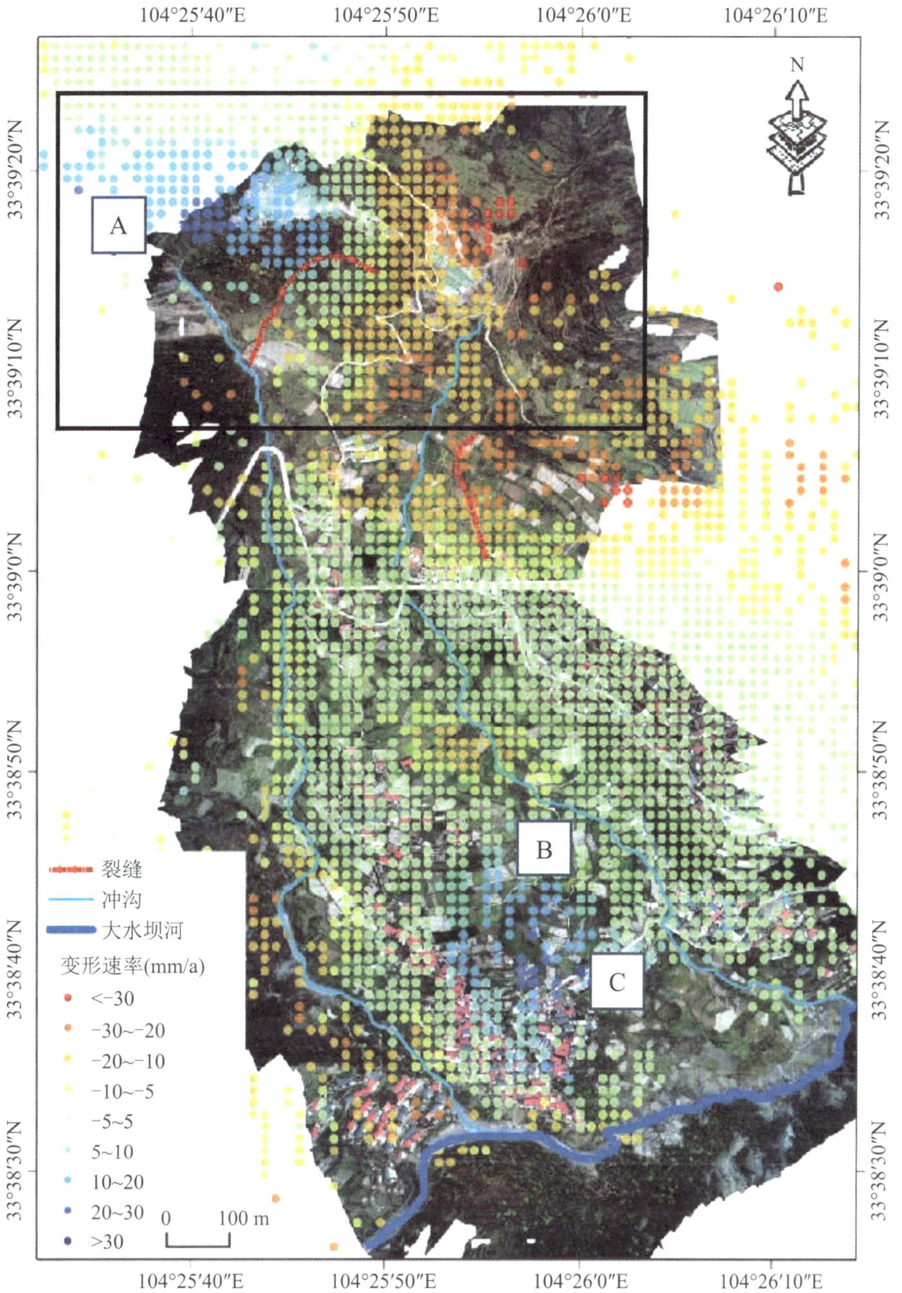

图 8-214 磨里滑坡 InSAR 遥感解译成果（2018 年 4 月至 2021 年 1 月）

（资料来源兰州大学）

滑坡发育提供良好水文条件。该区域长期的运动不断推挤垭口以下坡体，为其增加荷载和水平推力，推动前缘复活破坏。

（二）高密度电法在磨里滑坡应急抢险中的应用及成效

为准确查明滑坡前缘威胁较为严重的区域地下基本情况，笔者利用物探手段在滑坡体 H 前缘布设一条横向高密度电法剖面，滑坡块体 H4 布设一条纵向高密度电法剖面，测线总长 980 m，电极数 196 个，电极间距 5 m。

依据图 8-215 物探结果可以看出：滑坡块体 H2、H3、H4 表层 0~5 m 地球物理特征表现为高阻，依据现场调查结果，滑坡表层为碎石土；地下 5~20 m 区间内其地球物理特征表现为低阻，推测滑坡下部分布较为连续的地下水，在后期的实地调查过程中发现，H2、H3、H4 滑坡前缘部位均发现地下水出露点，推测滑坡体厚度为5~20 m；地下20 m以下，其地球物理特征表现为均匀的中—高阻，推测为完整无破碎基岩区域。

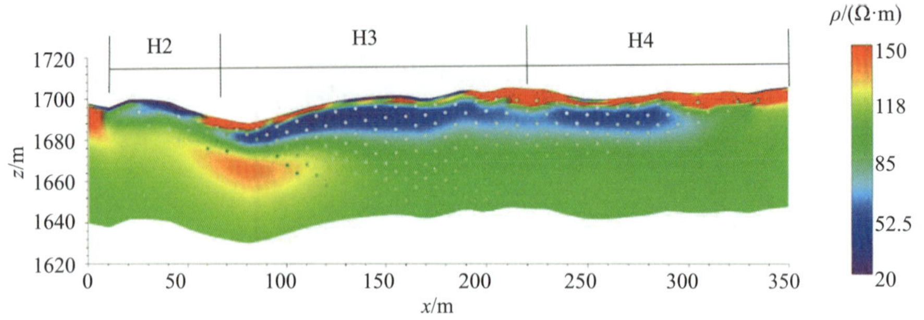

图8-215 H2、H3、H4滑坡前缘高密度电法横剖面图

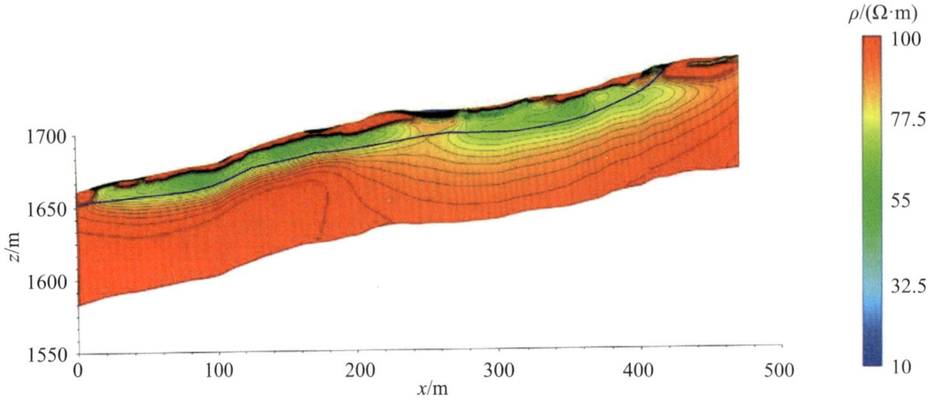

图8-216 H4纵向高密度电法剖面图

依据图8-216物探结果可以看出：H4滑坡地球物理特征整体表现为高阻，在地下3~20 m之间地球物理特征表现为低阻，根据以往地质资料及现场实地调查，推测该区间为非常破碎的千枚岩，其电阻率较低；地表主要为碎石土，其地球物理特征表现为高阻；地表20 m以下表现为均匀的高阻，推测其为完整无破碎的基岩区域；中间区域表现为中—高阻。故推断H4滑坡平均厚度约20 m。

综上，依据基于H2、H3、H4滑坡布设的高密度电法勘探结果进行解译，可以得出结论，其滑坡H前缘平均厚度约为20 m。

高密度电法勘探相较于常规钻探，具有效率高、设备简单、成本低廉、适应各种地形等优势，在应急抢险阶段转为应急勘查设计阶段后，通过钻孔也验证了其高密度电法的准确性。这一成果在应急抢险期间，快速确定了滑坡滑面基本位置及规模，为后期政府部门快速决策提供了有力的数据支撑。

（三）成效总结

在舟曲县果耶镇磨里滑坡应急调查阶段，由于需要快速通过各种技术手段取得滑坡灾害体数据，用以支撑当地政府决策使用。笔者和项目组成员通过"空天地"一体化技术，利用多期遥感影像图对比分析和InSAR监测数据获取了该滑坡历史变形记录，发现该滑坡一直处于蠕动变形状态，最终在汛期降雨、冻融期及坡面加载等多因素的影响下发生了滑动；利用无人机摄影测量技术，精准测定了滑坡的各项平面参数，为滑坡分级分块划分提供基础数据支撑；为获取地下相关情况，同时测得滑坡体厚度，利用高密度电法勘探对滑坡体前缘威胁最严重区域开展剖面探测，快速、高效地获取了滑坡体地下信息，发现滑坡体前缘厚度约为20 m。最终结合地面调查获得的相关资料等结论后，划定了滑坡灾害危险区范围，提出科学合理的应急处置措施建议，为当地政府开展地质灾害临时避让及后续应急治理工程提供了有力支撑（图8-217）。

图 8 217　舟曲县果耶镇、磨里村滑坡群危险性分区图

第六节　“空天地”一体化技术在灵台县中台镇南店子滑坡灾害应急处置中的应用

一、灾情、险情概况

受强降水影响，2021 年 10 月 3 日 22 时，灵台县中台镇南店子村东庄社发生山体滑坡地质灾害，由于预警及时，村、镇相关人员第一时间将危险区内村民转移避让，滑坡未造成人员伤亡。滑坡体后缘中心位置地理坐标为东经 107°35′44.28″，北纬 35°03′51.33″（图 8-218）。

灾害共造成 18 户 443 间房屋不同程度损毁，317 人受灾。损毁道路 450 m、农田 110.8 亩，损毁电力（7 基电杆、10 kV 线路 0.5 km、0.4 kV 线路 1.5 km、1 台 10 kV 断路器、50 块电能计量表）、通信、供

图 8-218 灵台县中台镇南店子村东庄社滑坡全貌

水、天然气等基础设施若干，直接经济损失约 7970 万元，灾情等级属特大型。滑坡发生后形成的堆积体及高陡滑坡后壁在持续强降雨或地震条件下，仍然具有再次失稳滑动的可能，直接威胁滑坡前缘 130 户 339 人，房屋 28 处 523 间，道路 550 m，及其他电力、通信等基础设施，威胁财产共计 6296.9 万元左右，险情等级属大型。

二、滑坡概况及基本特征

（一）滑坡概况

南店子村东庄社滑坡 H1 位于灵台县中台镇南店子村东庄社南侧，达溪河右岸，为黄土梁峁丘陵与侵蚀堆积河谷过渡地带，属全新世以来发生滑动的滑坡。其平面形态呈簸箕形，前缘宽，后缘窄，滑坡后壁、后缘洼地、滑坡平台、滑坡侧界等形态特征明显，侧壁后期经长期雨水汇流冲刷形成冲沟，冲沟下切强烈，为滑坡的复活提供地形条件。从运动特征上看，滑坡由 3 个滑块组成，从西向东为 H1-1、H1-2、H1-3，其中 H1-2 在滑坡不同位置处地形和变形迹象存在差异，细分为 H1-2（1）和 H1-2（2）。3 个滑块滑体上遍布裂缝，变形迹象明显。在人工开挖、切削坡脚修建道路后，造成滑坡坡脚长期高陡、临空，且失去反压坡脚的作用，在长期的自然作用下进一步破坏滑体内应力平衡，导致滑坡体中西部前缘局部变形复活（图 8-219）。

（二）滑坡基本特征

1. 滑坡形态特征

灵台县中台镇南店子村东庄社滑坡 H1 特征明显，滑坡后壁、侧缘、滑坡平台特征明显，南侧以滑坡后壁边界为界，北侧以地形推挤变形区为界，东、西侧以沟壑为界。

H1 滑坡呈东西向展布，滑坡平面形态呈圈椅状，滑坡后缘裂缝、洼地等形态特征明显。滑坡后缘宽约 560 m，前缘坡脚宽约 600 m，主滑方向坡长约 330 m，高差 83.76 m，滑向 8°，平均坡度 13°。根据调查，确定该滑体平均厚约 23 m，后部厚 18.7～23 m，中部厚 27.5～32.6 m，前部厚 7.0～25.2 m。总体积为 $346.84\times10^4\ m^3$，规模等级为大型。滑坡牵引式变形特征明显，整体下错后，后缘形成高陡后壁，高差为 17～39 m，坡度为 55°～69°。顶部坡体发育拉张裂缝，长 15 m，宽 3～5 cm，局部错动陡坎高差 5～

图 8-219 灵台县中台镇南店子村东庄社滑坡平面图

20 cm。滑坡堆积体形成多级平台，并在局部形成滑坡洼地。坡体裂缝发育，前缘受推挤影响形成鼓胀隆起，发育放射状裂缝，错断坡脚道路，房屋不同程度坍塌、开裂。按物质组成划分，该滑坡属黄土-基岩滑坡，按形成机理划分为牵引式滑坡。故 H1 滑坡属于大型中层牵引式黄土-基岩滑坡。

H1-1 滑块位于滑坡 H1 西部，南侧以 H1 滑坡后壁坡脚为界，北侧以 H1 滑坡北侧边界为界，西侧以 H1 滑坡西侧边界为界，东侧以 H1 前缘坡脚中西部小冲沟为界。坡脚宽约 57.92 m，上部宽约 144.36 m，主滑方向长约 222.3 m，主滑方向 289°。确定该滑体厚 9.5~30.0 m，后部厚约 21 m，中部厚约 30.0 m，前部厚为 9.5~16.2 m。面积为 2.2×10^4 m^3，总体积为 50.6×10^4 m^3，规模为中型。

H1-2 滑块位于滑坡 H1 中部，是 H1 滑坡重点部分，南侧以 H1 滑坡后壁坡脚为界，北侧以 H1 滑坡北侧边界为界，西侧以 H1-1 东侧 10 m 左右高差的小边坡沟壑为界，东侧滑坡冲坡产生沟壑和斜坡为界。

该滑块总体呈四级，一级位于该滑块中部，相对高差 23~30 m，坡度 23°~28°，坡顶平台宽 63~100 m，主滑方向长约 153 m；二级位于中部，相对高差 8~10 m，坡度约 29°，坡顶平台宽 15~19 m；三级位于中后部，相对高差 10~11 m，坡度约 27°，坡顶平台宽 11~27 m；四级位于滑坡后缘，相对高差 5~8 m，坡度约 27°，坡顶平台宽 15~105 m，平台大部分均往内倾，部分形成积水洼地。

H1-3 滑块位于滑坡 H1 中东部，南侧以 H1 滑坡后壁坡脚为界，北侧以 H1 滑坡北侧边界为界，西侧以中东部高压线塔基小山包坡脚为界，东侧以南北向人工开挖边坡坡脚为界。坡脚宽约 120 m，上部宽约 83 m，主滑方向长约 245 m，主滑方向 22°。确定该滑体厚 7.0~27.5 m，后部厚约 16 m，中部厚约 27.5 m，前部厚 7.0~12.0 m。总体积为 46.4×10^4 m^3，规模为中型。该滑块经人工后期改造，总体呈五级，一级位于该滑块前缘，相对高差 8~10 m，无统一坡面，整体坡度约 6°，坡顶平台宽 13~24 m，沿平台顶现有一处简易排水沟向西北排水；二级位于前中部，相对高差 5~6 m，坡度约 25°，坡顶平台宽 13~25 m；三级位于中部，相对高差 7.5~9 m，坡度约 24°，坡顶平台宽 7~17 m；四级无统一坡顶，相对高差 8~11 m，坡度 29°~34°；五级无统一坡顶，相对高差 8~22 m，坡度约 18°。上述五级平台均分布有积水洼地。

南店子村滑坡基本特征见表 8-13。

表 8-13 南店子村滑坡基本特征统计表

滑坡	宽/m	长/m	厚/m	体积/10^4 m^3	规模
H1	560~600	342	23	346.8	大型
H1-1	57.9~144.4	222.3	21~30	50.6	中型
H1-2	495~540	285	3~23	163.5	大型
H1-3	83~120	245	7~27.5	46.4	中型

2. 滑坡结构特征

(1) 滑体物质组成及结构特征

根据本次勘查结果，本次滑坡滑体平均厚约 23 m，后部厚 18.7~23 m，中部厚 27.5~32.6 m，前部厚 7.0~25.2 m。按物质成分大致分为腐殖层、马兰黄土、离石黄土及少量的强风化泥质砂岩（图 8-220）。

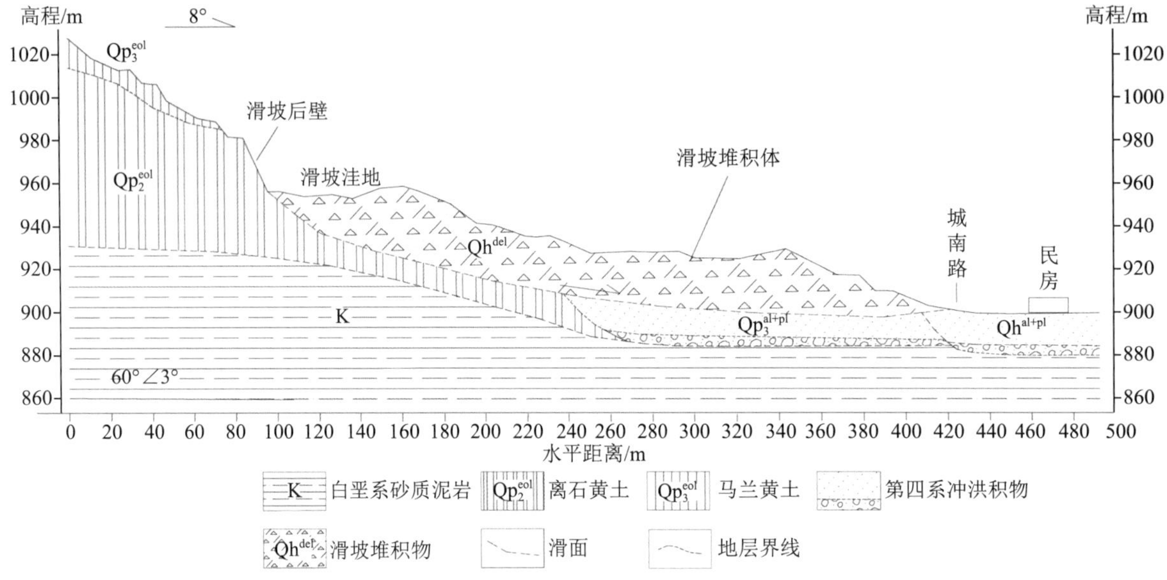

图 8-220 滑坡主滑方向剖面图

腐殖层呈灰褐色至黄褐色，层厚 2.0~3.4 m，其中 0~1.0 m 内植物根系发达，虫孔发育，1.0~3.4 m 植物根系较少，偶见虫孔。该层主要成分为马兰黄土，富含有机质。

马兰黄土呈深褐色至黄褐色，稍密—中密，层厚 3.20~8.00 m，埋深 0.00 m。受含水率不同的影响，具Ⅰ级（轻微）非自重~Ⅲ级（严重）自重湿陷性，该层黏粒含量较高，常见钙质结合，粒径为 1~15 cm。

离石黄土呈红褐色，中密—密实，层厚为 20.00~58.30 m，埋深 0.00~8.00 m。受含水率不同的影响，该层呈硬塑—软塑，黏粒含量高，偶见钙质结核，粒径 1~10 m。

强风化泥质砂岩呈褐色，埋深 7.0~32.6 m，碎屑结构，层状构造，颗粒矿物成分主要是高岭石、长石。胶结松散，岩芯多呈角砾状，最大节长 8 cm。

(2) 滑面（带）结构特征

根据钻探勘查揭露，其纵向表现为前、后缘较薄，中部较厚，横向表现为两侧与中部厚度接近。南店子村东庄社滑坡 H1 的滑面（带）处于黄土与泥岩的接触带位置，后部埋深 18.7~23 m，中部埋深 27.5~32.6 m，前部埋深 7.0~25.2 m。后缘滑壁倾角极陡，为 55°~69°；滑体后部滑动面倾角较陡，为 27°~48°；中部略缓，为 5°~15°；前缘较缓，为-9°~4°。

滑带厚度一般为 1.2~8 m，物质成分为离石黄土及强风化泥岩。该层风化、破碎程度高，岩体中的裂隙发育较多，渗流系数大，含水率大，呈湿—饱和状态，大气降雨入渗到该层之后难以向深部径流，加上强风化层比中风化层更破碎，更容易受到降雨的影响遇水软化，强度远远小于中风化，有利于形成滑坡沿此滑面滑动。

（3）滑床结构特征

本次勘查时钻孔深入滑面以下 3.0~10.50 m，钻孔揭露，滑床岩体岩性为强风化的红褐色泥质砂岩，薄层状构造，岩芯呈碎块或短柱状，岩石强度较高，为相对隔水层。

3. 滑坡变形特征

灵台县中台镇南店子村东庄社滑坡初滑后的变形特征主要表现为四个方面：裂缝、下错台坎、前缘滑塌变形和前缘隆起。

（1）裂缝

H1 滑坡范围内裂缝主要为鼓胀裂缝及拉张裂缝。

1）鼓胀裂缝：H1 滑坡鼓胀裂缝在滑坡东西两侧均有发育，但以西侧边界最为发育。尤以滑坡西侧灵蒲公路上因滑坡侧向扩展，形成近 10 条迹象明显的鼓胀裂缝，走向 305°~313°，裂缝宽 10~50 cm，横穿公路，两侧基本无错台。此外，H1-2 滑块受前缘两处高压线塔基的阻挡，中前部受到强力挤压，导致其中部台地形成基本平行于主滑方向的鼓胀裂缝，裂缝基本贯通各级平台及坡面。在受挤压的同时，受优势通道的影响，裂缝基本向东侧下错，错距最大约 1 m，裂缝宽度 0.2~0.5 m。

2）拉张裂缝：H1 滑坡拉张裂缝主要分布在滑体中部，由于 H1-1 前后滑移距离不一致，导致在该滑块第一级平台中部发育有一处呈弧形的拉张裂缝，裂缝宽为 1~1.5 m，可见深度约 0.5~1 m，裂缝长约 70 m。在 H1-1 西南部第一级位置发育一处拉张裂缝，呈弧形，长约 80 m，最宽处约 2.5 m，可见深度 2 m，滑坡后缘亦发育有拉张裂缝，宽为 1~10 cm。

3）剪切裂缝：H1 滑坡剪切裂缝主要分布于滑坡侧界，尤以西侧边界最为明显。在西侧冲沟附近发育有一组羽状剪切裂缝，主要由一条基本平行于主滑方向的主裂缝及 5 条羽状裂缝组成，主裂缝向东形成错台，错台高度 3~5 m，裂缝宽约 0.5 m，可见长度约 65 m，走向约 351°，可见深度约 1 m。羽状裂缝与主裂缝夹角呈锐角，长度 6~32 m，宽 0.3~1.5 m，走向 298°~310°，可见深度 1~3.2 m。

（2）下错台坎

滑坡后缘出现下错台坎，高差在 17~34 m 之间，滑坡后壁坡度为 55°~69°。下错方向指向坡体临空面，展布方向基本与主滑方向垂直，呈东西向，长约 440 m。坡体上局部发育下错台坎。

（3）前缘坍滑塌变形

滑坡体局部坍塌变形主要发生在滑坡前缘以及沟道两侧。在滑坡前缘坡脚处发育范围不同，形态各异的多处溜滑。溜滑面积不大，规模均为小型，沿前缘坡脚呈线状分布。并且人工活动比较频繁，坡脚开挖严重。

（4）前缘隆起

滑坡前缘隆起范围宽约 220 m，隆起高度为 1.0~6.0 m，前缘隆起造成房屋倒塌、损毁，道路变形。

（5）滑坡后壁

H1-1 滑块后壁处于第 7 卸载平台位置，七级卸荷平台呈东西向展布，位于六级卸荷平台之上，平台宽约 5 m，平台坡长约 375.70 m，平台顶标高在 1040~1047 m 之间，平台坡底标高在 1033~1037 m 之间，坡向在 357°~7°之间，六级平台至七级平台坡度 47°左右，坡率为 1∶0.75 左右。坡体为人工开挖形成的黄土质边坡，岩性主要为离石黄土，根据坡体的物质组成，属土质斜坡。坡体坡度较陡，易发生溜滑、崩塌。

三、滑坡成因分析

（一）地形条件

地貌属于剥蚀构造中低山地貌。滑坡所在坡体坡度较大，经人工改造形成的台阶状地形易于汇水，导致出现垂直临空面增大，具备滑坡形成的基本地形条件。

（二）地层岩性因素

滑坡区内地层结构主要为马兰黄土、离石黄土的地层岩性组合。黄土土质疏松，力学性质较差，其具大孔隙性，垂直节理发育，湿陷性强，遇水易崩解，产生裂缝，利于地表水的入渗和流通，下伏泥质砂岩为相对隔水层，入渗水体在地层接触面汇集，易形成滑面。

（三）水的作用

水的作用是滑坡的最主要诱发因素。2021 年 10 月 2 日 20 时到 4 日 16 时，灵台县普降暴雨，局地达到大暴雨，其中百里镇古城降水量达到 187.9 mm，灵台上良为 188.2 mm。本次滑坡所在的中台镇降水量达到 175.5 mm，且多以大雨、暴雨出现，历时长，地表水入渗进入土体，导致坡体含水量逐渐饱和，增加自重，强度降低，受剪切力蠕动变形，最终形成滑塌现象，因此本阶段的强降雨是诱发滑坡的主要因素。

水的作用是滑坡的最主要诱发因素，其作用主要表现在两个方面：①增加斜坡的自重并软化滑带土，从而破坏土体或岩体的抗剪强度；②降雨的强度和时间，控制着斜坡失稳变形。

2021 年 9 月灵台县平均累计降雨 296.6 mm，其中 15—28 日除 21 日无降雨外，其余 12 天均有降水，该段时间累计降雨 258.8 mm。且滑坡当日（10 月 3 日）灵台县平均降雨量为 116 mm（图 8-221）。

9 月的累计降雨沿裂隙及垂直节理入渗土体，使滑坡体接近饱和，抗剪强度大幅降低，并极大地增加了滑体的自重，导致后缘裂缝快速扩展，滑坡体达到极限平衡状态。10 月 3 日的短时强降雨，成为"压垮骆驼的最后一根稻草"，该日的强降雨沿裂缝大量灌入滑坡后缘，软化滑带土，并使滑面贯通，最终导致灵台县中台镇南店子村东庄社滑坡发生。

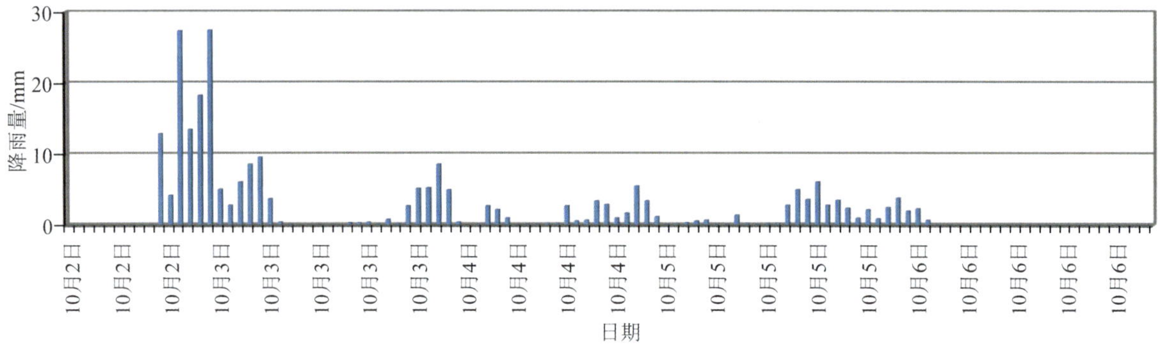

图 8-221　10 月 2 日 20 时至 10 月 7 日 8 时灵台县中台镇小时降雨量柱状图

（四）人类工程活动

该滑坡的形成，除与上述因素的作用密不可分外，还与人类工程活动有关。勘查区的主要人类工程活动为农业生产活动、道路修建、开挖取土、工程建设等。兴修梯田进行农耕是区内普遍的现象，滑坡体现状为梯田，不利于降水的外排，增大了降水入渗量，使岩土体含水量增加，重量增大，抗剪强度降低，坡体稳定性变差。

综上所述，该滑坡的形成是各种要素综合作用的结果。临空较好的地形条件和软弱的地层结构是滑坡形成的主要内在因素，降雨是加速滑坡发生的直接诱发因素，地质构造和地震对滑坡的形成具有一定的影响，人类工程活动是滑坡形成的重要外因。

四、"空天地"一体化技术在滑坡灾害应急抢险中的运用及成效

灾害发生后，笔者第一时间运用"空天地"一体化技术开展了滑坡灾害应急调查、监测，准确研判了滑坡灾害发展趋势，合理划定了危险性分区，迅速转移受威胁群众，为当地政府抢险救灾提供了技术支撑。

（一）InSAR 技术提取滑坡前形变信息

采用升轨 C 波段 Sentinel-1 数据探测甘肃省平凉市灵台县中台镇南店子村东庄社滑坡，共 22 景影像，时间跨度为 2021 年 1 月 12 日至 2021 年 10 月 3 日。

利用 SBAS-InSAR 技术获取了平凉市灵台县中台镇南店子村东庄社滑坡 Sentinel-1 的形变速率及其形变时间序列。对该处滑坡进行分析得出，在 2021 年 1 月 12 日到 2021 年 5 月 12 日与 2021 年 8 月 22 日到 2021 年 9 月 22 日形变变化较为缓慢，推测由于无外力及自然因素影响，导致形变变化缓慢。在 2021 年 6 月 3 日到 2021 年 8 月 21 日与 9 月 23 日后形变变化较大且呈线性下降，分析主要由于该时间段降水充足，增加了岩土的含水量与岩土体容重，降低了岩土的抗剪强度，导致形变下降较大。形变速率图见图 8-222，时间序列累计形变图见图 8-223。

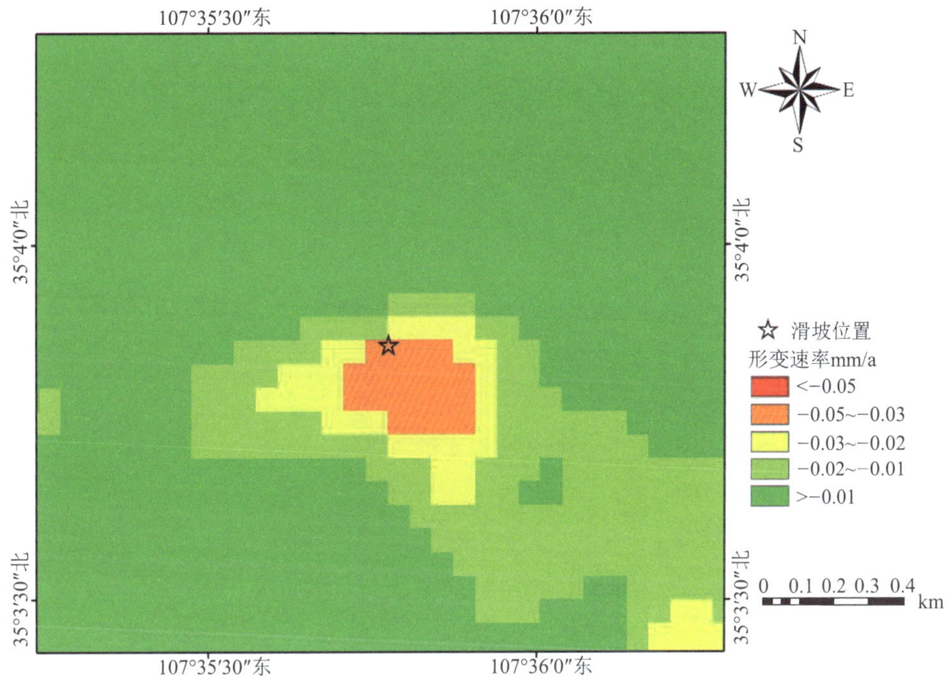

图 8-222 甘肃省平凉市灵台县中台镇南店子村东庄社滑坡形变速率图

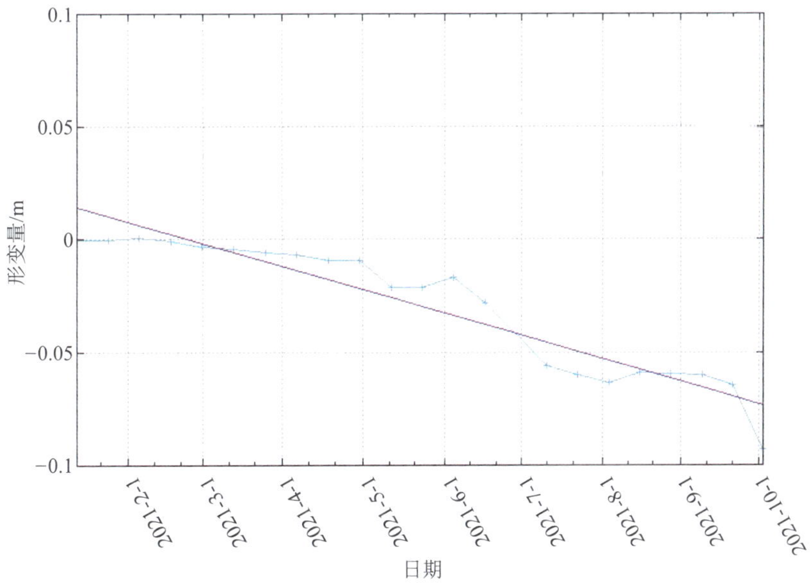

图 8-223 甘肃省平凉市灵台县中台镇南店子村东庄社滑坡时间序列累计形变图

利用 InSAR 技术提取滑坡前的形变信息，可以看出该滑坡区域滑动前长期处于蠕动变形阶段，其年平均速率为-121 mm/a，最大形变速率为-146 mm/a。最终在 2021 年 9—10 月持续强降雨天气的影响下发生滑动破坏。

（二）无人机快速获取滑坡区域地形数据

滑坡发生后，笔者与项目组成员第一时间赶赴现场开展应急处置工作，但由于灾害现场为阴雨天气，加之前期长时间降水影响，现场通行条件非常差，调查人员无法登上滑坡体开展应急调查，对灾害特征获取、趋势研判带来非常大的困难。调查组利用无人机轻巧便携，机动性好的特点，及时获取了滑坡现场地形数据和三维模型，准确测算了滑坡形态数据，为后期应急调查、监测提供了底图，辅助划定了滑坡各块体边界，为应急处置工作的顺利开展奠定了基础（图 8-224）。

图 8-224　灵台县中台镇南店子村滑坡三维模型

（三）专业监测设备准确获取地表变形特征

1. 监测设备布设

为准确监测滑坡体变形特征，根据滑坡分级分块特征，共部署 9 台 GNSS 位移计（含 1 台基站）和 1 台裂缝位移计，对滑坡区域地表变形特征进行监测，其中滑坡堆积体上共布设 6 台 GNSS 地表位移监测站，滑坡后壁顶部布设 2 台 GNSS 地表位移监测站、1 台裂缝位移计（图 8-225）。

2. 监测数据分析

根据监测数据，2023 年 10 月 6 日至 11 月 24 日，滑坡前缘累计变形位移 9.2~37.0 mm；滑坡中后部累计变形位移 20~26.8 mm；滑坡后壁顶部累计变形位移 12.3~16.1 mm（表 8-14；图 8-226，图 8-227）。

表 8-14　南店子村滑坡 2023 年 10 月 6 日—11 月 24 日变形监测数据统计表

设备编号	安装位置	累计变化量/mm			预警等级
		水平位移	垂直位移	合位移	
裂缝 1	滑坡后壁	/	/	-4.4	无
GNSS1		15.2	8.7	16.1	无
GNSS2		12.1	2.1	12.3	无

续表

设备编号	安装位置	累计变化量/mm			预警等级
		水平位移	垂直位移	合位移	
GNSS3	滑坡中后部	23.5	-14.3	26.8	无
GNSS4		12.6	-19.5	20	无
GNSS5	滑坡前缘	15.2	-23.4	27.8	无
GNSS6		23.5	-30.8	37	无
GNSS7		6.5	-7.1	9.2	无
GNSS8		24.1	-9.7	25.9	无

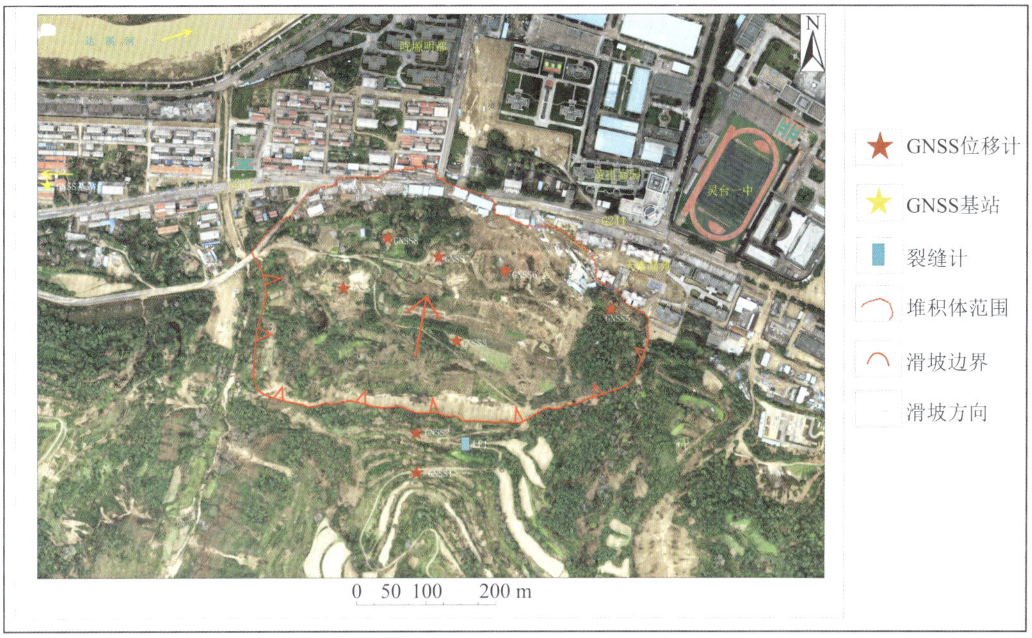

图 8-225 灵台县中台镇南店子村东庄社滑坡应急监测平面布置图

3. 监测结论

根据应急调查及监测数据，滑坡体处于压密变形阶段，滑坡后壁和前缘，在连续强降雨影响下具有局部坍塌滑动的可能，整体处于基本稳定状态。

（四）准确划定滑坡危险性分区

根据应急调查、监测结果，滑坡堆积体整体处于基本稳定状态，但滑坡在滑动后形成的高陡后壁处于欠稳定状态。如遇连续强降雨天气，失稳下滑的可能性较大。后壁失稳后将对滑坡堆积体造成加载、推挤，影响整体稳定性。根据危险性划定结果，其前缘危险区面积 38367 m^2，主要威胁滑坡前缘住户、道路安全；后缘危险区面积 43323 m^2，主要威胁后缘耕地及输电线路安全（图 8-228）。依据危险性划定结果，分区、分段提出了合理的处置措施建议，为当地政府应急决策提供了可靠支撑。

（五）成效总结

在灵台县中台镇南店子村滑坡应急处置过程中，由于现场天气及通行条件限制，调查人员采用“空天地”一体化技术，有效地克服了调查、监测方面存在的困难。利用无人机贴地摄影测量技术，精确测定了滑坡平面参数及各部位变形特征，并依据滑坡变形迹象反演了滑坡各部位受力特征，为滑坡分级分块及平面参数的获取提供了基础数据；利用 InSAR 技术提取了滑坡前形变信息，得出了该区域在滑动前即长期处于蠕动变形状态，最终在持续强降雨的影响下发生整体滑动，为滑坡形成原因及机理提供了有

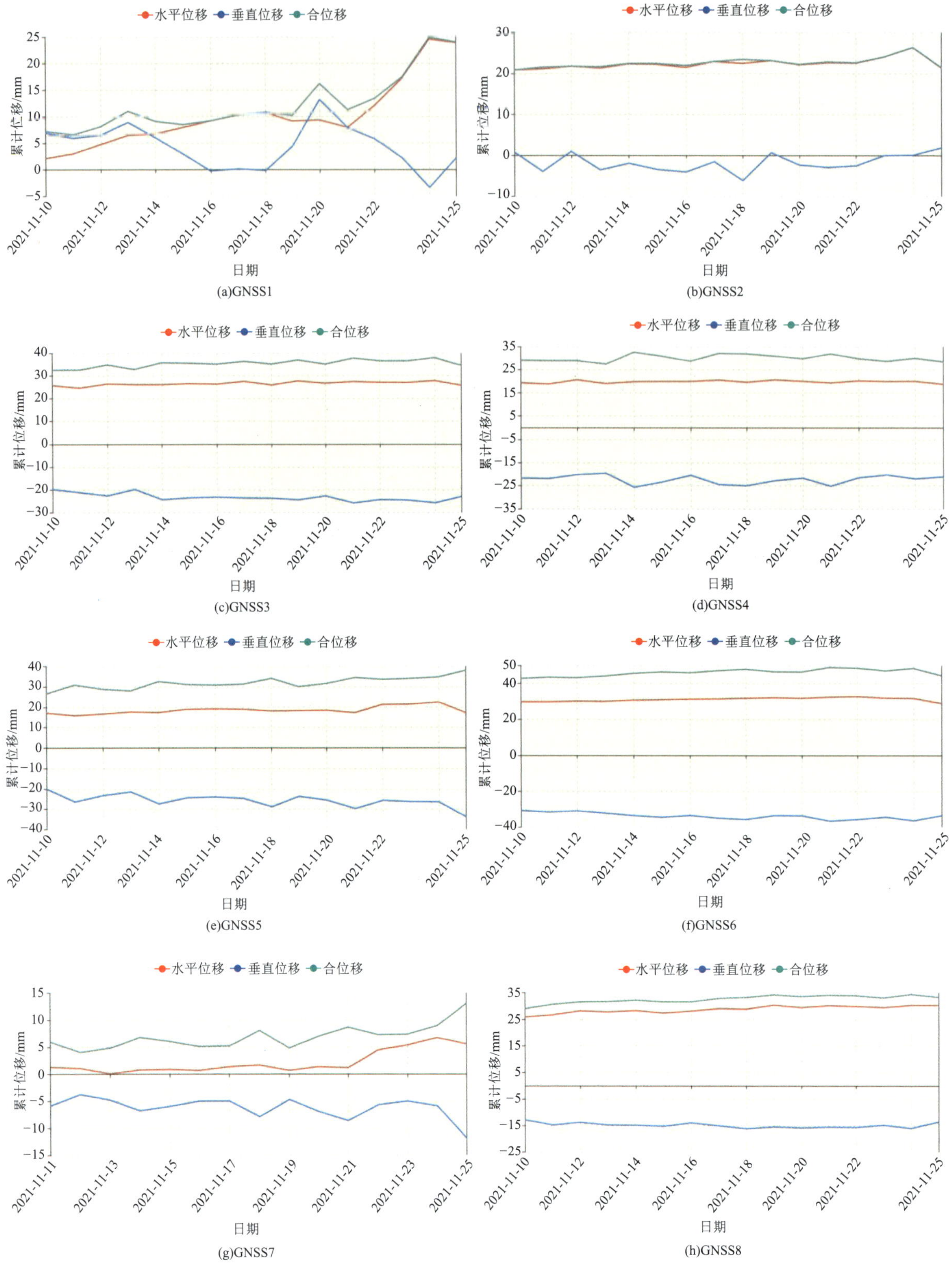

图 8-226　灵台县中台镇南店子村滑坡 GNSS 监测地表位移-时间曲线图

效支撑；滑动后为有效支撑现场抢险救灾及避险转移人员安置工作，调查人员采用 GNSS 位移计、裂缝位移计等地表位移监测设备，有效地监测了滑坡体及高陡后壁的变形迹象，为滑坡体稳定性评价及发展趋势研判提供了数据支撑。最终在综合分析现场调查及监测数据等结论后，划定了滑坡灾害危险区范围，提出科学合理的应急处置措施建议，为当地政府应急决策及后续应急治理工程布设提供了有力支撑。

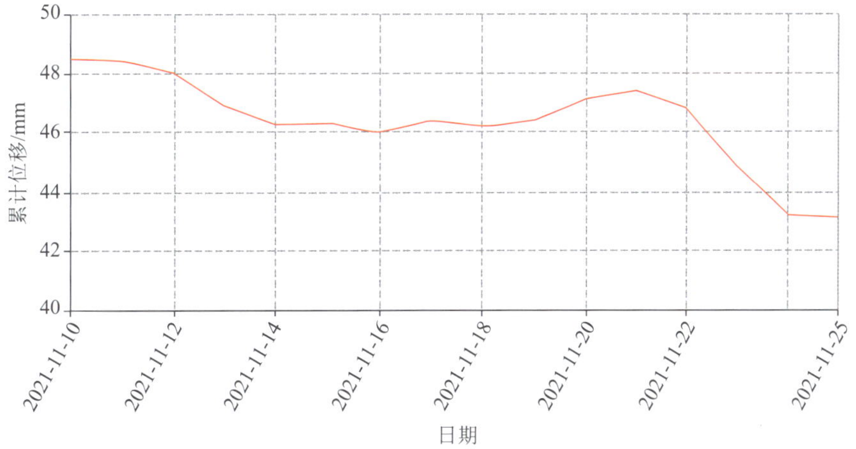

图 8-227 灵台县中台镇南店子村滑坡裂缝计位移-时间曲线图

图 8-228 滑坡危险区范围示意图

第七节 “空天地”一体化技术在陇南市安化镇阳坡三组滑坡灾害应急处置中的应用

一、灾情概况

2023 年 4 月 20 日上午，陇南市武都区安化镇槐树下村阳坡三组北侧斜坡出现险情（图 8-229），斜坡上部原有裂缝出现向两侧延展、拉裂等现象，当地乡镇干部在日常巡查检查工作中发现后，第一时间向上级部门汇报，并组织居民迅速撤离。21 日 13 时 42 分，该斜坡发生山体滑坡（非在库隐患点），损毁农田 6.5 亩、0.4 kV 输电线路 0.15 km 及电杆 2 根，直接经济损失约 20 万元，灾情等级属小型。由于预警及时，提前避险转移，未造成人员伤亡。险情发生后，笔者立即赶赴现场，开展应急调查、监测等工作。

图 8-229　阳坡三组滑坡平面图

二、滑坡概况

该滑坡属老滑坡复活滑动，为一推移式堆积层滑坡。滑坡体平面形态呈圈椅状，长约 120 m，宽约 105 m，平均厚度约 25 m，前后缘高差约 60 m，滑向 170°，平均坡度 35°，平面面积约 12.6×10^4 m^2，体积约 31.5×10^4 m^3，规模为中型。滑坡滑动后，上部黄土斜切下部黄土、泥岩混杂堆积体整体滑动，在后缘拉裂形成高为 22~30 m、坡度近直立的高陡后壁，可见明显擦痕。滑坡堆积体物质组成为后部以黄土为主，局部夹杂泥岩碎屑；中下部及前缘以黄土、砂质泥岩碎屑混杂体为主，土体潮湿。滑带土上部以黄土为主，下部为黄土、泥岩碎屑混杂体，土体软塑；滑床为老滑坡堆积体，成分为黄土及泥岩团块混杂体，较为致密。受后部滑体逐级传递应力、刮铲、挤压下部土体影响，滑体中后部发育两级反坡平台，平台上部鼓胀裂缝广泛分布，前缘舌部已分散呈"块状"，堆积于下部平台上部。根据滑动前后影像图对比分析，滑坡前缘最远滑动距离约 40 m（图 8-230）。

三、滑坡成因分析

（一）地形条件

该滑坡位于北裕河右岸斜坡前缘，为一人工切坡形成的高陡边坡。2008—2017 年期间，当地取土场长期对该斜坡进行开挖取土，致使斜坡形成高约 60 m 的凹形高陡临空面，导致坡体前缘失去支撑，为地质灾害发育提供了有利的地形条件。

（二）地层岩性

滑坡体主要物质组成为黄土和砂质泥岩混杂体，黄土孔隙发育，结构松散，垂直节理裂隙发育，湿

图 8-230 阳坡三组滑坡滑动前、滑动后遥感影像对比示意图（2022 年 11 月）

陷性强，遇水易崩解，强度显著降低。砂质泥岩为软岩，易风化破碎，具有一定的隔水性，遇水易泥化，地表水通过上部松散体沿裂隙入渗、扩散，在贯通性裂隙中汇集、滞留，利于坡体沿软弱夹层发生活动。

（三）水的作用

据雨量监测资料，2023 年 4 月 20—21 日单日最大降雨量 32.4 mm（4 月 20 日），累计降雨量 55.3 mm（图 8-231）。连续强降雨使大量雨水沿后缘裂缝灌入，坡体含水量剧增，自重加大，土体抗剪强度降低，致使斜坡失稳破坏。

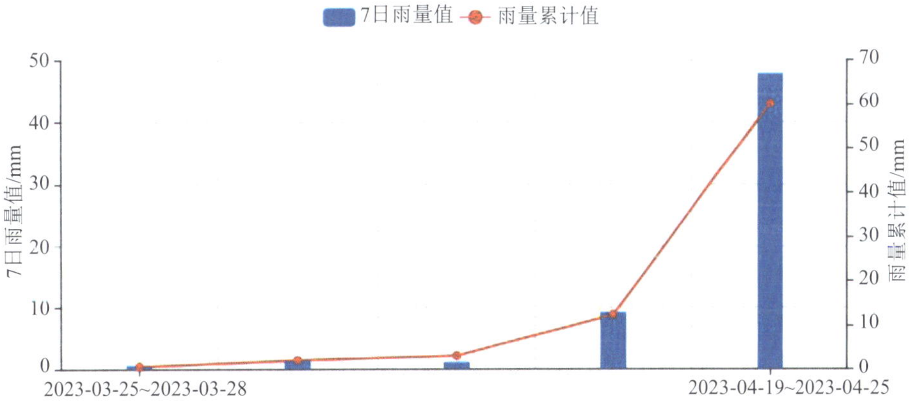

图 8-231 安化镇雨量站降雨量曲线图

（四）切坡取土

长期的开挖取土致使斜坡的应力发生改变。据访问，受削坡影响，该斜坡 2018 年曾发生变形，坡体后缘发育数条呈“环”状展布的贯通拉张裂缝，反映出斜坡已进入累进形变状态。

综上所述，人工切坡形成的高陡边坡和易滑的岩土体组成为滑坡灾害的发生奠定了基础，在连日强降雨影响下，地表水沿裂缝等优势通道入渗，致使斜坡自重增大，岩土体抗剪强度降低，最终导致斜坡发生滑动。

四、"空天地"一体化技术在滑坡灾害应急抢险中的运用及成效

灾害发生后，为有效研判灾害发展趋势，合理划定危险区，为当地政府避险转移人员提供依据，笔者第一时间开展应急监测工作。据调查，滑坡滑动后已基本停滞于下部较为宽缓的平台处，堆积体较为松散，反映滑坡势能多已释放，再次发生滑坡的可能性小，但滑坡后壁高陡，后缘拉张裂缝发育，局部已发生滑塌、掉块现象，存在进一步失稳滑动的可能。为验证野外定性判别的准确性，笔者在滑坡体后壁及堆积体后部、中部、前缘和滑动体堆积的平台上部安装了 8 台 GNSS 位移监测仪、1 台自动化裂缝位移计，对滑坡体实施监测（图 8-232）。

图 8-232　阳坡三组滑坡灾害应急监测工作部署示意图

监测设备自 2023 年 4 月 23 日 10 时上线运行，依据监测数据分析，截至 2023 年 4 月 25 日 10 时（累计监测时间 48 h），滑坡后壁（GNSS1、2）累计位移 6.3～7.2 mm（图 8-233）；滑坡堆积体后部（GNSS3）累计位移 5.6 mm（图 8-234），中下部（GNSS4）累计位移 3.7 mm（图 8-235）；滑坡体前缘宽缓平台（GNSS5、6）累计位移 3.4～4.0 mm（图 8-236），反映出滑坡堆积体处于沉降、压密阶段，属基本稳定状态，且部署在滑坡体堆积的平台上部的监测设备在正常误差范围内波动，说明下部平台未因滑坡堆积加载出现形变，不会对平台下部的居民构成威胁；滑坡滑动后拉裂形成的高陡后壁在降雨等不利工况下有局部失稳的可能。为进一步验证监测结论，笔者对 4 月 22 日、23 日两期正射影像图（图 8-237）对比分析，通过对 2 期 DOM 数据、DSM 数据和山体阴影数据进行叠加后对比，两套数据在滑坡体后壁处局部不能贴合，主要是因为后壁不稳定土体的崩塌、坍塌和掉块造成的，但滑坡堆积体前缘及侧边界可完全重合，说明滑坡堆积体现状无明显形变，进一步验证监测结论和野外定性结论。

综上，依据调查结论，结合监测数据和无人机测绘数据综合分析判断，笔者得出了滑坡堆积体在现状条件下处于稳定—基本稳定状态，滑坡后壁在现状条件下处于欠稳定—不稳定状态的结论，并依据滑坡堆积体及后壁状态研判了发展趋势，即滑坡后壁主要影响范围为后缘道路；滑坡堆积体现堆积于平台上部，加之松散的滑坡体应力释放完全，不会对平台下部居民构成威胁，滑坡主要威胁前缘平台上部的 3 户 16 人、180 m 道路及后缘 100 m 道路安全（图 8-238）。

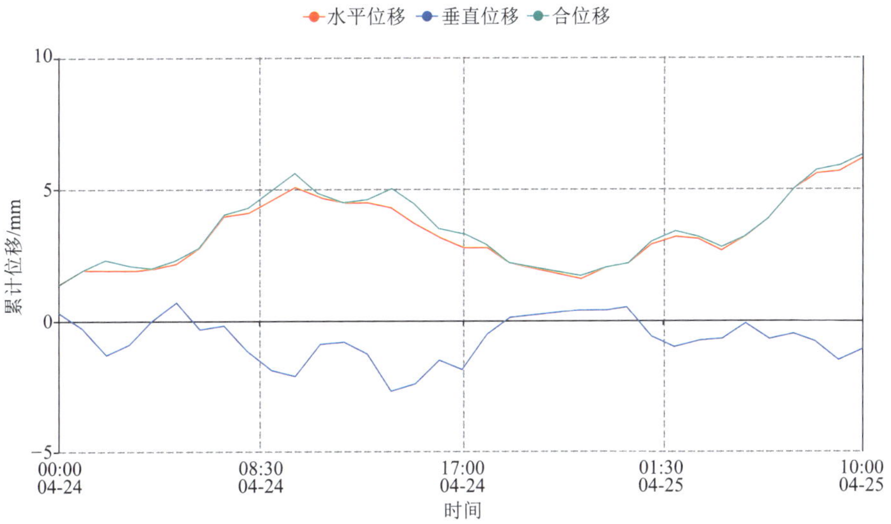

图 8-233 滑坡后缘（GNSS1）监测曲线

图 8-234 滑坡体后部（GNSS3）监测曲线

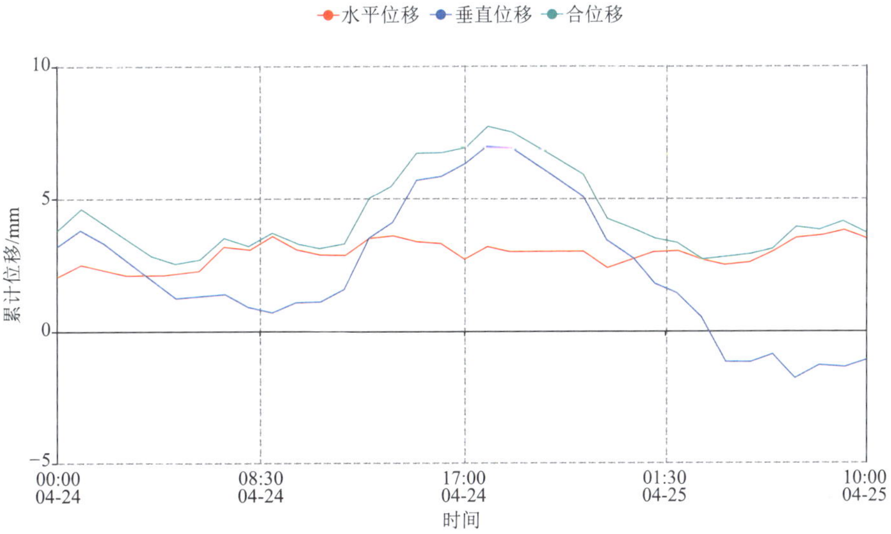

图 8-235 滑坡体中下部（GNSS4）监测曲线

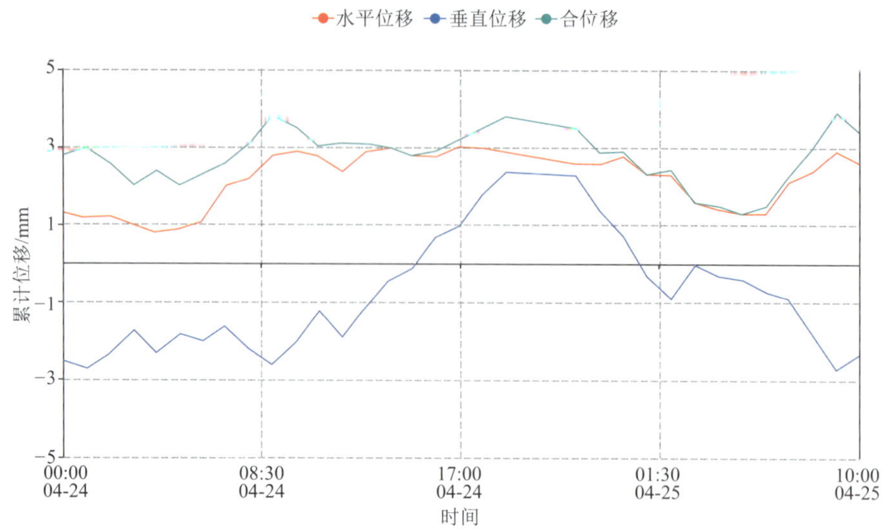

图 8-236　滑坡体前缘平台（GNSS6）监测曲线

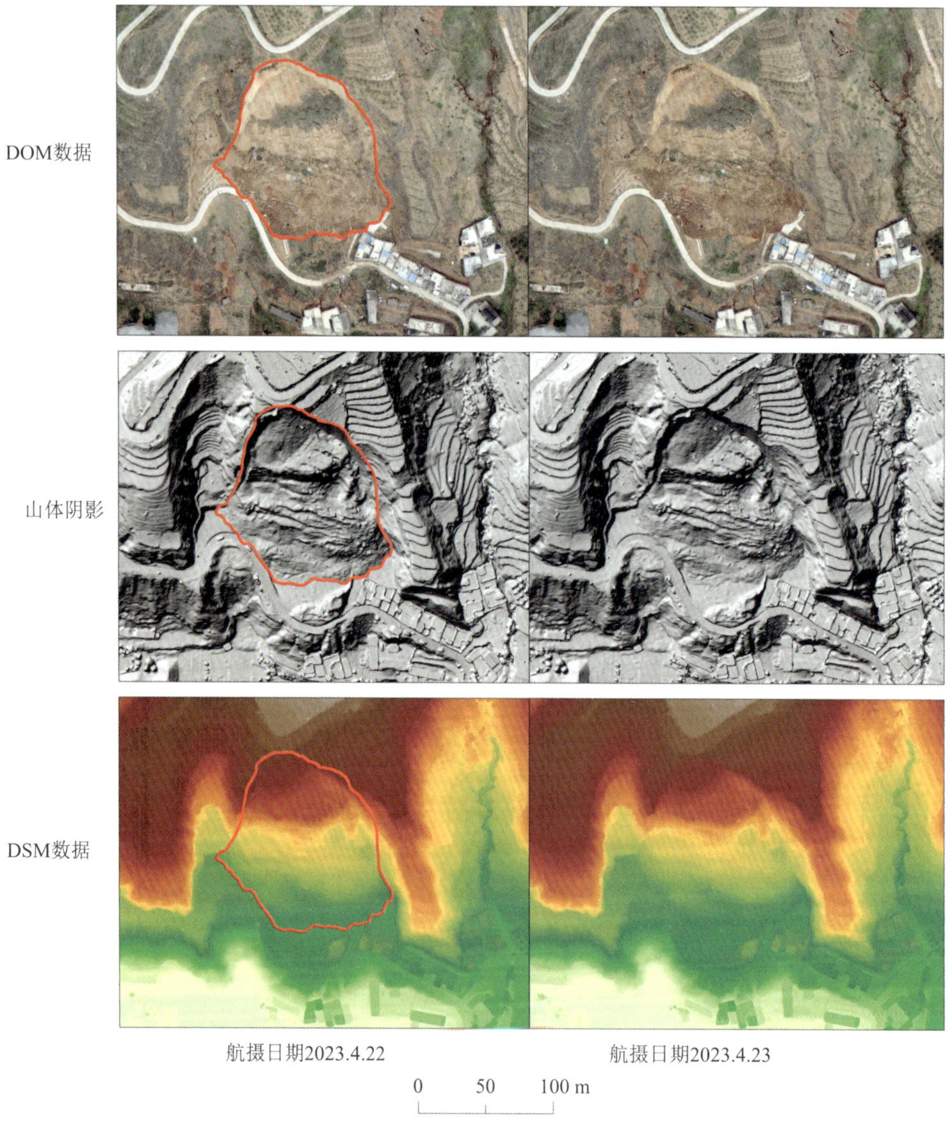

图 8-237　阳坡三组滑坡 4 月 22 日、23 日两期正射影像对比分析图

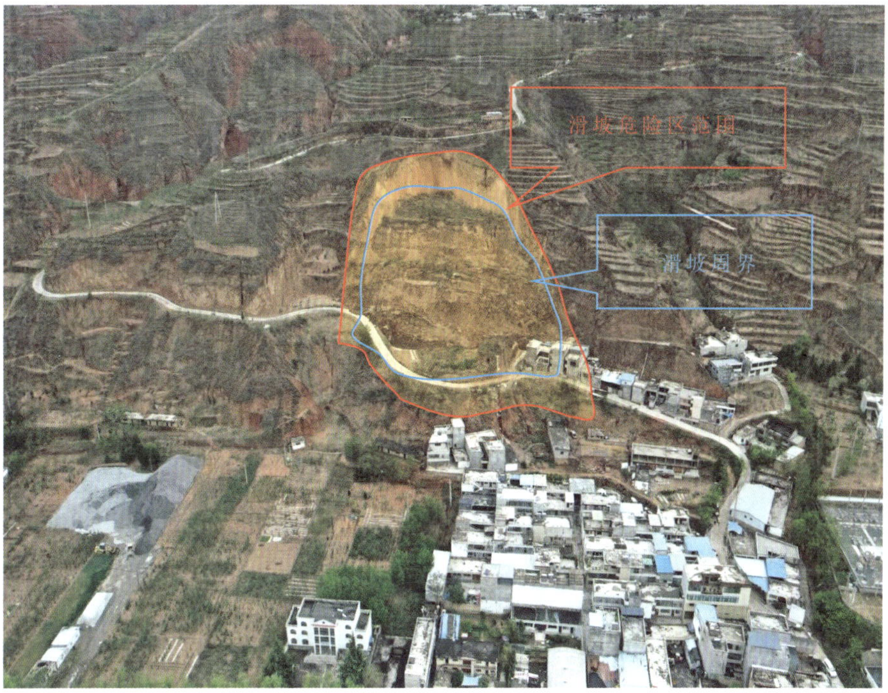

图 8-238 滑坡危险区范围示意图

鉴于滑坡灾害发生后，当地政府对坡体下部 300 余人全部进行了转移，受安置场所限制，有 50 余人无法有效安置，大多数人只能投亲靠友。这一结论的提出，将危险区、管控区缩小，大大节约了当地政府行政成本，为后续应急处置工作的开展提供了决策性支撑。

第八节 “空天地”一体化技术在甘肃积石山 6.2 级地震群发性次生地质灾害应急排查中的应用

一、灾情概况

2023 年 12 月 18 日 23 时 59 分，临夏州积石山县发生里氏 6.2 级地震，震中位于积石山县柳沟乡，坐标北纬 35.70°，东经 102.79°，震源深度 10 km。临夏州多地震感强烈，位于震中的积石山县灾情最为严重。截至 23 日，地震已造成积石山县 17 个乡镇受灾，117 人死亡，大量房屋倒塌，部分水、电、交通、通信等基础设施受损。地震引发大量次生地质灾害，虽未因次生地质灾害造成人员伤亡，但造成大量房屋受损，直接经济损失 4.96 亿元。地震发生后，甘肃省自然资源厅即刻组织开展地质灾害排查、风险评估等工作。甘肃省自然资源系统 233 名技术专家参加了排查工作，笔者作为排查技术工作负责人，主持了排查工作的开展。

依据中国地震局发布的地震烈度图，此次地震最大烈度为Ⅷ度，主要涉及甘肃省境内的临夏州积石山县全域及东乡县、和政县、临夏县、永靖县、临夏市和甘南州夏河县、合作市部分乡镇，面积 5232 km^2（甘肃境内面积）。其中Ⅷ度区主要涉及甘肃省临夏州积石山县吹麻滩镇、大河家镇、石塬镇、刘集乡、柳沟乡、关家川乡、胡林家乡、寨子沟乡、盖新坪林场，共 8 个乡镇和 1 个林场。Ⅶ度区主要涉及甘肃省临夏州积石山县 17 个乡镇和盖新坪林场、永靖县 3 个乡镇、临夏县 3 个乡，共 23 个乡镇和 1 个林场。Ⅵ度区主要涉及甘肃省临夏州积石山县 4 个乡镇、永靖县 13 个乡镇、临夏县 25 个乡镇、临夏市 11 个乡镇（街道）、东乡县 8 个乡镇、和政县 4 个乡镇，甘南州合作市 1 个乡、夏河县 7 个乡镇和太子山天然林保护区，共 73 个乡镇（街道）和 1 个自然保护区。

排查工作围绕甘肃境内地震烈度Ⅵ度及以上区域开展，采取乡镇摸排初报、专业排查组现场调查及已有隐患点排查、遥感解译疑似隐患点核查、综合统计分析和专家会商等方法。排查对象以地震引发或加剧的滑坡、崩塌、泥石流灾害为重点，排查工作自12月19日开始，至12月26日结束。因地震引发和加剧的地质灾害共147处，其中72处为加剧已有隐患点，75处为地震引发新增隐患点。

二、地质灾害发育、分布特征

（一）震前地质灾害概况

此次地震影响区地处青藏高原和黄土高原交会边缘，挽近时期以来多次剧烈的构造运动、第四系以来强烈的侵蚀切割作用，以及巨厚风积黄土的沉积，致使该区域形成了红层盆地、黄土丘陵、构造山地和多级河谷阶地，境内地形切割强烈，沟壑纵横，地质构造复杂，新构造运动强烈，褶皱、断裂发育，岩土体破碎。黄土、红层等易滑地层广泛分布，降水集中，人类工程活动强烈，滑坡、崩塌、泥石流等地质灾害呈多发、频发、突发态势，具有数量多、分布广、险情重等特点。据甘肃省地质灾害防治信息系统数据，此次地震发生之前，地震影响区范围（地震烈度Ⅵ度区及以上范围）内发育地质灾害隐患点1650处，涉及甘肃省2个州8个县（市、区）86个乡镇（街道）及太子山天然林保护区、盖新坪林场，面积5232 km^2。地质灾害类型主要为滑坡、崩塌、泥石流。其中滑坡1119处，崩塌291处、泥石流238处、地面塌陷2处。按规模划分，特大型43处、大型137处、中型334处、小型1136处（表8-15、图8-239）。

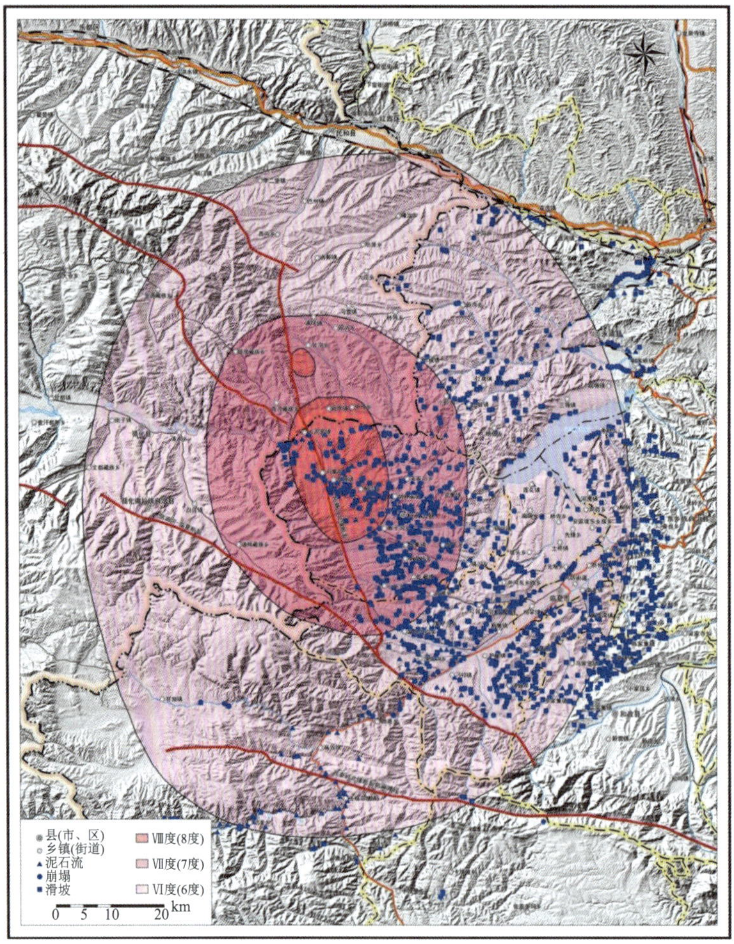

图8-239 甘肃临夏积石山6.2级地震震前Ⅵ~Ⅷ度范围地质灾害隐患分布图

表 8-15 临夏积石山 6.2 级地震Ⅵ～Ⅷ度区地质灾害隐患统计表 单位：处

地质灾害类型 / 地震烈度	滑坡	崩塌	泥石流	地面塌陷	合计
Ⅵ区	732	126	213	0	1071
Ⅶ区	240	103	11	0	354
Ⅷ区	147	62	14	2	225
合计	1119	291	238	2	1650

其中Ⅷ度区发育地质灾害 225 处，按类型划分，滑坡 147 处、崩塌 62 处、泥石流 14 处、地面塌陷 2 处；按规模划分，特大型 6 处、大型 7 处、中型 50 处、小型 162 处。Ⅶ度区发育地质灾害 354 处，按类型划分，滑坡 240 处、崩塌 103 处、泥石流 11 处；按规模划分，特大型 6 处、大型 18 处、中型 58 处、小型 272 处。Ⅵ度区发育地质灾害 1071 处，按类型划分，滑坡 732 处、崩塌 126 处、泥石流 213 处；按规模划分，特大型 31 处、大型 112 处、中型 226 处、小型 702 处。

（二）震后次生地质灾害概况

经排查发现，因此次地震引发和加剧的次生地质灾害隐患点 147 处。其中已有加剧地质灾害隐患点 72 处，新增地质灾害点 75 处。按类型划分，滑坡 47 处、崩塌 97 处、泥石流 3 处（表 8-16）。按规模划分，特大型 1 处、大型 2 处、中型 23 处、小型 121 处。

表 8-16 次生地质灾害隐患点分类统计表 单位：处

地质灾害类型	新增隐患点	加剧隐患点	合计
滑坡	14	33	47
崩塌	59	38	97
泥石流	2	1	3
合计	75	72	147

75 处新增隐患点中，按类型划分，滑坡 14 处，崩塌 59 处，泥石流 2 处；按规模划分，中型 9 处，小型 66 处（表 8-17）。

表 8-17 新增地质灾害隐患点分类统计表（规模） 单位：处

地质灾害类型 / 规模	滑坡	崩塌	泥石流	合计
特大型	0	0	0	0
大型	0	0	0	0
中型	3	5	1	9
小型	11	54	1	66
总计	14	59	2	75

72 处加剧的隐患点中，按类型划分，滑坡 33 处、崩塌 38 处、泥石流 1 处；按规模划分，特大型 1 处、大型 2 处、中型 14 处、小型 55 处（表 8-18）。

1. 崩塌

崩塌共计 97 处，集中分布于积石山县郭干乡、柳沟乡、寨子沟乡、大河家镇、胡林家乡、石塬乡、中咀岭乡一带，零星分布于东乡县柳树乡、春台乡等地，均为黄土崩塌，具有分布面广、数量多等特点。多发育于黄土丘陵高陡斜坡地带，其次为侵蚀切割形成的沟谷两侧陡崖和老滑坡后壁地带。崩塌体规模以小型为主，共 84 处，占总量的 86.6%；中型次之，共 13 处，占总量的 13.4%。

表 8-18 加剧地质灾害隐患点分类统计表（规模） 单位：处

地质灾害类型 / 规模	滑坡	崩塌	泥石流	合计
特大型	1	0	0	1
大型	2	0	0	2
中型	6	8	0	14
小型	24	30	1	55
总计	33	38	1	72

崩塌起始运动形式以倾倒式为主，其次为滑移式。区内高陡斜坡坡顶、坡脚多有人居住，修建房屋时削坡形成陡直斜坡。对 97 处崩塌所在斜坡体坡度进行统计，显示发生崩塌的斜坡坡度集中在 60°～80°，说明切坡形成的高陡斜坡地段是崩塌发育的主要地段，对坡顶、坡脚居民构成威胁，如积石山县郭干乡郭干村四社北侧崩塌（图 8-240）、石塬乡秦阴村二社崩塌（图 8-241）等。

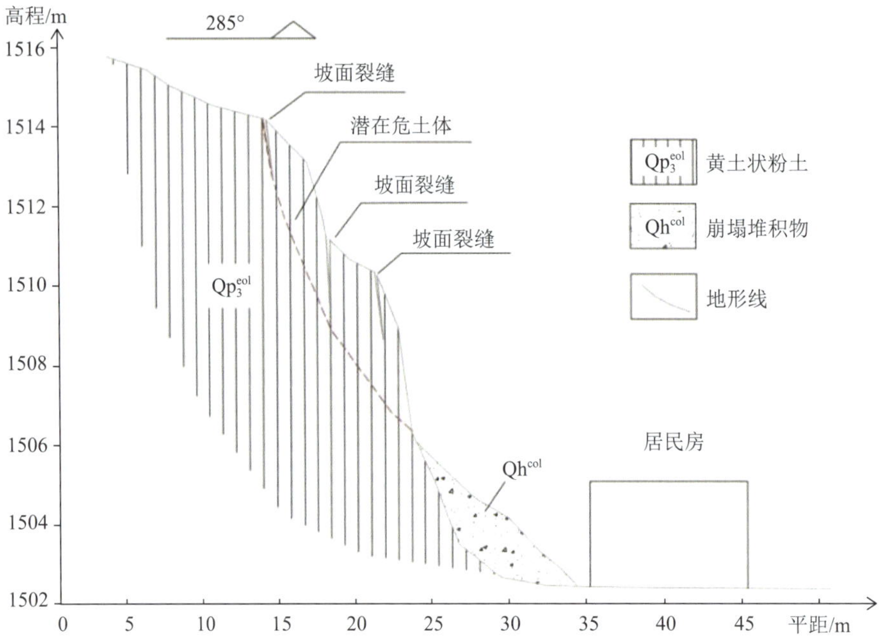

图 8-240 郭干乡郭干村四社北侧崩塌地质剖面图

图 8-241 石塬乡秦阴村二社崩塌全貌

2. 滑坡

滑坡共计47处，主要分布在处于地震烈度Ⅶ、Ⅷ度区的积石山县柳沟乡、大河家乡、胡林家乡、银川乡、刘集镇、吹麻滩镇一带，共38处，占总数的80.9%；其次在永靖县、东乡县、和政县呈零星分布，共9处，占总数的19.1%。滑坡规模以小型为主，共35处，占总数的74.6%；中型次之，共9处，占总数的19.1%；大型2处，特大型1处，分别占总数的4.2%和2.1%。按物质组成划分，滑坡类型以黄土滑坡为主，其次为黄土-红层滑坡。

黄土滑坡主要分布在黄土覆盖区，发育于黄土丘陵地带，多为黄土层内潜在滑坡。黄土层内潜在滑坡主要分布于黄土层较厚的黄土丘陵前缘陡坡地带，沿斜坡顶部环状拉张裂缝发育，两侧侧缘可见剪切裂缝，但大部分滑动面尚未完全贯通，推测滑面多沿黄土中的垂直节理、裂隙发育，发育于相对均匀的黄土层内，滑坡厚度一般较小，多为中、浅层滑坡，规模多为中—小型，如积石山县胡林家乡吊坪村新庄坪社潜在滑坡（图8-242）。黄土层内滑坡平面形态多呈舌状、半椭圆形，主滑面发育在相对均匀的黄土层内，近似圆形，且较为陡峭。后壁受垂直节理控制，较陡直、光滑，坡度可达60°~70°，多见不连续圈椅状卸荷裂缝。滑坡后壁以上由于区内黄土层厚度不大，因此滑坡规模较小，厚度以浅层为主。规模多为小型，中型次之。变形破坏方式多为崩滑型，如积石山县柳沟乡柳沟村夹沟社滑坡（图8-243）、积石山县银川乡阳坡村台子社滑坡、积石山县大河家镇前川村东侧滑坡等（图8-244，图8-245）。

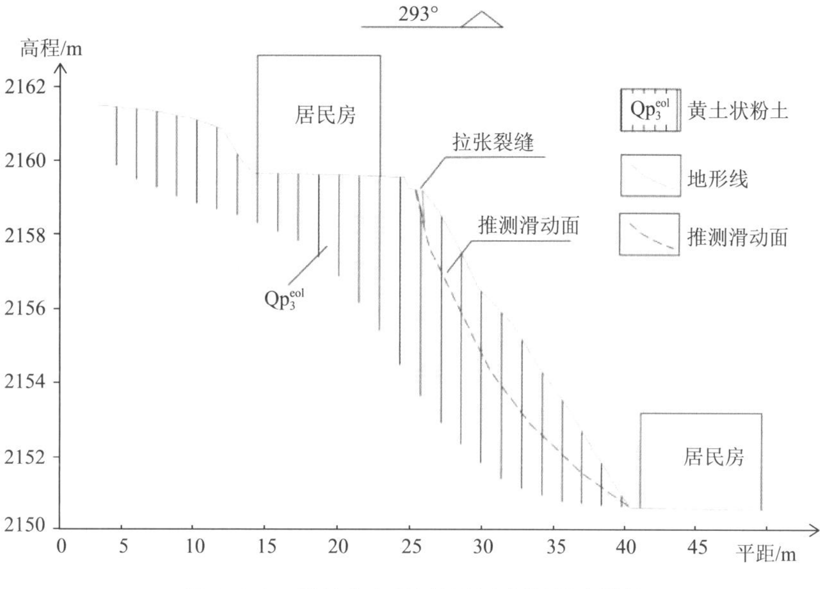

图8-242 胡林家乡吊坪村新庄坪社潜在滑坡

黄土-红层滑坡主要分布于黄土丘陵区及黄河支流吹麻滩河、刘集河等河谷Ⅳ级阶地前缘地带，发育于上覆黄土、下伏泥岩倾向与坡向一致的斜坡地段，多为老滑坡体，类型属黄土-泥岩顺层滑坡，具有圈椅状地形和双沟同源现象，保留有滑坡平台。滑体主要由第四系黄土和新近系泥、砂岩组成，滑动面沿下伏泥岩层中相对软弱的层理面及夹层发育，主滑面平直，受岩层产状控制，倾角10°~20°。滑坡后壁多为黄土拉裂面，较陡，与黄土滑坡后壁相似。变形破坏方式多为滑移-拉裂型。规模多为大—中型，特大型仅有1处，如积石山县柳沟乡樊家村樊家沟七社滑坡（图8-246）、大河家镇韩陕家村七社滑坡积石山县等（图8-247）。

3. 泥石流

此次地震引发流域内沟岸发生崩塌、滑坡等不良地质体，存在泥石流灾害风险。经排查，新增泥石流2处，加剧泥石流1处、按物质组成划分，均为泥流；按流域形态划分，2处为沟谷型，1处为坡面型；按流体性质划分，均为稀性。按易发程度划分，1处为高易发，2处为中易发；按规模划分，均为小型。

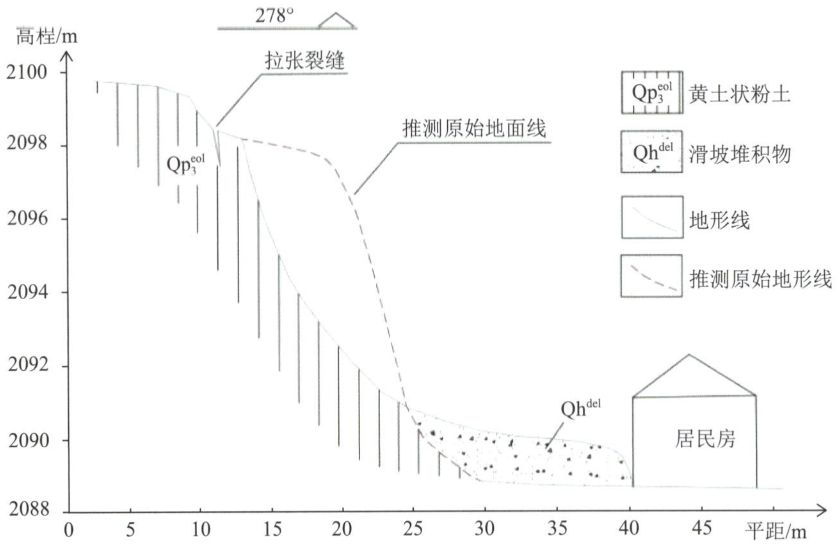

图 8-243　柳沟乡柳沟村夹沟社滑坡地质剖面图

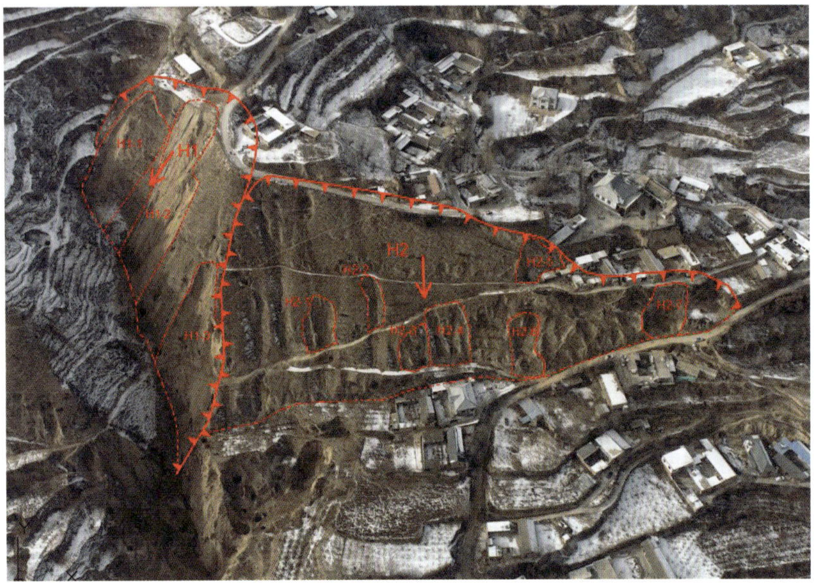

图 8-244　银川乡阳坡村台子社滑坡

（1）小关乡唐藏村唐藏沟泥石流

该点为新增隐患点，沟口位于积石山县小关乡唐藏村唐藏河右岸，为沟谷型泥石流，流域形态呈柳叶形，流域面积 0.39 km^2，流域相对高差 244 m，主沟平均纵比降 187‰，沟坡坡度 30°~45°，沟道横断面呈"V"字形，宽 12~20 m。

流域内主要出露新近系临夏组泥岩、砂岩和第四系黄土。沟岸残坡积物较为丰富，流域内可补给泥石流的固体松散物质储量主要为此次地震引发的滑坡、崩塌，估算流域内可补给泥石流的固体松散物质储量约 9.4×10^4 m^3。在强降雨、暴雨引发下，发生泥石流的可能性较大，易发程度为中易发，对沟口产业园构成威胁，威胁人口 16 人，威胁财产 700 万元（图 8-248）。

（2）积石山县石塬乡苟家村上安社泥石流

该点为已有隐患点，沟口位于积石山县西北部石塬乡苟家村上安社，为坡面型泥石流，发源于石家河左岸老滑坡中部冲沟（图 8-249）。流域形态呈蒲扇形，流域面积 0.62 km^2，流域相对高差 312 m，主

图 8-245 大河家镇前川村东侧滑坡

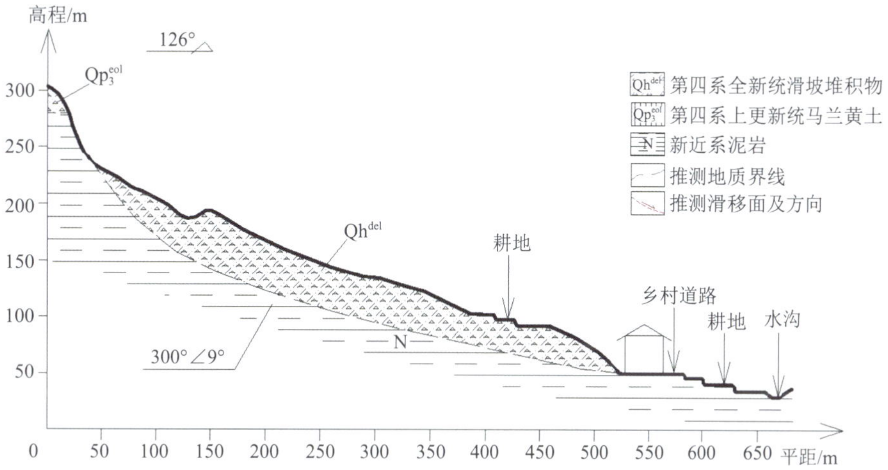

图 8-246 柳沟乡樊家村樊家沟七社滑坡地质剖面图

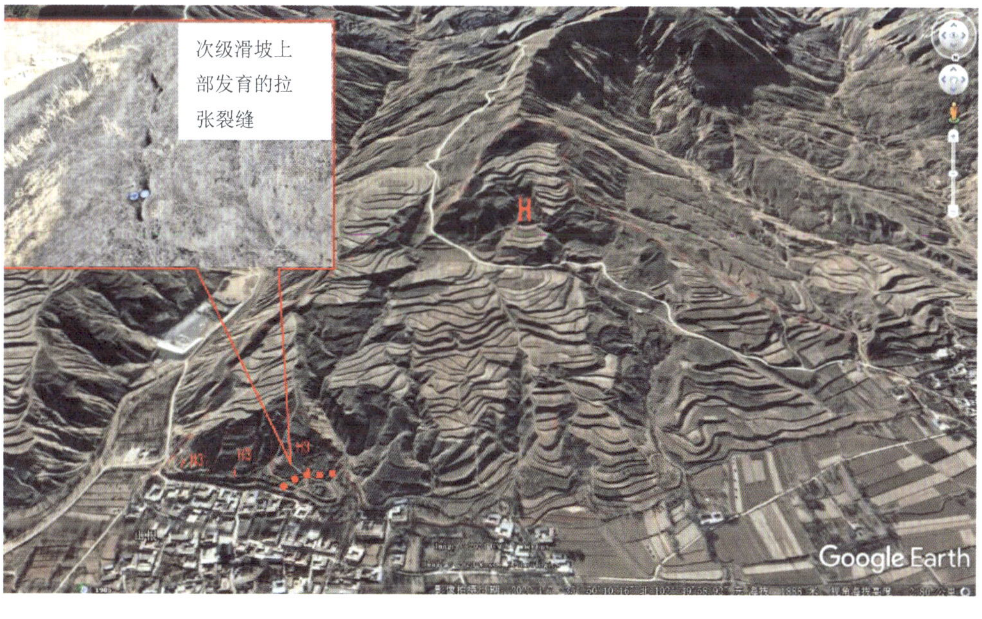

图 8-247 大河家镇韩陕家村七社滑坡遥感影像示意图

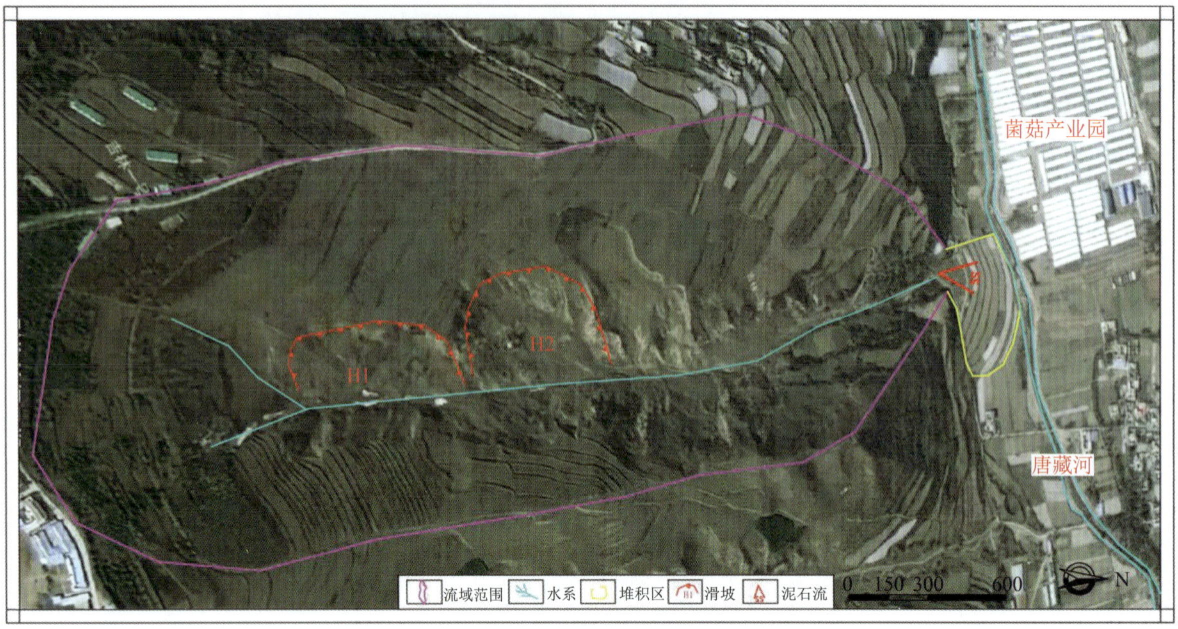

图 8-248 小关乡唐藏村唐藏沟泥石流沟平面图

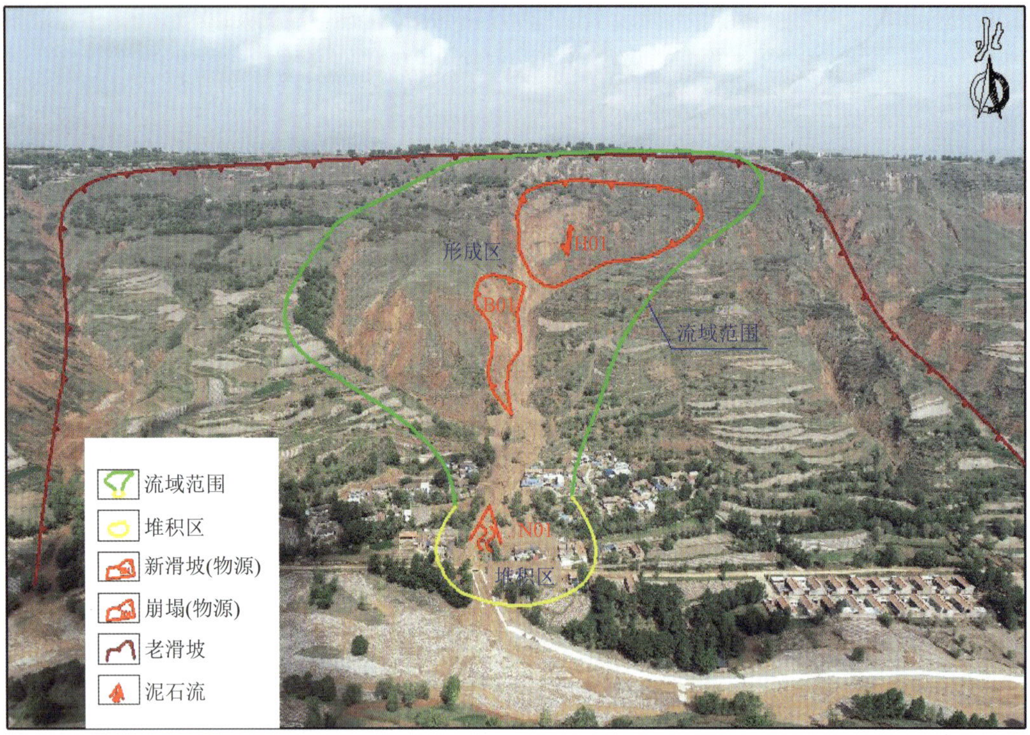

图 8-249 石塬乡苟家村上安社泥石流沟平面图

沟纵坡降551‰，呈"V"字形，沟谷岸坡坡度30°~35°。流域内出露的岩性为新近系泥岩、砂岩。

此次地震发生后，流域内新增滑坡（H01）、崩塌（B01）各1处。滑坡发育于泥石流沟脑处，长约390 m，平均宽度170 m，平均厚度10 m，规模66.3×10^4 m^3，滑坡体滑动后，部分松散土体滑塌、坍塌进入沟道，沿主沟沟道呈流塑状滑动后，堆积于沟道及沟口老堆积扇上部。崩塌发育于沟道右岸，规模约6×10^4 m^3，崩塌体堆积于沟道下游段。2处不良地质体成为补给泥石流的主要物源，估算固体物质储量约24.45×10^4 m^3。在强降雨、暴雨引发下，发生泥石流的可能性较大，易发程度为高易发，威胁沟口232

人，威胁财产约 2040 万元。

（3）积石山保安族东乡族撒拉族自治县关家川乡张谢家村泥石流

为新增隐患点，位于关家川乡张谢家村，为沟谷型泥石流（图 8-250），流域形态呈柳叶形，流域面积 0.6 km^2，流域相对高差 220 m。沟谷横断面呈“V”字形，主沟长度 4.33 km，纵坡比降约 150‰，沟坡坡度 20°~45°，沟口堆积扇完整且边界清晰。

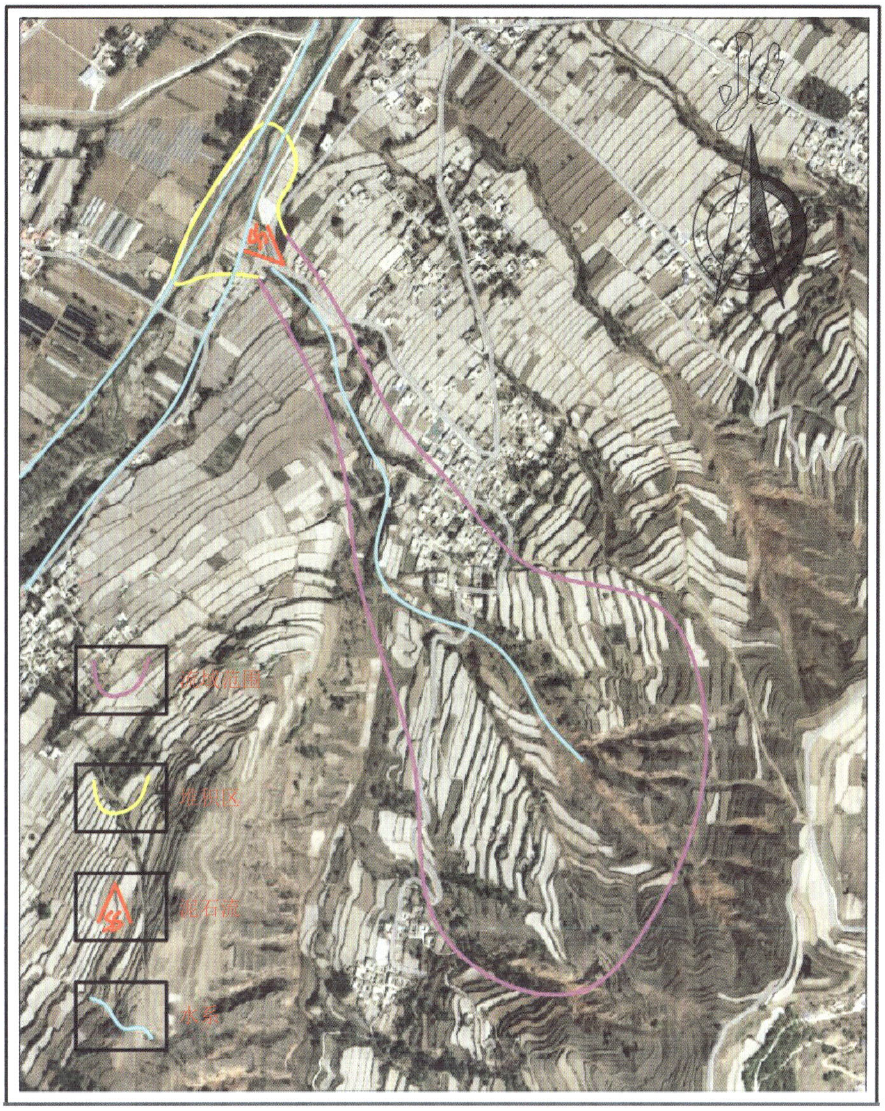

图 8-250 关家川乡张谢家村泥石流沟平面图

流域内出露岩性主要为第四系马兰黄土，土质疏松，此次地震引发沟岸滑坡、崩塌，估算可补给泥石流的固体松散物质储量约 3.6×10^4 m^3，易发程度为中易发，对沟口县城居民点、厂房、道路、耕地、输电线路和通信设施构成威胁，威胁人数约 120 人，威胁财产约 1780 万元。

三、“空天地”一体化技术在地质灾害应急排查中的应用和成效

笔者在组织开展排查工作时，收集了中国地质环境监测院（自然资源部地质灾害技术指导中心）制作的积石山 6.2 级地震 InSAR 同震形变分析图（图 8-251）。此图为该单位在收集工作区 1：25 万临夏市幅地质图和 1：25 万临夏市幅建造构造图的基础上，采用了震前（2021 年 9 月 23 日高分二号）和震后（2023 年 12 月 20 日北京三号）的卫星数据开展解译分析、制作生成的，依据此图可发现，从大地构造上

来看（据1∶25万临夏市幅建造构造图），震中位于临夏南脆性逆冲断层带与拉脊山构造混杂岩带交会附近，震中位于拉脊山断裂南端。积石山东西两侧分别分布桑家-关滩逆断层和阿尔瓦斯-吾曼逆断层，震中位于桑家-关滩断层上。区内出露的地层主要包括第四系、新近系、古近系、白垩系、三叠系、寒武系和元古宇等地层。通过震前影像解译，在震中北西侧14.4 km处有一历史地震形成的堰塞湖（孟达天池）。从图面反映的变形量上显示，积石山6.2级地震造成的变形影响区主要位于震中东南部的黄土丘陵区，且此次地震波及影响区域由震中向外围呈扩散态势，表现为断裂东侧较西侧波及范围更广、形变量更大、色谱覆盖面更广特点。这说明该区域变形趋势更大，潜在灾害（可能发生滑坡、崩塌的潜在斜坡段）密度更大。反映出随着地震烈度的减弱，灾害密度及规模也呈逐渐递减趋势。为此，笔者根据上述成果部署了排查工作，将技术力量集中在震中东南部的黄土丘陵区和地震Ⅷ度烈度区，确保快速完成了排查工作，提交了排查报告，为政府灾后恢复重建地质灾害防治各项工作顺利开展奠定了基础，并总结出了积石山地震次生地质灾害发育、分布特征，分析了成灾原因。

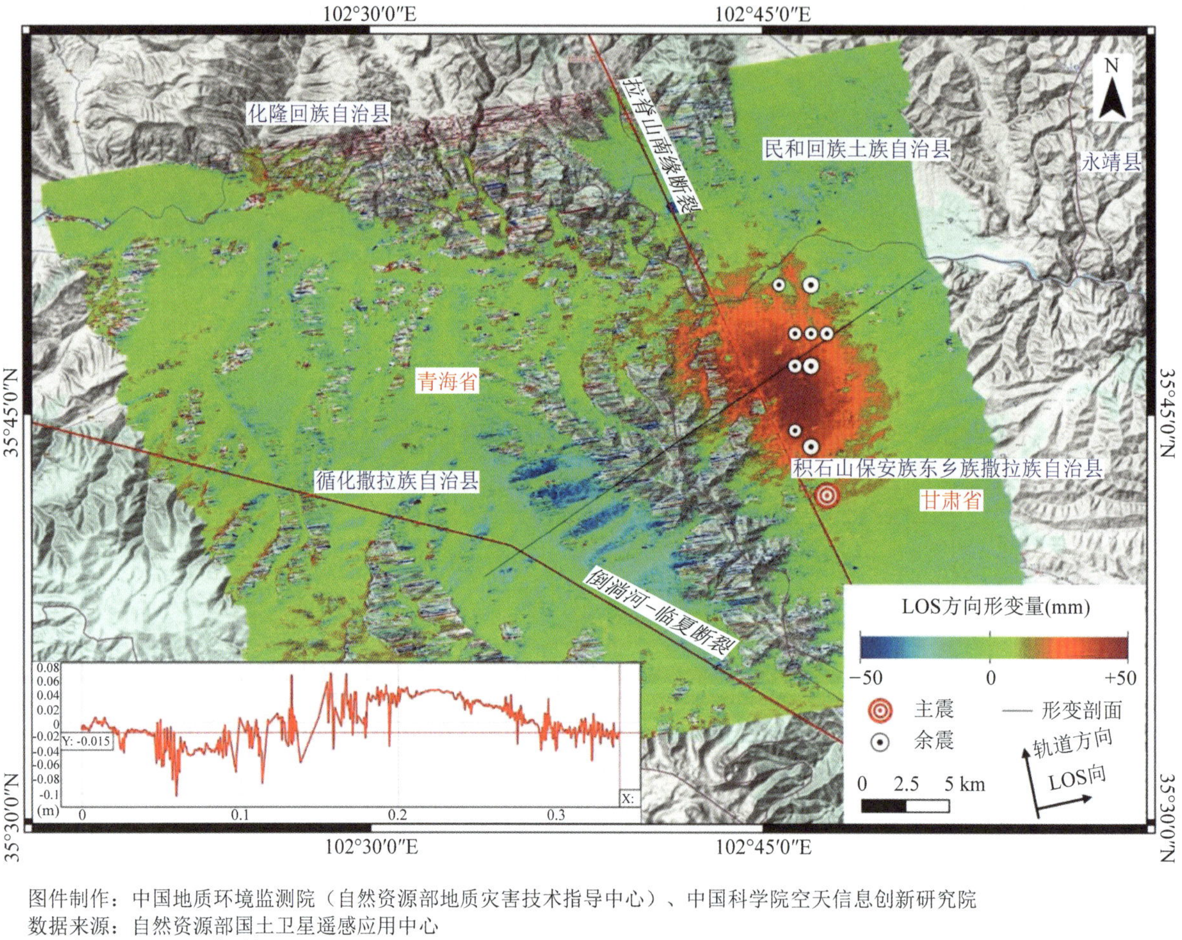

图8-251 积石山6.2级地震InSAR同震形变分析图

（此图引自中国地质环境监测院、中国科学院空天信息创新研究院，由中国地质环境监测院副院长王立朝提供）

1. 次生地质灾害在黄土丘陵区密集发育

此次地震引发和加剧的147处隐患点中，有134处分布在积石山县，其余13处依次分布于永靖县（6处）、东乡县（6处）和和政县（1处）。从空间分布规律来看，次生地质灾害主要在地震震中东南部的黄土丘陵区集中发育，共计发育滑坡32处、崩塌88处、泥石流3处，占总数的83.7%，灾害规模多为中、小型，此次地震加剧的2处规模为大型、1处规模为特大型的滑坡均位于该区域，具有数量多、规模相对较大的特点；其次在黄河支流吹麻滩河、刘集沟、范沟、银川河等河谷阶地、沟台地两侧岸坡处发育，共计发育滑坡、崩塌共24处，占总数的16.3%，规模多为小型，中型发育较少。积石山县西部的侵蚀-构造中高山区地质灾害不发育（图8-252）。

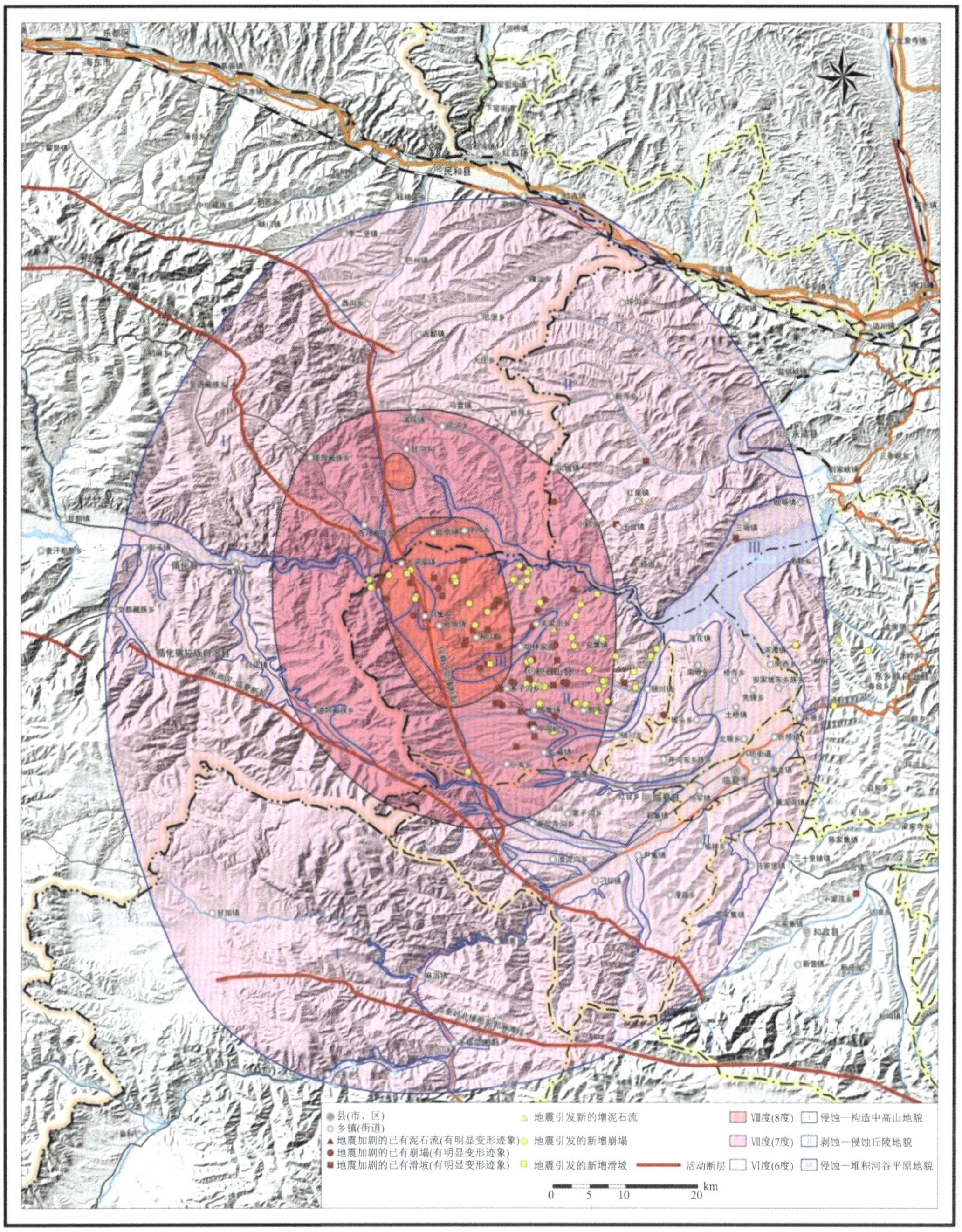

图8-252 地震引发、加剧次生地质灾害隐患点分布图

境内黄土丘陵主要由黄土梁峁和黄土残塬构成，地形遭受强烈切割，梁峁浑圆，斜坡陡峭，上部披覆第四系黄土，下伏新近系泥岩、砂岩，属易滑地层。在此次地震影响下，埋藏于黄土下部的泥、砂岩等沉积地层受到地震波的反复发射而放大，形成场地效应，造成地震烈度更高，破坏力更大，导致黄土、红层等软弱地层在地震波持续振动影响下，黄土的架空结构被瓦解、破坏，大量滑坡、崩塌在黄土、软弱泥岩等易滑地层中集中发育。

境内黄河支流沟谷形态多呈"V"字形，沟谷切割较深，两岸岸坡陡峭，残留阶地、沟台地发育，斜坡结构多为冲洪积黄土状土、砾卵石层，受流水侵蚀切割和向源侵蚀影响，坡度近直立，易发生局部坍塌、崩塌等灾害。在地震影响下，导致部分斜坡失稳，形成规模多为小型的崩塌、滑坡灾害，部分规模为中小型的崩塌、滑坡变形加剧。

境内侵蚀构造山地山体陡峻，呈锯齿形山脊和山峰，岩性为花岗岩，呈块状构造，致密坚硬。地震产生的震动易致使岩体沿风化层和结构面产生脆性破坏，发生崩塌。

2. 地震次生地质灾害在地震烈度Ⅷ、Ⅶ度区内集中分布

据调查，此次地震引发和加剧的147处地质灾害隐患点中，41处分布于地震烈度Ⅷ度区内，其中滑坡19处、崩塌21处、泥石流1处；按规模等级划分，小型32处、中型6处、大型2处、特大型1处，灾害密度12.43处/km^2。86处分布于地震烈度Ⅶ度区内，其中滑坡15处、崩塌69处、泥石流2处；按规模等级划分，小型76处，中型10处，灾害密度5.67处/km^2。20处分布于地震烈度Ⅵ度区，其中滑13处、崩塌7处；按规模等级划分，小型13处、中型7处，灾害点密度0.30处/km^2（表8-19）。

表8-19　Ⅵ~Ⅷ度区地震次生地质灾害隐患点数量、规模统计表　　单位：处

	滑坡	崩塌	泥石流	合计	特大型	大型	中型	小型	合计
Ⅵ区	13	7	0	20	0	0	7	13	20
Ⅶ区	15	69	2	86	0	0	76	10	86
Ⅷ区	19	21	1	41	1	2	6	32	41
合计	47	97	3	147	1	2	89	55	147

此次地震发震断层为北北西向拉脊山北缘断裂，类型为主震-余震型，属浅源地震，断层的触动方式为逆冲型破裂。历史上1837年西中段发生过临潭东6.0级地震，1573年发生过积石山县6.0级地震，2003年发生过积石山县5.2级地震，2004年发生过积石山县-卓尼5.0级地震，5级以下中小地震则主要发生在中西段及其附近，说明随着地震烈度的减弱，灾害密度及规模也呈逐渐递减趋势。其中，地震Ⅷ度、Ⅶ烈度区成为本次次生地质灾害发育的主要区域，例如，积石山县柳沟乡尕集村格岔六社格岔滑坡，该滑坡从该断裂带东侧1 km处通过，周界轮廓显示出滑坡具多级多期次滑动特点，说明该断裂不仅致使老滑坡体沿断裂带沿线集中发育形成滑坡群，致使滑坡体处于间歇性滑动状态，此次地震更导致老滑坡体后部出现多条裂缝，存在局部变形的现象（图8-253）。地震烈度Ⅵ度区地质灾害触发作用较弱，但地震导致境内岩土体松散、破碎，对地质灾害起到促发作用，在降雨、冻融等作用的影响下，仍然存在加剧、引发地质灾害的可能性。

四、次生地质灾害形成原因

（一）地质构造

地震次生地质灾害主要沿断裂带、沟谷和交通线分布。甘东南活动构造区位于中国南北地震带北部，是青藏高原东北缘的一个重要组成区域。受欧亚板块与印度板块的长期挤压作用，该区构造活动强烈，发育着东昆仑断裂、西秦岭北缘断裂、临潭-宕昌断裂、光盖山-迭山断裂、迭部-白龙江断裂、塔藏断裂、岷江断裂、雪山断裂、虎牙断裂等多条深大断裂。此次地震震中位于积石山县柳沟乡，发生在甘肃东南部地区的临潭-宕昌断裂中东段，距离最近的断层为拉脊山北缘断裂直距仅为3 km。

挽近时期以来，构造运动在地震区主要表现为老构造运动的复活和大面积的不均匀升降运动。老构造运动的复活主要表现为石门滩至新发断裂带，隆起的继续抬升，使下部老地层出露。另外老断裂的复活，造成岩体破碎，致使滑坡、崩塌和泥石流较为发育。区内地质灾害分布及发育规模明显受断裂构造的控制，沿拉脊山北缘断裂带崩塌、滑坡成群发育，因震级小，形成的地质灾害规模均较小，但数量多，如石塬—大河家一带的滑坡、崩塌多沿断裂带呈带状分布。

图 8-253 拉脊山北缘断裂带沿线滑坡群发育

（二）地震

现场调查、InSAR 解译表明，地震动峰值加速度大的地方，也是地震次生地质灾害较集中的地区，且其点密度、面密度和活动强度均大于地震动峰值加速度较小的地区，即强烈的地面震动是触发此次地震次生地质灾害的主要因素。地震引发新增及加剧的崩塌、滑坡分布与地震动峰值加速度的分布相一致。据中国地震台网正式测定，此次地震震源深度 10 km，初步震源机制结果显示，此次地震断层为逆冲型破裂。根据历史地震、地震序列衰减特征、地震前兆资料综合会商结果初步判断，此次地震类型为主震-余震型，余震衰减基本正常。此次地震记录到水平向地震动峰值加速度达到了 1.1g，垂直地震动峰值加速度 0.7g，与同等震级的地震相比，此次地震引起的地震动强度大，地表震动强度剧烈，造成区内大量岩（土）坡松动，引发和加剧了崩塌、滑坡等地质现象和灾害，为泥石流提供了一定的松散固体物质来源，沿发震断裂引发了大量滑坡、崩塌等地质灾害，也是居民房屋等建筑物受震害最严重的区域。

积石山县中东部坐落在沉积地层上，处于黄土高原和青藏高原交界区域。经研究表明，黄土地层越厚，地震场地放大效应越显著，地表破坏力越大，同时地震动强度的衰减也比较慢，因此此次地震波往东传的距离远，本次调查表明，大部分地质灾害位于拉脊山北缘断裂以东黄土丘陵区。相反，断裂带以西黄土层厚度小，基岩出露地区，地震场地放大效应越小，地表破坏力小，同时地震动强度的衰减也快，地震产生的震动多诱发坡体中—强风化层产生脆性破坏。

此外，震区地震鞭梢效应明显，崩塌、滑坡的破裂源主要位于山脊两侧及坡肩部位，与上述部位对地震动峰值加速度的放大作用直接相关。如石塬镇秦阴村，大部分崩塌位于削坡建房、修路形成的边坡地带及梯田边缘，部分新增潜在滑坡位于山体中上部，因前缘临空产生多条拉张裂缝，在后期降雨或地震因素影响下，沿黄土层内或黄土泥岩地层分界面发生滑动的可能性大。太子山公路沿线高陡基岩山体残坡积层、风化层崩落大量岩块或形成大量倒锥形崩塌体，严重影响交通安全。

（三）其他地质环境因素

积石山地形地貌复杂，区域形成了多级河谷阶地、黄土丘陵及构造山地，区域岩土体类型主要为第四系马兰黄土、黄土状粉土，新近系泥、砂岩等，多为易滑或易冲蚀岩土体。马兰黄土垂直节理发育，构成边坡土体滑移、崩塌的分离面，震区大量的崩塌体沿垂直节理下错或分离倾倒，且黄土与下伏泥岩、砂岩形成二元结构坡体，松散土体在长期降水作用下形成软弱面或软弱带，易失稳形成崩塌、滑坡。大量切坡建房开挖形成的高陡黄土斜坡，为崩塌、滑坡形成提供了有利的地形条件。

综上所述，地震次生地质灾害主要受地震动峰值加速度和地质构造断裂控制，其次为地层岩性、斜坡结构、人类工程活动等，地震次生地质灾害是内动力地质作用与外动力地质作用耦合的结果。积石山脆弱的地质环境为地质灾害的形成奠定了基础，地震是本次次生地质灾害直接引发因素，形成了震后极为发育且分布广泛的地质灾害现状。

第九章 甘肃省突发性滑坡灾害应急处置技术成效总结

第一节 滑坡应急测绘及调查新技术

在应急测绘及调查工作中，笔者采用无人机对灾害点进行了航测，获得无人机航测影像图。利用无人机航测影像图，快速查明滑坡的平面参数（长、宽、面积）、空间分布特征及其威胁对象和所造成的损失。通过多期无人机航测的正射影像图对比分析，获取滑坡滑移距离或形变数据。

成果表明，无人机在应急测绘、应急调查中能够快速获取高分辨率影像。无人机可以在恶劣的灾害环境和地理条件下，在任务紧急时快速飞行并获取影像，得到客观可视的滑坡基本特征及灾情数据，有利于分析灾情，制定合理的应急方案，提高救灾的成效，实时监察灾后重建的进度；建立减灾救灾预警数据库，提高监测预警的准确性；快速、清晰的影像弥补了卫星遥感和航空遥感在对地观测精度和频度上的不足。加之其质量轻、体积小、造价和使用费用低、经久耐用、实用性强，具有很好的经济性和实用性，可在滑坡灾害应急测绘、调查中推广应用。

第二节 滑坡应急监测新技术

通过采用三维扫描仪、地基雷达（GB-InSAR）、GNSS 等监测技术开展滑坡应急监测研究后，笔者发现，上述仪器、设备实现了从单点的测量方式到面测量方式的转变，为测绘领域提供了一条新的研究方向。同传统的测量手段相比，三维激光扫描技术及地基雷达（GB-InSAR）具有独特的优势，主要体现在：观测速度快（三维扫描仪约 30 min，地基雷达最快可达 1~2 min），数据获取速度快，实时性强；数据量大，能详细描绘物体的细节；主动性强，能全天候工作；全数字特征，信息传输加工表达容易；操作方便，扫描时由软件控制仪器工作，该技术能深入到复杂的现场环境及空间中进行扫描操作，迅速描绘和量化复杂环境，并及时获取边坡形变结果，可实现对边坡稳定性判定和预警的目标，在自动化强度测量的速度、测量能力等方面明显高于其他测量技术，实现了实时获取空间立体数据的革命性飞跃。而 GNSS 则具有安装便利、获取数据快速、监测精度高、24 h 不间断工作等特点，在实施过程中，根据外业调查认识，将其部署在合适的位置，不仅可得到滑坡的形变数据，还可整体分析滑坡的变化规律，研判发展趋势，为滑坡灾害稳定性分析、危险区划定提供强有力支撑。

一、三维扫描仪

利用三维激光扫描仪对滑坡体进行应急监测，可全方位、全天候、全自动实时监测。例如，在舟曲江顶崖、牙豁口、立节北山和兰州北环路滑坡应急处置工作中，笔者利用三维扫描仪实施监测，利用监测数据均准确地分析了滑坡稳定性，正确研判了滑坡发展趋势，为应急抢险工作的开展奠定了坚实的基础。研究成果表明，三维扫描仪等新设备的运用，可为滑坡的发展趋势预测和灾害处置提供科学的参考依据。

二、地基 InSAR

通过对舟曲“7 · 19”江顶崖滑坡、兰州“8 · 9”北环路滑坡、舟曲立节北山滑坡采用地基 InSAR 进行监测发现，地基InSAR（GB-InSAR）可根据场地条件灵活布置，能够在远距离对大范围内的地面目标实现雷达成像，并精确测量被监测目标的位移变化及位移速度，从而实现对被监视目标的全天时、全天候、非接触、高精度、时空连续的远程监测。监测精度可达到亚毫米级，能有效研判滑坡发展趋势，在滑坡、边坡等监测领域应用效果显著。

三、GNSS（GPS）表面位移监测

通过利用GNSS地表位移监测仪对舟曲江顶崖滑坡、牙豁口滑坡等重大滑坡灾害进行高精度地表位移监测时发现，GNSS设备安装便携，数据获取速度快，实时性强，可及时获取滑坡形变速率，完全能实现对边坡稳定性判定和预警的目的，为滑坡的变形发展趋势预测及应急处置提供了科学依据。

第三节　滑坡应急勘查新技术

对舟曲江顶崖滑坡、牙豁口滑坡和北环路滑坡均采用了地质雷达进行了应急勘查，并辅以钻孔予以验证。

项目成果表明：地质雷达推测的滑体厚度与钻孔揭露的滑体厚度基本吻合，具有较高的探测精度。特别是在黄土地区滑坡灾害应急处置中，由于岩土体组合多为黄土+黄土红层+片岩、千枚岩岩组，其中黄土层多较为松散，土体处于软塑—可塑状态；红层多为泥、砂岩，属碎屑岩类，质地多为较坚硬—较软弱；片岩、千枚岩岩组多软弱易碎。鉴于上述岩、土体，其密度、孔隙率变化明显，有利于地质雷达电磁波波率回弹反射，可第一时间查明滑体厚度、结构等特征。加之地质雷达具有无损、快速、准确的工作特点，完全可以取代钻探、电法及超声波等传统方法，为应急处置提供支撑。

笔者发现，地质雷达、高密度电法推测的滑体厚度、滑坡体内地下水埋深与钻孔揭露的滑体厚度、滑坡含水层稳定水位基本吻合，具有较高的探测精度。作为一种快速、高效和经济的高新探测技术，其操作简单、数据高速传输、仪器轻巧、携带便捷、获取数据快速。此外，还有遥控钻机、手持背包钻机等设备，也可查明滑体厚度、结构，确定滑动位置、土体工程性质，同时还可以采取岩土试样，通过室内试验分析滑体土、滑带土和滑床土的物理力学性质，其工艺与钻探工作类似，虽不如地质雷达快捷、迅速，但较传统的钻探工作，其时效性、便捷性要突出很多。综上，上述新技术均可应用滑坡灾害应急勘查中，为应急处置提供支撑。

第四节　滑坡应急治理新技术

通过"空天地"一体化技术的综合应用，可准确计算滑坡规模，精确监测滑坡变形情况，确切了解滑坡实时动态。保障应急调查、应急监测、应急勘查数据的快速、精准获取，从而依据滑坡的形变特征、发展趋势，提出单体滑坡灾害最为适宜治理的措施，为消除滑坡灾害隐患、保障应急处置工作提供有力技术支撑，对甘肃省今后滑坡灾害应急处置工作具有很好的示范指导意义。

第五节　区域性滑坡早期识别技术

面对地震、降雨引发次生地质灾害，由于覆盖范围大，涉及面积广，短时间内、大范围开展排查工作，往往面临排查对象大、技术力量薄弱、工作周期长等困难，加之滑坡灾害往往具有"滞后"效应，如一轮强降雨过后，地下水对斜坡岩土体的润滑还需要一段过程，且坡体内在的变化往往还无法识别；或地震过后，虽造成岩土体松散，但细微的裂隙、裂缝等有时无法通过肉眼识别，加之排查工作时间紧、任务重，很难做到精细调查。综上，在灾后第一时间利用InSAR技术开展大区域、高精度的地表变形监测，进行潜在滑坡形变早期识别，能帮助排查技术人员找到靶区、确定重点。如在积石

山6.2级地震后，笔者就是利用InSAR同震形变分析图，将技术力量集中在震中东南部的黄土丘陵区和地震烈度Ⅷ度区，确保了排查工作快速高效完成。因此，InSAR技术可为群发性灾害排查工作的部署提供指导性思路。

第六节 滑坡应急处置工作技术流程

针对滑坡灾害应急处置，笔者认为该项工作可划分为野外阶段和室内阶段，具体流程见图9-1。

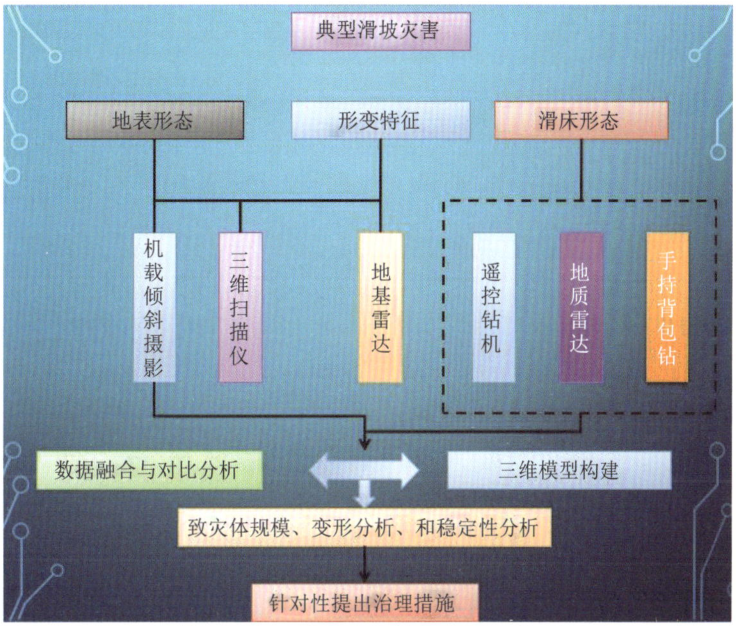

图9-1 滑坡灾害应急处置技术流程图

前期野外工作通过无人机技术（机载倾斜摄影）、三维扫描仪技术开展地面调查工作，查明致灾体整体形态特征、变形迹象等微地貌特征、成灾模式及承灾体特征；通过三维扫描仪、地基雷达（GB-InSAR）、GNSS监测仪等监测手段，获取边坡形变结果；通过地质雷达、遥控钻机、手持背包钻等勘查手段，查明滑坡体厚度、结构等基本特征。

后期室内工作将上述数据融合，并对比分析，构建三维模型，分析致灾体的规模及变形特征、稳定性特征，得出致灾体的下一步发展趋势，合理的划分危险区范围，并依据致灾体的形变特征、发展趋势，制定最适宜的防治措施。

成果结论表明，上述新技术、新方法完全可运用到突发重大滑坡灾害的应急处置工作中来，不仅高效，而且数据精准。其可以准确计算滑坡规模，精确监测滑坡变形，确切了解滑坡动态。保障应急调查、应急监测、应急勘查数据的快速、精准获取，从而依据滑坡的形变特征、发展趋势，提出滑坡灾害最为适宜治理的措施，为消除滑坡灾害隐患、保障应急处置工作提供有力支撑，对突发重大滑坡灾害应急处置工作具有很好的示范指导意义。近些年，新技术、新设备、新思路的涌入和“空天地”一体化技术的运用，大大提高了基础数据的采集能力，改善了甘肃省突发地质灾害应急处置的精度和效率。如开展舟曲“7·19”牙豁口滑坡应急处置工作时，笔者采用了常规调查方法和“空天地”一体化技术相融合的技术手段开展调查、监测工作，制定了“调查-监测-汇总-分析-专家会商-决策”的工作机制，通过运用无人机、三维扫描仪、地基雷达、便携式GNSS监测仪、高清摄像机等高精仪器等新设备，精确监测了滑坡变形速率，有效研判了滑坡发展趋势，前后三次指导当地指挥部搬迁，并提前五天预判了滑坡入江时间，为滑坡灾害抢险救灾争取了宝贵的时间。实践证明，该技术可广泛应用在各类突发滑坡灾害调查、监测、勘查和治理中，不仅安全可靠，更可大大提高工作效率。近年来甘肃省地质灾害快速处置能力和水平在国内处于前列，得到了自然资源部的好评，与形成系统的“空天地”一体化技术应急处置工作流程，熟练运用“空天地”一体化技术成效是分不开的。

但是，面对新的更高要求和复杂的社会环境、多变的气候环境、脆弱的地质环境背景下，甘肃省和高要求之间还有一定距离。例如，在应急监测中，利用三维扫描仪、GNSS 位移监测等设备虽能够研判滑坡的变形规律和发展趋势，但无法确定灾害发生的具体时间，滑坡灾害临滑阶段特征及阈值的确定还需要进一步研究。因此，必须加强总结、学习和研究，快速掌握和应用新方法，逐步优化甘肃省地质灾害快速处置流程，完善处置体系，才能够满足新形势下对地质灾害防灾减灾工作的需求。

参考文献

常金源，包含，伍法权，等. 2015. 降雨条件下浅层滑坡稳定性探讨[J]. 岩土力学，36(4)：995-1001.

丁保艳，翟向华，张卫雄，等. 2022. 大型高位堆积体滑坡稳定性分析与数值模拟[J]. 地震工程学报，44(4)：786-793.

杜锋，许模，肖先煊，等. 2018. 顺层缓倾型水库滑坡稳定性物理模拟试验研究:以向家坪滑坡为例[J]. 工程地质学报，26(3)：694-702.

甘肃省地质环境监测院. 2018. 舟曲县南峪乡江顶崖滑坡灾害应急治理工程[R].

季伟峰. 2005. 地质灾害防治工程中监测新技术的开发应用与展望. 见：中国地质调查局编. 地质灾害调查与监测技术方法论文集[M]. 北京:中国大地出版社，53-57.

巨袁臻. 2017. 基于无人机摄影测量技术的黄土滑坡早期识别研究——以黑方台为例[D]. 成都：成都理工大学.

刘昌军，刘会玲，张顺福. 2015. 基于激光点云直接比较算法的边坡变形监测技术研究[J]. 34(1)：3281-3288.

龙建辉. 2005. 黄土滑坡勘测与监测技术研究[D]. 西安：长安大学.

罗德安，廖丽琼. 2007. 地面激光扫描仪的精度影响因素分析[J]. 铁道勘察，33(4):5-8.

石振明，赵思奕，苏越. 2016. 降雨作用下堆积层滑坡的模型试验研究[J]. 水文地质工程地质，43(4)：135-140.

宋勇军，雷胜友，毛正君，等. 2014. 干燥和饱水状态下炭质板岩力学特性试验[J]. 煤炭科学技术，42(10)：48-52.

谭衢霖，邵芸. 2003. 成像雷达(SAR)遥感地质应用综述[J]. 地质找矿论丛，18(1):59-65.

唐亚明，张茂省，薛强. 2012. 滑坡监测预警国内外研究现状及评述[J]. 地质评论，58(3)533-541.

王东. 2009. 黄土地区滑坡地质灾害监测预警系统研究[D]. 北京：北京交通大学.

王进，冷先伦，阮航，等. 2016. 强降雨作用下浅层滑坡的入渗及稳定性[J]. 东南大学学报(自然科学版)，46(增刊1)：153-158.

王如宾，夏瑞，徐卫亚，等. 2019. 滑坡堆积体降雨入渗过程物理模拟试验研究[J]. 工程科学与技术，51(4)：47-54.

王维早. 2017. 强降雨诱发平缓浅层堆积层滑坡成因机理研究[D]. 成都:成都理工大学.

吴火珍，冯美果，焦玉勇，等. 2010. 降雨条件下堆积层滑坡体滑动机制分析[J]. 岩土力学，31(增刊1)：324-329.

肖先煊，许模. 2014. 水库滑坡变形特征的模型试验研究[J]. 水文地质工程地质，41(5)：107-112.

许建聪，尚岳全，陈侃福，等. 2005. 强降雨作用下的浅层滑坡稳定性分析[J]. 岩石力学与工程学报，24(18)：3246-3251.

薛东剑，张东辉，何政伟，等. 2011. 多源遥感影像融合技术在地质灾害调查中的应用[J]. 遥感技术与应用，26(5):664-669.

杨校辉，陈昆全，刁显锋，等. 2022. 地震与降雨耦合作用下堆积体滑坡模型试验及稳定性研究[J]. 岩土工程学报，44(增刊1)：58-62.

杨校辉，周廷昱，刁显锋，等. 2022. 江水冲刷与降雨耦合作用下堆积体滑坡模型试验[J]. 兰州大学学报(自然科学版)，58(4)：483-491.

张国辉. 2006. 基于三维激光扫描仪的地形变化监测[J]. 仪器仪表学报，(z1):96-97.

张磊，由金玉. 2020. 白格堰塞湖泄流对上游岸坡稳定性的影响[J]. 长江科学院院报，37(5)：74-78.

张永双，吴瑞安，郭长宝，等. 2018. 古滑坡复活问题研究进展与展望[J]. 地球科学进展，33(7)：728-740.

张永双，吴瑞安，任三绍. 2021. 降雨优势入渗通道对古滑坡复活的影响[J]. 岩石力学与工程学报，20(4)：777-789.

郑德华，沈云中，刘春. 2005. 三维激光扫描仪及其测量误差影响因素分析[J]. 测绘工程，14(2):32-34.

钟源，李远耀，殷坤龙，等. 2023. 基于物理模型试验的厚层堆积层滑坡强降雨触发机制[J]. 地球科学，48(10)：3912-3924.

种艳，陈冠，孟兴民，等. 2022. 高山峡谷区滑坡-泥石流灾害链成灾模式与危险性评价:以舟曲立节为例[J]. 兰州大学学报(自然科学版)，58(3)：372-384.

周建涛. 2016. 地面三维激光扫描技术监测黄土滑坡稳定性的研究[D]. 西安：长安大学.

Guo C B, Zhang Y S, Li X, et al. 2020. Reactivation of giant Jiangdingya ancient landslide in Zhouqu County, Gansu Province, China[J]. Landslides, 17(1): 179-190.

Wang H L, Jiang Z H, Xu W Y, et al. 2022, Physical model test on deformation and failure mechanism of deposit landslide under gradient rainfall[J]. Bulletin of Engineering Geology and the Environment, 81(1): 1-14.

Yang X H, Jiang Y W, Zhu J C, et al. 2023. Deformation characteristics and failure mechanism of the Moli landslide in Guoye Town, Zhouqu County [J]. Landslides, 20(4): 789-800.

Zhan Q H, Wang S M, Guo F, et al. 2022. Early warning model and model test verification of rainfall-induced shallow landslide[J]. Bulletin of Engineering Geology and the Environment, 81(8): 318.

Zhang Z L. 2020. Mechanism of the 2019 Yahuokou landslide reactivation in Gansu, China and its causes[J]. Landslides, 17(6): 1429-1440.